Apache
APISIX实战

王院生 张晋涛 屠正松 朱欣欣 苏钰 韩飞 著

Apache APISIX in Action

机械工业出版社
CHINA MACHINE PRESS

图书在版编目（CIP）数据

Apache APISIX 实战 / 王院生等著 . —北京：机械工业出版社，2022.12
ISBN 978-7-111-72250-2

I. ① A⋯   II. ①王⋯   III. ①程序设计   IV. ① TP311.1

中国版本图书馆 CIP 数据核字（2022）第 251527 号

Apache APISIX 实战

出版发行：机械工业出版社（北京市西城区百万庄大街 22 号　邮政编码：100037）

策划编辑：杨福川		责任编辑：陈　洁	
责任校对：李小宝　　贾立萍		责任印制：刘　媛	
印　　刷：涿州市京南印刷厂		版　　次：2023 年 4 月第 1 版第 1 次印刷	
开　　本：186mm×240mm　1/16		印　　张：28.75	
书　　号：ISBN 978-7-111-72250-2		定　　价：129.00 元	

客服电话：（010）88361066　68326294

APISIX 核心团队由在 API 网关领域深耕多年的技术大拿和熟悉各个行业特性的专家组成，作为一款完全由国人开发的具有自主知识产权的网关平台，具有性能优越、满足金融级稳定性要求、轻量便捷以及场景适配性强等特点。本书作为 APISIX 核心团队的力作，将对此领域有使用或学习 APISIX 需求的技术人员非常实用。

——王洋　招商基金基础架构师

Apache APISIX 功能稳定、性能优越。基于 APISIX 整体易扩展的特点，为微博定制众多服务外延的需求提供了大量的可能，同时达到事半功倍的效果。本书包含了微博基于 APISIX 进行的定制细节，希望在技术层面也能带来一些参考价值。

——聂永 微博架构师

Apache APISIX 在部署与维护层面为企业开发者提供了便捷的处理过程。央视频应用 APISIX 的 API 网关服务，在提升整体系统的稳定性与可靠性的同时，降低了大规模 API 管理和微服务架构等多场景的落地复杂度和成本。本书细致地描述了 APISIX 众多插件的使用细节和场景，对于想要借助 APISIX 实现业务的读者来说具有较强借鉴。

——央视频技术部

面对承载多业务的团队，APISIX 不仅提供了基础的高性能的代理能力，条件匹配、动态路由性能也十分优越，灵活的插件模块可以适配各种场景，抽象出的多个阶段全面覆盖了请求的生命周期，保证了灵活性和高性能的平衡。同时，在服务及流量的管理上可对多业务进行收敛，统一处理，降低多套网关的运维成本。多样化限流能力有效解决了流量毛刺，保护了后台服务，减少了冗余服务数量。即使面对成百上千的服务治理工作也可以做到轻松高效，游刃有余。本书作为一本 APISIX 实践书籍，对于学习 APISIX 提供了良好的途径。

—— spawnris 腾讯后台研发工程师

前 言 *Preface*

为什么要写这本书

随着现代技术的发展，我们的工作和生活已经无法离开移动互联网、手机和各种应用。在这些技术或设备带来便利的背后，API 起到关键的作用。目前，全球有超过 96% 的企业在使用 API，超过 80% 的互联网流量是通过 API 传输的。API 已经成为数字世界的基础设施，就像物理世界的自来水管道和电网一样，虽然我们感觉不到它们的存在，但它们却无比重要。

作为 API 的使用者，全球几十亿的终端用户并不关心它的稳定、安全和高效。但对于通过 API 提供数据的企业来说，如何选择一个合适的 API 网关，让它来保证数千乃至数万的 API 一直提供快速和安全的服务，是企业的技术团队需要考虑的关键问题之一。

从 2015 年开始，我就投身到 API 相关的开源项目和开源社区中。我发现，随着 API 的快速发展，很多公司和开发者在 API 的使用上都有动态、集群管理和可观测性等方面的需求。于是，我和温铭决定成立一家商业化公司 API7.ai，并开源了 APISIX 这个云原生 API 网关，以期解决企业的这些痛点。

为了实现这个目标，我们在 2019 年 10 月把 APISIX 捐赠给 Apache 软件基金会。APISIX 于 2020 年 7 月毕业，成为 Apache 顶级项目。

Apache APISIX 从开源的第一天开始，就坚持每个月发布一个新版本，3 年来从未间断。活跃的开源社区赋予了 APISIX 无限可能，APISIX 的当前版本不仅可以处理南北向流量，还可以处理东西向流量，并且拥有近 100 个插件。

同时，APISIX 在全球也收获了庞大的用户群，涵盖互联网、智能制造、电信、保险、券商、远程办公、航空航天和新消费等行业，积累了大量的实践经验。让 APISIX 的这些经验和场景沉淀，帮助工程师更好地使用 API 网关，是我们写本书的初衷。

读者对象

本书适合想要了解和使用 Apache APISIX 的用户：

☐ 从零开始学习 Apache APISIX 的用户。

☐ 想要为 Apache APISIX 贡献代码的社区参与者。

☐ 想通过 Apache APISIX 了解 API 网关领域的一些功能实践的学习者。

如何阅读本书

本书分为三部分。

第一部分为 APISIX 入门，简单介绍了 API 和 Apache APISIX 的概念与背景，并通过 API 网关的基础功能介绍，帮助读者快速地从理论和操作方面来理解 APISIX。

第二部分为 APISIX 进阶，着重讲解 APISIX 在多个功能层面（安全、服务治理、可观测性、二次开发等）的实践场景与操作细节。同时，为了方便一些基于 APISIX 进行二次开发的读者使用，本部分还提供了针对二次开发进行扩展的内容，比如 APISIX 多语言插件。

第三部分为基于 APISIX 的综合实践，介绍了 APISIX 在 Ingress 和服务网格领域的方案和产品呈现。另外，这部分还讲解了多个不同业务类型与风格的企业用户案例，让读者了解更多关于 APISIX 在实际生产环境中的应用流程。

附录为 Apache APISIX PMC 主席温铭从个人角度对 APISIX 项目的探索及未来发展的阐述。

如果你是一名经验丰富的资深用户，已经了解 APISIX 的相关基础知识和使用技巧，那么你可以直接阅读第二部分。但如果你是一名初学者，请一定从第 1 章的基础理论知识开始学习。第三部分相比于前两部分更加独立，如果你对 Ingress 和服务网格方案更感兴趣，可以直接阅读第三部分。

勘误和支持

参加本书写作的还有钱勇、张超、罗泽轩、赵士瑞、白泽平、金卫、杨陶、江晨炜、彭业奇、帅进超、庄浩潮、荣鑫、温铭。由于作者的水平有限，书中难免会出现一些错误或者不准确的地方，恳请读者批评指正。读者可以将问题发布到 Apache APISIX 的 GitHub Issue 置顶问题中。期待能够得到读者的真挚反馈。

致谢

感谢本书的作者团队对于 Apache APISIX 项目的持续贡献，感谢大家对本书投入的精力。

感谢我的家人以及朋友。有了你们的支持与鼓励，我才有机会在工作上投入大量的时间。

Apache APISIX 是站在巨人的肩膀上建立的。有了 NGINX、LuaJIT、OpenResty 这些伟大的开源项目，APISIX 才得以在短短几年内成为 API 网关的首选。

感谢 Apache APISIX 社区 400 多位代码贡献者，以及无数提交过 Issue、反馈过意见的工程师和布道师，是你们让 APISIX 得到了更快的发展和更多的关注。

王院生

2022 年 8 月

Contents 目 录

前 言

第一部分 APISIX 入门

第1章 初识API ·············· 2

1.1 API：万物互联的起源 ············· 2

  1.1.1 什么是 API ············· 2

  1.1.2 利用 API 可以做什么 ········· 4

1.2 API 网关：连接与管理并行 ·········· 5

  1.2.1 什么是 API 网关 ········· 5

  1.2.2 API 网关的作用 ··············· 7

第2章 Apache APISIX介绍 ········· 10

2.1 Apache APISIX 概述 ··············· 10

  2.1.1 诞生背景：API 的崛起 ········ 10

  2.1.2 Apache APISIX 能做什么 ····· 13

2.2 Apache APISIX 的设计理念与项目
优势 ························· 16

  2.2.1 设计理念 ············· 16

  2.2.2 项目优势 ············· 19

第3章 快速上手 Apache APISIX ······ 23

3.1 安装 APISIX ·················· 23

  3.1.1 使用 RPM 安装 ········· 23

  3.1.2 使用 Docker 安装 ········· 25

  3.1.3 使用 Helm 安装 ········· 27

3.2 APISIX 相关概念 ············· 28

  3.2.1 反向代理 ············· 28

  3.2.2 请求限制 ············· 30

  3.2.3 身份验证 ············· 33

3.3 APISIX 架构 ················· 35

  3.3.1 思考：API 网关的形态演进 ··· 35

  3.3.2 探索：Apache APISIX 技术
选型 ·················· 37

  3.3.3 确认：Apache APISIX 架构 ··· 39

第4章 Apache APISIX部署与配置 ··· 42

4.1 公有云部署 ·················· 42

  4.1.1 在 AWS EKS 上部署 APISIX ··· 42

  4.1.2 在 Google GKE 上部署
APISIX ·················· 43

4.1.3 在阿里云 ACK 上部署

　　　　APISIX ·············· 45

4.2 配置文件 ················ 46

　　4.2.1 Standalone 模式 ·········· 46

　　4.2.2 集群模式 ············· 47

　　4.2.3 Debug 模式 ··········· 54

4.3 安全性配置 ·············· 54

　　4.3.1 控制面和数据面独立部署 ··· 54

　　4.3.2 插件 ··············· 54

4.4 多种配置中心选择 ········· 55

第5章　Apache APISIX的基础功能 ··· 57

5.1 流量切分 ··············· 57

　　5.1.1 原理 ··············· 58

　　5.1.2 参数 ··············· 59

　　5.1.3 应用场景 ············· 59

5.2 健康检查 ··············· 65

　　5.2.1 原理 ··············· 66

　　5.2.2 参数 ··············· 67

　　5.2.3 应用场景 ············· 68

5.3 负载均衡 ··············· 70

　　5.3.1 加权轮询 ············· 71

　　5.3.2 一致性哈希 ··········· 72

　　5.3.3 加权最少连接数 ········· 73

　　5.3.4 指数加权移动平均 ······· 75

5.4 跨域资源共享 ············ 77

　　5.4.1 原理 ··············· 77

　　5.4.2 参数 ··············· 77

　　5.4.3 使用方法 ············· 78

　　5.4.4 应用场景 ············· 79

5.5 IP 黑白名单 ············· 79

　　5.5.1 原理 ··············· 80

　　5.5.2 参数 ··············· 80

5.5.3 应用场景 ············· 81

5.6 启用与禁用插件 ··········· 82

　　5.6.1 插件简介 ············· 82

　　5.6.2 启用插件 ············· 83

　　5.6.3 禁用插件 ············· 84

第二部分　APISIX 进阶

第6章　身份认证与鉴权 ········· 86

6.1 JWT 认证 ··············· 86

　　6.1.1 插件简介 ············· 86

　　6.1.2 配置示例 ············· 87

　　6.1.3 应用场景 ············· 88

　　6.1.4 与 Vault 集成 ········· 90

6.2 关键字认证 ············· 98

　　6.2.1 插件简介 ············· 98

　　6.2.2 配置示例 ············· 98

　　6.2.3 应用场景 ············· 99

6.3 OpenID 认证 ············ 102

　　6.3.1 背景介绍 ············ 102

　　6.3.2 原理 ·············· 104

　　6.3.3 集成第三方使用场景 ····· 105

6.4 LDAP 认证 ············· 123

　　6.4.1 插件简介 ············ 123

　　6.4.2 配置示例 ············ 124

　　6.4.3 应用场景 ············ 125

6.5 forward-auth 插件 ········ 127

　　6.5.1 插件简介 ············ 127

　　6.5.2 配置示例 ············ 127

　　6.5.3 应用场景 ············ 128

6.6 consumer-restriction 插件 ······ 131

　　6.6.1 插件简介 ············ 131

6.6.2　参数 ···············132

6.6.3　应用场景 ···········132

第7章　API和服务治理 ·········139

7.1　数据面服务发现 ···········139

　7.1.1　集成 Eureka ·········139

　7.1.2　集成 Consul ·········143

　7.1.3　集成 Nacos ·········146

7.2　控制面服务发现 ···········150

　7.2.1　原理 ·············150

　7.2.2　集成 Nacos ·········151

　7.2.3　集成 ZooKeeper ·······154

7.3　服务熔断 ·············156

　7.3.1　原理 ·············156

　7.3.2　参数 ·············157

　7.3.3　应用场景 ···········158

7.4　流量镜像 ·············160

　7.4.1　插件简介 ···········160

　7.4.2　参数 ·············161

　7.4.3　应用场景 ···········161

7.5　故障注入 ·············165

　7.5.1　插件简介 ···········165

　7.5.2　参数 ·············166

　7.5.3　应用场景 ···········166

7.6　DNS 配置 ·············170

　7.6.1　原理 ·············170

　7.6.2　应用场景 ···········171

第8章　SSL证书配置 ·········177

8.1　SSL 证书配置简介 ·········177

　8.1.1　单域名 ············177

　8.1.2　泛域名 ············179

　8.1.3　多域名 ············180

8.1.4　单域名，多证书 ·······181

8.2　同域名 RSA 与 ECC 双证书配置···181

　8.2.1　原理 ·············181

　8.2.2　使用示例 ···········181

8.3　TLS 双向认证 ···········183

　8.3.1　原理 ·············184

　8.3.2　应用场景 ···········184

第9章　可观测性 ···········189

9.1　链路追踪 ·············189

　9.1.1　集成 Apache SkyWalking ·····189

　9.1.2　集成 OpenTelemetry ·····194

9.2　指标 ···············200

　9.2.1　集成 Datadog ·········200

　9.2.2　集成 Prometheus ·······205

9.3　日志 ···············211

　9.3.1　访问日志 ···········211

　9.3.2　错误日志 ···········241

　9.3.3　日志文件自动切分 ·······246

第10章　运维管理 ···········249

10.1　命令行交互 ···········249

10.2　Admin API ···········253

　10.2.1　配置 Admin API ·······254

　10.2.2　功能介绍 ··········256

10.3　Control API ···········259

　10.3.1　配置 Control API ······259

　10.3.2　功能介绍 ··········261

10.4　单机模式 ············262

　10.4.1　相关配置 ··········263

　10.4.2　应用场景 ··········263

10.5　etcd 通信安全 ··········265

　10.5.1　相关配置 ··········265

10.5.2 开启 mTLS 双向认证······266

10.5.3 配置 etcd RBAC······267

10.6 证书轮转······268

10.7 Public API······270

10.7.1 插件简介······270

10.7.2 应用场景······272

第11章 二次开发与扩展操作······276

11.1 自定义插件······276

11.1.1 加载自定义插件······276

11.1.2 启动自定义插件······278

11.1.3 自定义插件的使用······281

11.2 插件热加载······284

11.3 多语言插件开发······285

11.3.1 实现方式······285

11.3.2 使用 Go 开发插件······286

11.3.3 使用 Java 开发插件······291

11.3.4 使用 Python 开发插件······295

11.3.5 使用 Wasm 开发插件······299

第12章 自定义协议支持······304

12.1 基础协议支持······304

12.1.1 HTTP/1.1 和 HTTP/2······304

12.1.2 HTTPS······306

12.1.3 MQTT······307

12.1.4 GraphQL······308

12.1.5 Dubbo······309

12.1.6 gRPC······310

12.1.7 WebSocket······312

12.1.8 WebSocket Secure······313

12.1.9 TCP/UDP······314

12.1.10 代理到 TLS over TCP 上游······316

12.2 xRPC 自定义协议框架······316

12.2.1 相关概念······316

12.2.2 操作步骤······317

12.2.3 应用场景······318

12.3 通过 APISIX 代理 Kafka······320

12.3.1 原理······320

12.3.2 使用方法······321

第13章 故障排除······323

13.1 常见故障排除······324

13.2 静态分析······327

13.2.1 日志结构······327

13.2.2 栈分析······328

13.3 动态调试······333

13.3.1 基本调试模式······333

13.3.2 高级调试模式······335

13.3.3 动态高级调试模式······339

第三部分 基于 APISIX 的综合实践

第14章 APISIX Ingress Controller···344

14.1 Ingress 知识概览······344

14.1.1 Kubernetes Ingress 是什么······344

14.1.2 为什么需要 Ingress 控制器······346

14.1.3 Ingress 控制器的能力······347

14.1.4 APISIX Ingress Controller 简介······347

14.2 快速入门······350

14.2.1 架构设计······350

14.2.2 自定义资源······351

14.2.3 功能及应用场景··········354

14.3 安装部署·····················358
　　14.3.1 Helm 安装··············358
　　14.3.2 静态文件安装···········359
　　14.3.3 KubeSphere 安装·······360
　　14.3.4 Rancher 安装··········367
14.4 应用场景·····················372
　　14.4.1 简单代理···············372
　　14.4.2 流量切分···············376
　　14.4.3 cert-manager 集成·····380
　　14.4.4 认证鉴权···············387
　　14.4.5 插件集成···············392
14.5 与 Kubernetes Ingress NGINX 的
　　区别··························393
14.6 监控与升级··················394
　　14.6.1 监控···················395
　　14.6.2 升级···················397

第15章　APISIX服务网格方案········399
15.1 服务网格简介················399
　　15.1.1 什么是服务网格········399
　　15.1.2 服务网格的价值········401
　　15.1.3 什么是 Istio··········403
　　15.1.4 APISIX 服务网格架构·····404
15.2 安装部署·····················405
15.3 测试验证·····················407
15.4 扩展·························408

第16章　Apache APISIX企业级
　　实践·························410
16.1 音视频：爱奇艺 API 网关的更新
　　与落地实践···················410

16.1.1 业务痛点···············410
　　16.1.2 应用 APISIX 后的实践
　　　细节·····················411
　　16.1.3 迁移过程中遇到的问题···414
16.2 互联网保险：如何借助 APISIX
　　实现互联网保险领域的流量治理···415
　　16.2.1 业务场景特点·········415
　　16.2.2 场景痛点与需求·······416
　　16.2.3 应用 APISIX 后的实践
　　　细节·····················416
16.3 跨国金融：Airwallex 基于 APISIX
　　的智能路由实践··············419
　　16.3.1 业务痛点·············419
　　16.3.2 打造 APISIX 智能路由
　　　网关·····················421
16.4 社交媒体：新浪微博 API 网关的
　　定制化开发之路··············424
　　16.4.1 业务痛点·············425
　　16.4.2 基于控制面的改造之路···425
　　16.4.3 基于数据面的改造之路···428
16.5 PaaS 业务：有赞云原生 PaaS 平台
　　如何实现全面微服务治理·······430
　　16.5.1 业务痛点·············430
　　16.5.2 应用 APISIX 后的实践
　　　细节·····················432
16.6 API 管理：API7 Cloud 的应用
　　实践·························436
　　16.6.1 业务背景·············436
　　16.6.2 应用 APISIX 后的实践
　　　细节·····················437

附录　探索与未来··················442

第一部分 *Part 1*

APISIX 入门

本部分主要介绍API的相关概念、Apache
APISIX的诞生背景及相关概念，以及APISIX
的基础功能等。通过这一部分的学习，读者
可以快速了解APISIX，并为后续的学习打下
基础。

Chapter 1 第 1 章

初识 API

作为一款开源的 API 网关产品，对很多人而言或许 Apache APISIX 还很陌生：什么是 API？利用 API 可以做什么？ API 网关又是什么？它与 API 有什么关系？

本章将介绍 API 相关基础知识，然后再进入真正的 Apache APISIX 学习之旅。

1.1　API：万物互联的起源

2000 年，互联网开始进入大众生活。如今，全球有数十亿的软件消费者和上百亿的物联网接入设备。随着智能终端和通信技术的发展，未来数字世界中将会有上千亿的居民。

为了满足庞大的数字世界的需求，软件开发领域在过去十几年中发生了根本性的变化：基础设施开始迁移上云，存储和服务一体化；开源项目兴起，开发者拥有了多样化技术"武器"，有能力去打造更多不同领域的应用程序……但这还远远不够。

未来越来越多的产品会出现，各类功能需求更是百花齐放。面对未来的技术爆炸，我们需要利用 API 将各类应用程序连接在一起进行协同合作，打造出更庞大的技术体系，逐步形成 All-in-One 的产品生态。

1.1.1　什么是 API

API（Application Programming Interface，应用程序接口）是一种计算接口，是指计算机操作系统或程序库提供给应用程序调用使用的代码，可以看作两个应用程序之间的服务合约。该合约定义了两个应用程序如何使用请求和响应相互通信，整个过程无须考虑其底层的源代码或理解其内部工作机制的细节。

因为API本身是抽象的，它仅定义了一个接口，而不涉及应用程序在实现过程中的具体操作，所以可以这么理解：API主要定义多个软件之间的交互，以及可以相互进行的调用（Call）或请求（Request）类型，如何进行调用或发出请求，应使用的数据格式和应遵循的惯例等。通过API还可以实现扩展机制，方便用户通过各种方式对现有功能进行不同程度的扩展。因此，一个API可以是针对某个软件或业务甚至行业标准等进行定制的。通过信息隐藏，API实现了模块化编程，从而允许用户独立使用接口。

上述描述属于专业角度，想要最直接地了解API，还得从日常使用场景入手，化繁为简，这样才能更深刻地理解概念。

1. 日常使用场景代入

在日常的使用场景中，比如将相机里的照片复制到计算机中进行处理时，通常会将相机的SD卡插入到计算机相应接口处进行数据传输，这可以理解为"实体"API接口，手机和计算机互传数据时的数据线也是同样的道理。

又比如，以前大家去餐馆吃饭都是进门招呼服务员，然后看着纸质菜单点餐。服务员会记录顾客要点的菜品，之后再把点单送到后厨。在这里，服务员本身就是一个"API接口"。为什么这么说？服务员对顾客提供了点餐服务，同时对后厨输出刚才的点餐信息。即服务员从顾客口中获取菜品名称，然后按照餐馆内部系统将每个菜品的编码输送到后厨，并最终给顾客呈现实物菜品。

所以最简单的理解就是，有了输入和输出数据，服务员就可以完成对外和对内的点餐功能，这就是API。即顾客是调用者，服务员是服务的提供者，通过服务者的中间服务，调用者获取到了想要的结果。

而如今，大部分餐馆的点餐都是直接让顾客扫码下单，省去了人力点餐，其实就是将"点餐服务"放到了小程序或某支付平台进行，通过这些平台完成了菜品的输入与输出。

通过以上场景的代入，或许大家开始熟悉API的场景用途了。

2. 研发场景代入

回归到研发视角，在调研阶段进行需求收集时，我们总会听到一句话"不想重复造轮子"。对研发人员来说，如果有现成可用的基础服务，直接利用并加以迭代完善会比从头开始开发效率更高。

比如研发人员A开发了某软件C，研发人员B正在进行某软件D的开发。某天，研发人员B觉得软件C的部分功能刚好可以支持软件D的某一步技术实现，就想要调用软件C的部分功能，但是他又不想从头看一遍软件C的源码和功能实现过程。此时研发人员A也没有时间从头到尾讲述一遍原理，于是就将研发人员B需要的功能部分打包好，写成一个**函数**；研发人员B只需要按照既定**流程**，将这个函数放在软件D的某个流程中，就可以直接调用软件C的功能了！在这里，API就是研发人员A所打包的那个函数，API的调用如图1-1所示。

API概念的出现其实远远早于个人计算机的诞生。当时，API常被当作操作系统的库，而且基本都在本地系统上运行，仅偶尔用于大型机之间传递消息。近30年后，API走出了它们的本地环境。到21世纪初，API已成为用于实现数据远程集成的一种重要技术。

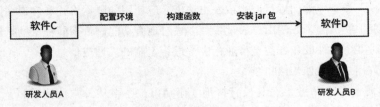

图 1-1　API 的调用

1.1.2　利用 API 可以做什么

通过 API，即使不懂底层开发的人员，也可以将自己的产品或服务与其他软件或服务互通。可以说，API 的出现大大简化了一个应用开发的流程，节省了开发时间与成本，让越来越多的人开始拥有自己的软件和服务产品，同时在管理和使用上为产品带来了更多的机会与方向。

1. 扩大企业生态

面对用户日益膨胀和碎片化的需求，企业需要不断探索新的商业模式，以解决用户对各类场景化需求的问题。

通过 API，服务提供者（企业）可以提供更标准、更全面的功能实现，将多个外部平台或功能整合到自己的应用中，从而衍生出更多的丰富功能与生态集成。比如近年来笔记类应用软件的崛起，在应用商店可谓是百花齐放，从 Notion 到 Obsidian，每个笔记应用软件不再是一个个单纯的记录工具，而是与其他多生态的协作集成，让这些应用软件成为同类产品中的佼佼者。正是有了 API 的加持，才得以让这些应用软件在自身出色功能的基础上，为用户带来更多的跨界创新可能性。

同时，API 为企业带来了不同层面的商业机会。通过 API 将企业的核心能力开放给合作伙伴，达成深度合作从而进一步协同发展；或者投入市场，开放能力、服务、数据供广大开发者采购使用，从而产生商业价值。

2. 统一资源，降低运维成本

随着智能手机与物联网的普及，API 需要支持更多的终端设备，以扩充多场景下的业务规模，但这种需求现状又会给系统带来一定的挑战。

API 可为服务带来更多连接可能性的同时，也方便了资源的配置。企业只需要对 API 进行定义，通过 API 对系统接口进行规范统一，快速完成资源整合和管理。在这种情况下，企业只需维护一个服务体系，就可以实现后续的面向多端输出；同时只需调整 API 定义，即可实现对 App、设备、Web 等多种终端的支持。这样就可以避免多个场景配置多套 API，从而大幅降低管理运维成本。

针对上述提到的 API 使用场景，可以从提供者和使用者角度来总结其作用。

对软件提供商或企业（提供者）来说，通过 API 建立产品生态，将 API 开放给合作伙伴或开发者，可以实现企业核心能力的货币化，同时创造软件最大价值，赋予其生命力；可以将内部系统打造得更加模块化与服务化，并利用自身规模优势完成与多端的适配。

对应用开发者（使用者）来说，有了开放的 API 资源，可以很方便地在开发过程中直接调用现成且完善的功能或服务，从而减少应用开发中的时间成本与学习成本，节省精力投入其他过程中。

简言之，API 既能让每个人开放自己的资源访问权限，又能确保安全性，并让开放者掌握控制权，即如何以及向谁开放访问权限。随着数字市场日新月异，业务需求也迅速变化，新的竞争对手利用新的应用即可改变整个行业。

API 的安全防护离不开良好的 API 管理，其中包括对 API 网关的使用。借助整合各种资源（包括传统系统和物联网）的分布式整合平台，可以连接至 API 并创建使用 API 所提供的数据或功能的应用。

1.2 API 网关：连接与管理并行

想要在数字化时代取胜，企业需要在 API 领域进行尝试。随着云计算、大数据、人工智能等技术的蓬勃发展，移动互联网、物联网产业的加速创新，API 作为数据传输的重要通道发挥着举足轻重的作用，承担着不同复杂系统环境、组织机构之间的数据交互、传输的重任。

从底层技术层面看，连接数字世界的是 TCP/IP 协议和交换机 / 路由器。站在更高的应用角度看，真正像水利、铁路、电网一样在连接世界的其实是 API。API 真正完成了"车同轨，书同文"，让互联网的核心"互联"成为现实。

随着技术架构的演进，企业的技术栈会变得越来越复杂。以 API 请求的视角来看，一个 API 从用户的浏览器或手机 App 发起，经过四层负载均衡（L4 Load Balancing）、流量网关、业务网关、服务网格（可能有）才会到达真正的业务处理程序。每经过一个流量处理组件，都会多一次跳转和资源 / 时间的消耗，也会增加排查故障、开发、升级、维护等的成本。

有没有可能只用一个 API 的基础中间件，就完成从终端用户到业务处理的整个流程呢？答案是肯定的。

目前，微服务作为网络通信基础设施，主要负责系统内部服务间的通信。而想要实现内外部的互联互通，还需要 API 网关的协作。API 网关主要负责将服务以 API 的形式暴露给系统外部，通过多应用的互相连接以实现业务功能。

1.2.1 什么是 API 网关

前面提到，API 是一种计算接口，而 API 网关则是位于客户端与后端服务集之间的 API 管理工具。API 网关相当于反向代理，用于接受所有 API 的调用、整合处理调用所需的各种服务，并返回相应的结果。

API服务最基本的作用是接受远程请求并返回响应。但是，现实并非如此简单。

1. API 网关的形成

在没有网关之前的应用间信息传递如图1-2所示，客户端会向服务端直接调用，将一些SDK嵌入客户端中完成，这种形态能完成一些基本的服务治理，但是效果一般。

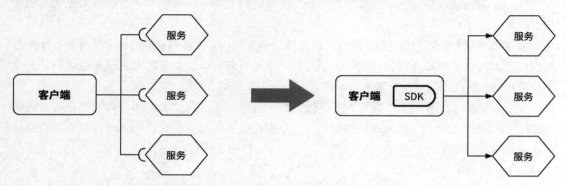

图1-2　在没有网关之前的应用间信息传递

当涉及系统升级等操作时，一些资源信息可能无法直接进行传递，这就引出了网关。在这里，由于网关的存在，代理可以是一个网关代理，也可以是其他不同类型的代理，本质上就是通过代理方式来解决大部分问题，如图1-3所示。

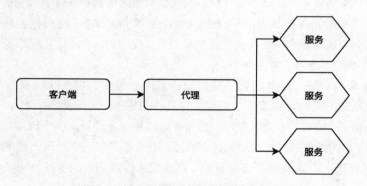

图1-3　应用网关后的数据传递简易化

目前大多数企业 API 都是通过 API 网关进行部署。API 网关会处理诸如跨 API 服务系统使用等常见任务，同时进行统一接入管理和统一拦截等操作，从而实现对 API 接口的安全、日志等共性需求，如用户身份验证、速率限制和统计信息等。尤其当面临与多个外部应用进行集成，或者将自己的 API 接口服务能力开放给外部多个合作伙伴使用时，就需要 API 接入到网关层面进行统一灵活配置来实现相关管控。

2. API 网关的使用场景

目前，API 网关主要应用于以下三种场景。

（1）Open API

在一些情况下，中大型企业需要将自身数据或能力等作为开发平台对外开放，通常会以RESTful的方式对外提供，让其他用户更方便地对接和使用相关业务。大家熟悉的例子有淘宝开放平台、微信开放平台等。

Open API 必然会涉及客户应用的接入、API 权限的管理以及业务调用次数等数据，这时API 网关就发挥了其作为统一入口管理的作用，成为"入口第一关"的把控者。

（2）微服务网关

微服务的概念最早在 2012 年提出，在 Martin Fowler 的大力推广下，微服务在 2014 年后得到了快速发展。

在微服务架构中，微服务网关可以说是必不可少的组件之一。微服务网关承担了负载均衡、路由、访问控制、服务代理和监控日志等多方面的功能实现，而 API 网关在微服务架构中正是以微服务网关的身份存在的。

（3）API 服务管理平台

上面提到的微服务架构对一些架构规模大的企业来说，实施起来可能会存在系统遗留或操作成本太高的问题。毕竟如果要全部抽取为微服务，则改动太大，成本也相应提高很多。

但由于不同系统间存在大量的 API 服务互相调用，因此仍需要对系统间的服务调用进行管理和监控等。而 API 网关正好可以解决这些问题，如果没有大规模地实施微服务架构，那么对企业来说，API 网关就是企业的 API 服务管理平台。

1.2.2　API 网关的作用

1. 统一服务代理和出口

API 网关作为 API 管理系统的一部分，会拦截所有传入的请求，然后通过 API 管理系统（该系统负责处理各种必要的功能）将其发送出去。网关是系统的唯一入口，进入系统的所有请求都需要经过 API 网关。

当系统外部的应用或客户端访问系统时，通常会遇到以下类似情况：

- ❑ 系统要判断它们的权限；
- ❑ 如果传输协议不一致，需要对协议进行转换；
- ❑ 如果调用水平扩展的服务，需要做相应的负载均衡处理；
- ❑ 一旦请求流量超出系统承受的范围，需要进行限流操作；
- ❑ 针对每个请求以及回复，系统会记录响应的日志。

也就是说，只要涉及对系统的请求，并且能够从业务中抽离出来的功能，都有可能在网关上实现。一些常见的功能包括身份验证、路由、速率限制、计费、监控、分析、策略、警报和安全防护。所以除了代理功能外，API 网关还为微服务集群提供统一的安全、响应转换、熔断和监控等多维度功能，确保后续流量正常运行。

网关与常规点对点服务注册中心最大的一个区别就是位置透明，消费端只需要和网关打交道。想要实现信息透明化，数据流需要通过网关传输，那么网关本身又成为去中心的微服务架构中的中心化节点，所以在后续的选择使用上，更需要考虑网关节点的性能、可靠性和弹性扩展能力。

2. 负载均衡与流量控制

当服务器负载上升时，需要立即对系统资源进行容量评估，适当增加扩容服务器资源，让每台服务器可以平均承载分担请求压力，此时应该采用何种负载策略？是轮询、随机还是哈希？如果有 API 网关，在后台配置好即可自动实现。如果上游服务采用微服务架构，也可以和服务注册中心合作实现动态的负载均衡。当微服务动态挂载（动态扩容）的时候，可以通过服务注册中心获取微服务的注册信息，从而实现动态负载均衡，如图 1-4 所示。

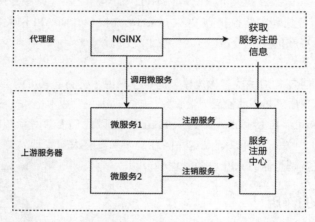

图 1-4 "NGINX+ 服务注册中心"实现动态负载均衡

限流限速作为 API 网关的必备功能之一，对应前面提到的"管控者"这一说法。当上游服务超出请求承载范围或某种原因无法正常使用时，会导致服务处理能力下滑，这时 API 网关作为"管控者"就可以限制流入请求的流量大小和速率，让应用服务器免受冲击。

例如，每年"双十一"都会出现流量大增的情况，如果没有一定的过载保护机制，服务也将面临重大考验。API 网关可以实现系统不健康或超过系统阈值时，自动保护上游后端服务，触发限流限频或熔断机制，并及时报警，避免整个服务链条瘫痪。

3. 灰度发布与金丝雀发布

在目前云原生与微服务盛行的大环境下，DevOps 和微服务架构的实施通常需要具备灰度发布能力。比如某公司针对已有接口服务进行了修改，想先在某些业务系统进行试用，没问题再发布到所有的业务系统。这种情况就涉及灰度发布的问题。这里提到的发布能力不仅仅是DevOps 的自动部署，同时也需要考虑网关层能够基于动态发布的内容进行路由，确保服务调用消费的路由路径是隔离开的。

而金丝雀发布策略允许用户只导入指定量的流量到新的版本，API 网关就可以实现这一步。

比如可以先配置 10% 的请求到新的版本，在此期间可以对新功能加以验证，并对性能和稳定性加以观测和优化，提前发现问题、解决问题。确保新版本没有 Bug 后，可以直接将流量切换到100% 进行同步发布。

4. 共性能力抽取和实现

由于网关启用后相当于承载了数据流，因此可以通过对接口访问输入和输出的拦截来实现所有共性可复用能力的抽取和实现。这些共性能力可以理解为通过网关实现的一个个拦截插件，本身可插拔，可灵活配置。其中，这些插件能力中最核心的能力是安全、日志与流控。

安全主要涉及访问安全、传输安全和数据安全等。其中访问安全本身又可以实现类似Token、IP 和用户名及密码等多种安全控制策略。

日志的处理也是网关提供的一个关键能力，即可以实现对服务消费日志的输入和输出报文的查询能力。

流控是另外一个关键能力，其中包括服务限流和服务熔断。服务限流主要实现对服务消费前线程数控制和资源分配实现消费前的等待。而服务熔断则直接对服务进行下线或禁用，以避免大并发服务消费调用对网关造成的影响或带来的服务瘫痪等。

对网关来说，流控能力相对重要，因为网关是中心化节点，必须保证网关的高可靠运行。网关流控能力的强弱直接影响到网关的高可靠性和性能，而判断流控能力强弱的关键在于灵活的流量控制策略配置，只有这样才能够做到既实现流控，又不影响关键业务和接口服务的访问。

尤其是在企业上云大趋势下，采用 DevOps 方法的企业开发人员会使用微服务以快速、迭代的方式构建和部署应用，所以 API 和 API 网关的呈现也成为最常见的微服务通信方式之一。总之，随着集成和互联变得愈加重要，API 的重要性也在逐渐提升。随着 API 复杂性的提高和使用量的增长，API 网关的价值也日益得到体现。想要成为互联万物的纽带，API 网关定是大势所趋。

通过以上介绍，或许你已经对 API 和 API 网关有了较为清晰的认识。只看概念或许有些晦涩，没关系，接下来将正式进入带有技术色彩的知识道路。

Apache APISIX 介绍

本章将首先介绍什么是 Apache APISIX 以及 Apache APISIX 的使用场景，之后将从使用场景入手，引出 Apache APISIX 的设计理念及优势点，并从社区角度来查看 Apache APISIX 的成长与周边生态。

通过本章的学习，你将对 Apache APISIX 的产品理念与社区生态有一个初步了解，同时也可以对开源与 API 网关场景实现有更具象化的理解。

2.1 Apache APISIX 概述

Apache APISIX 是一个动态、实时、高性能的 API 网关，提供负载均衡、动态上游、灰度发布、精细化路由、限流限速、服务降级、服务熔断、身份认证、可观测等数百项功能，助力企业解决传统单体架构转型的困难，让企业实现业务和产品的快速迭代。

在云原生时代，动态和可观测性是衡量 API 网关的标准之一。Apache APISIX 不仅覆盖了传统网关的基础功能，在可观测性上也和其他社区等进行深度合作，大大提升了服务治理能力。

支流科技于 2019 年 10 月将 APISIX 捐赠给 Apache 软件基金会。APISIX 项目于第二年 7 月从 Apache 毕业，成为中国毕业速度最快的 Apache 顶级项目。作为全球最活跃的开源 API 网关项目，Apache APISIX 目前已被数百家企业用于处理核心的业务流量，涉及金融、互联网、制造、零售、运营商等多个行业。

2.1.1 诞生背景：API 的崛起

我们正处于技术变革的时代，数字化力量（移动互联网、SaaS、云计算、大数据、物联网和社交媒体）的聚合正在改变市场，并改变消费者的期望值。今天，一切都要向个性化、创新、可移动方向发展。

　　所有企业都希望在数字化时代重塑自我，然而大多数企业还在这个全新、快速的时代苦苦挣扎，这也解释了为什么像 Amazon 这种疯狂追求"比竞争对手更快"的企业能够不断向上攀升。

　　很显然，当前的企业竞争法则变了，不再是大鱼吃小鱼，而是快鱼吃慢鱼。速度是决定公司成败的关键特征。比竞争对手更快地将新产品推向市场，建立全球化的品牌形象，改变现有的流程以及培养新的合作伙伴，是企业在数字化时代成功转型的重要因素。

　　企业想通过速度取胜的最大障碍在于 IT 交付的差距。想要消除技术交付的鸿沟，技术部门必须改变传统的"全部项目靠自己"的思维，建立可重复利用成果的思维模式，便于企业内的开发团队高效共享这些成果。

　　现代化的 API 是重复利用思维模式背后的核心推动者。现代化的 API 遵守标准（如 HTTP、REST、JSON 等），对开发者友好，与开发语言无关，对开发者来说更容易应用和理解。现代化的 API 不仅仅是代码，它们还是产品，位于项目之上，同时具有严格的安全和管理规范，有自己的软件开发生命周期，包括设计、测试、创建、管理和版本控制等。

　　想要在数字化时代取胜，企业需要在 API 经济领域扮演重要角色。现代社会节奏下，我们都习惯了即时连接。今天，你很难想象排着长队在银行兑现支票或者等候出租车超过 10 分钟的情景。而在几年前，这就是我们的日常生活现象。

　　随着云计算、大数据、人工智能等技术的蓬勃发展，移动互联网、物联网产业加速创新，移动设备持有量不断增加，Web 应用、移动应用已融入生产和生活的各个领域。在这一过程中，API 作为数据传输流转的重要通道发挥着举足轻重的作用，承担着不同复杂系统环境、组织机构之间的数据交互和传输的重任。

　　在未来，很多功能、数据和服务都可能以 API 的形式展现出来。基于 API，我们可以构建许多系统和产品，比如各种类型的 App、微信公众号、H5 网站，以及机器人和物联网产品。API 崛起之后对很多行业都产生了重大影响。

　　现代化的 API 是连接世界的无名英雄。它让我们期待和依赖的所有交互成为可能。它帮助企业更快地将新技术产品推向市场，并快速建立新的市场格局，改变工作流程来适应不断变化的消费习惯。

1. 微服务的演进

　　在讲述 Apache APISIX 之前，我们先来回顾一下微服务的演进史。只有回顾历史，才能更好地了解这个产品未来要做什么。

　　（1）从单体到微服务

　　图 2-1 所示是一个单体架构图，其中有 3 个服务实例，它们分别做了 3 件不同的事，但又互相包含很多重复的功能，比如限流限速、身份认证等。这些是每个接口都要完成的任务，所呈现的状态就是每个 API 做了很多与业务不相关但又不得不做的事情。

　　这种模式的痛点是大量的重复开发。如果放在容器中运行，不仅架构烦琐，而且修改也很麻烦。一旦把限流限速的逻辑修改了，每个服务都需要修改。

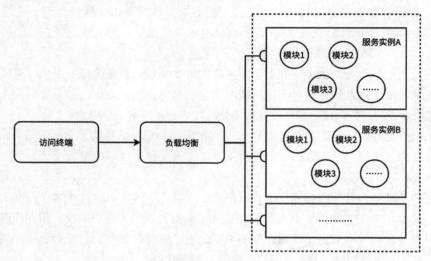

图 2-1　单体架构图

　　API 网关的作用就是把业务无关的功能剥离出来，让 API 只关心业务本身，与业务无关的功能全都交给 API 网关，比如协议的转换、限流限速、安全、统计、可追踪、缓存、日志报表等。这样一来，业务才能运行得更快。这就是为什么在后续技术发展过程中，服务会从单体逐渐往 API 网关的架构演变。

　　（2）微服务从类库模式到代理模式

　　很多 Java 工程师在微服务架构中会选择 Spring Cloud 或 Dubbo，采用类库的方式放在代码中。但在实践过程中通常会出现升级困难的情况，如果团队是多计算语言背景，就需要维护多个类库，比如有 10 个版本与 10 种语言，就需要维护 100 个类库。

　　而如果通过代理的方式（如图 2-2 所示的 API 网关模式），就可以把多版本和多计算语言的问题轻松解决。

　　（3）微服务从代理模式到 Sidecar 模式

　　目前很多代理都是基于 NGINX 来实现的，而 NGINX 的所有功能都是根据配置文件来实现的，因此代理存在路由、上游、证书等组件无法动态加载的痛点。在 Kubernetes 体系下，上游与证书经常发生变化，如果使用 NGINX 来处理，就需要频繁重启服务。

　　而在 Sidecar 模式下，服务对 Sidecar 是无感知的，进入和流出的流量都会被 Sidecar 劫持。所以 API 网关中涉及与业务无关的功能，都可以用 Sidecar 模式实现。换个角度来看，如果把 API 网关变成 Sidecar 模式，其所能实现的功能基本相同，只不过一个处理南北向流量，一个处理东西向流量。

　　2. 下一代微服务

　　或许 Sidecar 模式到最后也会消失，变成一个可选项，而不是在服务网格（Service Mesh）里的必选项。所以在 Apache APISIX 的功能打造上，初衷是希望通过 APISIX 把 Sidecar 从微服务中抽取出来，这样用户在部署一个或多个 APISIX 时，就可以和微服务部署在同一台机器上；或者分开部署，打造中心节点或集群模式。

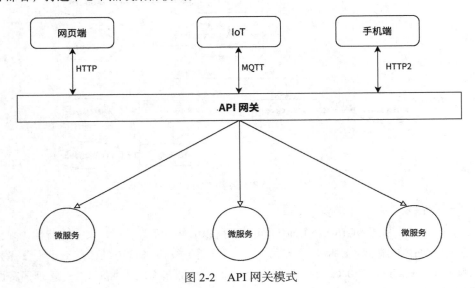

图 2-2 API 网关模式

我们认为，下一代网关可以替代服务网格，因为它们能解决的用户问题是一样的，比如服务治理、流量管理、及时感知动态变化等。所以 APISIX 在功能方面能做到全动态、全协议支持、高性能与云原生友好，也是综合考虑了各种微服务场景下的前景与变动。

我们希望 Apache APISIX 不仅可以把 NGINX 的南北向流量解决掉，还可以处理微服务相关的东西向流量。即 APISIX 不仅能用做 API 网关，也能用做 Kubernetes Ingress 控制器，更可以在服务网格中进行流量管理的控制。

2.1.2 Apache APISIX 能做什么

Apache APISIX 是云原生、动态、高性能和可扩展的代理和服务总线，连接云原生架构下的 API 和微服务。

如图 2-3 所示，APISIX 因其自身优秀的特性，为负载均衡器、API 网关、微服务网关、Kubernetes Ingress 以及服务网格等领域提供了新选择。

统一基础设施带来了如下优势。

❑ 从开发角度：统一技术栈，降低学习成本，提升技术纵向学习深度。

❑ 从运维角度：降低运维复杂度，统一服务治理和可观测能力。

❑ 从公司角度：降低公司研发和运维成本。从硬件或付费软件过渡到开源免费软件，公司不被其他商业公司锁定，保持可控并提升自身安全，为将来过渡到微服务、云原生和服务网格架构提供更加流畅的可操作性。

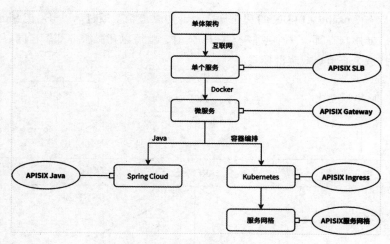

图 2-3 APISIX 涉及的领域

1. 负载均衡器

Apache APISIX 基于 NGINX + LuaJIT 实现，所以天然具备高性能、安全等特性，并且原生支持动态 SSL 证书卸载、SSL 握手优化等功能，在负载均衡服务能力的体现上也十分优秀。从 NGINX 切换到 Apache APISIX，不仅性能不会下降，而且能享受到动态、统一管理等特性带来的管理效率提升。

2. API 网关

API 网关是 Apache APISIX 目前最主要的应用场景。APISIX 基于云原生架构选型，可以满足用户的绝大部分高可用需求。其 QPS 表现是同类开源项目的 10 倍左右，而延迟速度只有同类开源项目的 1/100。

借助灵活的插件机制，APISIX 可针对内部业务实现功能定制。比如支持自定义负载均衡算法与路由算法，使其不受限于 API 网关；或者通过运行时动态执行用户自定义函数的方式来实现 Serverless，使网关边缘节点更加灵活。

3. 微服务网关

Apache APISIX 不仅支持 Lua 编写自定义插件，也支持 Java、Go、Rust、C、C++、Python 等语言编写扩展插件，从而解决东西向微服务网关面临的主要问题——异构多语言和通用问题。APISIX 可支持的服务注册中心有 Nacos、etcd、Eureka 等，还有标准的 DNS 方式，可以平滑替代 ZUUL2、Spring Cloud Gateway、Dubbo 等微服务网关。

4. Kubernetes Ingress

目前，官方 Kubernetes Ingress Controller 项目主要基于 NGINX 配置文件，所以在路由能力和加载模式上稍显不足，并存在一些明显劣势。比如添加或修改任何 API 时，需要重启服务才能完成新 NGINX 配置的更新，但重启服务对线上流量的影响是巨大的。

　　而 Apache APISIX Ingress Controller 完美解决了上面提到的所有问题。它支持全动态运行，无须重启加载，同时还继承了 APISIX 的所有优势，支持原生 Kubernetes CRD，方便用户迁移。APISIX Ingress Controller 架构如图 2-4 所示。

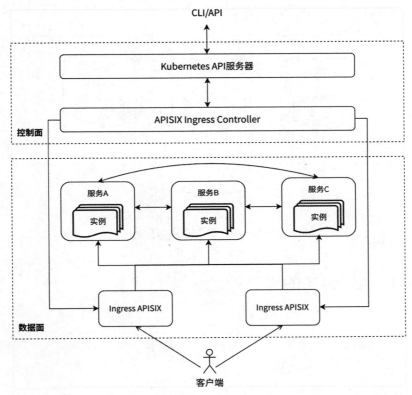

图 2-4　APISIX Ingress Controller 架构

5. 服务网格

　　服务网格是处理服务间通信的基础设施层，负责构成并处理现代云原生应用程序的数据传输与服务，从而产生后续更可靠的交付请求。服务网格中通常会为每个服务实例提供一个 Sidecar 代理实例，Sidecar 会处理服务间的通信、监控和安全相关的问题，以及任何可以从各服务中抽象出来的逻辑。

　　近年来，基于云原生模式架构下的服务网格架构开始崭露头角。APISIX 也提前开始锁定赛道，通过市场调研和技术分析后，APISIX 已支持 xDS 协议，基于 APISIX 的服务网格方案也就此诞生，APISIX 也在服务网格领域拥有了一席之地。APISIX 服务网格架构如图 2-5 所示。

　　APISIX 的核心是高性能代理服务，自身不绑定任何环境属性。当 APISIX 演变为 Ingress、服务网格等产品时，是外部服务与 APISIX 配合共同打造出来的服务呈现，变化的是外部程序而不是 APISIX 自身，所以 APISIX 将成为助力"互联"的最佳工具。

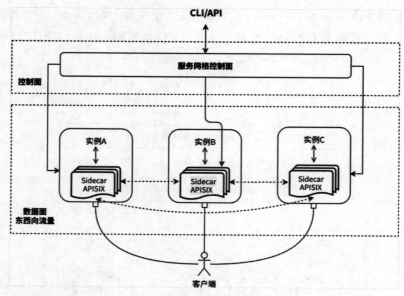

图 2-5　APISIX 服务网格架构

2.2　Apache APISIX 的设计理念与项目优势

2.2.1　设计理念

Apache APISIX 是云原生类型的 API 网关，为了弥补一些传统 API 网关在架构上的缺陷，对架构进行了更进一步的优化与升级。

1. 云原生架构，顺应时代

现在很多应用都在向微服务和容器化迁移，新的云原生时代已到来。云原生作为当下的技术潮流，将重写传统企业的技术架构，适用于公有云、私有云和混合云等各种环境。

云原生体系的特点之一是由各种开源项目组成。不同于以往的商业闭源项目，开源模式缓解了收费贵等问题，加速了技术落地和扩展。在一个商业竞争激烈的时代，公司越快占据技术顶峰，也会越快地占据商业的顶峰。

而网关作为云原生入口，是应用云原生模式的一个必经之地，是开启"财富"的关键钥匙。

APISIX 架构如图 2-6 所示，左、右分别是 APISIX 的数据面（Data Plane）和控制面（Control Plane），与大家所熟悉的后端服务体系一样。

- ❑ 数据面：以 NGINX 的网络库为基础（未使用 NGINX 的路由匹配、静态配置和 C 模块），使用 Lua 和 NGINX 动态控制请求流量。
- ❑ 控制面：使用 etcd 来存储和同步网关的配置数据，管理员通过 Admin API 或者 Dashboard 可以在毫秒级别内通知到所有的数据面节点。

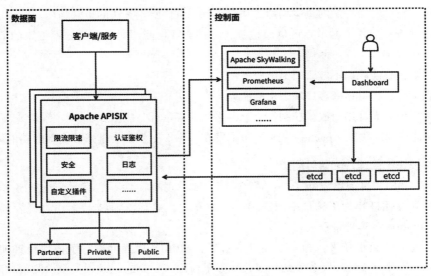

图 2-6 APISIX 架构

因为 APISIX 使用了 etcd 作为配置中心,所以更改 etcd 中的配置即可完成对 APISIX 网关节点的控制。这使得后续在对接其他组件时会非常方便,可以直接把 etcd 当作服务注册中心来使用。当然 APISIX 也同时支持 Consul、Eureka、Nacos 等服务注册中心,具有真正的云原生模式流程。

在此架构中,数据面主要负责接收并处理调用方请求,使用 Lua 与 NGINX 动态控制请求流量,可用于管理 API 请求的全生命周期。控制面则包含 Admin API 和默认配置中心 etcd,可用于管理 API 网关。管理员在访问并操作控制台时,控制台将调用 Admin API 并将其下发配置到 etcd,借助 etcd Watch 机制将配置在网关中实时生效。

2. 全动态设计,运维方便

与传统不支持动态路由的方案相比,APISIX 所有对象都支持内存动态添加或更新,包括路由、上游服务(Upstream)、SSL 证书、消费者等,都可以通过 Admin API 进行动态更新和实时管理,因此数据替换和更新时不会产生任何进程重启,从而将对线上流量的影响降到最低。

在这个架构中,任何一个服务单点出现异常宕机等事故,都不会影响 APISIX 对外提供服务的能力。

以下是支持动态加载的部分功能。

❏ 热更新和热插件:无须重启服务,就可以持续更新配置和插件。

❏ 代理请求重写:支持重写请求上游的 host、uri、schema、enable_websocket、headers 等信息。

❏ 输出内容重写:支持自定义修改响应内容的 status code、body、headers。

❏ Serverless:在 APISIX 的每个阶段都可以添加并调用自己编写的函数。

❏ 动态负载均衡:动态支持有权重的轮训调度负载均衡。

❑ 支持一致性哈希算法的负载均衡：动态支持一致性哈希算法的负载均衡。

❑ 健康检查：启用上游节点的健康检查，将在负载均衡期间自动过滤不健康的节点，以确保系统稳定性。

❑ 熔断器：智能跟踪不健康的上游服务。

❑ 代理镜像：提供镜像客户端请求的能力。

❑ 流量拆分：允许用户逐步控制各个上游之间的流量百分比。

更多功能可随时关注 Apache APISIX 版本发布，每次更新都会带来更完善的功能体验。

3. 插件模块化管理，配置可插拔

Apache APISIX 目前已发布了 70 多个插件，如果现有插件不能满足当前业务需求，用户也可以自行开发插件。为了满足不同需求的自主开发，APISIX 还支持多语言开发插件，支持 Java、Go、Python 等多种编程语言。

由于目前插件数量较多，为了方便统一管理，APISIX 对插件进行了模块化管理，通过插件机制来实现各种流量处理和分发的功能，比如限流限速、日志记录、安全检测、故障注入等，同时支持用户编写自定义插件来对数据面进行扩充。

以下仅列举部分示例。

❑ key-auth：基于 Key Authentication 的用户认证。

❑ jwt-auth：基于 JWT（JSON Web Tokens）Authentication 的用户认证。

❑ limit-count：基于"时间窗口"的限速实现。

❑ limit-conn：限制并发请求（或并发连接）。

除此之外，APISIX 的插件支持热插拔。不管是新增、删除还是修改插件，都无须重新启动服务，操作起来更方便、快捷。像常用功能限速限流、身份认证、请求重写、URL 重定向等都可以基于插件实现动态插拔。

同时借助插件编排的方式，也可以把 APISIX 多个插件的上下游关系全部串联起来，形成一个新的插件。基于已有插件，可在 APISIX Dashboard 中，通过拖拽方式生成一个全新的插件（APISIX Dashboard 旨在让用户通过前端界面尽可能轻松地操作 APISIX，它属于控制平面，执行所有参数检查）。

总体而言，Apache APISIX 对插件的一些操作支持与其他 API 网关有所不同，比如：

❑ 按需"继承"。

❑ 允许安装在 NGINX 的所有阶段。

❑ 支持热加载模式，启动和关闭插件都无须重启。

更多关于自主插件开发操作将在后文中进行详细的介绍。

4. 内置高可用和无状态设计

Apache APISIX 是一套完整的 API 网关解决方案，不仅提供数据面实现，还提供控制面实现，二者均为**无状态**设计，可以根据需求进行自由扩缩容。同时配置中心使用了 etcd 进行存储

和路由数据分发，所以整体架构默认高可用，没有单点故障。

底层结构上，Apache APISIX 基于 NGINX 的网络层，其单核心 QPS 1.5 万，延迟低于 0.7ms。同时，在路由表现上也非常出色：

- □ APISIX 的路由复杂度只与 URI 的长度有关，与路由数量无关。
- □ IP 匹配时间复杂度不会因大量 IP 判断而导致 CPU 资源占满。
- □ APISIX 的路由匹配可接受 NGINX 的所有变量作为条件，并支持自定义函数。
- □ APISIX 在 etcd 的加持下，可以实现配置下发实时到达所有网关节点。
- □ 在负载均衡方面，除了基础的 roundrobin、chash 之外，还内置了 ewma（选择最小延迟节点）和 least_conn（选择最少连接节点）等策略并开放了 API 能力，支持用户根据自身业务场景自定义策略。

2.2.2　项目优势

Apache APISIX 之所以能够成为目前 Apache 软件基金会中活跃度最高的开源 API 网关项目，是因为其有很多独特的优势。作为一个开源项目，如果要成功，就必须成为某个领域最优的解决方案。

目前很多流行的 AI、大数据类开源项目都集中在 Apache 软件基金会。Apache APISIX 作为这些项目的同行者，彼此具有相同的文化认同，将会更容易完成多样生态的对接。

目前，支流科技还捐赠了 APISIX Ingress Controller 到 Apache 软件基金会，为 Kubernetes 流量入口转发提供了更多选择。

同时 Apache APISIX 被纳入 CNCF 全景图，配合 etcd、Prometheus 等技术选型，共同打造了云原生的技术栈，降低用户迁到云原生体系的成本。

自身能力的优势，加之积极与其他周边生态进行集成开发，Apache APISIX 已经发展为最活跃的 API 网关。

1. 性能极致，方便二次开发与运维

从 APISIX 诞生的第一天起，它的性能就在 API 网关领域遥遥领先。一方面 APISIX 基于 NGINX 自身优秀的底层网络来稳固根基，支持 mTLS 认证以及敏感信息加密加盐保存；另一方面得益于具有行业领先的路由匹配算法和优异的 APISIX 核心代码。这些都使得 APISIX 可以游刃有余地应付路由数量较大、使用情况复杂的真实场景（比如南北流量入口）。

前面提到过，Apache APISIX 在设计之初就支持插件模块化和可插拔。在架构中通过暴露接口，可方便为 API 绑定插件。比如为 API 增加限速能力，只需为 API 绑定 limit-req 插件即可，操作简单、快速。

由于 APISIX 是完全基于插件进行扩展的，因此通过插件机制可以很方便地进行二次开发和运维，并针对内部业务完成功能定制。其他网关产品的插件开发可能需要大量代码，或仅针对某些特定计算语言，而 Apache APISIX 开发一个功能插件只需要**一个文件**且只需 70 行左右代码

即可完成。

除了在配置上的简易度支持外，APISIX在插件开发上还增加了多语言编程插件。之前APISIX只支持使用Lua语言编写插件，需要开发者掌握Lua和OpenResty相关的开发能力。然而相对于主流开发语言Java和Go来说，Lua和OpenResty属于小众的技术，开发者很少。如果从头开始学习这两门语言，需要付出相当多的时间和精力。

目前APISIX已支持多语言开发插件，使用者可以利用自己熟悉的技术栈来开发Apache APISIX。以支持Java为例，使用者不仅可以使用Java语言编写插件，还可以融入微服务生态圈，广泛使用生态圈内的各种技术组件来实现更多功能。

APISIX的多语言模式主要依靠的是Plugin Runner插件运行器（泛指多语言支持的项目）。目前Plugin Runner支持Java、Go、Python等编程语言，更多细节操作将会在第二部分进行讲解。

后续更多编程语言类型仍在开发中，也欢迎社区伙伴进行积极参与和贡献。

2. 社区活跃，贡献途径多

Apache APISIX是一个年轻且充满活力的开源项目。从2019年4月写下第一行代码开始，到2019年10月进入Apache软件基金会孵化器，再到2020年7月毕业成为Apache顶级项目，在这一年多的时间内，贡献者人数仍在快速增长中。

图2-7展示的是Apache APISIX所有项目贡献者增长曲线（截止到2022年6月30日），能够看到Apache APISIX的增长速度从开源第一天就保持着非常不错的增长率，时间越往后增长斜率越大，可见后续产品逐渐出圈并得到大家的强烈支持。

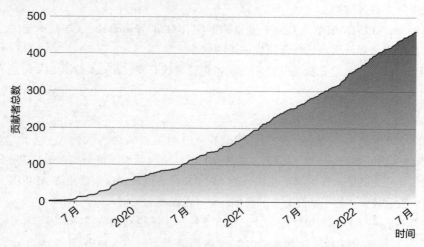

图 2-7　Apache APISIX 所有项目贡献者增长曲线

想要成为APISIX的贡献者很简单，Apache APISIX社区不仅接受代码方面的贡献，还接受文档、测试、设计、制作视频等方面的贡献。在GitHub上提PR或Issue，参与邮件列表的讨论，通过直播分享或在交流群帮助大家解决问题，参加线上或线下交流会，都是参与贡献的途径。

如果你对 Apache APISIX 项目感兴趣，也随时欢迎通过以上途径加入社区！想要获取如何加入社群的相关信息，也可以通过 APISIX GitHub Readme 查看更多细节。

3. 生态扩展丰富

Apache APISIX 除了架构和插件机制非常优秀外，对周边生态系统的支持也十分完善。

目前 APISIX 支持裸金属、虚拟机、Kubernetes、ARM64、公有云、混合云等多种部署模式，也可轻松与其他组件对接，共同为企业赋能。

在 Apache APISIX 的生态网中，支持多种协议，包括常见的 7 层协议 HTTP(S)、HTTP2、Dubbo 和物联网协议 MQTT 等，还有 4 层协议 TCP/UDP，同时也支持集成一些开源或者 SaaS 服务，比如 Apache SkyWalking、Prometheus、Vault 等。

前面也提到过，APISIX 不仅在 API 网关领域大显身手，在 Ingress 和服务网格领域也占有一席之地。

（1）APISIX Ingress Controller

在 Kubernetes 生态中，Ingress 作为表示 Kubernetes 流量入口的一种资源，想要让其生效，就需要有一个 Ingress 控制器去持续监控 Kubernetes 中的 Ingress 资源，并对这些资源进行相应规则的解析和实际流量的承载，如 Kubernetes Ingress NGINX 就是使用最广泛的 Ingress 控制器。

而 APISIX Ingress 则是另一种 Ingress 控制器的实现。与 Kubernetes Ingress NGINX 的主要区别在于，APISIX Ingress 是以 Apache APISIX 作为实际承载业务流量的数据面。APISIX Ingress 实现流程如图 2-8 所示，当用户请求到具体的某一个服务、API 或网页时，通过外部代理将整个业务流量或用户请求传输到 Kubernetes 集群，然后经过 APISIX Ingress 进行后续处理。

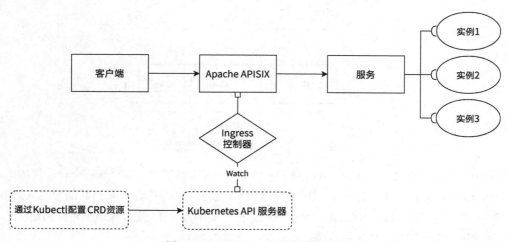

图 2-8　APISIX Ingress 实现流程

由于 APISIX 是一个全动态的高性能网关，因此 APISIX Ingress 自身就支持全动态，包括路由、SSL 证书、上游以及插件等。同时，APISIX Ingress 还具有以下特性：

❑ 支持 CRD，更容易理解声明式配置，同时状态检查可保证快速掌握声明配置的同步状态。

❑ 支持高级路由匹配规则以及自定义资源，可与 APISIX 官方全部插件和客户自定义插件
进行扩展使用。

❑ 支持 Kubernetes 原生 Ingress 配置。

❑ 支持流量切分。

❑ 支持 gRPC Plaintext 与 TCP 4 层代理。

❑ 服务自动注册发现，无惧扩缩容。

❑ 更灵活的负载均衡策略，自带健康检查功能。

更多关于 APISIX Ingress 内容将在第三部分进行介绍。

（2）服务网格

鉴于 APISIX 的优秀设计，不仅可以用于管理南北向流量，也可以用于管理服务网格的东西
向流量。APISIX 的架构优势让其呈现出高性能与全动态，并适用于多种生产场景。

目前，APISIX 服务网格方案是基于 Istio 进行开发的，其实现流程如图 2-9 所示。在此架构
中，使用 Istio 作为控制面，使用加载动态库的方式将 APISIX 作为数据面。

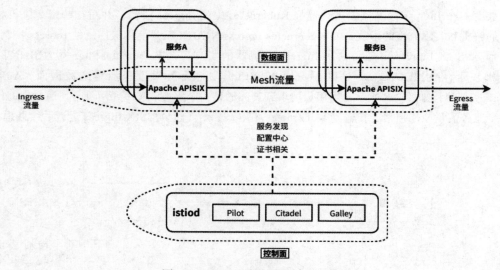

图 2-9　APISIX 服务网格实现流程

其中，动态库称之为 Amesh。Amesh 是一个用 Go 编写的程序，编译成一个动态链接库，在
APISIX 启动时进行加载。它使用 xDS 协议与 Istio 进行交互，并将获取到的配置写入 APISIX
的 xDS 配置中心中，进而生成具体的路由规则，最终使用 APISIX 完成对应请求的路由。

更多关于服务网格的内容将在第三部分进行介绍。

通过前面的介绍，相信你已经对 Apache APISIX 有了更加透彻的了解。从底层架构到应用
场景的开发，配合社区生态的积极探索，让 Apache APISIX 项目蓬勃发展。看到这里，如果你
已经开始对 APISIX 感兴趣了，那么欢迎加入 APISIX 社区，开启属于你的开源之路。

第 3 章 · *Chapter 3*

快速上手 Apache APISIX

通过前面的概念介绍，相信你已经开始对 APISIX 的实操跃跃欲试了。本章将介绍如何快速安装 APISIX，并通过示例介绍 APISIX 中的常用组件，比如它们是什么、能处理哪些细节等，最后介绍 APISIX 为什么选择现在的架构模式，为之后的实践与场景处理做好充足准备。

3.1 安装 APISIX

Apache APISIX 是一个服务端软件，这意味着需要将它安装在服务器操作系统中，或者使用 Docker 等容器技术将它部署在任意服务器上。

本节将学习如何在自己的系统中安装 Apache APISIX，可以从以下几种方式中选择熟悉的方式进行安装。

3.1.1 使用 RPM 安装

此方法适用于 CentOS 7 和 CentOS 8 系统。如果选择该方法安装 APISIX，需要安装 etcd。

1. 使用 RPM 安装 APISIX

（1）通过 RPM 仓库安装

通过 RPM 仓库安装前，需要先安装依赖包，可以通过以下方式安装依赖包：

```Shell
sudo yum install \
-y https://repos.apiseven.com/packages/centos/apache-apisix-repo-1.0-1.noarch.rpm
```

然后添加 APISIX 的 RPM 仓库：

```Shell
sudo yum-config-manager --add-repo \
https://repos.apiseven.com/packages/centos/apache-apisix.repo
```

完成上述操作后，使用以下命令安装 APISIX：

```Shell
sudo yum install -y apisix
# 安装指定版本的 APISIX
# sudo yum install -y apisix-2.13.1
```

安装完成后，可参考后面"管理 APISIX 服务"的内容，启动 APISIX。

（2）通过 RPM 包离线安装

首先需要找到一台可以正常上网的服务器，通过以下命令下载 APISIX 离线包：

```Shell
sudo mkdir -p apisix
sudo yum install -y https://repos.apiseven.com/packages/centos/apache-apisix-
    repo-1.0-1.noarch.rpm
sudo yum clean all && yum makecache
sudo yum install -y --downloadonly --downloaddir=./apisix apisix
```

然后将 apisix 文件夹复制到目标主机并运行以下命令：

```Shell
sudo yum install ./apisix/*.rpm
```

2. 安装 etcd

APISIX 使用 etcd 作为配置中心进行配置的保存和同步。在使用 APISIX 之前，需要在主机上安装 etcd，执行以下命令：

```Shell
ETCD_VERSION='3.4.18' # 设置 etcd 版本环境变量
wget https://github.com/etcd-io/etcd/releases/download/v${ETCD_VERSION}/etcd-
    v${ETCD_VERSION}-linux-amd64.tar.gz
tar -xvf etcd-v${ETCD_VERSION}-linux-amd64.tar.gz && \
    cd etcd-v${ETCD_VERSION}-linux-amd64 && \
    sudo cp -a etcd etcdctl /usr/bin/
nohup etcd >/tmp/etcd.log 2>&1 &
```

当然也可以使用其他的数据库作为配置中心，可学习 4.4 节内容来更换配置中心。

3. 管理 APISIX 服务

APISIX 安装完成后，需要对 APISIX 进行初始化，命令如下：

```Shell
apisix init
```

初始化完成后，执行以下命令启动 APISIX。

```Shell
apisix start
```

关于 APISIX 更多命令及用法可参考 10.1 节。

启动成功后可以通过以下命令进行测试：

```Shell
curl "http://127.0.0.1:9080/apisix/admin/services/" \
-H 'X-API-KEY: edd1c9f034335f136f87ad84b625c8f1'
```

返回结果如下，表示启动成功：

```Shell
{
    "count":1,
    "action":"get",
    "node":{
        "key":"/apisix/services",
        "nodes":{},
        "dir":true
    }
}
```

3.1.2 使用 Docker 安装

1. 使用单机模式运行 APISIX

在单机模式下，APISIX 使用 apisix.yaml 配置文件作为配置中心来存储路由、上游和消费者等信息。APISIX 启动后，会定期（默认为 1s）加载 apisix.yaml 文件，更新相应的配置信息。

1）以下命令可以为 APISIX 创建配置文件，并启用独立模式。

```Shell
cat << EOF > $(pwd)/config.yaml
apisix:
    enable_admin: false
    config_center: yaml
EOF
```

2）启动 APISIX。

```Shell
docker run -d \
    --name apache-apisix \
    -p 9080:9080 \
    -v $(pwd)/config.yaml:/usr/local/apisix/conf/config.yaml \
    apache/apisix
```

3）修改单机模式配置文件。

完成上述步骤后，可以参考以下示例将路由和插件配置写入 apisix.yaml 文件。

```YAML
cat << EOF > apisix.yaml
routes:
    -
        uri: /*
        upstream:
            nodes:
                "httpbin.org": 1
            type: roundrobin
        plugin_config_id: 1
plugin_configs:
    -
        id: 1
        plugins:
            response-rewrite:
                body: "Hello APISIX\n"
        desc: "response-rewrite"
#END
EOF
```

再通过以下命令将 apisix.yaml 文件复制到 APISIX 容器中，重新加载 APISIX 并测试配置是否生效。

```Shell
docker cp apisix.yaml apache-apisix:/usr/local/apisix/conf && \
docker exec -it apache-apisix apisix reload && \
curl http://127.0.0.1:9080/anything
```

响应如下，表明 APISIX 运行成功。

```Shell
Hello APISIX
```

2. 使用 etcd 作为配置中心运行 APISIX

在启动 APISIX 容器之前，需要创建一个 Docker 虚拟网络并启动 etcd 容器。

1）创建 Docker 虚拟网络并查看 subnet 地址，然后启动 etcd。

```Shell
docker network create apisix-network --driver bridge && \
docker network inspect -v apisix-network && \
docker run -d --name etcd \
    --network apisix-network \
    -p 2379:2379 \
    -p 2380:2380 \
    -e ALLOW_NONE_AUTHENTICATION=yes \
    -e ETCD_ADVERTISE_CLIENT_URLS=http://127.0.0.1:2379 \
    bitnami/etcd:latest
```

2）在当前目录中创建 APISIX 配置文件。命令如下所示，需要将 allow_admin 设置为上一步中获取的 subnet 地址。

```YAML
cat << EOF > $(pwd)/config.yaml
apisix:
    allow_admin:
        - 0.0.0.0/0   # 设置为获取到的 subnet 的地址
                      # 如果不设置，则默认允许所有 IP 访问 APISIX
etcd:
    host:
        - "http://etcd:2379"
    prefix: "/apisix"
    timeout: 30
EOF
```

3）使用以下命令启动 APISIX 并使用上一步创建的配置文件。

```Shell
docker run -d --name apache-apisix \
    --network apisix-network \
    -p 9080:9080 \
    -v $(pwd)/config.yaml:/usr/local/apisix/conf/config.yaml \
    apache/apisix
```

4）安装完成后，在运行 Docker 的宿主机上执行 curl 命令访问 Admin API，根据返回数据判断 APISIX 是否成功启动。

```Shell
# 请在运行 Docker 的宿主机上执行 curl 命令
curl "http://127.0.0.1:9080/apisix/admin/services/" \
-H 'X-API-KEY: edd1c9f034335f136f87ad84b625c8f1'
```

返回数据如下，表示 APISIX 成功启动。

```JSON
{
    "count":1,
    "action":"get",
    "node":{
        "key":"/apisix/services",
        "nodes":{},
        "dir":true
    }
}
```

3.1.3　使用 Helm 安装

本节介绍如何使用 Helm Chart 快速在 Kubernetes 环境中安装 Apache APISIX。

1）添加 Helm Chart 仓库。

```Shell
helm repo add apisix https://charts.apiseven.com
```

2）更新 Helm Chart 仓库资源。

```Shell
helm repo update
```

3）安装 Apache APISIX。

```Shell
helm install my-apisix apisix/apisix
```

4）验证测试。

注意，以下命令均需要在 APISIX 运行的 Pod 中执行。首先通过 Admin API 创建一个路由，以 httpbin.org 作为上游。

```Shell
curl http://127.0.0.1:9080/apisix/admin/routes/1  -H 'X-API-KEY: edd1c9f034335f1
    36f87ad84b625c8f1' -X PUT -d '
{
    "upstream": {
        "pass_host": "node",
        "nodes": {
            "httpbin.org": 1
        },
        "type": "roundrobin"
    },
    "uri": "/ip"
}'
```

然后验证 APISIX 是否可以正常代理。运行以下命令，访问 APISIX 代理端口，得到如下结果，表示成功。

```Shell
curl http://127.0.0.1:9080/ip
# 返回结果
{
    "origin": "127.0.0.1"
}
```

关于 Helm 更多信息可访问 APISIX 的官网了解。

3.2　APISIX 相关概念

本节以 APISIX 在 CentOS 7.6 系统中的应用为例，介绍 APISIX 相关概念，以便更好地理解和使用 APISIX。

3.2.1　反向代理

APISIX 作为一个 API 网关，最基础的功能就是反向代理。什么是反向代理？

反向代理是指 API 网关接受互联网上的连接请求，然后将请求转发给内部网络上的服务器（上游），并且将结果从服务器返回给客户端。在通过 APISIX 实现反向代理之前，需要先了解几个 APISIX 中的概念。

Admin API 是一组用于配置 APISIX 路由、上游、SSL 证书等功能的 RESTful API。通过 Admin API 可获取、创建、更新以及删除资源，Admin API 的默认端口是 9080。在下面的示例中，我们将使用 Admin API 创建资源。更多详细信息可参考 10.2 节。

Upstream（上游）是对虚拟主机的抽象，即应用层服务或节点的抽象。上游的作用是按照配置规则对服务节点进行负载均衡，它的地址信息可以直接配置到路由或服务上。当多个路由或服务引用同一个上游时，可以通过创建上游对象，在路由或服务中使用上游 ID 的方式减轻维护压力。比如对给定的多个服务节点按照配置规则进行负载均衡，同时也可以设置上游服务的协议类型等。

在创建上游服务之前，需要启用两个 Web 服务。为了方便演示，本例直接使用 Docker 启动两个 Web 服务，后续内容的上游服务也将使用这两个 Web 服务。

假设此时 Docker 已经正常运行：

```Shell
# 运行两个 NGINX 容器 nginx01 和 nginx02，分别映射到 8081 和 8082 端口
docker run --name nginx01 -d -p 8081:80 nginx
docker run --name nginx02 -d -p 8082:80 nginx
# 向 nginx01 容器内写入文件，创建一个 index.html，内容为 here 8081
echo "here 8081" > index.html
# 将文件复制到容器的 NGINX 服务下
docker cp index.html nginx01:/usr/share/nginx/html
# 使用 curl 命令测试 NGINX
curl 127.0.0.1:8081
# 返回结果如下，表示正常
# here 8081
# 向 nginx02 容器内写入文件，在之前已经创建了 index.html
# 只需要替换 index.html 中的内容即可
echo "here 8082" > index.html
# 将文件复制到容器的 NGINX 服务下
docker cp index.html nginx02:/usr/share/nginx/html
# 使用 curl 命令测试 NGINX
curl 127.0.0.1:8082
# 返回结果如下，表示正常
# here 8082
```

在 APISIX 中，只需执行以下命令就可以创建一个上游服务：

```Shell
curl "http://127.0.0.1:9080/apisix/admin/upstreams/1" -H "X-API-KEY: edd1c9f0343
    35f136f87ad84b625c8f1" -X PUT -d '
{
    "type": "roundrobin",
    "nodes": {
```

```
        "127.0.0.1:8081":1,
        "127.0.0.1:8082":1
    }
}'
```

这里使用了 roundrobin 作为负载均衡机制，并将 127.0.0.1:8081 以及 127.0.0.1:8082 设置为上游服务（加权设置为 1）。

注意： 创建上游服务实际上并不是必需的，因为可以使用插件拦截请求进行直接响应。但在本节中，我们假设需要设置至少一个上游服务。

配置完成后，客户端是无法直接访问上游的，这里需要把上游配置到路由（Route）中，客户端才可以进行访问。路由又是什么？

路由是 APISIX 中最基础和最核心的资源对象，APISIX 可以通过路由定义规则来匹配客户端请求，根据匹配结果加载并执行相应的插件，最后把请求转发到指定的上游服务。路由主要包含三部分：匹配规则、插件配置和上游信息。

如下示例所示，通过 APISIX 的路由对象定义了一个 URI，当客户端请求这个 URI 时，APISIX 会将该请求转发到 127.0.0.1:8081 或 127.0.0.1:8082 上游服务中。

```
Shell
curl "http://127.0.0.1:9080/apisix/admin/routes/1" \
-H "X-API-KEY: edd1c9f034335f136f87ad84b625c8f1" -X PUT -d '
{
    "uri": "/index.html",
    "upstream_id": "1"
}'
```

接下来可以通过浏览器访问该地址，也可以使用以下命令访问：

```
Shell
curl http://127.0.0.1:9080/index.html
```

执行 4 次上述命令，出现如下结果，表示配置成功。

```
Apache
here 8081
here 8082
here 8081
here 8082
```

通过上述返回结果可以看到，该路由已经生效，最终实现了反向代理及负载均衡。

3.2.2　请求限制

通过以上示例，相信你已经了解了如何配置上游及路由，并最终实现了反向代理功能。如果一个客户端频繁地访问路由，势必会对服务器造成不必要的资源浪费。那么应该如何限制客户端的访问次数？答案是通过 APISIX Plugin（插件）机制实现请求限制功能。

　　插件是扩展 APISIX 应用层能力的关键机制，也是在使用 APISIX 时最常用的资源对象。插件主要是在 HTTP 请求或响应生命周期期间执行的、针对请求的个性化策略，可以与路由、服务或消费者绑定。

注意： 如果路由、服务或消费者都绑定了相同的插件，则只有一份插件配置会生效，选择插件配置的优先级由高到低是消费者 > 路由 > 服务。同时，在插件执行过程中也会涉及 6 个阶段，分别是 rewrite、access、before_proxy、header_filter、body_filter 和 log。在 APISIX 2.15 版本之后，新增了在代码配置内指定优先级的功能。使用该功能可以在某个特定的路由上调整某几个插件的执行顺序，从而打破之前插件优先级属性的束缚。应用此功能后，插件执行顺序如下：消费者→路由→插件代码中指定的优先级→服务。

　　基于上面的示例，如果在访问 /index.html 这个 URI 时增加一个请求限制，就可以通过插件资源对象进行 limit-count 插件配置。为了方便测试，我们设置一个客户端在 2min 内仅可以访问一个路由 5 次。

```Shell
curl "http://127.0.0.1:9080/apisix/admin/routes/1" \
-H "X-API-KEY: edd1c9f034335f136f87ad84b625c8f1" -X PUT -d '
{
    "uri":"/index.html",
    "upstream_id": "1",
    "plugins":{
        "limit-count":{
            "count":2,
            "time_window":60
        }
    }
}'
```

使用以下命令测试：

```Shell
curl http://127.0.0.1:9080/index.html
```

返回结果如下：

```Shell
here 8081
here 8082
# 第三次返回结果
<html>
<head><title>503 Service Temporarily Unavailable</title></head>
<body>
<center><h1>503 Service Temporarily Unavailable</h1></center>
<hr><center>openresty</center>
```

```
</body>
</html>
```

由上述结果可以看出，在请求两次后，该路由就返回了 503 请求失败的结果，表明插件已经配置成功。

在大多数情况下，可以通过为路由添加插件的方法来实现一些功能。假如我们需要一个能作用于所有请求的插件，应该怎么办？这时可以通过 Global Rule（全局规则）的方式使插件全局生效。

全局规则是指对所有进入 APISIX 的请求都需要执行的规则。绑定在全局规则上的插件，对所有请求都生效，并且在所有路由级别的插件之前优先运行。比如，可以把之前设置的 limit-count 插件配置为全局插件，命令如下。

```Shell
curl "http://127.0.0.1:9080/apisix/admin/global_rules/1" \
-H "X-API-KEY: edd1c9f034335f136f87ad84b625c8f1" -X PUT -d '
{
    "plugins":{
        "limit-count":{
            "count":2,
            "time_window":60
        }
    }
}'
```

这时可以通过修改上述创建的路由来测试效果。

```Shell
curl "http://127.0.0.1:9080/apisix/admin/routes/1" \
-H "X-API-KEY: edd1c9f034335f136f87ad84b625c8f1" -X PUT -d '
{
    "uri": "/index.html",
    "upstream_id": "1"
}'
```

从上述配置可知，我们仅仅设置了 uri 和 upstream，并没有在路由上绑定 limit-count 插件。

接下来，可以对修改后的路由进行测试：

```Shell
curl http://127.0.0.1:9080/index.html
```

连续请求三次，返回如下结果：

```Gherkin
here 8081
here 8082
# 第三次返回结果报错
<html>
<head><title>503 Service Temporarily Unavailable</title></head>
```

```
...
</html>
```

由以上结果可知，我们设置的全局插件已经生效。

（1）插件配置

在很多情况下，我们在不同的路由中会使用相同的插件规则，此时可以通过插件配置（plugin-config）来设置这些规则。

插件可以通过 Admin API 内容下的 /apisix/admin/plugin_configs 路径进行单独配置，在路由中使用 plugin_config_id 与路由进行关联。在这里，插件配置属于一组通用插件配置的抽象。

如果需要在不同的路由上配置一组插件，它们的配置参数都一致，则可以把它们提取成一个插件配置，并绑定到对应的路由上。这样当修改某个插件的参数时，只需要修改插件配置中相应插件的参数，而不需要遍历分散在不同路由中的插件。详细配置方式可参考官网文档。

（2）插件元配置

插件元配置（plugin metadata）是插件配置的抽象。当插件绑定在不同路由、服务或全局规则上时，APISIX 内部会存在该插件的多份差异化插件配置，这些插件配置共享同一份插件元配置。

```Shell
curl http://127.0.0.1:9080/apisix/admin/plugin_metadata/example-plugin -X PUT -d '
{
    "skey": "val",
    "ikey": 1
}'
```

3.2.3　身份验证

在大多数场景下，我们需要对请求进行验证，这时就可以使用一个简单的认证插件：key-auth。该插件可以绑定在路由和服务中，同时需要配合消费者才可以正常使用。

服务（Service）是某类 API 的抽象（也可以理解为一组路由的抽象）。它通常与上游服务抽象是一一对应的，但与路由之间通常是 1 : N（即一对多）的关系。不同路由规则同时绑定到一个服务上，这些路由将具有相同的上游和插件配置。当路由和服务都开启同一个插件时，路由中的插件优先级高于服务中的插件。

通过以下命令创建一个服务，并在服务中引用之前所创建的上游，同时在该服务中绑定 key-auth 插件。

```Shell
curl http://127.0.0.1:9080/apisix/admin/services/1 \
-H 'X-API-KEY: edd1c9f034335f136f87ad84b625c8f1' -X PUT -d '
{
    "plugins": {
        "key-auth": {}
    },
```

```
        "upstream_id": "1"
}'
```

接下来可通过以下命令修改之前所创建的路由，并引用刚刚创建的服务（id 为 "1"）。

```Shell
curl "http://127.0.0.1:9080/apisix/admin/routes/1" \
-H "X-API-KEY: edd1c9f034335f136f87ad84b625c8f1" -X PUT -d '
{
    "methods": ["GET"],
    "uri": "/index.html",
    "service_id": "1"
}'
```

完成上述步骤后，就可以使用以下命令访问路由。

```Shell
curl http://127.0.0.1:9080/index.html
```

返回结果如下：

```Shell
{"message":"Missing API key found in request"}
```

通过以上结果得知，我们无法直接访问路由。为什么会出现这种情况？因为我们仅仅为路由开启了 key-auth 插件，并没有为消费者配置可以访问路由的 apikey。

消费者需与用户认证配合才能使用。当不同的消费者请求同一个 API 时，APISIX 会根据当前请求用户信息，对应不同的插件或上游配置。

在消费者中会使用 username 作为其唯一标识。如下示例所示，需要为 /index.html 配置 key-auth：

```Shell
curl http://127.0.0.1:9080/apisix/admin/consumers \
-H 'X-API-KEY: edd1c9f034335f136f87ad84b625c8f1' -X PUT -d '
{
    "username": "apisix",
    "plugins": {
        "key-auth": {
            "key": "auth-apisix"
        }
    }
}'
```

完成上述步骤，再进行如下测试：

```Shell
curl http://127.0.0.1:9080/index.html -H 'apikey: auth-apisix' -i
```

返回结果如下：

```
Apache
HTTP/1.1 200 OK
...
here 8081
```

由返回结果可知，刚刚设置的规则已经生效。

本节通过三个功能示例介绍了上游、路由、服务、插件和全局规则等相关概念及使用方法。在实际环境中，你可以使用这些功能应对更复杂的场景。

3.3 APISIX 架构

Apache APISIX 的底层架构为什么选择 NGINX 的底层网络库与 Lua 进行构建，又为何选择 etcd 作为配置中心？ APISIX 为了自身 API 网关的打造到底经历了什么？本节就进行 Apache APISIX 架构的相关介绍。

3.3.1 思考：API 网关的形态演进

网关演进如图 3-1 所示，其中图 3-1a 所示为网关最初的产品形态，左侧为客户端，右侧是服务，网关处于它们中间。由于服务会做聚合分类，在图 3-1b 中，服务被分成了两类。这时 API 网关就需要对外进行无感知，并根据用户请求的流量信息进行分发。

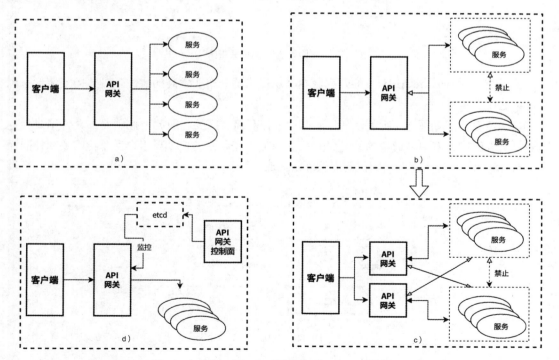

图 3-1 网关演进

但这种情况下,API 网关很容易出现单点故障,因此过渡到图 3-1c 所示的形态。图 3-1c 中存在两个 API 网关,它们都可以访问后方的任意一个服务集群,并互为备份,是一个高可用的基本形态,即客户端可以请求任意一个网关。

目前大多数的 API 网关都已进化为图 3-1d 所示的形态,即 API 网关负责流量转发,etcd 负责配置存储(配置共享、服务发现和服务注册等)。而 API 网关作为架构控制台,只有它具备配置高可用是远远不够的。

真正能够让用户安心的方案应该是 API 网关、配置中心和控制中心均完整支持高可用。作为一个微服务 API 网关,需要部署灵活,即 API 网关、etcd 和管理控制台均需要满足可任意数量伸缩,需要多少就部署多少,效果如图 3-2 所示。

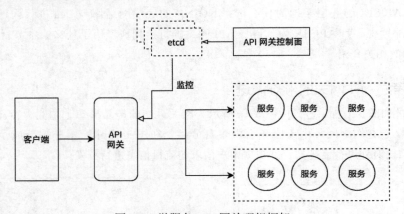

图 3-2 微服务 API 网关理想框架

这种方案对 Apache APISIX 的开源版本呈现提出了一个非常高的挑战。具体的安装形态到底应该是什么样子?

期望方案大概如图 3-3 所示,三种形态——控制面、网关、网关 + 控制面都允许用户独立部署,所以解决方案中最简单的就是只有一个网关 + 控制面的包,当用户需要将网关和控制面分别部署时,只修改配置和启用控制面就可以实现。

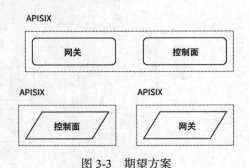

图 3-3 期望方案

通过配置的方式简单区分节点类型,而在任意一个节点里,既可以单独包含一部分,又可以同时包含两者。这种方式可以帮助用户很容易地解决一些问题，从而实现高可用、弹性伸缩、分布式集群以及故障自动转移。

在这个过程中演变出来的 API 网关基本架构如图 3-4 所示。

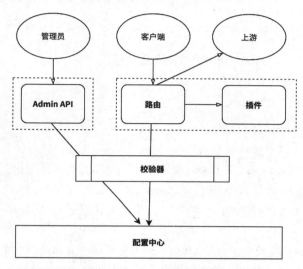

图 3-4　API 网关基本架构

整个流程是管理员通过 Admin API 告诉网关需要做什么并保存，这也是技术中常说的控制面所进行的流程。相对应的数据面部分，则主要处理外部用户的真实请求，并根据管理员的规则得到相应配置，然后执行配置中的插件并转发到指定上游。

这里涉及三个最基本问题。

❑ 路由：匹配用户请求，需要功能强大，并且性能足够好。

❑ 校验器：校验用户请求数据是否合法，需要通用且高性能。

❑ 配置中心：存储配置，高可用易用，支持增量订阅。

如果这三个基本问题处理好了，那么这个网关质量也就基本确定了。

3.3.2　探索：Apache APISIX 技术选型

在确认 APISIX 的最终架构之前，最核心的问题是需要明确"这个产品最终生产出来后，到底需要解决什么问题"。从以下角度来拆分目标或许会更清晰：

❑ 配置中心：高可用、增量订阅、历史记录查询。

❑ 语言或开发平台：动态、高性能，网关的周边资源丰富。

❑ 数据校验：开放的标准、有一定的生态系统。

❑ 加分项：顶级路由实现。

❑ 选型捷径：学习竞对，从 Gartner 报告中获取之前优秀网关产品的列表，进行分析和比较，尝试站在巨人肩膀上。

了解了这些，接下来就一起看看 Apache APISIX 的技术选型到底考虑了哪些细节。

1. 配置中心：etcd

Apache APISIX 的配置中心并没有选择传统的关系型数据库，而是选用了 etcd，主要是考虑到以下几点：

❑ 集群支持友好。

❑ 支持历史查询，可以获取到历史修改记录等信息。

❑ 满足事务支持，有些数据的存放是有条件的。

❑ 低于毫秒级别的变化通知。

2. 语言或开发平台：Lua+NGINX

新选型 API 网关开发平台基本只有两种选择，一种是 Lua，另一种是 Go。Go 属于静态语言，其动态能力表现上不如 Lua，所以基于对产品本身需求打造的动态化，最终选择了 Lua。

Apache APISIX 最初是直接基于 OpenResty 1.15.8 版本及以上和 Tengine 2.3.2 版本及以上进行开发的，二者都是基于 NGINX 的产品，搭配其中任何一个作为 runtime，都可以运行 APISIX。

为了满足对产品周边资源的扩展，APISIX 仍需要借助更通用的语言来扩大周边生态，这方面 Lua 与 C/C++ 并不在一个量级。所以在这点上，主要通过调用 C/C++ 的动态库来进行，此外也可以调用基于 Go 的库。

从这个角度来看，选择 NGINX 作为基础平台开展 APISIX 业务开发，对后续的拓展生态方面会比较有利。因为 NGINX 这几年被用于 API 网关的场景较多，所以有很多现成组件可以直接进行资源整合，在后续产品迭代的道路上也有更多的经验可以借鉴。

3. 数据校验：JSON Schema

JSON Schema 的数据校验规范在 Google 排名第一。换言之，如果高质量的工具出现并且可以复用，那就没有必要再花费时间去重新造一个性能可能不如人家的工具。于是在数据校验上，APISIX 选择了 JSON Schema 标准。

该校验标准涵盖 C、Java、JavaScript 等主流编程语言，同时官方还提供了现成的压测结果。这一点也满足了 APISIX 对于性能的要求。

当然，在实际操作中也经历了一些波折。JSON Schema 并没有完全适配 Lua 架构，最终 APISIX 根据一个开源方案进行了改造，实现了新的 api7/jsonschema，主要增加了以下功能：

❑ 运行时支持 OpenResty。

❑ 完整支持 draft-04。

❑ 完整支持 draft-06 和 draft-07。

该库采用了编译器的思维方式，并在实现过程中对其进行了测试。一个简单的对象有两个字段，分别是字符串和一个 int 类型，反复进行循环压力测试。最终结果显示，api7/jsonschema 的性能是 lua-rapidjson 的 5～10 倍，是 gojsonschema（Go）性能的 500～1000 倍。

4. 路由：自研 resty-radixtree 路由

路由是 API 网关的生命，没有高性能的路由，就没有快速的匹配过程，API 网关的性能也就无法提升。由于在 API 网关的组件中，只有路由是需要百分百参与用户请求的，而配置中心和参数校验均不需要，因此路由必须要具备高性能。同时，路由匹配类型也要足够灵活和强大，除了要支持最基本的 URI、Host 外，其他可选如 IP 地址、请求参数、请求头、Cookie 等。

除了性能外，APISIX 作为开源项目，还需要考虑开源环境下用户的发散需求。所以后续在路由模块中添加了自定义函数支持。当涉及不好表达或还未支持的逻辑时，用户就可以利用自定义函数的方式进行处理。

最终，APISIX 自研出了**集大成者的路由 resty-radixtree**。目前该路由单核心每秒可达百万次匹配，并且允许引用 NGINX 内置的任意变量。索引可自由创建的功能表现，也让它轻松支持 URI 或 Host+URI 的使用场景。

3.3.3 确认：Apache APISIX 架构

通过上述几个维度的选型过程，基于路由 resty-radixtree、校验器 api7/jsonschema 和配置中心 etcd 的共同部署，最终 Apache APISIX 架构雏形（如图 3-5 所示）就此诞生。

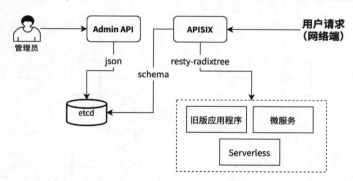

图 3-5 APISIX 业务架构雏形

图 3-5 展示了 Apache APISIX 目前的业务架构：左侧是管理员，右侧是用户请求。管理员把信息录入放到 etcd 里缓存后，用户访问 APISIX 进行路由，将匹配到的路由交给具体的微服务、Serverless 等，具体结构如图 3-6 所示。

同时，APISIX 软件层面并没有采用传统的层层嵌套方式，而是只有基础层和业务层。其中基础层完全脱离于 APISIX 内核，完全无业务绑定，可以在任何 Lua+NGINX 的项目中进行引用。

APISIX 的核心架构也进行了类似的架构分离模式，即**数据面**与**控制面**分离的架构方式。

数据面和控制面的概念并不是在 APISIX 第一次提出，它们是计算机网络的报文路由转发中很成熟的概念（如图 3-7 所示）。

数据面的设计核心就是高效转发，即在最短的时间里处理最多的包，通常使用高效内存管理、队列管理、超时管理等技术实现，而控制面则更偏向于控制与应用。

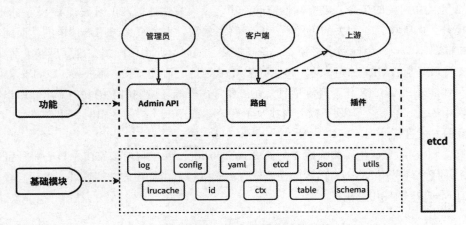

图 3-6 APISIX 业务架构的具体结构

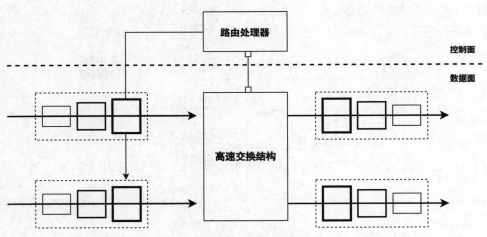

图 3-7 数据面与控制面

在 Apache APISIX 中，采用了如图 3-8 所示的架构方式，通过配置中心接收和下发配置，使得数据面不受控制面影响。

在这个架构中，数据面主要以插件的方式实现流控、认证、安全和日志等众多微服务网关核心功能，同时负责接收并处理调用方请求，使用 Lua 与 NGINX 动态控制请求流量，用于管理 API 请求的全生命周期。

控制面则主要以服务和后台的方式实现数据收集、命令下发和可视化工作台等功能，包含 Manager API 和默认配置中心 etcd，可用于管理 API 网关。管理员在访问并操作控制台时，控制台将调用 Manager API 下发配置到 etcd，借助 etcd Watch 机制，配置将在网关中实时生效。

更多关于数据面和控制面的功能实现与部署将在本书的第二部分进行详细的讲述。

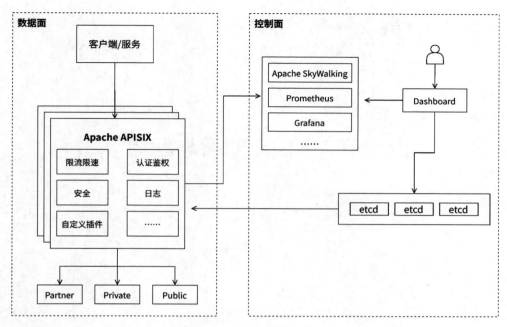

图 3-8　APISIX 架构方式

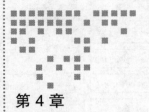

Apache APISIX 部署与配置

本章主要介绍 Apache APISIX 在各种环境下的部署方式，以及在不同环境下的配置管理。其中公有云部署以 AWS EKS、Google GKE 和阿里云 ACK 为例，其他公有云部署方式类似，同时对 APISIX 涉及的一些配置文件和安全性配置进行讲解。

4.1 公有云部署

本节以 AWS EKS、Google GKE 和阿里云 ACK 为例介绍如何在公有云上安装 Apache APISIX。

4.1.1 在 AWS EKS 上部署 APISIX

1. 前提条件

☐ 已在 AWS 上创建 EKS 服务。

☐ 已安装 Helm v3。

☐ 已从 EKS 上下载 kube config。

2. 操作步骤

1）将 APISIX 安装到名称为 apisix 的命名空间下，如果还没有创建命名空间，可通过以下命令创建。

```Shell
kubectl create namespace apisix
```

2）安装 APISIX。

```Shell
```

```
helm repo add bitnami https://charts.bitnami.com/bitnami
helm repo add apisix https://charts.apiseven.com
# 使用 helm search repo apisix 搜索关于 apisix 的 charts
helm repo update
helm install apisix apisix/apisix \
    --set gateway.type=LoadBalancer \
    --set admin.allow.ipList="{0.0.0.0/0}" \
    --namespace apisix \
```

在以上安装命令中，gateway.type 设置为 LoadBalancer，结合 AWS Network Balancer，业务请求可以通过 AWS LoadBalancer 访问 apisix-gateway。

3）查看 APISIX 安装是否成功。在返回结果中，可以看到有两个属于 APISIX 的服务：一个是 apisix-gateway，用于业务流量代理，属于数据面；另一个是 apisix-admin，用于 APISIX 配置管理，属于控制面。

```
Shell
kubectl get service --namespace apisix
```

4）查看 LoadBalancer Hostname。

```
Shell
kubectl get service apisix-gateway \
    --namespace apisix \
    -o jsonpath='{.status.loadBalancer.ingress[].hostname}'
```

5）（可选）如果想在集群中声明式配置管理 APISIX，可以选择安装 apisix-ingress-controller。

```
Shell
helm install apisix-ingress-controller apisix/apisix-ingress-controller \
    --set image.tag=latest \
    --set config.apisix.baseURL=http://apisix-admin:9180/apisix/admin \
    --set config.apisix.adminKey=edd1c9f034335f136f87ad84b625c8f1 \
    --namespace apisix
```

6）打开 EKS 控制台，选择集群，然后单击 Workloads，可以看到所有相关的实例，包括 APISIX、etcd 和 APISIX Ingress Controller。

4.1.2 在 Google GKE 上部署 APISIX

1. 前提条件
❑ 已在 GKE 上创建 Kubernetes 服务。
❑ 已安装 Helm v3。
❑ 已安装 Google Cloud SDK，并且获得访问证书。

2. 操作步骤
1）将 Apahce APISIX 安装到名为 apisix 的命名空间下，如果还没有创建命名空间，可通过如下命令创建。

```Shell
kubectl create namespace apisix
```

2）安装 APISIX。

```Shell
helm repo add bitnami https://charts.bitnami.com/bitnami
helm repo add apisix https://charts.apiseven.com
# 使用 helm search repo apisix 搜索关于 apisix 的 charts
helm repo update
helm install apisix apisix/apisix \
    --set gateway.type=LoadBalancer \
    --set admin.allow.ipList="{0.0.0.0/0}" \
    --namespace apisix \
```

在以上安装命令中，gateway.type 设置为 LoadBalancer，结合 GKE Load Balancer，业务请求可以通过 GKE LoadBalancer 访问到 apisix-gateway。

注意： 可以通过 admin.allow.ipList="{0.0.0.0/0}" 来设置访问 APISIX Admin API 的网段。其中 0.0.0.0/0 将允许所有网段访问 Admin API，该操作是有安全风险的，建议将 IP 设置为 GKE 的内部网段，详情参见 https://cloud.google.com/kubernetes-engine/docs/how-to/flexible-pod-cidr。

3）检查 APISIX 是否安装成功。

```Shell
kubectl get service --namespace apisix
```

4）查看 Load Balancer IP。

```Shell
kubectl get service apisix-gateway \
--namespace apisix \
-o jsonpath='{.status.loadBalancer.ingress[].ip}'
```

5）（可选）如果想在集群中声明式配置管理 APISIX，可以选择安装 apisix-ingress-controller。

```Shell
helm install apisix-ingress-controller apisix/apisix-ingress-controller \
    --set image.tag=latest \
    --set config.apisix.baseURL=http://apisix-admin:9180/apisix/admin \
    --set config.apisix.adminKey=edd1c9f034335f136f87ad84b625c8f1 \
    --namespace apisix
```

6）打开 GKE 控制台，可以看到所有相关的实例，包括 APISIX、etcd 和 APISIX Ingress Controller。

4.1.3 在阿里云 ACK 上部署 APISIX

1. 前提条件

❑ 已在阿里云上创建了 ACK 服务。

❑ 已安装了 Helm v3。

❑ 已下载 kube config 配置文件。

2. 操作步骤

1）将 Apahce APISIX 安装到名为 apisix 的命名空间下，如果还没有创建命名空间，可通过以下命令创建。

```Shell
kubectl create namespace apisix
```

2）安装 APISIX。

```Shell
helm repo add bitnami https://charts.bitnami.com/bitnami
helm repo add apisix https://charts.apiseven.com
# 使用 helm search repo apisix 搜索关于 apisix 的 charts
helm repo update
helm install apisix apisix/apisix \
    --set gateway.type=LoadBalancer \
    --set admin.allow.ipList="{0.0.0.0/0}" \
    --set etcd.persistence.storageClass="alicloud-disk-ssd" \
    --set etcd.persistence.size="20Gi" \
    --namespace apisix \
```

在以上安装命令中，gateway.type 设置为 LoadBalancer，结合阿里云的服务负载均衡（Service Load Balance，SLB），业务请求可以通过 SLB 访问到 apisix-gateway。

注意：

- 可以通过 admin.allow.ipList="{0.0.0.0/0}" 来设置访问 APISIX Admin API 的网段。其中 0.0.0.0/0 将允许所有网段访问 AdminAPI，该操作是有安全风险的，建议将 IP 设置为 ACK 的内部网段。
- 需要在 ACK 上设置 Persistent Volume（PV），用作 etcd 的持久化存储。ACK PV 要求最小 20 GiB，ACK 集群需要设置 storageClass，这里选择 alicloud-disk-ssd。

3）检查 APISIX 是否安装成功。

```Shell
kubectl get service --namespace apisix
```

4）查看 Load Balancer IP。

```Shell
```

```Shell
kubectl get service apisix-gateway \
    --namespace apisix \
    -o jsonpath='{.status.loadBalancer.ingress[].ip}'
```

5)（可选）如果想在集群中声明式配置管理 APISIX，可以选择安装 apisix-ingress-controller。

```Shell
helm install apisix-ingress-controller apisix/apisix-ingress-controller \
    --set image.tag=latest \
    --set config.apisix.baseURL=http://apisix-admin:9180/apisix/admin \
    --set config.apisix.adminKey=edd1c9f034335f136f87ad84b625c8f1 \
    --namespace apisix
```

6）打开 ACK 控制台，可以看到所有相关的实例，包括 APISIX、etcd 和 Apache APISIX Ingress Controller。

4.2 配置文件

本节主要介绍 APISIX 配置目录下各个配置文件的作用及参数，以 CentOS 7 为例，APISIX 配置文件路径默认为 /usr/loacal/apisix/conf。该路径下包含多个配置文件。

```Shell
|-- cert
|   |-- ssl_PLACE_HOLDER.crt
|   |-- ssl_PLACE_HOLDER.key
|-- apisix.yaml
|-- config-default.yaml
|-- config.yaml
|-- debug.yaml
```

在 cert 目录下有两个文件：ssl_PLACE_HOLDER.crt 和 ssl_PLACE_HOLDER.key。这两个文件是 APISIX 的证书文件，不需要进行任何修改，它们存在的意义是当启用 SSL 时，确保有一个 cert 和 key 可以加载。我们会在后续的章节中使用该文件。

4.2.1 Standalone 模式

apisix.yaml 文件是在 APISIX Standalone 模式下的配置文件。APISIX 有两种典型的部署模式：一种是常见的集群模式；另一种是 Standalone 模式。

在 Standalone 模式下，以 yaml 文件的形式定义 route、upstream、service、consumer、ssl、plugins 等对象，结构与集群模式下的 Admin API 很相似。

APISIX 在 Standalone 模式下不需要额外部署 etcd 作为配置中心，而是将路由等配置信息存放到 apisix.yaml 文件中，APISIX 每隔 1s 监听一次 aipsix.yaml 的变化，并且将配置同步到 APISIX 中。使用 Standalone 模式有以下两点需注意：

❑ 路由规则全部配置在 apisix.yaml 单个文件中，在配置信息较多时不利于维护。

❑ APISIX 一旦发现 aipsix.yaml 文件发生变化，会全量更新所有配置，而不是增量更新。

4.2.2　集群模式

基于以上两点，在频繁变更路由配置的应用场景下，更推荐使用基于 etcd 的 APISIX 集群模式。

在集群模式下，需要关注两个配置文件：config-default.yaml 和 config.yaml。

config-default.yaml 包含 APISIX 所有的配置项，并赋予其默认值，以确保程序能够直接启动并且运行。config-default.yaml 文件不建议修改，虽然修改 config-default.yaml 文件不会影响 APISIX 的运行，但是不符合 APISIX 的最佳实践，而且在版本升级时可能会带来麻烦。

那如果我们想要修改一些配置项怎么办？这时就用到了 config.yaml 文件。config.yaml 文件主要用来自定义配置，日常使用中建议对其进行修改。APISIX 在启动时会合并这两个配置文件，config.yaml 中的配置项将会覆盖 config-default.yaml。

config-default.yaml 配置文件包含 6 个部分：第一部分是 APISIX 基本配置；第二部分是 NGINX 原始配置，可以在此部分中直接使用 NGINX 的原始配置；第三部分是 etcd 相关配置，在集群模式下，需要配置 etcd 的相关信息；第四部分是 7 层插件列表，APISIX 支持的所有插件都在该部分中罗列，更多详细信息可参考 5、6 节相关内容；第五部分是 4 层插件列表，可以在该部分启用 4 层插件；第六部分是插件公共配置。

```YAML
apisix:             # APISIX 基本配置
    ...
nginx_config:       # NGINX 原始配置
    ...
etcd:               # etcd 相关配置
    ...
plugins:            # 7 层插件列表
    ...
stream_plugins:     # 4 层插件列表
    ...
plugin_attr:        # 插件公共配置
    ...
```

1. APISIX 基础配置

（1）配置 Standalone 模式

当配置如下时，就会启用 Standalone 模式。

```YAML
apisix:
    enable_admin: false
    config_center: yaml
```

（2）设置 APISIX 数据面监听端口

APISIX 支持更改监听端口。在生产环境中，建议将其修改为其他端口，以保证 APISIX 的服务安全。

```Shell
apisix:
    node_listen:                       # 可以配置多个监听端口
        - 9080
        - port: 9081
        enable_http2: true             # 默认值为 false
    - ip: 127.0.0.2                    # 给指定监听端口绑定服务 IP，默认值为 0.0.0.0
        port: 9082
        enable_http2: true
```

（3）Admin API 相关配置

Admin API 的相关配置如下，在生产环境中使用 APISIX 时，强烈建议修改 admin_key.key 的值，避免因暴露带来的安全风险。

```YAML
apisix:
    enable_admin: true
    enable_admin_cors: true    # 允许跨域
    allow_admin:               # 允许访问 Admin API 的 IP 网段
        - 127.0.0.0/24         # 如果什么都不设置，默认允许所有 IP 访问
        #- "::/64"             # IPV6 CIDR
    admin_listen:              # 可以为 Admin API 独立配置端口和服务 IP
        ip: 127.0.0.1
        port: 9180

    https_admin: true          # 启用 HTTPS
    # cert 和 key 的位置默认为 conf/apisix_admin_api.crt 和 conf/apisix_admin_api.key
    admin_api_mtls:            # 依赖 admin_listen.port 和 https_admin 配置的开启
    admin_ssl_cert: ""         # 自签名 cert 配置路径
    admin_ssl_cert_key: ""     # 自签名 key 配置路径
    admin_ssl_ca_cert: ""      # 自签名 ca cert 配置路径，该 CA 用于为客户端颁发证书
    admin_key:                 # 访问 Admin API 有两种角色，调用时需要分别带上对应的 key
    - name: admin              # admin 为管理员角色，可以使用所有 Admin API
        key: edd1c9f034335f136f87ad84b625c8f1
        role: admin

    - name: viewer             # viewer 为查看角色，仅能调用查看类的 Admin API
        key: 4054f7cf07e344346cd3f287985e76a2
        role: viewer
```

（4）注入第三方代码

APISIX 允许注入第三方代码，甚至可以用第三方代码覆盖原生逻辑。

```YAML
apisix:
    extra_lua_path: ""           # 第三方代码路径
    extra_lua_cpath: ""
    # APISIX 允许指定 hook 模块，用来指定注入代码的回调位置
    lua_module_hook: "my_project.my_hook"
```

（5）配置代理缓存

```YAML
apisix:
    proxy_cache:
        cache_ttl: 10s
        # 缓存失效时间，如果上游返回了失效时间，则以上游配置的时间为准
        zones:
        - name: disk_cache_one
        # 配置缓存名称，可以在调用 Admin API 时指定该名称
            memory_size: 50m
            disk_size: 1G
            disk_path: /tmp/disk_cache_one      # 缓存存放的物理路径
            cache_levels: 1:2                   # 缓存层级
        - name: memory_cache
            memory_size: 50m
```

（6）兼容 Servlet

Servlet 是一种运行在 Web 服务器中的程序。Servlet 容器有一些 URI 规范，这些规范符合 Servlet 标准，以保证各种 Servlet 容器对 URI 的解析最终一致。

APISIX 作为反向代理，在 URI 的解析上与 Servlet 标准不同，默认会直接透传 URI。如果需要兼容 Servlet 标准，可以开启兼容 Servlet 模式。相关配置如下：

```YAML
apisix:
    # 开启兼容 Servlet 模式
    normalize_uri_like_servlet: false     # 默认不兼容
```

（7）路由匹配偏好

APISIX 通过设置参数来支持不同的路由匹配规则。

1）HTTP 选项支持的参数如下。

❑ radixtree_uri：通过 URI 匹配路由。

❑ radixtree_host_uri：通过 host 和 URI 匹配路由。

❑ radixtree_uri_with_parameter：在 radixtree_uri 基础上增加了 URI 参数匹配。

2）SSL 选项仅支持 radixtree_sni，即通过 SNI 匹配路由。

```YAML
apisix:
    router:
        http: radixtree_uri
        ssl: radixtree_sni
```

（8）配置4层代理

APISIX 也支持 4 层代理，该选项默认为禁用状态。当 stream_proxy.only 设置为 true 时，意味着 HTTP 代理将会失效。

```YAML
apisix:
    stream_proxy:                    # TCP/UDP 代理
        only: true                   # 只开启 stream 代理，意味着 HTTP 代理会失效
        tcp:                         # 配置 TCP 端口列表
        - addr: 9100
            tls: true
        - addr: "127.0.0.1:9101"
        udp:                         # 配置 UDP 端口列表
        - 9200
        - "127.0.0.1:9201"
```

（9）DNS 解析

DNS 解析服务器配置命令如下，如果不设置，则默认按照 /etc/resolv.conf 解析域名。

```YAML
apisix:
    dns_resolver:
    - 1.1.1.1
    - 8.8.8.8
    dns_resolver_valid: 30           # 解析过期时间，单位为 s
    resolver_timeout: 5              # DNS 请求超时设置，单位为 s
    enable_resolv_search_opt: true   # 启用 resolv.conf 中的 search option
```

（10）配置 SSL

APISIX 启用 HTTPS 端口配置命令如下，默认为启用状态。

```YAML
apisix:
    ssl:
        enable: true
        listen:                      # HTTPS 端口列表
            - 9443
            - port: 9444
              enable_http2: true     # 是否启用 http2，默认是 false
            - ip: 127.0.0.3          # 指定服务绑定的 IP 地址，不设置，默认是 0.0.0.0
              port: 9445
              enable_http2: true

    ssl_trusted_certificate: /path/to/ca-cert
    # 指定一个 PEM 格式的 CA 证书的路径，用于与其他服务（比如 etcd）的 SSL 握手
    ssl_protocols: TLSv1.2 TLSv1.3
    ssl_ciphers: ECDHE-ECDSA-AES128-GCM-SHA256:ECDHE-RSA-AES128-GCM-
        SHA256:ECDHE-ECDSA-AES256-GCM-SHA384:ECDHE-RSA-AES256-GCM-SHA384:ECDHE-
        ECDSA-CHACHA20-POLY1305:ECDHE-RSA-CHACHA20-POLY1305:DHE-RSA-AES128-GCM-
```

```
        SHA256:DHE-RSA-AES256-GCM-SHA384
ssl_session_tickets: false
# 默认关闭 ssl_session_tickets，使用第三方软件来处理 session ticket
key_encrypt_salt: edd1c9f0985e76a2          # 如果不设置，会把原始 sslkey 写入 etcd
# 如果设置，长度必须是 16B，加密方式为 AES-128-CBC
# 一旦设置，不要轻易修改，除非把所有的 SSL 配置都先清理掉
fallback_sni: "my.default.domain"
# 当客户端进行 SSL 握手时，如果没有携带 SNI，则会使用这里配置的 SNI 代替
```

（11）Control API 相关配置

Control API 的相关配置命令如下，可参考 10.3 节了解更多信息。

```YAML
apisix:
    enable_control: true
    control:
        ip: 127.0.0.1
        port: 9090
```

2. NGINX 原始配置

如果需要使用 NGINX 原始配置，可以修改以下配置，配置修改后将直接写入 nginx.conf。

NGINX 配置一般包含 4 个模块：全局模块、Events、Stream 和 HTTP。

1）全局模块配置示例如下：

```YAML
nginx_config:
    user: root
    # 指定 worker 进程的执行用户，只有在主进程以 root 权限运行时才有意义
    error_log: logs/error.log          # 错误日志的存储路径
    error_log_level:  warn             # 错误日志的级别
    worker_processes: auto             # 设置 worker 数量
    enable_cpu_affinity: true          # 在物理机上可以设置 CPU 亲和性
    worker_rlimit_nofile: 20480        # 一个工作进程可以打开的文件数，应该大于 worker_connections
    worker_shutdown_timeout: 240s      # 工作进程正常关闭的超时时间
    max_pending_timers: 16384          # 如果看到 too many pending timers，请增大其值
    max_running_timers: 4096           # 如果看到 lua_max_running_timers are not enough,
                                       #   请增大其值

    # 因篇幅有限，省略部分配置
```

2）Events 模块配置示例如下：

```YAML
nginx_config:
    ...
    events:
        worker_connections: 10620
```

3）Stream 模块配置示例如下：

```YAML
nginx_config:
    ...
    # 4 层代理相关配置
    stream:
        enable_access_log: false
        access_log: logs/access_stream.log
        access_log_format: "$remote_addr [$time_local] $protocol $status $bytes_
            sent $bytes_received $session_time"
        access_log_format_escape: default
        lua_shared_dict:                          # 申请 shared dict
            etcd-cluster-health-check-stream: 10m
            lrucache-lock-stream: 10m
            plugin-limit-conn-stream: 10m
    # 因篇幅有限，省略部分配置
```

4）HTTP 模块配置示例如下：

```YAML
nginx_config:
    # 7 层代理相关配置
    http:
        enable_access_log: true
        access_log: logs/access.log
        access_log_format: "$remote_addr - $remote_user [$time_local] $http_host
            \"$request\" $status $body_bytes_sent $request_time \"$http_referer\"
            \"$http_user_agent\" $upstream_addr $upstream_status $upstream_
            response_time \"$upstream_scheme://$upstream_host$upstream_uri\""
        access_log_format_escape: default
        keepalive_timeout: 60s
        client_header_timeout: 60s
        client_body_timeout: 60s
        client_max_body_size: 0
        upstream:
            keepalive: 320
    # 设置到上游服务器的空闲 keepalive 连接的最大数目，这些连接保留在每个辅助进程的缓存中
    # 因篇幅有限，省略部分配置
```

3. etcd 相关配置

在 APISIX 集群模式下，需要配置 etcd 集群信息。

```YAML
etcd:
    host:
        - "http://127.0.0.1:2379"        # 指定 etcd 集群地址
    prefix: /apisix                      # etcd 中 apisix 配置所在的路径前缀
    timeout: 30
    resync_delay: 5                      # 当同步失败时，再次进行同步的延迟时间，单位为 s
    health_check_timeout: 10
    health_check_retry: 2
```

```
#user: root                          # etcd 用户配置
#password: 5tHkHhYkjr6cQY            # etcd 密码配置
tls:
    # 如果 etcd 开启了 tls, 需要配置 cert 和 key
    cert: /path/to/cert
    key: /path/to/key
    verify: true
```

4.7 层插件列表

适用于 7 层代理的插件均在此列表下，并且按照其优先级进行排序。priority 后的数字越大，优先级越高。

```Python
plugins:                             # 插件列表（按优先级排序）
    - real-ip                        # priority: 23000
    - client-control                 # priority: 22000
    - proxy-control                  # priority: 21990
    - zipkin                         # priority: 12011
#-  skywalking                       # priority: 12010
#-  opentelemetry                    # priority: 12009
    ...
```

5.4 层插件列表

适用于 4 层代理的插件均在此列表下，并且按照其优先级进行排序。priority 后的数字越大，优先级越高。

```PowerShell
stream_plugins:                      # 插件列表（按优先级排序）
    - ip-restriction                 # priority: 3000
    - limit-conn                     # priority: 1003
    - mqtt-proxy                     # priority: 1000
    - syslog                         # priority: 401
```

6. 插件公共配置

可以在此部分修改一些插件的基本配置。

```YAML
plugin_attr:
    log-rotate:
        interval: 3600
        max_kept: 168
        enable_compression: false
    skywalking:
        service_name: APISIX
        service_instance_name: APISIX Instance Name
        endpoint_addr: http://127.0.0.1:12800
    ...
```

4.2.3　Debug 模式

细心的朋友会发现，在 ./apisix/conf 路径下还有一个 debug.yaml 文件，通过该文件可以开启 Debug 模式。

该模式是 APISIX 提供的一种排错手段，可以在不修改代码和不重启 APISIX 的情况下打印一些额外信息，这些信息可以帮助用户快速定位问题。更多信息可参考 13.3 节。

4.3　安全性配置

上节介绍了 APISIX 的配置文件以及参数，其中有些参数为安全性配置。此配置虽然不影响功能的正常使用，但是非常重要。本节将详细介绍与安全性相关的配置。

4.3.1　控制面和数据面独立部署

APISIX 默认开启集群模式，并且使用 etcd 作为配置中心。启动集群模式后，为防止 APISIX 集群的控制权限外泄，可以将控制面和数据面独立部署。数据面对外提供服务，而控制面只允许内部访问。

```YAML
apisix:
    enable_admin: true
    config_center: etcd
```

上述配置中的 enable_admin 默认为 true，即 APISIX 默认情况下启用控制面，可以将其修改为 false，以启用数据面。

在 conf/config.yaml 配置文件中修改 enable_admin，该配置项默认值为 true。

```YAML
apisix:
    ...
    enable_admin: true  # 数据面设置为false，控制面设置为true
    ...
```

部署完成后，通过访问控制面 Admin API 来确保独立部署生效。可以任意选择一个 Admin API 进行访问，比如查看插件列表接口，只需要关注返回状态码的信息即可。在数据面访问 Admin API 时，则会返回 404。

```PowerShell
curl -v http://127.0.0.1:9080/apisix/admin/plugins/list \
-H 'X-API-KEY: edd1c9f034335f136f87ad84b625c8f1'
```

4.3.2　插件

基于 APISIX 强大的扩展能力，截止到 2.14.1 版本，APISIX 官方提供了 70 多款插件，每个插件都提供了特定的功能。某些插件的功能特别强大，开启时需要注意使用场景。比如 Serverless 系列有两个插件，分别是 serverless-pre-function 和 serverless-post-function，前者在指定阶段开始时运行，后者在指定阶段结束时运行。示例如下：

```json
JSON
...
    "plugins": {
        "serverless-pre-function": {
            "phase": "rewrite",
            "functions" : ["return function() ngx.log(ngx.ERR, \"serverless pre
                function\"); end"]
        },
        "serverless-post-function": {
            "phase": "rewrite",
            "functions" : ["return function(conf, ctx) ngx.log(ngx.ERR, \"match
                uri \", ctx.curr_req_matched and ctx.curr_req_matched._path);
                end"]
        }
    }
...
```

这两个插件都可以接收可执行的代码片段，非常灵活。而代码片段的正确性需要靠人力检查，为防止错误的逻辑对业务造成影响或导致安全隐患，须慎重启用该插件。

4.4　多种配置中心选择

Apache APISIX 默认使用 etcd（KV 数据库）来作为配置中心，存储 JSON 格式的数据。对于一些主要使用传统关系型数据库的团队来说，可能并不熟悉 etcd 数据库，所以构建一个稳定可靠的 etcd 集群也是一个不小的挑战。

是否可以用关系型数据库来替代 etcd？为此 APISIX 设计了 etcd-adapter 组件，通过该组件，APISIX 可以与其他配置中心一起使用，比如可以使用 MySQL、PostgreSQL 等关系型数据库作为配置中心，用于存储路由、上游和消费者等数据。

etcd-adapter 组件负责连接数据库，并对外提供标准 etcd 协议的服务，包括 gRPC 和 HTTP 接口，它实现了 etcd 中的部分操作，如 GET、PUT、DELETE 等。该组件伪装成了一个 etcd 服务器，并在其内部将 etcd API 操作转换为对指定数据库的操作。得益于这样的架构（如图 4-1 所示），我们无须对 APISIX 做任何修改，即可使用

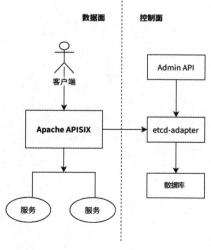

图 4-1　etcd-adapter 架构

其他关系型数据库替代 etcd。

etcd-adapter 当前支持 MySQL、PostgreSQL、SQLite 等数据库类型，开发者也可以很轻松地扩展它以支持更多的数据库类型，如 Redis 等。

在未来的持续迭代中，我们将逐渐改善 APISIX 与 etcd-adapter 搭配使用上存在的不足，降低使用门槛。如果想要了解更多关于 etcd-adapter 的信息，可查看官方文档 https://github.com/api7/ETCD-adapter 以获取最新进展。

第 5 章 *Chapter 5*

Apache APISIX 的基础功能

本章将介绍 Apache APISIX 最常用的功能，并结合实际应用场景进行简单操作展示，例如通过配置 traffic-split 插件来实现金丝雀发布和蓝绿部署的功能。通过本章内容的学习，大家将对 APISIX 的基础功能有更清晰的理解。

5.1 流量切分

什么是流量切分（Traffic Split）？流量切分是指代理层服务通过预设的规则来决定请求的最终去向。常见的流量切分方案有基于权重和基于规则匹配两种。流量切分作为一种请求转发编排的抽象，通常用于实现金丝雀发布（Canary Release）和蓝绿部署（Blue Green Deployment）等功能。

APISIX 可以通过 traffic-split 插件来实现流量切分，该插件实现了根据用户预设的规则配置（请求特征，如 HTTP 请求头、请求参数）来将请求代理到不同的上游节点，从而实现蓝绿部署、金丝雀发布和流量泳道等功能。

traffic-split 插件的规则配置分为两部分：匹配规则和目标上游。插件在执行时会根据当前请求的特征进行匹配，根据匹配结果选择特定的上游节点。

注意：traffic-split 插件还支持使用基于权重的方式来选择上游节点（此时无须配置匹配规则）。

如何通过 traffic-split 插件实现蓝绿部署和金丝雀发布？以下为插件的配置示例结构：

```JSON
"plugins": {
```

```
"traffic-split": {
    "rules": [
        {
            "match": [
                { // 匹配条件 1
                },
                ......
                { // 匹配条件 N
                }
            ],
            "weighted_upstreams": [
                {
                    "upstream_id": "FD6D4984", // 目标上游 1
                    "weight": 30                // 权重为 30
                },
                {
                    "upstream_id": "B64F57E2", // 目标上游 2
                    "weight": 30
                },
                ......
                { // 默认上游，即使用所在路由上配置的上游对象
                    "weight": 10
                }
            ]
        }
    ]
}
}
```

5.1.1 原理

APISIX 内置了一套非常灵活的变量引擎（与 NGINX 的变量引擎一致），开发者和用户可以通过设置变量的方式来获取当前请求的特征，例如使用 uri 变量来获取请求的 URI 路径，使用 request_method 来获取请求的方法。

traffic-split 插件也可以使用变量引擎实现规则匹配表达式，并结合请求特征（作为表达式主语）、表达式操作符、目标值（表达式宾语）来完成规则匹配的过程。目前支持的操作符如下。

❑ ==：请求特征的值等于目标值。

❑ ~=：请求特征的值不等于目标值。

❑ >：请求特征的值大于目标值。

❑ <：请求特征的值小于目标值。

❑ ~~：请求特征匹配目标正则模式串（大小写敏感）。

❑ ~*：请求特征匹配目标正则模式串（大小写不敏感）。

❑ in：请求特征的值处在目标数组中。

❑ has：目标值是请求特征值的子串。

例如，表达式 ["cookie_userid", "==", "13557"] 的含义是当前请求 Cookie 中的 USERID 必须等于 13557。

此外，用户可以通过为表达式添加"！"号来将表达式的结果值反转，用于实现"请求特征的值小于等于目标值""请求特征不匹配目标正则模式串"等语义。

traffic-split 插件允许用户配置多条规则，这些规则会按照配置中的顺序执行，如果请求满足某条规则的要求，则会基于权重选择当前规则中指定的上游节点。如果请求不匹配任意一条规则，则该插件退出运行，APISIX 会使用当前路由上配置的上游节点（即默认上游节点）。流量切分原理如图 5-1 所示。

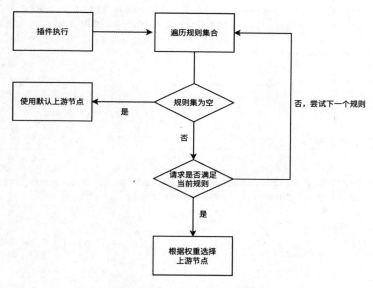

图 5-1　流量切分原理

5.1.2　参数

表 5-1 是流量切分相关参数，更多参数参见官方文档。

表 5-1　流量切分相关参数

参数名	类型	必选项	描述
weighted_upstreams.upstream_id	string / integer	否	上游 ID。通过该字段可以绑定对应的上游
weighted_upstreams.weight	integer	否	根据权重的值做流量划分，多个权重之间使用 roundrobin 算法划分

5.1.3　应用场景

如前所述，APISIX 的 traffic-split 插件通常用于实现蓝绿部署和金丝雀发布，下面将介绍如何通过该插件实现这两种场景。

1. 场景一: 蓝绿部署

假设生产环境有两个服务 apisix-blue 和 apisix-green,分别对应同一个服务的新旧两个版本,两个服务部署规模相当。现要求运维人员配置 APISIX 对其实现蓝绿部署,这两个服务在 APISIX 上对应的上游分别是 apisix-blue 和 apisix-green。

具体操作步骤如下:

1)通过以下命令创建两个上游服务。

❏ 创建上游 apisix-blue:

```Shell
curl "http://127.0.0.1:9080/apisix/admin/upstreams/apisix-blue" \
-H "X-API-KEY: edd1c9f034335f136f87ad84b625c8f1" -X PUT -d '
{
    "type": "roundrobin",
    "nodes": {
        "127.0.0.1:8081":1
    }
}'
```

❏ 创建上游 apisix-green:

```Shell
curl "http://127.0.0.1:9080/apisix/admin/upstreams/apisix-green" \
-H "X-API-KEY: edd1c9f034335f136f87ad84b625c8f1" -X PUT -d '
{
    "type": "roundrobin",
    "nodes": {
        "127.0.0.1:8082":1
    }
}'
```

2)蓝绿部署意味着当 APISIX 的 traffic-split 插件生效后,流量要么全部转发到"蓝色"服务,要么全部转发到"绿色"服务。因此,运维人员使用该插件进行如下配置:

```Shell
curl http://127.0.0.1:9080/apisix/admin/routes/1 \
-H 'X-API-KEY: edd1c9f034335f136f87ad84b625c8f1' -X PUT -d '
{
    "uri": "/index.html",
    "plugins": {
        "traffic-split": {
            "rules": [
                {
                    "weighted_upstreams": [
                        {
                            "upstream_id": "apisix-blue",
                            "weight": 100
                        },
```

```
                            {
                                "upstream_id": "apisix-green",
                                "weight": 0
                            }
                        ]
                    }
                ]
            }
        }
    }
}'
```

3）通过以下命令进行验证：

```Shell
curl http://127.0.0.1:9080/index.html
```

返回如下结果则表示配置成功：

```Shell
here 8081
```

4）完成配置之后，发现 apisix-blue 存在异常，于是运维人员重新配置，把流量转发到 apisix-green。

```Shell
curl http://127.0.0.1:9080/apisix/admin/routes/1 \
-H 'X-API-KEY: edd1c9f034335f136f87ad84b625c8f1' -X PUT -d '
{
    "uri": "/index.html",
    "plugins": {
        "traffic-split": {
            "rules": [
                {
                    "weighted_upstreams": [
                        {
                            "upstream_id": "apisix-blue",
                            "weight": 0
                        },
                        {
                            "upstream_id": "apisix-green",
                            "weight": 100
                        }
                    ]
                }
            ]
        }
    }
}'
```

5）通过以下命令进行验证：

```Shell
curl http://127.0.0.1:9080/index.html
```

返回如下结果则表示配置成功：

```Shell
here 8082
```

服务问题修复后，即可再将流量转发到 apisix-blue。

综上可知，使用 APISIX 的 traffic-split 插件实现蓝绿部署，只需设置两个版本的权重即可，非常简单、方便。

2. 场景二：金丝雀发布

现在生产环境部署了服务 foo 的两个版本，分别是 apisix-stable 和 apisix-canary，现在希望通过 APISIX 的代理将 5% 的流量转发到 apisix-canary，剩余 95% 转发到 apisix-stable。

注意： 为方便描述，下面所述的"全部流量""全部请求"等术语默认都是指请求匹配到某一个路由后的情况。

（1）基于权重的方案

运维人员在 APISIX 上配置了两个上游：apisix-stable 和 apisix-canary，前者指向了稳定的后端服务 apisix-stable，后者是 apisix-canary 服务的预发版本。运维人员通过配置 traffic-split 插件使得只有 5% 的流量转发到 apisix-canary，剩余的 95% 都转发到 apisix-stable。

为了实现该需求，运维人员在配置 traffic-split 插件时仅需指定目标上游，并为它们配置权重。配置成功后，可参考场景一的方法进行测试。

```Shell
curl http://127.0.0.1:9080/apisix/admin/routes/1 \
-H 'X-API-KEY: edd1c9f034335f136f87ad84b625c8f1' -X PUT -d '
{
    "uri": "/index.html",
    "plugins": {
        "traffic-split": {
            "rules": [
                {
                    "weighted_upstreams": [
                        {
                            "upstream_id": "apisix-canary",
                            "weight": 5
                        },
                        {
                            "upstream_id": "apisix-stable",
                            "weight": 95
                        }
                    ]
                }
```

```
            ]
        }
    }
}'
```

完成配置并运行一段时间后，运维人员收到反馈：apisix-canary 服务存在 Bug，需要停用此服务。因此，运维人员需要将其流量占比重新设置为 0，修改后的配置如下：

```Shell
curl http://127.0.0.1:9080/apisix/admin/routes/1 \
-H 'X-API-KEY: edd1c9f034335f136f87ad84b625c8f1' -X PUT -d '
{
    "uri": "/index.html",
    "plugins": {
        "traffic-split": {
            "rules": [
                {
                    "weighted_upstreams": [
                        {
                            "upstream_id": "apisix-canary",
                            "weight": 0
                        },
                        {
                            "upstream_id": "apisix-stable",
                            "weight": 100
                        }
                    ]
                }
            ]
        }
    }
}'
```

配置生效后，所有流量都将被转发到 apisix-stable 服务。

当运维人员得知 apisix-canary 服务的 Bug 已经修复后，则可以重新修改路由配置，转发部分流量到该服务。在之后的运行过程中，逐步调整两者的权重比，直到 apisix-canary 足够稳定，可以将所有流量都转发到新服务 apisix-canary。于是运维人员可以将 apisix-canary 的权重修改为 100，apisix-stable 的权重修改为 0，完成新旧服务切换：

```Shell
curl http://127.0.0.1:9080/apisix/admin/routes/1 \
-H 'X-API-KEY: edd1c9f034335f136f87ad84b625c8f1' -X PUT -d '
{
    "uri": "/index.html",
    "plugins": {
        "traffic-split": {
            "rules": [
                {
```

```
                      "weighted_upstreams": [
                          {
                              "upstream_id": "apisix-canary",
                              "weight": 100
                          },
                          {
                              "upstream_id": "apisix-stable",
                              "weight": 0
                          }
                      ]
                  }
              ]
          }
      }
}'
```

至此，针对 apisix-canary 服务的金丝雀发布完成，全部请求都会被转发到该服务中。

（2）基于规则匹配的方案

运维人员在 APISIX 上配置了两个上游：apisix-stable 和 apisix-canary，前者指向了稳定的后端服务 apisix-stable，后者是 apisix-canary 服务的预发版本，运维人员希望通过配 traffic-split 插件使得只有由火狐浏览器发起的请求转发到 apisix-canary，其余都转发到 apisix-stable。

为了实现该需求，运维人员通过正则匹配的方式制定了转发规则。

```
Shell
curl http://127.0.0.1:9080/apisix/admin/routes/1 \
-H 'X-API-KEY: edd1c9f034335f136f87ad84b625c8f1' -X PUT -d '
{
    "uri": "/index.html",
    "plugins": {
        "traffic-split": {
            "rules": [
                {
                    "match": [
                        {
                            "vars": [
                                ["http_user_agent", "~~", "mozilla"]
                            ]
                        }
                    ],
                    "weighted_upstreams": [
                        {
                            "upstream_id": "apisix-canary"
                        }
                    ]
                },
                {
                    "weighted_upstreams": [
                        {
                            "upstream_id": "apisix-stable"
```

```
            }
          ]
        }
      ]
    }
  }
}'
```

配置生效后，User-Agent 头部包含 mozilla 关键字的请求，均被转发到 apisix-canary 服务。

运行并观察一段时间后，同事反馈 apisix-canary 服务已经足够稳定，要求运维人员将全部流量转发到 apisix-canary 服务，因此运维人员进行了如下修改：

```Shell
curl http://127.0.0.1:9080/apisix/admin/routes/1 \
-H 'X-API-KEY: edd1c9f034335f136f87ad84b625c8f1' -X PUT -d '
{
    "uri": "/index.html",
    "plugins": {
        "traffic-split": {
            "rules": [
                {
                    "weighted_upstreams": [
                        {
                            "upstream_id": "apisix-canary"
                        }
                    ]
                }
            ]
        }
    }
}'
```

至此，流量全部转发到了 apisix-canary 服务。

在配置规则时，用户务必根据实际需要定义规则的顺序，防止出现因顺序不当而导致的生产故障。此外，建议在实现金丝雀发布时，逐步增大目标上游的权重（比如按照 1%、5%、10%、20% 的节奏调整），尽可能规避发布的风险。

5.2　健康检查

本节介绍如何在 APISIX 中启用健康检查功能，从而在后端节点故障或者迁移时，将请求代理到健康的节点上，最大程度避免服务不可用的问题，并在此基础上展示了同时启用主动和被动健康检查的场景示例。

APISIX 在上游对象中集成了健康检查功能。健康检查分为主动健康检查和被动健康检查两部分，通过主动探测的方式来判断上游节点是否存活，配合 APISIX 的负载均衡策略为请求选择合适的上游节点。

5.2.1 原理

1. 主动健康检查

主动健康检查是指通过预设的探针类型主动探测上游节点的存活性。目前，APISIX 支持以下 3 种探针类型。

1）TCP 探针：通过发起 TCP 连接判断节点是否存活。

2）HTTP 探针：通过 HTTP 请求的响应状态判断节点是否存活。

3）HTTPS 探针：类似 HTTP 探针，但是需要先进行 TLS 握手。

若发向健康节点 A 的 N 个连续探针都失败（取决于如何配置），则该节点将被标记为不健康，不健康的节点将会被 APISIX 的负载均衡器忽略，无法收到请求；若某个不健康的节点 B 的连续 M 个探针都成功，则该节点将被重新标记为健康，进而可以被代理。主动健康检查执行逻辑如图 5-2 所示。

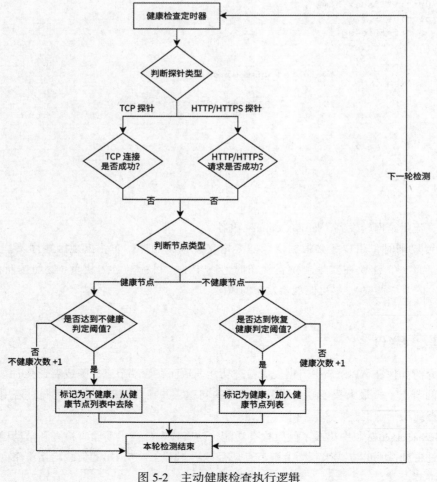

图 5-2 主动健康检查执行逻辑

2. 被动健康检查

被动健康检查是指通过从 APISIX 转发到上游节点的请求响应状态，来判断对应节点是否健康。对比主动健康检查，被动健康检查无须发起额外的探针，但无法提前感知节点状态，可能会有一定量的失败请求。

若发向健康节点 A 的 N 个连续请求都被判定为失败（取决于如何配置），则该节点将被标记为不健康。被动健康检查执行逻辑如图 5-3 所示。

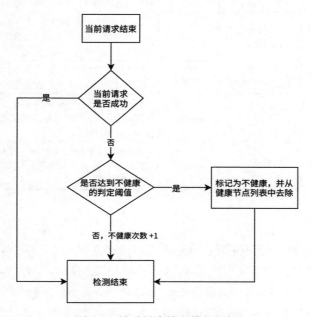

图 5-3　被动健康检查执行逻辑

由于不健康的节点无法收到请求，仅使用被动健康检查策略无法重新将节点标记为健康，因此通常需要结合主动健康检查策略。

注意： 在生产环境中启用健康检查时，N 的范围建议为 [3,5]，少于 3 次可能存在误判，多于 5 次则会产生不必要的资源浪费。

5.2.2　参数

表 5-2 是健康检查相关参数，更多参数参见官方文档。

表 5-2　健康检查相关参数

名称	配置类型	类型	描述
upstream.checks.active.type	主动检查	string	主动健康检查的探测类型。有效值包括 TCP、HTTPS、HTTP（默认值）

(续)

名称	配置类型	类型	描述
upstream.checks.active.http_path	主动检查	string	主动健康检查的 HTTP 请求路径（仅当探测类型为 HTTP 或 HTTPS 时生效）
upstream.checks.active.healthy.interval	主动检查（健康节点）	integer	主动健康检查（健康节点）检查的间隔时间（单位为 s）。有效值范围为 [1, + ∞)，默认值为 1
upstream.checks.active.healthy.successes	主动检查（健康节点）	integer	主动健康检查（健康节点）确定节点健康的次数阈值。有效值范围为 [1, 254]，默认值为 2
upstream.checks.active.healthy.http_statuses	主动检查（健康节点）	array	当主动健康检查（健康节点）检测类型为 HTTP 或 HTTPS 时，标识节点健康的 HTTP 状态码列表。有效值范围为 [200, 599]，默认值为 200 或 302
upstream.checks.active.unhealthy.interval	主动检查（非健康节点）	integer	主动健康检查（非健康节点）的间隔时间（单位为 s）。有效值范围为 [1, +∞)，默认值为 1
upstream.checks.active.unhealthy.http_failures	主动检查（非健康节点）	integer	当主动健康检查（非健康节点）检测类型为 HTTP 或 HTTPS 时，标识节点不健康的次数阈值。有效值范围为 [1, 254]，默认值为 5
upstream.checks.passive.unhealthy.http_failures	被动检查（非健康节点）	integer	当被动健康检查（非健康节点）检测类型为 HTTP 或 HTTPS 时，标识节点不健康的次数阈值。有效值范围为 [0, 254]，默认值为 5

5.2.3 应用场景

运维人员希望对上游 foo 同时配置主动健康检查和被动健康检查策略。针对主动健康检查，若一个节点连续 3 个 HTTP 探针都失败，则将它标记为不健康；若一个节点连续 3 个 HTTP 探针都成功，则重新将它标记为健康。主动健康检查采用 HTTP 探针，URI 为 /get 的配置。

针对被动健康检查，若发向一个节点的连续 3 个真实请求均失败，则将它标记为不健康。

具体操作步骤如下：

1）通过如下命令创建一个上游，ID 为 healthycheck。

```Shell
curl http://127.0.0.1:9080/apisix/admin/upstreams/healthycheck \
-H 'X-API-KEY: edd1c9f034335f136f87ad84b625c8f1' -X PUT -d '
{
    "type": "roundrobin",
    "nodes": {
        # 1.2.3.4:1234 不可达
        "1.2.3.4:1234": 1,
        "127.0.0.1:8081": 1
    },
    "checks": {
        "active": {
            "type": "http",
            "http_path": "/get",
            "healthy": {
                # 每隔 1s 向当前状态为非健康的节点触发一个 HTTP 探针请求，
```

```
        # 如果连续 3 个探针请求都成功，则节点标记为健康
        "interval": 1,
        "successes": 3
    },
    "unhealthy": {
        # 每隔 1s 向当前状态为健康的节点触发一个 HTTP 探针请求，
        # 如果连续 3 个探针请求都失败，则节点标记为不健康
        "interval": 1,
        "http_failures": 3
    }
},
"passive": {
    "type": "http",
    "unhealthy": {

        "http_failures": 3
    }
}
}
}'
```

2）创建路由并引用上述创建的上游 healthycheck。

```Shell
curl http://127.0.0.1:9080/apisix/admin/routes/1 \
-H 'X-API-KEY: edd1c9f034335f136f87ad84b625c8f1' -X PUT -d '
{
    "uri": "/index.html",
    "upstream_id": "healthycheck"
}'
```

3）实际代理请求后，可以通过观察 APISIX 的错误日志来判断健康检查系统的工作状态（需要将 APISIX 的错误日志级别调整为 info，调整日志级别可参考 9.3.2 节）。

```Shell
enabled healthcheck passive while logging request
failed to receive status line from 'nil (1.2.3.4:1234)': closed
unhealthy TCP increment (1/2) for '(1.2.3.4:1234)'
failed to receive status line from 'nil (1.2.3.4:1234)': closed
unhealthy TCP increment (2/2) for '(1.2.3.4:1234)'
```

从错误日志中可以看到，APISIX 向 1.2.3.4:1234 发送的两个探针都在与 TCP 建立连接时失败了，最终该节点被标记为不健康。

通过 APISIX 的 Control API 接口（默认为 127.0.0.1:9090）可查看节点的健康检查状态。

```Shell
curl http://127.0.0.1:9090/v1/healthcheck/upstreams/healthycheck -s | jq .
```

返回结果如下：

```json
JSON
{
    "nodes": [
        {
            "port": 1234,
            "priority": 0,
            "weight": 1,
            "host": "1.2.3.4"
        },
        {
            "port": 8081,
            "host": "127.0.0.1",
            "weight": 1,
            "priority": 0
        }
    ],
    "src_id": "1",
    "src_type": "upstreams",
    "healthy_nodes": [
        {
            "port": 8081,
            "host": "127.0.0.1",
            "weight": 1,
            "priority": 0
        }
    ],
    "name": "upstream#/apisix/upstreams/healthycheck"
}
```

通过 /v1/healthcheck/upstreams/healthycheck 路径可查看到该上游目前的健康检查状态信息。仍然健康的节点放置在 healthy_nodes 中，可以看到 1.2.3.4:1234 已经被标记为不健康，而 127.0.0.1:8081 依然是健康的，因此在 1.2.3.4:1234 恢复之前，请求都将转发到 127.0.0.1:8081 这一节点上。

注意： 主动健康检查需要在对上游发送请求后才会真正启动，如果某个上游一直没有被 APISIX 访问过，APISIX 将不会对它进行主动健康检查；启用健康检查策略后，如果上游只有一个节点，则该策略不会生效。

5.3　负载均衡

APISIX 支持配置加权轮询（Round Robin）、一致性哈希（Consistent Hashing）、加权最少连接数和指数加权移动平均（Exponentially Weighted Moving-Average，EWMA）4 种负载均衡算法。除此之外，还可以在 balancer 阶段使用自定义负载均衡算法。在配置上游时，其中的 type 参数指定了负载均衡算法。

5.3.1 加权轮询

轮询算法是最简单的负载均衡算法，其原理是将用户的请求依次分配给内部服务器，从第一个服务器开始直至最后一个服务器结束，所有服务器处理的请求数量是一致的。而加权轮询是在基本的轮询调度上，给每个节点赋值权重，节点的被调度比例等于权重比例，权重越大，被调度的次数越多。

1. 使用场景

在实际生产环境中，上游集群会部署在不同性能的服务器上，如果采用基本的轮询调度，每台服务器被调度的比例是相同的。这时将会产生一个问题，高性能的服务器无法发挥其性能优势来承载更多的流量，低性能的服务器可能会过度承载流量而导致延迟显著甚至宕机。因此就需要用户把集群部署在相同性能的服务器上，才能最大程度上发挥服务器的性能，但在实际环境中是无法实现的。

加权轮询的出现就是为了解决上述问题。在使用加权轮询算法时，用户可以根据上游服务器的性能或其他需求，设置上游节点被调度的比例。从以上介绍可以看出，加权轮询算法适用于 **HTTP 短连接服务**。

2. 特点

普通的加权轮询在调用上有一定的不足，比如 A、B、C 三台服务器的负载能力比例是 3：2：1，配置的权重分别是 3、2、1，可能产生的调度顺序为 {A，A，A，B，B，C}。

这样的调度顺序会出现一个问题：某个节点会在短时间内被集中调度，造成该节点负载过高，而不被调度时负载很低。因此，在观测时可以看到有规律的流量峰谷。

然而 APISIX 中使用的是平滑的加权轮询算法，短时间内的调度不会集中在同一个高权重节点上。

3. 示例

以下示例展示了加权轮询算法的具体用法，可以重点观察加权轮询算法选择的上游顺序是否连续，是否存在短时间内将请求调度到同一个节点上的状况。

首先在本机启动 3 个上游服务，分别监听 8081、8082 和 8083，访问这 3 个上游将返回各自监听的端口号。可以参考 3.2 节中的示例去启动一个监听 8083 端口的实例。

然后创建一个路由。可参考以下配置，设置上游配置中 8081、8082 和 8083 三个端口的权重。

```Shell
curl http://127.0.0.1:9080/apisix/admin/routes/1 \
-H 'X-API-KEY: edd1c9f034335f136f87ad84b625c8f1' -X PUT -d '
{
    "uri":"/index.html",
    "upstream":{
        "nodes":{
            "127.0.0.1:8081":3,
            "127.0.0.1:8082":2,
```

```
            "127.0.0.1:8083":1
        },
        "type":"roundrobin"
    }
}'
```

使用如下命令请求 12 次：

```
Shell
curl 127.0.0.1:9080/index.html
```

返回结果如下：

```
Plain Text
8081,8081,8081,8082,8081,8082,8082,8081,8082,8083,8083,8081
```

从返回结果可以看出，上游节点被调度的比例符合权重比例 3∶2∶1，说明上游节点的权重分布是符合预期的。而 8081 是权重最高的节点，从它出现的顺序来看，高权重的节点也没有被集中调度。

说明：因为 8081、8082 和 8083 三个端口的权重比例是 3∶2∶1，所以每执行一次 curl 127.0.0.1:9080/index.html 命令，三个端口占返回结果的概率分别是 50.00%（8081）、33.33%（8082）和 16.67%（8083）。执行该命令的次数越多，实际分布越接近于理论分布。由于篇幅所限，这里仅执行 12 次，方便大家理解。

5.3.2　一致性哈希

一致性哈希通过构造哈希环，根据客户端请求中指定的 key，用哈希算法计算出映射的上游节点。在同一个上游对象中，相同的 key 永远返回相同的上游节点。

1. 使用场景

在使用 APISIX 时，有时候需要保证会话粘滞——将有相同特征的请求转发到同一个上游节点，因为这些具有相同特征的请求很可能来自同一个用户，需要在同一个上游节点中处理。

传统的负载均衡算法无法实现这一场景，此时可以使用一致性哈希算法来实现。一致性哈希算法可以根据发起请求的客户端 IP，或者请求参数中的某个值进行分配，将相同特征的请求分配到同一个上游节点。例如：

❑ Cookie 或 Session →身份。

❑ IP →地理。

一致性哈希算法也适合用在上游为分布式集群的场景中，它可以避免数据倾斜，允许将大量请求分配到少数节点上。

2. 特点

APISIX 中的一致性哈希可以根据 NGINX 内置变量来指定 key，目前支持的 NGINX 内置变量有 uri、server_name、server_addr、request_uri、remote_port、remote_addr、query_string、host、hostname、arg_***，其中 arg_*** 是来自 URL 的请求参数。

3. 示例

以下示例展示了一致性哈希算法的具体用法。创建一个路由并进行如下配置，配置的 key 是 remote_addr，即客户端 IP。可以观察当客户端 IP 始终相同时，请求是否会被代理到不同的上游节点。

```Shell
curl http://127.0.0.1:9080/apisix/admin/routes/1 \
-H 'X-API-KEY: edd1c9f034335f136f87ad84b625c8f1' -X PUT -d '
{
    "uri":"/index.html",
    "upstream":{
        "nodes":{
            "127.0.0.1:8081":1,
            "127.0.0.1:8082":1,
            "127.0.0.1:8083":1
        },
        "key": "remote_addr",
        "type":"chash"
    }
}'
```

使用如下命令请求 12 次：

```Shell
curl 127.0.0.1:9080/index.html
```

返回结果如下：

```Apache
8083,8083,8083,8083,8083,8083,8083,8083,8083,8083,8083,8083
```

在上述示例中，使用一致性哈希算法进行负载均衡时，运行时请求的 remote_addr 是 127.0.0.1，而该算法基于这个 key 选择的上游节点总是 8083，并不会命中其他的节点。此处的哈希计算使用的是 lua-resty-chash 库。

注意： 使用一致性哈希算法时，建议上游节点的权重保持一致，防止权重不同干扰一致性哈希算法的结果。

5.3.3　加权最少连接数

最少连接数算法是一种智能、动态的负载均衡算法，主要根据上游中每个节点的当前连接数决定将请求转发至哪个节点，即每次都将请求转发给当前存在最少并发连接的节点。

加权最少连接数是指选择 (active_conn + 1) / weight 最小的节点。通常权重大且并发连接数最少的上游节点，将会被优先调用。

注意： active_conn 的概念与在 NGINX 中的概念相同，表示当前正在被请求使用的连接。

---

1. 使用场景

在实际生产环境中，同一个上游节点会提供很多业务逻辑不同的 API，因此处理请求所消耗的时间也各不相同。在服务运行过程中，如果上游中的某个 API 突然涌入大量请求，则会出现延迟过高的情况。

从 APISIX 的角度出发，上游节点处理请求越快，APISIX 与该节点之间的 active_conn 越少。因为请求被该节点快速处理，并且连接被释放了。

随着运行时间的持续增加，如果有些请求消耗了较长的处理时间，会导致该请求所在的上游节点负载较高。因此根据请求处理时间（对于 APISIX 来说就是当前正在被请求使用的连接）动态地把请求转发到 active_conn 较少的上游节点，可以避免大量耗时的请求堆积在高负载节点，从而达到优化负载均衡的效果。

此算法适用于处理时间较长的请求服务，每个请求所占用的后端时间相差较大，即长连接服务。

2. 特点

加权最少连接数算法根据上游节点的负载情况进行动态分发请求，因此服务器性能强、处理请求速度快、积压请求少的上游节点可以承担更多的请求，反之则分配更少的请求，以此保证上游节点整体的稳定性，同时将请求合理地分配到每一个节点中，避免因节点负载过高而导致响应慢乃至宕机的情况。

3. 示例

以下示例展示了加权最少连接数负载均衡算法的具体用法。

首先创建两个上游，分别监听 8081 和 8082 端口。其中 8081 端口延迟 1s 返回响应，配置示例如下：

```
Nginx
http {
    server {
        listen 8081;
        access_log off;
        location / {
            content_by_lua_block {
                ngx.sleep(1)
                ngx.say("8081")
            }
        }
    }
    server {
```

```
            listen 8082;
            access_log off;
            location / {
                content_by_lua_block {
                    ngx.say("8082")
                }
            }
        }
    }
```

然后创建一个路由并进行如下配置：

```Shell
curl http://127.0.0.1:9080/apisix/admin/routes/1 \
-H 'X-API-KEY: edd1c9f034335f136f87ad84b625c8f1' -X PUT -d '
{
    "uri":"/index.html",
    "upstream":{
        "nodes":{
            "127.0.0.1:8081":3,
            "127.0.0.1:8082":2
        },
        "type":"least_conn"
    }
}'
```

打开两个命令行窗口，几乎同时发送请求：

```Nginx
curl http://localhost:9080/index.html
```

可以观察到，其中一个请求延迟 1s 返回，返回的内容是 8081，另一个请求则快速返回，返回的内容是 8082。

因为当 APISIX 把请求代理到 8081 上游节点时，连接不会立即释放，仍处于使用中，当新的请求进来时，根据加权最少连接算法 active_conn = 1，得到的结果是 $(1+1)/[3/(3+2)] \approx 3.3$；而 8082 上游节点根据加权最少连接算法得到的结果是 $(0+1)/[2/(3+2)]=2.5$（以上计算过程仅为简单描述），所以会将新进入的请求代理到计算结果较小的 8082 上游节点上。

5.3.4　指数加权移动平均

指数加权移动平均（EWMA）算法会选择延迟最小的节点进行负载。指数加权移动平均是根据 EWMA 公式，用滑动窗口来计算窗口时间内某个节点的 EWMA 函数值，作为本次请求延迟的预测值。

1. 使用场景

在延迟敏感的场景中，EWMA 算法是最合适的选择。

❑ 当出现网络抖动时，延迟较大。EWMA 算法可以动态调小窗口时间，快速感知到抖动存在，EWMA 函数值接近网络抖动时的真实值；

❑ 当网络恢复稳定后，延迟较小。EWMA 算法可以动态调大窗口时间，EWMA 函数值平稳恢复到正常水平。

2. 特点

APISIX 中用 P2C 方式优化了 EWMA 算法，P2C 方式会随机选择两个节点，然后选择其中EWMA 函数值最小的节点，以达到局部最优解，并且开销较少。

3. 示例

具体操作可参考如下代码。

```Shell
curl http://127.0.0.1:9080/apisix/admin/routes/1 \
-H 'X-API-KEY: edd1c9f034335f136f87ad84b625c8f1' -X PUT -d '
{
    "uri":"/index.html",
    "upstream":{
        "nodes":{
            "127.0.0.1:8081":2,
            "127.0.0.1:8082":1,
            "127.0.0.1:8083":1
        },
        "type":"ewma"
    }
}'
```

除以上 4 种负载均衡算法外，APISIX 还支持配置预备节点。在配置节点时，可以配置其优先级属性。只有在所有高优先级的节点均不可用时，APISIX 才会使用低优先级的节点。

由于节点默认的优先级是 0，我们可以配置负优先级的节点作为预备节点。使用示例如下：

```Shell
curl http://127.0.0.1:9080/apisix/admin/routes/1 \
-H 'X-API-KEY: edd1c9f034335f136f87ad84b625c8f1' -X PUT -d '
{
    "uri": "/index.html",
    "upstream": {
        "type": "roundrobin",
        "nodes": [
            {"host": "127.0.0.1", "port": 8081, "weight": 2000},
            {"host": "127.0.0.1", "port": 8082, "weight": 1, "priority": -1}
        ],
        ......
    }
}'
```

如上所示，127.0.0.1:8082 节点仅在 127.0.0.1:8081 明确不可用或被尝试使用过后，才会被选择。因此，它是 127.0.0.1:8081 的预备节点。

5.4　跨域资源共享

本节将介绍在 APISIX 中实现跨域资源共享（Cross-Origin Resource Sharing，CORS）的方法及应用场景。

CORS 是一种基于 HTTP 头信息（Header）的防护机制，该机制允许服务器标识除了自身以外的其他源（Origin），并允许浏览器向这些源发起请求。CORS 还依赖于一种机制，浏览器通过这种机制向托管跨源资源的服务器发出"预检"请求，用来检查该服务器是否会允许实际请求。在该预检中，浏览器会发送头信息，其中包含实际请求中会使用的 HTTP 方法和头信息。

在 APISIX 中，可以使用内置的 cors 插件为服务端设置所需的 CORS 返回头。

5.4.1　原理

APISIX 中的 cors 插件是通过对返回的请求设置 HTTP 头信息，为服务端启用跨域资源共享，跨域资源共享插件原理如图 5-4 所示。

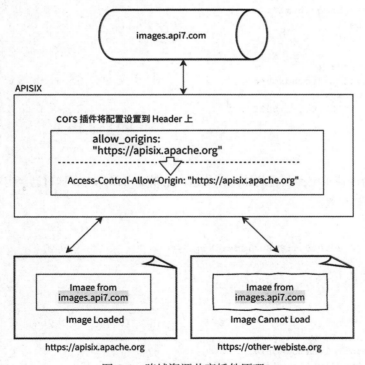

图 5-4　跨域资源共享插件原理

5.4.2　参数

表 5-3 是 cors 插件相关参数，更多参数参见官网使用文档。

表 5-3 cors 插件相关参数

名称	类型	必选项	描述
allow_origins	string	否	允许跨域访问的 Origin，格式为 scheme://host:port，比如 https://somehost.com:8081。多个值使用逗号进行分隔，allow_credential 为 false 时可以使用 *（星号）来表示所有 Origin 均允许通过。也可以在启用 allow_credential 后使用 **（双星号）强制允许所有 Origin 都通过，但存在安全隐患

5.4.3 使用方法

该插件默认为启用状态。以下示例展示的是如何在路由中绑定 cors 插件，也可以将其绑定在服务中。

```Bash
curl http://127.0.0.1:9080/apisix/admin/routes/1 \
-H 'X-API-KEY: edd1c9f034335f136f87ad84b625c8f1' -X PUT -d '
{
    "uri": "/index.html",
    "plugins": {
        "cors": {}
    },
    "upstream": {
        "type": "roundrobin",
        "nodes": {
            "127.0.0.1:8081": 1
        }
    }
}'
```

使用如下命令请求上面创建的路由，从返回结果中可以发现，接口已经返回 CORS 相关的头信息，代表插件生效。

```Shell
curl http://127.0.0.1:9080/index.html -v
```

返回结果如下：

```Apache
...
< Server: APISIX web server
< Access-Control-Allow-Origin: *
< Access-Control-Allow-Methods: *
< Access-Control-Allow-Headers: *
< Access-Control-Expose-Headers: *
< Access-Control-Max-Age: 5
...
here 8081
```

5.4.4　应用场景

在实际生产环境中，我们可能会将前端和后端服务部署在不同域名的服务器上，比如域名 A 对应后端的图片服务，域名 B 对应前端页面。假如前端页面中有一个下载的选项，允许下载来自域名 B 的图片。默认情况下，单击此按钮，浏览器会禁止在前端页面中直接下载该图片，而是会自动打开一个 URL 为该图片的新标签页。这种情况下，用户体验并不友好，这时就可以使用 cors 插件来实现单击后直接下载的效果，提升用户体验。

假设前端的 URL 是 https://127.0.0.1:3000，图片服务最终的 URL 是 127.0.0.1:9080/images。为了实现该功能，我们需要配置 cors 插件的 allow_origins 为前端的 URL。

```Shell
curl http://127.0.0.1:9080/apisix/admin/routes/1 \
-H 'X-API-KEY: edd1c9f034335f136f87ad84b625c8f1' -X PUT -d '
{
    "uri": "/images",
    "plugins": {
        "cors": {
            allow_origins: "https://127.0.0.1:3000"
        }
    },
    "upstream": {
        "type": "roundrobin",
        "nodes": {
            "127.0.0.1:8081": 1
        }
    }
}'
```

配置完成后，在前端进行访问时就可以在当前页面正常下载，无须再次跳转，实现了跨域请求。

> **注意**：allow_credential 是一个很敏感的选项，请谨慎选择开启。开启之后，其他参数默认的 *（星号）将失效，必须显式指定它们的值；使用 **（双星号）时，要充分理解这个操作所引入的一些安全隐患，比如跨站请求伪造（CSRF 或 XSRF），以确保安全等级符合自己预期后再使用。

尽管该插件简单易用，但由于启用对应功能后可能带来一些安全问题，在使用时仍需要保持谨慎。

5.5　IP 黑白名单

在一些安全性要求较高的场景下，通常需要限制部分 IP 的访问，或者只允许单个 IP 进行访问。这种情况下，可以通过 ip-restriction 插件来实现 IP 黑白名单，用于限制 IP 对路由或服务的访问。

该插件除了可以对单个 IP 进行限制，还可以对多个 IP 地址或 CIDR（例如 10.10.10.0/24）范围地址进行限制。同时可以自定义返回信息，方便对受限 IP 提供更加友好的提示。

注意： 黑白名单无法同时在同一个服务或路由上使用，只能使用其中之一。

5.5.1 原理

通过 ip-restriction 插件设置 IP 黑白名单，即根据客户端 IP 来对一些请求进行拦截和防护。

该插件充分利用 APISIX 的插件机制，在插件的 access 阶段生效，并在内部使用 lru_cache 实现对黑名单或白名单的缓存，ip-restriction 插件原理如图 5-5 所示。

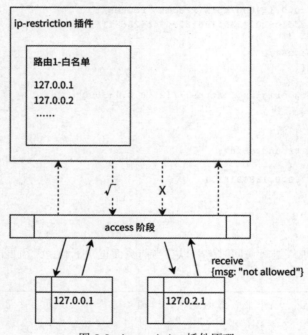

图 5-5　ip-restriction 插件原理

5.5.2 参数

表 5-4 是 ip-restriction 插件相关参数，更多参数参见官网使用文档。

表 5-4　ip-restriction 插件相关参数

参数名	类型	必选项	描述
whitelist	array[string]	否	与 blacklist 二选一，可以为 IP 地址或 CIDR 范围地址
blacklist	array[string]	否	与 whitelist 二选一，可以为 IP 地址或 CIDR 范围地址
message	string	否	受限 IP 访问时返回的信息，默认值为 "Your IP address is not allowed."，字符串长度范围为 [1, 1024]

5.5.3 应用场景

IP 黑白名单是一个比较常见的需求，通常应用场景是限制 IP 对某些存在操作风险的高权限接口进行访问，比如公司内部的网站后台或者不希望暴露出来的接口等。

假设目前有一个路由仅允许内网用户访问，不允许外网用户访问，那么通过使用该插件设置白名单，可以实现仅让内网用户访问的效果，当然也可以使用该功能阻止某个 IP，从而阻挡网络攻击。

该插件默认为启用状态，因此不需要在配置文件中启用该插件，仅需要在路由中绑定该插件即可。

```Shell
curl http://127.0.0.1:9080/apisix/admin/routes/1 \
-H 'X-API-KEY: edd1c9f034335f136f87ad84b625c8f1' -X PUT -d '
{
    "uri": "/index.html",
    "upstream": {
        "type": "roundrobin",
        "nodes": {
            "127.0.0.1:8081": 1
        }
    },
    "plugins": {
        "ip-restriction": {
            "whitelist": [
                "192.168.1.0/24",
                "127.0.0.1"
            ]
        }
    }
}'
```

在以上配置中，我们创建了一个路由，并且在该路由中启用了 ip-restriction 插件，同时设置了白名单，也就是仅允许该名单内的地址访问该路由。没有在该名单内的地址访问时将返回"message":"Your IP address is not allowed"的结果。如果想更改返回信息，可参照如下方式进行修改：

```YAML
"plugins": {
    "ip-restriction": {
        "whitelist": [
            "192.168.1.0/24",
            "127.0.0.1"
        ],
        "message": "Do you want to do something bad?"
    }
}
```

绑定插件后，可以使用如下方式进行测试。

当通过 127.0.0.1 访问路由时：

```Shell
curl http://127.0.0.1:9080/index.html -i
```

返回结果如下：

```Shell
HTTP/1.1 200 OK
...
```

当通过 127.0.0.2 访问路由时：

```Shell
curl http://127.0.0.1:9080/index.html -i --interface 127.0.0.2
```

返回结果如下：

```Shell
HTTP/1.1 403 Forbidden
...
{"message": "Do you want to do something bad?"}
```

对某个服务或路由，白名单或黑名单效果只能启用其中一个，无法全部启用。

通过这几节内容的介绍，相信你已经了解 APISIX 作为 API 网关的基础通用功能，这些功能可以满足日常场景的使用，让你对 APISIX 的使用更加得心应手。

5.6　启用与禁用插件

通过前面的介绍，相信你对于前面出现的各种插件非常感兴趣。而在第二部分的进阶内容中，所讲述的功能很多都与 APISIX 插件相关，为了让你对 APISIX 插件有一个更全面的认识，本节将详细介绍 APISIX 插件的启用与禁用。

得益于 APISIX 的全动态设计，无论是修改配置文件还是启用或禁用插件，都不需要重启 APISIX，因此我们在 APISIX 中启用和禁用相关插件时，仅需要重新加载 APISIX 就可以完成配置。

插件需要绑定在路由、服务或消费者上才可以使用，所以在启用插件后需要把插件绑定到相应的对象上。

5.6.1　插件简介

APISIX 中的大多数插件都是默认启用的，可以直接使用。对于另外一些插件，则需要在 ./conf/config.yaml 配置文件中添加相关参数来启用。

每个插件在单次请求中只会执行一次，即使被同时绑定到多个不同对象中（比如路由或服务）。对于同一个插件的配置，只能有一个是有效的，配置选择的优先级是消费者 > 路由 > 服务。

插件运行先后顺序是根据插件自身的优先级来决定的，例如：

```Lua
local _M = {
    version = 0.1,
    priority = 0, -- 这个插件的优先级为 0
    name = plugin_name,
    schema = schema,
    metadata_schema = metadata_schema,
}
```

APISIX 支持的所有插件都可以在配置文件 ./conf/config-default.yaml 中看到。如果需要修改任何配置，都应在配置文件 ./conf/config.yaml 中完成。当 APISIX 启动或重新加载时，会根据 ./conf/config.yaml 中的配置自动生成新的 ./conf/nginx.conf 文件并自动启动服务。

注意： 不要手动修改 APISIX 的 ./conf/nginx.conf 和 ./conf/config-default.yaml 文件。

5.6.2　启用插件

APISIX 插件的启用操作十分简单，只需要在 ./conf/config.yaml 配置文件中添加相应的插件名称就可以完成配置。但是部分插件仍需要配置一些参数才可以生效，我们会在介绍每个插件时同时介绍它所需要配置的参数，如果未对参数进行介绍，则表示此插件在启用时不需要配置额外的参数。

注意： 一旦在配置文件中添加 plugins 参数，就意味着默认配置文件 ./conf/config_default.yaml 中所有的插件都被禁用。如果在配置 plugins 参数之前已经在路由或服务中使用了插件，请在配置文件中的 plugins 参数下添加已使用的插件。

关于 Apache APISIX 的插件有以下几种情况：
- ❏ 插件默认是启用的，且不需要配置额外参数；
- ❏ 插件默认是启用的，但是可以对插件启用时的配置进行修改；
- ❏ 插件默认是禁用的，需要自行启用插件；
- ❏ 插件默认是禁用的，需要自行启用插件并额外配置参数。

以下是在配置文件中启用插件的示例：

```YAML
plugins:
    - prometheus
    - log-rotate
    - error-log-logger
plugin_attr:
    log-rotate:
        interval: 3600     # 轮转间隔（单位为 s）
```

```
          max_kept: 168        # 保留日志文件的最大数量
   prometheus:
      export_addr:
      ip: 127.0.0.1
      port: 9091
```

从上述示例可以看到，prometheus 和 log-rotate 插件是需要添加相应参数才可以正常使用的，而 error-log-logger 仅需要在插件列表添加相应的插件名称就可以启用了。

添加完成相应的配置后，需要重新加载 APISIX 插件的配置才可以生效。

5.6.3 禁用插件

如果暂时不需要某个插件，则需要删除路由、服务和消费者中对应的插件配置，并且在 ./conf/config.yaml 配置文件中删除或注释掉插件及其配置，再重新加载 Apache APISIX 即可。

参考示例如下：

```YAML
plugins:
    - prometheus
#    - log-rotate
#    - error-log-logger
plugin_attr:
#  log-rotate:
#      interval: 3600
#      max_kept: 168
   prometheus:
       export_addr:
           ip: 127.0.0.1
           port: 9091
```

从以上示例可以看到，上述配置中注释掉了 log-rotate 插件及其配置，这就达到了禁用插件的目的。

如果在路由规则里配置了某个插件（比如在路由中的 plugins 字段里面添加了此插件），然后在 conf/config.conf 配置中禁用了该插件，那么在执行路由规则的时候会跳过这个插件。

如果想禁用默认启用的插件，可以在 ./conf/config.yaml 配置文件添加 plugin 参数来覆盖默认配置文件中的插件列表。但此操作有风险，需慎重。

APISIX 进阶

本部分介绍 APISIX的进阶功能，包括身份认证与鉴权、服务治理、可观测性、运维管理及基本故障排除等。通过本部分的学习，大家可以在更多应用场景中使用APISIX，以及在使用中更快速地排除故障。同时，为了方便一些基于APISIX进行二次开发的使用者，本部分还提供了针对二次开发进行扩展的描述，其中也对APISIX多语言插件进行了介绍。

身份认证与鉴权

身份认证是在日常生活中常见的一项功能。比如使用支付软件消费时的人脸识别、公司上下班时的指纹 / 面部打卡以及网站上进行账号和密码的登录操作等，都是身份认证的场景体现。

身份认证与鉴权确保了后端服务的安全性，避免了一些未经授权的访问，比如防止黑客攻击和恶意调用等；同时也方便记录操作者或调用方的信息，通过记录访问频率或访问频次等进行行为判断；还可以通过识别身份对不同的身份进行不同权限的操作处理，或者一些企业内部的限制策略，如限流限速等。

在 APISIX 中，有多个插件可用来进行身份认证与鉴权。

6.1 JWT 认证

本节介绍如何在 APISIX 中使用 JWT 进行身份认证。通过使用 APISIX 的 jwt-auth 插件暴露的 API，APISIX 签发 Token，并且使用该 Token 来进行身份认证。

6.1.1 插件简介

jwt-auth 是一个认证插件，可以附加到任何 APISIX 路由上，在请求被转发到上游 URI 之前执行 JWT 认证。通常情况下，发行者使用私钥或文本密钥来签署 JWT。JWT 的接收者将验证签名，以确保令牌在被发行者签名后没有被改变。

整个 JWT 机制的完整性取决于签名密钥（或 RSA 密钥对的文本密钥），因此，在安全的环境中存储这些密钥是非常关键的。如果密钥落入不法分子之手，可能会危及整个基础设施的安全。虽然 APISIX 采取了一切手段来遵循标准的 SecOps 实践，但在生产环境中有一个集中的密钥管理解决方案也是一件好事，例如 Vault。该密钥管理软件有详细的审计日志、定时的密钥轮换和密钥撤销功能等。如果在整个基础设施每次发生密钥轮换时，都要更新 APISIX 配置，将是一个相当麻烦的问题。

jwt-auth 原理如图 6-1 所示。

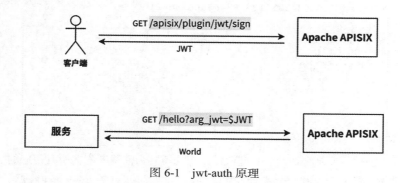

图 6-1　jwt-auth 原理

6.1.2　配置示例

1. 参数

表 6-1 是消费者中的 jwt-auth 插件参数，更多参数参见官网使用文档。

表 6-1　消费者中的 jwt-auth 插件参数

名称	类型	必选项	描述
key	string	是	不同的消费者对象应有不同的值，且是唯一的。不同消费者使用了相同的 key，将会出现请求匹配异常。例如 user-key
algorithm	string	否	加密算法。取值包含 HS256（默认值）、HS512、RS256
secret	string	否	加密秘钥。如果未指定，后台将自动生成。例如 my+-secret-key
public_key	string	否	RSA 公钥。当 algorithm 属性选择 RS256 算法时必填
private_key	string	否	RSA 私钥。当 algorithm 属性选择 RS256 算法时必填
exp	integer	否	Token 的超时时间。有效值范围为 $[1,+\infty)$，默认值为 86400
base64_secret	boolean	否	密钥是否为 base64 编码。有效值包括 false、true
vault	object	否	是否使用 Vault 作为存储和检索密钥（HS256/HS512 的密钥或 RS256 的公钥和私钥）的方式。该插件默认使用 kv/apisix/consumer/<consumer name>/jwt-auth 路径进行密钥检索

表 6-2 是路由或服务中的 jwt-auth 插件参数。

表 6-2　路由或服务中的 jwt-auth 插件参数

名称	类型	必选项	描述
header	string	否	设置 APISIX 从哪个 Header 获取 Token。默认值为 authorization
query	string	否	设置 APISIX 从哪个 Query 参数中获取 Token。默认值为 jwt
cookie	string	否	设置 APISIX 从哪个 Cookie 参数中获取 Token。默认值为 jwt

2. 创建全局规则

在全局插件中启用 jwt-auth 插件，启用后该插件将在所有的路由下生效。

```Shell
curl http://127.0.0.1:9080/apisix/admin/global_rules/1 \
-H 'X-API-KEY: edd1c9f034335f136f87ad84b625c8f1' -X PUT -d '
{
    "plugins":{
        "jwt-auth": {
            "query":"jwt"
        }
    }
}'
```

3. 创建消费者

由于 jwt-auth 插件需要结合消费者一起使用，因此需要为消费者配置所有使用的 key 和 secret。通过如下命令创建消费者 Jack 并且配置 key 为 user-key，配置 secret 为 my-secret-key。

```Shell
curl http://127.0.0.1:9080/apisix/admin/consumers \
-H 'X-API-KEY: edd1c9f034335f136f87ad84b625c8f1' -X PUT -d '
{
    "username":"Jack",
    "plugins":{
        "jwt-auth": {
            "key": "user-key",
            "secret": "my-secret-key"
        }
    }
}'
```

6.1.3　应用场景

使用 jwt-auth 插件签发携带过期时间的 Token，并使用该 Token 通过验证。相比于 key-auth 和 basic-auth 插件，使用 jwt-auth 插件支持设置 Token 的过期时间，当使用的 Token 过期时，APISIX 将返回 401，并表明 Token 已经过期。

具体操作步骤如下：

1）创建消费者并启用 jwt-auth 插件，通过 exp 属性设置 JWT 过期时间为 5min。

```Shell
curl http://127.0.0.1:9080/apisix/admin/consumers \
-H 'X-API-KEY: edd1c9f034335f136f87ad84b625c8f1' -X PUT -d '
{
    "username":"apisix",
    "plugins":{
        "jwt-auth": {
```

```
            "key": "user-key",
            "secret": "my-secret-key",
            "exp": 300
        }
    }
}'
```

也可以自定义 key 和 secret 参数中的值，其中 key 的值应当是唯一的。

2）创建路由并启用 jwt-auth 插件。

```Shell
curl http://127.0.0.1:9080/apisix/admin/routes/1 \
-H 'X-API-KEY: edd1c9f034335f136f87ad84b625c8f1' -X PUT -d '
{
    "uri": "/index.html",
    "plugins": {
        "jwt-auth": {}
    },
    "upstream": {
        "type": "roundrobin",
        "nodes": {
            "127.0.0.1:8081": 1
        }
    }
}'
```

3）使用 public-api 插件暴露 jwt-auth 插件中签发 Token 的地址 /apisix/plugin/jwt/sign。

```Shell
curl http://127.0.0.1:9080/apisix/admin/routes/jwturi \
-H 'X-API-KEY: edd1c9f034335f136f87ad84b625c8f1' -X PUT -d '
{
    "uri": "/apisix/plugin/jwt/sign",
    "plugins": {
        "public-api": {}
    }
}'
```

4）使用 /apisix/plugin/jwt/sign 签发 Token。

```Shell
curl http://127.0.0.1:9080/apisix/plugin/jwt/sign\?key\=user-key -i
```

下面使用 ${Header.Payload.Signature} 表示获取的 Token，在实际操作过程中，请替换为你所获取到的 Token。

```Shell
HTTP/1.1 200 OK
...
${Header.Payload.Signature}
```

5）将获取到的 Token 放在请求参数中，请求 APISIX。

```Shell
curl http://127.0.0.1:9080/index.html?jwt=${Header.Payload.Signature} -i
```

6）将获取到的 Token 放在请求头中，请求 APISIX。

```Shell
curl http://127.0.0.1:9080/index.html \
-H 'Authorization: ${Header.Payload.Signature}' -i
```

7）将获取到的 Token 放在 Cookie 中，请求 APISIX。

```Apache
curl http://127.0.0.1:9080/index.html \
--cookie jwt=${Header.Payload.Signature} -i
```

8）等待 5min，Token 过期，此时再请求 APISIX，将返回 401。

```Shell
 curl http://127.0.0.1:9080/index.html \
--cookie jwt=${Header.Payload.Signature} -i
{"message":"'exp' claim expired at Mon, 09 May 2022 07:05:31 GMT"}
```

注意： 当使用 public-api 暴露 /apisix/plugin/jwt/sign 地址时，请启用认证插件或者 ip-restriction 插件，防止该地址被暴露到公网环境。关于 public-api 的详细内容可参见 10.7 节。

相比于其他认证插件，jwt-auth 插件可以生成多个 Token，并且支持设置 Token 的过期时间，同时服务端无须存储这些 Token，节约内存。但需要注意的是，这些已经签发的 Token 一旦泄漏，服务端将无法对 Token 进行吊销处理，所以需要好好保存 jwt-auth 插件签发的 Token。

6.1.4　与 Vault 集成

随着微服务架构的兴起，保证服务安全更加具有挑战性。如果多个后端服务使用单一的静态密钥凭证访问数据库，一旦发生密钥凭证泄露，整个系统都会受到影响，从而带来巨大的风险。为了解决密钥凭证泄露所带来的影响，只能撤销这个密钥凭证。然而撤销密钥凭证会导致大规模的服务中断，对企业来说，服务大规模中断是最不想看到的事情。

虽然我们不能预知将来会出现哪些安全漏洞，但可以通过配置多个密钥来控制这些安全漏洞的影响范围，HashiCorp Vault（下文简称 Vault）这一类型的密钥凭证解决方案应运而生。

1. 什么是 Vault

Vault 旨在帮助用户管理服务密钥的访问权限，并在多个服务之间安全地传输密钥。因为密钥用于解锁敏感信息，所以需要严密控制。

密钥的形式可以是密码、API 密钥、SSH 密钥、RSA 令牌或 OTP。事实上，密钥泄露的情况非常普遍：密钥通常被储存在配置文件中，或作为变量被储存在代码中。如果没有妥善保存，密钥甚至会出现在 GitHub、BitBucket 或 GitLab 等公开的代码库中，从而对安全构成重大威胁。

Vault 通过集中密钥解决了这一问题。它为静态密钥提供加密存储，生成具有 TTL 租约的动态密钥，对用户进行认证，以确保他们有权限访问指定的密钥。因此，即使存在安全漏洞，影响范围也小得多，并能得到很好的控制。

Vault 提供了一个用户界面用于密钥管理，使控制和管理权限变得非常容易。不仅如此，它还提供了灵活且详细的审计日志功能，可以跟踪到所有用户的历史访问记录。

2. 集成 Vault 和 APISIX

为了与 Vault 集成，APISIX 需要在 ./conf/config.yaml 文件中添加 Vault 的相关配置信息。

由于大多数企业解决方案倾向于在生产环境中使用 KV Secrets Engine version 1，因此在与 Vault 集成的初始阶段，APISIX 仅使用该版本。

使用 Vault 而不是 etcd 作为后端的主要原因是在低信任度环境下，使用 Vault 的安全性更高。因为 Vault 访问令牌是小范围的，可以授予 APISIX 服务器有限的权限。

（1）配置 Vault

如果已经拥有一个 Vault 实例在运行，可以忽略该步骤。

（2）启动 Vault Server

可以通过以下命令安装和启动 Vault Server。

```Shell
sudo yum install -y yum-utils && \
sudo yum-config-manager \
--add-repo https://rpm.releases.hashicorp.com/RHEL/hashicorp.repo && \
sudo yum -y install vault && \
vault server -dev -dev-root-token-id=root
```

返回结果如下：

```Shell
WARNING! dev mode is enabled! In this mode, Vault runs entirely in-memory
and starts unsealed with a single unseal key. The root token is already
authenticated to the CLI, so you can immediately begin using Vault.
You may need to set the following environment variable:
export VAULT_ADDR='http://127.0.0.1:8200'
The unseal key and root token are displayed below in case you want to
seal/unseal the Vault or re-authenticate.
Unseal Key: 12hURx2eDPKKltzK+8TkgH9pPhPNJFpyfc/imCLgJKY=
Root Token: root
Development mode should NOT be used in production installations!
```

在上述返回结果中，可以看到设置环境变量的提示。通过以下命令设置环境变量可指定 Vault CLI 客户端：

```Shell
export VAULT_ADDR='http://127.0.0.1:8200'
export VAULT_TOKEN='root'
```

使用合适的 path 前缀启用 Vault kv version 1 的密钥引擎后端。在以下示例中，我们选择了
kv 路径，这样就不会与 Vault 默认的 kv version 2 的密钥路径发生冲突。

```Shell
vault secrets enable -path=kv -version=1 kv
```

使用以下命令确认状态：

```Shell
vault secrets list
```

返回结果如下：

```Shell
Path                Type            Accessor                Description
----                ----            --------                -----------
cubbyhole/          cubbyhole       cubbyhole_4eeb394c       per-token private secret
    storage
identity/           identity        identity_5ca6201e        identity store
kv/                 kv              kv_92cd6d37             n/a
secret/             kv              kv_6dd46a53             key/value secret storage
sys/                system          system_2045ddb1         system endpoints used for
    control, policy and debugging
```

（3）生成 Vault 访问令牌

对于 APISIX 消费者 Jack，jwt-auth 插件会在 <vault.prefix inside config.yaml>/consumer/<consumer.
username>/jwt-auth 中查找（如果启用了 Vault 配置）secrets 到 Vault 的键值对存储。

在这种情况下，如果将 kv/apisix 命名空间（Vault 路径）指定为 ./conf/config.yaml 内的 vault.
prefix，用于所有 APISIX 相关数据的检索，建议为路径 kv/apisix/consumer/ 创建一个策略。

用 HashiCorp 配置语言（HCL）创建一个策略。星号（*）是为了确保策略允许读取任何具有
kv/apisix/consumer 前缀的路径。

```Shell
tee apisix-policy.hcl << EOF
path "kv/apisix/consumer/*" {
    capabilities = ["read"]
}
EOF
```

将策略应用于 Vault 实例。

```Shell
vault policy write apisix-policy apisix-policy.hcl
```

返回结果如下：

```Shell
Success! Uploaded policy: apisix-policy
```

使用新定义的策略生成一个令牌，该策略已被配置为很小的访问边界。

```Shell
vault token create -policy="apisix-policy"
```

返回结果如下：

```Shell
Key                    Value
---                    -----
token                  s.KUWFVhIXgoRuQbbp3j1eMVGa
token_accessor         nPXT3q0mfZkLmhshfioOyx8L
token_duration         768h
token_renewable        true
token_policies         ["apisix-policy" "default"]
identity_policies      []
policies               ["apisix-policy" "default"]
```

根据上述返回结果，可以确定你的访问令牌是 s.KUWFVhIXgoRuQbbp3j1eMVGa。

（4）在 APISIX 中添加 Vault 配置

APISIX 通过 Vault HTTP API 与 Vault 实例进行通信，可以添加相关配置到 APISIX 的配置文件（./conf/config.yaml）中。其相关配置信息如下。

❑ host：运行 Vault Server 的主机地址。

❑ timeout：每次请求的 HTTP 超时。

❑ token：从 Vault 实例生成的令牌，授予从 Vault 读取数据的权限。

❑ prefix：启用前缀可以更好地执行策略，生成有限范围的令牌，并严格控制可以从 APISIX 访问到的数据。有效的前缀有 kv/apisix、secret 等。

```Shell
apisix:
...
    vault:
        host: 'http://0.0.0.0:8200'
        timeout: 10
        token: 's.KUWFVhIXgoRuQbbp3j1eMVGa'
        prefix: 'kv/apisix'
```

1）创建消费者。为了进行路由认证，需要创建一个适合该特定类型认证服务配置的消费者，经过该消费者认证成功的请求将转发至上游。

APISIX 消费者有以下两个字段。

❑ username（必填项）：用于识别消费者。

❑ plugins：用于保存消费者所使用的特定插件配置。

下面使用 jwt-auth 插件创建一个消费者，为对应的路由或服务执行 JWT 认证。

运行以下命令，启用 Vault 配置的 jwt-auth 插件。

```Shell
curl http://127.0.0.1:9080/apisix/admin/consumers \
-H 'X-API-KEY: edd1c9f034335f136f87ad84b625c8f1' -X PUT -d '
{
    "username": "Jack",
    "plugins": {
        "jwt-auth": {
            "key": "apisix-key",
            "vault": {}
        }
    }
}'
```

该插件从上述配置的消费者（Jack）的 Vault 路径（<vault.prefix from conf.yaml>/consumer/jack/jwt-auth）中查找密钥 secret，并使用该密钥进行后续的签名和 JWT 验证。如果在同一路径中没有找到密钥，该插件会记录错误，并且无法执行 JWT 验证。如果在同一路径中没有找到密钥，该插件会记录错误，并且无法执行 JWT 验证。

2）创建路由。为了测试该服务，可使用以下命令创建路由，并指定上游为 127.0.0.1:8081，启用 jwt-auth 插件。

```Shell
curl http://127.0.0.1:9080/apisix/admin/routes/1 \
-H 'X-API-KEY: edd1c9f034335f136f87ad84b625c8f1' -X PUT -d '
{
    "plugins": {
        "jwt-auth": {}
    },
    "upstream": {
        "nodes": {
            "127.0.0.1:8081": 1
        },
        "type": "roundrobin"
    },
    "uri": "index.html"
}'
```

3）生成令牌。现在从 APISIX 签署一个 JWT Token，用于向 APISIX Server 的 http://127.0.0.1:9080/index.html 代理路由发出请求。

首先使用 public-api 插件暴露 jwt-auth 插件中的签发 Token 的地址 /apisix/plugin/jwt/sign。

```Shell
curl http://127.0.0.1:9080/apisix/admin/routes/jwturi \
-H 'X-API-KEY: edd1c9f034335f136f87ad84b625c8f1' -X PUT -d '
```

```
{
    "uri": "/apisix/plugin/jwt/sign",
    "plugins": {
        "public-api": {}
    }
}'
```

接下来使用 /apisix/plugin/jwt/sign 签发 Token。

Shell
```
curl http://127.0.0.1:9080/apisix/plugin/jwt/sign\?key\=apisix-key -i
```

返回结果如下，此处使用 ${Header.Payload.Signature} 表示获取的 Token，在实际操作过程中，需要替换为所获取到的 Token。

Shell
```
HTTP/1.1 200 OK
...
${Header.Payload.Signature}
```

注意：在上一步中，如果看到类似 failed to sign jwt 的信息，请确保有一个私有密钥存储在 Vault 的 kv/apisix/consumers/jack/jwt-auth 路径中。

Shell
```
vault kv put kv/apisix/consumer/jack/jwt-auth secret=$ecr3t-c0d3
```

返回结果如下：

Shell
```
Success! Data written to: kv/apisix/consumer/jack/jwt-auth
```

4）发送请求。使用以下命令向 APISIX 发起请求。验证成功后，它将把请求转发给 HTTP Server。

Shell
```
curlhttp://127.0.0.1:9080/index.html -H 'Authorization: ${Header.Payload.
    Signature}' -i
```

返回结果如下：

Shell
```
HTTP/1.1 200 OK
...
here 8081
```

任何无效的 JWT 请求都会出现 HTTP 401 Unauthorized 的错误。

Shell
```
curl http://127.0.0.1:9080/index.html -i
```

返回结果如下：

```Shell
HTTP/1.1 401 Unauthorized
...
{"message":"Missing JWT token in request"}
```

（5）Vault 与 jwt-auth 插件集成的不同用例

APISIX jwt-auth 插件可以被配置为从 Vault 存储中获取简单的文本密钥以及 RS256 公私密钥对。

对于该集成支持的早期版本，jwt-auth 插件希望存储在 Vault 路径中的密钥名称为 secret、public_key、private_key 三种之一，以便成功使用该密钥。在后续的版本中将会增加对引用自定义命名密钥的支持。

❏ 假如在 Vault 中存储了 HS256 的签名密钥，并且想用它来进行 JWT 签名和验证，可以使用以下命令创建消费者。

```Shell
curl http://127.0.0.1:9080/apisix/admin/consumers \
-H 'X-API-KEY: edd1c9f034335f136f87ad84b625c8f1' -X PUT -d '
{
    "username": "Jack",
    "plugins": {
        "jwt-auth": {
            "key": "apisix-key",
            "vault": {}
        }
    }
}'
```

jwt-auth 插件从上述配置的消费者（Jack）的 Vault 路径（<vault.prefix from conf.yaml>/consumer/jack/jwt-auth）中查找密钥 secret，并使用该密钥进行后续的签名和 JWT 验证。如果在同一路径中没有找到密钥，该插件将会记录错误，并且无法执行 JWT 验证。

❏ 使用 RS256 RSA 密钥对，公钥和私钥可以都存储在 Vault 中。

```Shell
1$ curl http://127.0.0.1:9080/apisix/admin/consumers \
-H 'X-API-KEY: edd1c9f034335f136f87ad84b625c8f1' -X PUT -d '
{
    "username": "Jim",
    "plugins": {
        "jwt-auth": {
            "key": "apisix-key",
            "algorithm": "RS256",
            "vault": {}
```

```
        }
    }
}'
```

jwt-auth 插件从上述配置的消费者 Jim 的 Vault 路径中查找 public_key 和 private_key。如果没有找到，则认证失败（Vault 路径：<vault.prefix from conf.yaml>/consumer/jim/jwt-auth）。

如果不确定存储到 Vault 键值对中的类型是公钥还是私钥，可使用以下命令查询：

```Shell
vault kv put kv/apisix/consumer/jim/jwt-auth public_key=@public.pem private_
    key=@private.pem
```

正常情况下，返回结果如下：

```Shell
Success! Data written to: kv/apisix/consumer/jim/jwt-auth
```

❑ 将公钥存放在消费者的配置中，而私钥存放在 Vault 中。如下示例是使用 RS256 RSA 密钥对创建消费者：

```Shell
curl http://127.0.0.1:9080/apisix/admin/consumers \
-H 'X-API-KEY: edd1c9f034335f136f87ad84b625c8f1' -X PUT -d '
{
    "username": "John",
    "plugins": {
        "jwt-auth": {
            "key": "apisix-key",
            "algorithm": "RS256",
            "public_key": "-----BEGIN PUBLIC KEY-----\n……\n-----END PUBLIC KEY-----"
            "vault": {}
        }
    }
}'
```

jwt-auth 插件使用 RS256 算法时，将使用在消费者配置中的 RSA 公钥，并使用直接从 Vault 获取的私钥。

（6）禁用 Vault

如果想禁用 jwt-auth 插件的 Vault 查询，只需从消费者的插件配置中删除 Vault 对象（本例中是 jack）。

在已启用 jwt-auth 插件的 URI 路由请求中，将查找签名密钥（包括 HS256/HS512 或 RS512 密钥对）纳入插件配置。即使在 APISIX 的 ./conf/onfig.yaml 配置文件中启用了 Vault 配置，也不会有请求被发送到 Vault 服务器。

APISIX 插件是热加载的，因此不需要重新启动 APISIX，配置可以立即生效。

```Shell
```

```
curl http://127.0.0.1:9080/apisix/admin/consumers \
-H 'X-API-KEY: edd1c9f034335f136f87ad84b625c8f1' -X PUT -d '
{
    "username": "Jack",
    "plugins": {
        "jwt-auth": {
            "key": "apisix-key",
            "secret": "my-secret-key"
        }
    }
}'
```

6.2　关键字认证

关键字认证（Key Auth）是一种简单的身份认证方式。用户需要预设一个关键词（通常情况下可以使用 UUID），当客户端请求 API 时，将预设的关键字写入 apiKey 请求头，或者作为请求参数访问即可通过认证。

6.2.1　插件简介

key-auth 是一个关键字认证插件，该插件需要结合消费者一同使用。通过在路由中启用 key-auth 插件，同时在消费者端配置预设的关键字，服务端就能够从请求头或者请求参数中解析出 key，并识别到对应的消费者，从而执行绑定在消费者端的插件。

key-auth 插件原理如图 6-2 所示。

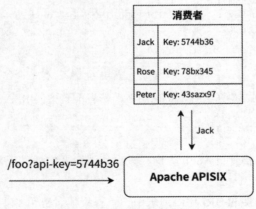

图 6-2　key-auth 插件原理

6.2.2　配置示例

1. 参数

表 6-3 和表 6-4 分别展示了消费者和路由中的 key-auth 插件参数。

表 6-3　消费者中的 key-auth 插件参数

名称	类型	必选项	描述
key	string	是	不同的消费者有不同的 key，它是唯一的。如果多个消费者使用了相同的 key，将会出现请求匹配异常

表 6-4　路由中的 key-auth 插件参数

名称	类型	必选项	描述
header	string	否	设置此参数，确保消费者可以从指定的 header 获取 key。默认值为 apikey
query	string	否	设置消费者从指定的 query string 获取 key。优先级低于 header。默认值为 apikey
hide_credentials	bool	否	是否将含有认证信息的请求头传递给上游。有效值包括 false（默认）、true

2. 创建全局插件

通过在全局插件中启用 key-auth 插件，该插件将在所有的路由下生效。

```Shell
curl http://127.0.0.1:9080/apisix/admin/global_rules/1 \
-H 'X-API-KEY: edd1c9f034335f136f87ad84b625c8f1' -X PUT -d '
{
    "plugins":{
        "key-auth": {
            "header": "X-API-Key"
        }
    }
}'
```

3. 创建消费者

由于 key-auth 插件需要结合消费者一起使用，因此需要在消费者端配置所有使用的关键字。通过如下命令创建消费者 Jack 并且配置关键字 apisix-key。

```Shell
curl http://127.0.0.1:9080/apisix/admin/consumers \
-H 'X-API-KEY: edd1c9f034335f136f87ad84b625c8f1' -X PUT -d '
{
    "username":"Jack",
    "plugins":{
        "key-auth":{
            "key":"apisix-key"
        }
    }
}'
```

6.2.3　应用场景

通过 key-auth 插件，APISIX 不但可以拒绝不合法的访问请求，还可以识别对应的消费者，从而执行配置在消费者端的插件。

当 APISIX 中存在多个消费者时，可以针对不同的消费者进行限流。

下面在 APISIX 中创建两个消费者 Jack 和 Peter 并开启 key-auth 插件，同时对 Jack 和 Peter 分别使用 limit-req 插件配置限速策略。对 Jack 采取每分钟 5 个请求数的限制，对 Peter 采取每分钟 2 个请求数的限制。

具体操作步骤如下：

1）通过如下命令创建路由规则，路由的上游配置为 127.0.0.1:8081，并且开启 key-auth 插件。

```Shell
curl http://127.0.0.1:9080/apisix/admin/routes/1 \
-H 'X-API-KEY: edd1c9f034335f136f87ad84b625c8f1' -X PUT -d '
{
    "uri": "/index.html",
    "plugins": {
        "key-auth": {}
    },
    "upstream": {
        "type": "roundrobin",
        "nodes": {
            "127.0.0.1:8081": 1
        }
    }
}'
```

2）通过如下命令创建消费者 Jack，启用 key-auth 插件并配置 limit-req 插件，限制每分钟 5 个请求。

```Shell
curl http://127.0.0.1:9080/apisix/admin/consumers \
-H 'X-API-KEY: edd1c9f034335f136f87ad84b625c8f1' -X PUT -d '
{
    "username":"Jack",
    "plugins":{
        "key-auth":{
            "key":"test-jack"
        },
        "limit-count":{
            "count": 5,
            "time_window": 60,
            "rejected_code": 503
        }
    }
}'
```

3）通过如下命令创建消费者 Peter，开启 key-auth 插件并配置 limit-req 插件，限制每分钟 2 个请求。

```Shell
curl http://127.0.0.1:9080/apisix/admin/consumers \
-H 'X-API-KEY: edd1c9f034335f136f87ad84b625c8f1' -X PUT -d '
{
    "username":"Peter",
    "plugins":{
        "key-auth":{
            "key":"test-peter"
        },
         "limit-count":{
            "count": 2,
            "time_window": 60,
            "rejected_code": 503
        }
    }
}'
```

4）配置完成后，可以通过以下方式进行验证：

当访问 APISIX 未携带消费者 X-API-key 请求头时，APISIX 将返回 401 Unauthorized。

```Shell
curl 127.0.0.1:9080/index.html -v
```

返回结果如下：

```Shell
{"message":"Missing API key found in request"}
```

当访问 APISIX 携带不正确的 Key 时，APISIX 将返回 401 Unauthorized。

```Shell
curl 127.0.0.1:9080/index.html -H "X-API-Key: invalid_key"
```

返回结果如下：

```Shell
{"message":"Invalid API key in request"}
```

当访问 APISIX 携带消费者 Jack 的 key，并连续访问 6 次时，将返回以下结果：

```Shell
for ((i=0; i<6; i++)); do
curl http://127.0.0.1:9080/index.html -H 'apikey: test-jack' -s -o/dev/null -w
    'status code: %{http_code}\n'
done
```

返回结果如下：

```Shell
status code: 200
status code: 200
```

```Shell
status code: 200
status code: 200
status code: 200
status code: 503
```

当访问 APISIX 携带消费者 Peter 的 key，并且访问 3 次时，将返回以下结果：

```Shell
for ((i=0; i<3; i++)); do
curl http://127.0.0.1:9080/index.html -H 'apikey: test-peter' -s -o/dev/null -w
    'status code: %{http_code}\n'
done
```

返回结果如下：

```Shell
status code: 200
status code: 200
status code: 503
```

注意： 使用 key-auth 插件时，使用的 key 值应当是唯一的，否则 APISIX 将无法根据 key 值匹配到正确的消费者。

---

key-auth 插件相较于其他的认证插件在配置和使用上更加简单、方便。

6.3 OpenID 认证

OpenID 是一种集中认证模式，它是一个去中心化的身份认证系统。使用 OpenID 的好处是用户只需要在一个 OpenID 身份提供方的网站上注册和登录，使用一份账户和密码信息即可访问不同应用。本节将介绍 APISIX 中的 openid-connect 插件使用细节，以及如何将它与其他身份认证服务提供方进行集成使用。

6.3.1 背景介绍

身份认证场景如图 6-3 所示，Jack 通过账号和密码请求服务端应用，服务端应用中需要有一个专门用作身份认证的模块来处理这部分的逻辑。请求处理完毕后，如果使用 JWT Token 认证方式，服务器会反馈一个 Token 去标识这个用户为 Jack。如果登录过程中账号或密码输入错误，就会导致身份认证失败。

简单来说，身份认证就是通过一定的手段，对用户的身份进行验证。应用通过身份认证识别用户身份，并根据用户身份 ID 从身份提供方（Identity Provider）获取详细的用户元数据，并以此判断用户是否拥有访问指定资源的权限。目前，身份认证模式主要分为两大类：传统认证模式和集中认证模式。

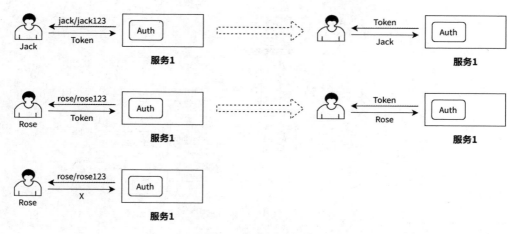

图 6-3　身份认证场景

1. 传统认证模式

在传统认证模式下，各个应用服务需要单独支持身份认证，例如当用户未登录时访问登录接口，接口返回 301 跳转页面。应用需要开发维护 Session 以及和身份提供方的认证交互等逻辑。传统认证模式流程如图 6-4 所示：用户首先发起请求，然后由网关接收请求并将其转发至对应的应用服务，最后由应用服务与身份提供方对接，完成身份认证。

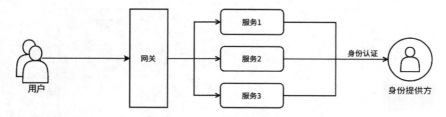

图 6-4　传统认证模式流程

2. 集中认证模式

与传统认证模式不同，集中认证模式把用户认证从应用服务中抽离了出来，以 Apache APISIX 为例，集中认证模式如图 6-5 所示：用户首先发起请求，然后由前置的网关负责用户认证流程，与身份提供方对接，向身份提供方发送身份认证（authorization）请求，身份提供方返回用户身份信息（user info）。网关完成用户身份识别后，将用户身份信息通过请求头的形式转发至后端应用。

相比于传统认证模式，集中认证模式下有如下优点：

1）简化应用开发流程，降低开发应用工作量和维护成本，避免各个应用重复开发身份认证的相关代码。

2）提高业务的安全性，在网关层面能够及时拦截未经身份认证的请求，保护后端的应用。

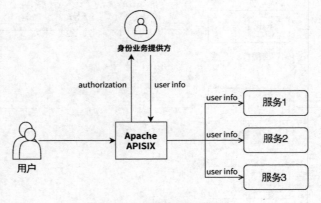

图 6-5　集中身份认证模式

6.3.2　原理

openid-connect 插件支持与一些 OpenID 身份提供方进行协同配合，这样就可以通过该插件将传统认证模式替换为集中认证模式。

1.OpenID 认证的过程

通常，OpenID 认证的过程有以下 7 个步骤，如图 6-6 所示。

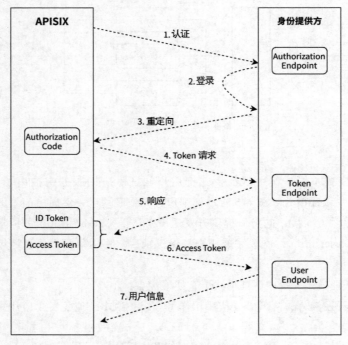

图 6-6　OpenID 认证过程

1）APISIX 向身份提供方发起认证请求。

2）用户在身份提供方处登录并认证身份。

3）身份提供方携带 Authorization Code 返回 APISIX。

4）APISIX 使用从请求参数中提取到的 Code 请求身份提供方。

5）身份提供方向 APISIX 发送应答消息，里面包含 ID Token 和 Access Token。

6）APISIX 将 Access Token 发送到身份提供方的 User Endpoint，以进行获取用户身份。

7）通过认证后，User Endpoint 将用户信息发送到 APISIX，完成身份验证。

2. 参数

表 6-5 为 openid-connect 插件相关参数，此处仅选取了本书所使用到的参数，更多参数参见官方文档。

表 6-5 openid-connect 插件相关参数

名称	类型	必选项	描述
client_id	string	是	OAuth 客户端 ID
client_secret	string	是	OAuth 客户端 secret
discovery	string	是	身份服务器的发现端点 URL
scope	string	否	认证的范围。默认值为 "openid"
realm	string	否	认证的领域。默认值为 "apisix"
bearer_only	boolean	否	设置为 true 时，将检查请求中带有承载令牌的授权标头
redirect_uri	string	否	身份提供方重定向返回的 URI。默认值为 "ngx.var.request_uri"
introspection_endpoint_auth_method	string	否	令牌自省的认证方法名称。默认值为 "client_secret_basic"

6.3.3 集成第三方使用场景

上面已经为大家介绍了集中认证模式的优势，也简单描述了在 APISIX 中 OpenID 认证的过程。接下来从具体使用角度，介绍如何使用 APISIX 与 openid-connect 插件进行与第三方认证服务（Okta、Keycloak 与 Authing）的对接。

1. 场景一：对接 Okta

（1）关于 Okta

Okta 是一个可定制、安全的集中认证解决方案。Okta 可以为应用程序添加认证和授权，无需自己编写代码，即可在应用程序中直接获得可扩展的认证。可以将应用程序连接到 Okta，并自定义用户的登录方式。每次用户尝试认证时，Okta 都会验证他们的身份，并将所需信息返回给应用程序。

（2）具体操作

使用 openid-connect 插件配置 Okta 认证的过程非常简单，只需三步即可完成 Okta 配置，实现从传统认证模式切换到集中认证模式。

步骤一：配置 Okta。

1）准备一个 Okta 账号，并进行登录。创建一个 Okta 应用，如图 6-7 所示，然后选择 OIDC 登录模式及 Web Application 应用类型，如图 6-8 所示。

图 6-7　创建 Okta 应用

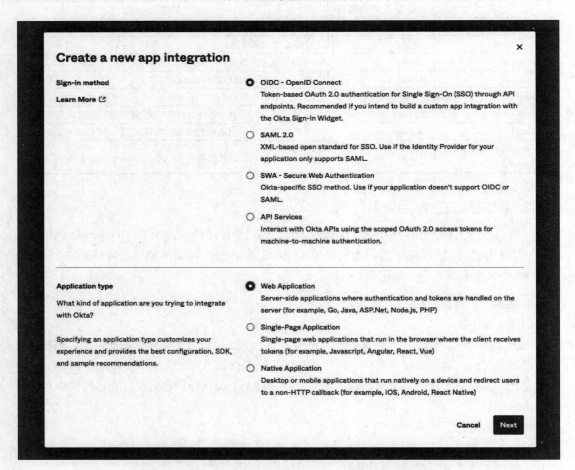

图 6-8　选择 OIDC 登录模式及 Web Application 应用类型

2）设置登录和退出登录的跳转 URL。其中 Sign-in redirect URIs 为登录成功允许跳转的链接地址，Sign-out redirect URIs 为退出登录之后跳转的链接地址。此处将登录成功跳转和退出登录之后跳转的链接地址均设置为 http://127.0.0.1:9080/，如图 6-9 所示。

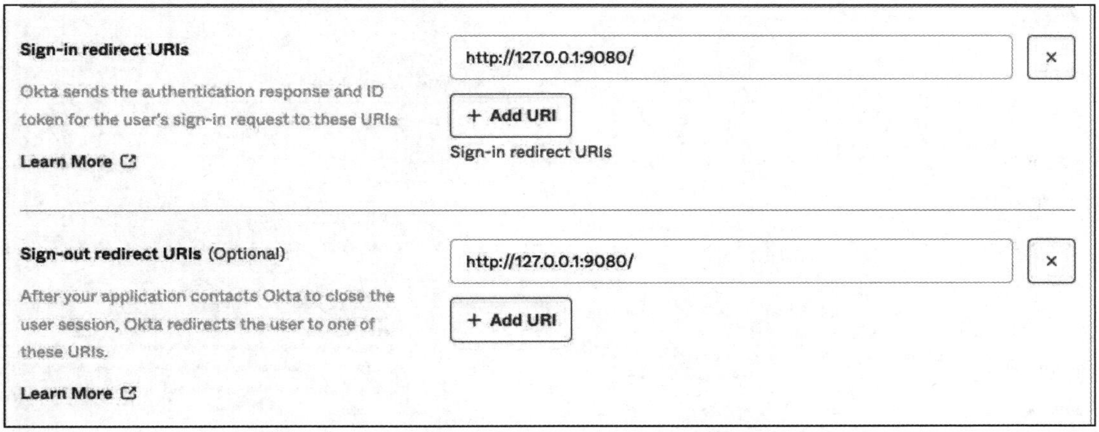

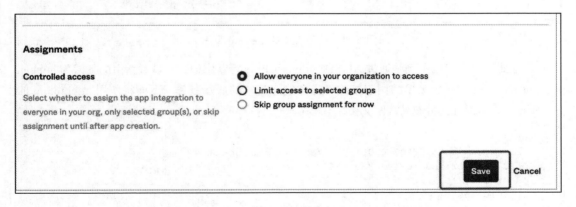

图 6-9　设置登录和退出的跳转 URL

3）完成设置后，单击 Save 按钮保存修改，如图 6-10 所示。

图 6-10　保存

4）访问应用的 General 页面，获取以下配置，如图 6-11 所示。注意，配置 OpenID Connect 时需要提供以下信息。

❑ Client ID：OAuth Client ID，即应用的 ID，与步骤二代码中的 {YOUR_CLIENT_ID} 对应。

❑ Client secret：OAuth Client Secret，即应用密钥，与步骤二代码中的 {YOUR_CLIENT_SECRET} 对应。

❑ Okta domain：应用使用的域名，与步骤二代码中的 {YOUR_ISSUER} 对应。

步骤二：启动 APISIX 并配置对应路由。

前面已经介绍了 APISIX 的安装与启动，此处只需输入相关命令启动 APISIX，创建路由并配置 openid-connect 插件即可。

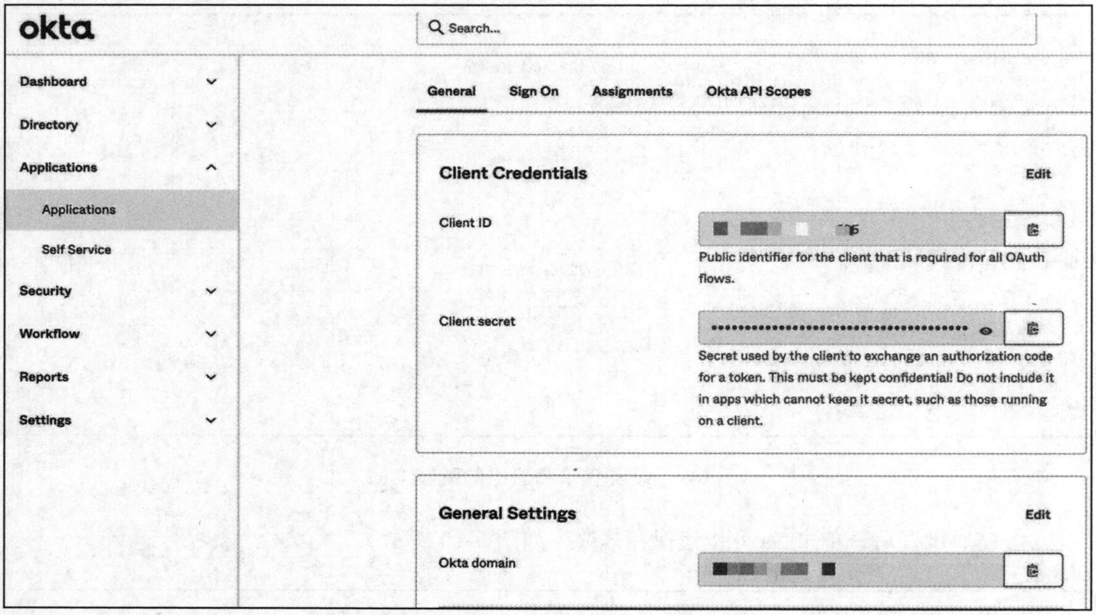

图 6-11　访问应用的 General 页面

需注意，以下代码示例是通过 APISIX Admin API 进行路由创建，设置路由的上游为 httpbin.org。httpbin.org 是一个简单的用于接收请求和响应请求的后端服务，下面将使用 httpbin.org 的 get 页面。具体配置项可参见官网文档。

```Shell
curl -XPOST http://127.0.0.1:9080/apisix/admin/routes \
-H "X-API-KEY: edd1c9f034335f136f87ad84b625c8f1" -d '{
    "uri":"/*",
    "plugins":{
        "openid-connect":{
            "client_id":"{YOUR_CLIENT_ID}",
            "client_secret":"{YOUR_CLIENT_SECRET}",
            "discovery":"https://{YOUR_ISSUER}/.well-known/openid-configuration",
            "scope":"openid profile",
            "bearer_only":false,
            "realm":"master",
            "introspection_endpoint_auth_method":"client_secret_post",
            "redirect_uri":"http://127.0.0.1:9080/"
        }
    },
```

```
    "upstream":{
        "type":"roundrobin",
        "nodes":{
            "httpbin.org:80":1
        }
    }
}'
```

步骤三：访问 APISIX。

1）访问 http://127.0.0.1:9080/get，由于启用了 openid-connect 插件，因此页面被重定向到 Okta 登录页面。

2）输入用户在 Okta 注册的账号和密码，单击 Sign in 按钮，登录 Okta 账户。

3）登录成功之后，能成功访问 httpbin.org 中的 get 页面，该页面将返回请求的数据如下：

```JSON
    "X-Access-Token": "***Y0RPc***.***InByb2Zpb***.***iBshIcJ***",
    "X-Id-Token": "***oX3Rpbi****",
    "X-Userinfo": "***lfbJQZX***"
```

上述代码中，参数含义如下。

❑ X-Access-Token：APISIX 将从用户提供商获取到的 Access Token 放入 X-Access-Token 请求头，可以通过插件配置中的 access_token_in_authorization_header 来选择是否放入 Authorization 请求头中。

```JSON
{
    "ver": 1,
    "jti":
    "AT.tcsBytkfoWSTDwAIOmfXITsXtqEhvAKP1*****",
    "iss": "https://username.okta.com",
    "aud": "https://username.okta.com",
    "sub": "*******",
    "iat": 1628126225,
    "exp": 1628129825,
    "cid": "0oa11g8d870FC*******",
    "uid": "00oa05ecdFfWKL*******",
    "scp": [
        "openid",
        "profile"
    ]
}
```

❑ X-Id-Token：APISIX 将从用户提供商获取到的 ID Token 通过 Base64 编码之后放入 X-Id-Token 请求头，可以通过插件配置中的 set_id_token_header 来选择是否开启该功能，默认为开启状态。

JSON
{
    "at_hash": "i7CD2gs1yFyW1KOeKnIJPw",
    "amr": [
        "pwd"
    ],
    "sub": "00ua05ecdFfWKL*****",
    "iss": "https://username.okta.com",
    "aud": "0oa11g8d870FC*******",
    "name": "Peter",
    "jti": "ID.4goej88e2_dnYB5V*****",
    "ver": 1,
    "preferred_username": "***********.com",
    "exp": 1628129825,
    "idp": "00oa0591gtp********",
    "nonce": "f728dd311dc4f7128c9******",
    "iat": 1628126225,
    "auth_time": 1628126222
}

❑ X-Userinfo：APISIX 将从用户提供商获取到的用户信息，通过 Base64 编码之后放入 X-Userinfo，可以通过插件配置中的 set_userinfo_header 来选择是否开启该功能，默认为开启状态。

JSON
{
    "family_name": "Zhu",
    "locale": "en-US",
    "preferred_username": "***********.com",
    "updated_at": 1628070581,
    "zoneinfo": "America/Los_Angeles",
    "sub": "00oa05*******",
    "given_name": "Peter",
    "name": "Peter Zhu"
}

由此可以看到，APISIX 将会携带 X-Access-Token、X-Id-Token 和 X-Userinfo 三个请求头传递至上游。上游通过解析这几个头部，从而获取到用户 ID 信息和用户的元数据。

至此，已展示了在 APISIX 中直接建立来自 Okta 的集中认证过程。现在，只需注册一个免费的 Okta 开发者账户，配合 APISIX 即可轻松使用。这种集中认证的方法减少了开发者的学习和维护成本，也为用户提供了安全和精简的体验。

2. 场景二：对接 Keycloak

（1）关于 Keycloak

Keycloak 是一个针对现代应用程序和服务的开源身份和访问管理解决方案。Keycloak 支持单点登录（Single-Sign On），因此服务可以通过 OpenID Connect、OAuth 2.0 等协议对接 Keycloak。

同时 Keycloak 也支持集成不同的身份认证服务，例如 Github、Google 和 Facebook 等。

另外，Keycloak 还支持用户联邦功能，可以通过 LDAP 或 Kerberos 来导入用户。更多 Keycloak 内容可参见官方文档。

（2）具体操作

相比于 Okta，使用 openid-connect 插件与 Keycloak 对接时，配置 Keycloak 的过程更烦琐一些。

步骤一：启动 Keycloak。

首先确保环境中已启动 Apache APISIX，然后使用 docker-compose 将 Keycloak 与其所依赖的 PostgreSQL 一并启动。使用以下命令创建一个 keycloak.yaml 文件。

```yaml
version: '3.7'
services:
    postgres:
        image: postgres:12.2
        container_name: postgres
        environment:
            POSTGRES_DB: keycloak
            POSTGRES_USER: keycloak
            POSTGRES_PASSWORD: password
    keycloak:
        image: jboss/keycloak:9.0.2
        container_name: keycloak
        environment:
            DB_VENDOR: POSTGRES
            DB_ADDR: postgres
            DB_DATABASE: keycloak
            DB_USER: keycloak
            DB_PASSWORD: password
            KEYCLOAK_USER: admin
            KEYCLOAK_PASSWORD: password
            PROXY_ADDRESS_FORWARDING: "true"
        ports:
            - 8080:8080
        depends_on:
            - postgres
```

使用以下命令启动 Keycloak 和 PostgreSQL：

```shell
docker-compose -f keyclock.yaml up -d
```

执行完毕后需要确认 Keycloak 和 PostgreSQL 是否已成功启动。

```shell
docker ps
```

步骤二：配置 Keycloak。

Keycloak 启动完成之后，使用浏览器访问 http://127.0.0.1:8080/auth/admin/，并键入账号和密码登录管理员控制台，如图 6-12 所示。

1）创建 realm。创建一个名为 apisix_test_realm 的 realm，如图 6-13 所示。在 Keycloak 中，realm 是一个专门用来管理项目的工作区，不同 realm 之间的资源是相互隔离的。

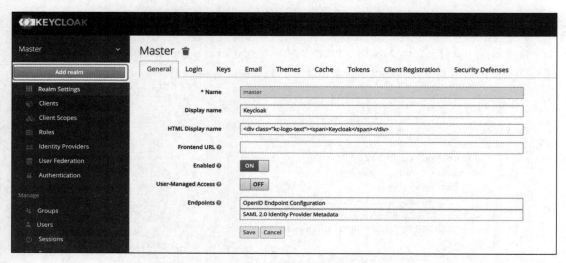

图 6-12　控制台

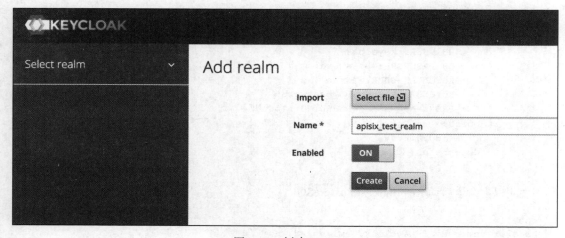

图 6-13　创建 realm

Keycloak 中 realm 分为两类：一类是 master realm，由 Keycloak 刚启动时创建，用于管理 Admin 账号以及创建其他的 realm；另一类是 other realm，由 master realm 中的 Admin 创建，可以在该 realm 中进行用户和应用的创建并进行管理和使用。更多细节可参考 Keycloak 中 realm

和 users 相关内容文档。

2）创建 Client。如图 6-14 所示，单击右上角的 Create 按钮创建 OpenID Connect Client。在 Keycloak 中，Client 表示允许向 Keycloak 发起身份认证的客户端。

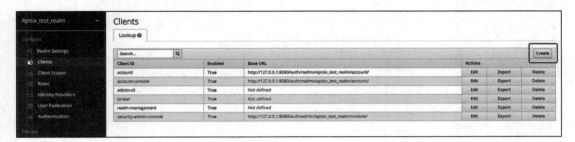

图 6-14　Clients 页面

在本示例场景中，Apache APISIX 相当于一个客户端，负责向 Keycloak 发起身份认证请求，因此创建一个名为 apisix 的客户端，如图 6-15 所示。

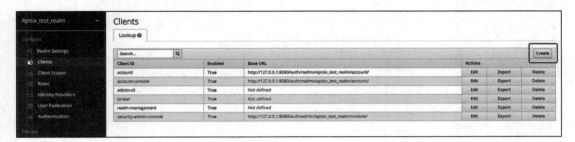

图 6-15　创建 Client

3）配置 Client。Client 创建完成后，需要为 Client 配置 APISIX 的访问类型。

在 Keycloak 中，Access Type 分为以下 3 类。

❑ confidential：适用于需要执行浏览器登录的应用，客户端会通过 Client Secret 来获取 Access Token，多运用于服务端渲染的 Web 系统。

❑ public：适用于需要执行浏览器登录的应用，多运用于使用 Vue 和 React 实现的前端项目。

❑ bearer-only：适用于不需要执行浏览器登录的应用，只允许携带 Bearer Token 访问，多运用于 RESTful API 的使用场景。

因为使用了 Apache APISIX 作为服务端的 Client，所以可以选择 confidential 或 bearer-only。如图 6-16 所示，此处选择 confidential 为例进行演示。

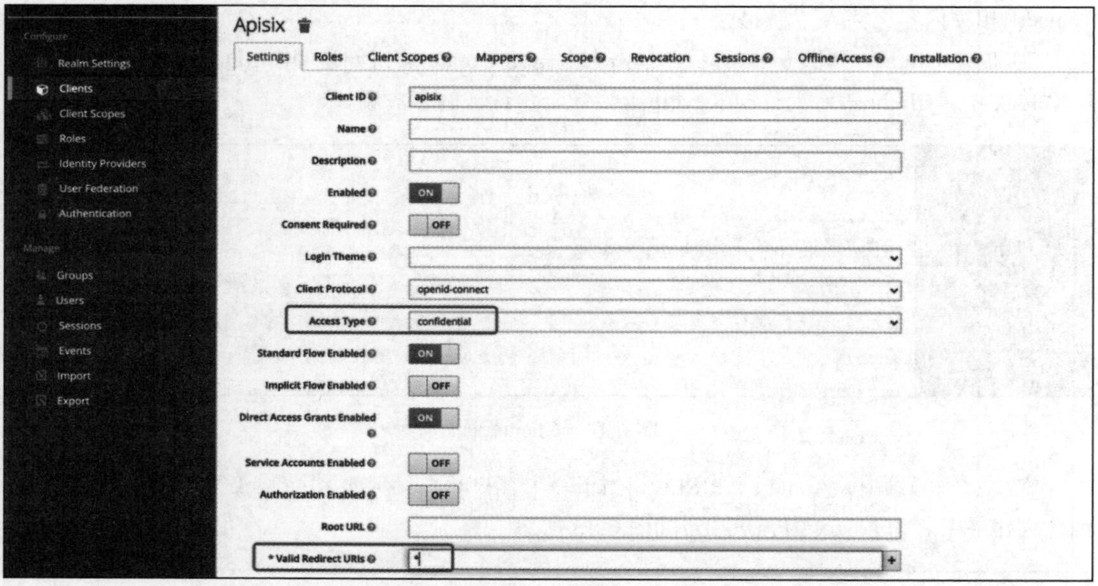

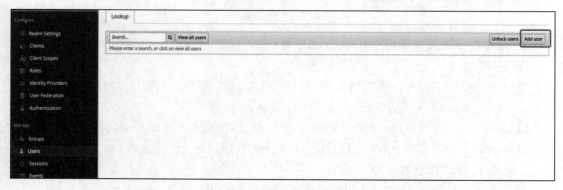

图 6-16　配置 Client

4）创建 User。Keycloak 支持对接其他第三方的用户系统，例如 Google 和 Facebook。或者使用 LDAP 的方式进行导入或手动创建用户，如图 6-17 和 6-18 所示，这里使用"手动创建用户"来进行演示。

在 Credentials 页面中设置用户的密码，如图 6-19 所示。

5）创建路由。Keycloak 配置完成后，需要在 APISIX 中创建路由并开启 openid-connect 插件。

a）如图 6-20 所示，在 Clients 下的 Credentials 页面获取 Client Id 和 Client Secret。

图 6-17　Users 页面

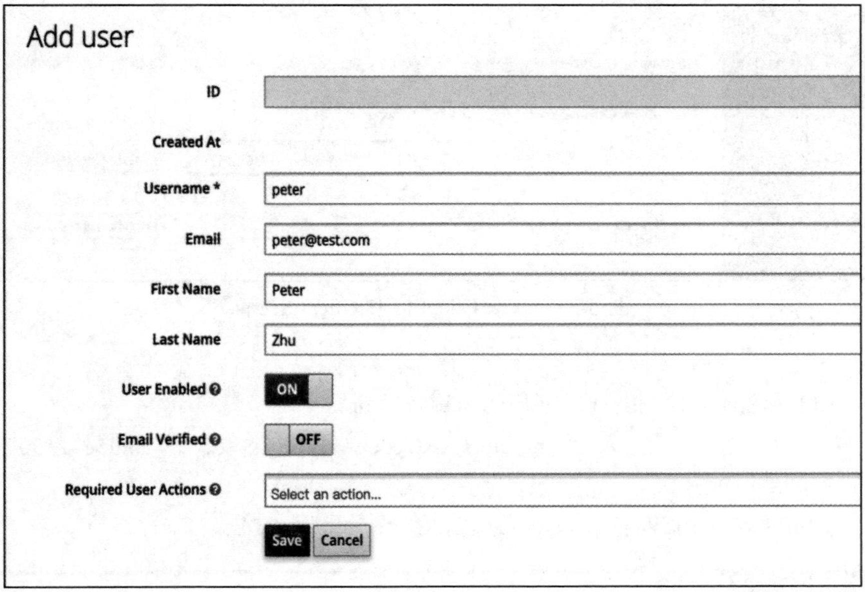

Add user

ID	
Created At	
Username *	peter
Email	peter@test.com
First Name	Peter
Last Name	Zhu
User Enabled ❓	ON
Email Verified ❓	OFF
Required User Actions ❓	Select an action...

Save Cancel

图 6-18 创建 Users

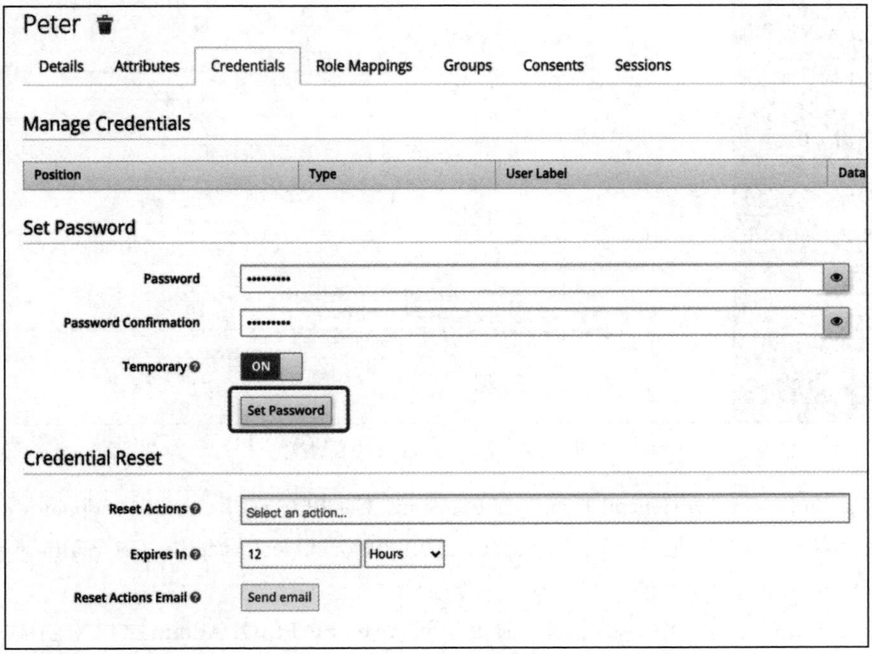

Peter 🗑

Details Attributes **Credentials** Role Mappings Groups Consents Sessions

Manage Credentials

Position	Type	User Label	Data

Set Password

Password	•••••••• 👁
Password Confirmation	•••••••• 👁
Temporary ❓	ON

Set Password

Credential Reset

Reset Actions ❓	Select an action...
Expires In ❓	12 Hours
Reset Actions Email ❓	Send email

图 6-19 设置密码

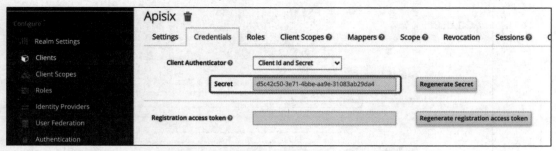

图 6-20 获取 Client Id 和 Client Secret

其中：

❑ Client Id 为之前创建 Client 时使用的名称，即 apisix；

❑ Client Secret 则需要进入 Clients-apisix-Credentials 中获取，例如 d5c42c50-3e71-4bbe-aa9e-31083ab29da4。

b）在 Realm Settings 页面获取 discovery 配置项，如图 6-21 所示。

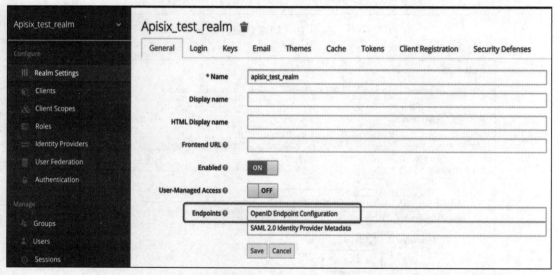

图 6-21 获取 discovery 配置项

进入 Realm Settings → General 页面，在 Endpoints 文本框中选择 OpenID Endpoint Configuration 链接，复制该链接指向的地址，例如 http://127.0.0.1:8080/auth/realms/apisix_test_realm/.well-known/openid-configuration。

c）创建路由并开启插件。使用如下命令访问 Apache APISIX Admin 接口来创建一条路由，设置上游为 httpbin.org，并启用 openid-connect 插件用于身份认证。

```Shell
curl  -XPOST 127.0.0.1:9080/apisix/admin/routes \
```

```
     -H "X-Api-Key: edd1c9f034335f136f87ad84b625c8f1" -d '{
         "uri":"/*",
         "plugins":{
             "openid-connect":{
                 "client_id":"apisix",
                 "client_secret":"d5c42c50-3e71-4bbe-aa9e-31083ab29da4",
                 "discovery":"http://127.0.0.1:8080/auth/realms/apisix_test_realm/.
                     well-known/openid-configuration",
                 "scope":"openid profile",
                 "bearer_only":false,
                 "realm":"apisix_test_realm",
                 "introspection_endpoint_auth_method":"client_secret_post",
                 "redirect_uri":"http://127.0.0.1:9080/"
             }
         },
         "upstream":{
             "type":"roundrobin",
             "nodes":{
                 "httpbin.org:80":1
             }
         }
     }'
```

注意： 如果创建 Client 时，选择 bearer-only 作为 Access Type，在配置路由时需要将 bearer_
only 设置为 true，此时访问 APISIX 将不会跳转到 Keycloak 登录界面。

步骤三：访问测试。

上述配置完成后，就可以在 Apache APISIX 中进行相关的测试访问了。此时，使用浏览器
访问 http://127.0.0.1:9080/image/png。

由于启用了 openid-connect 插件，并且设置 bearer-only 为 false，因此第一次访问该路径时，
APISIX 将重定向到 Keycloak 的 apisix_test_realm 中配置的登录界面，输入在配置 Keycloak 时
创建的用户名及密码，即可完成用户登录。

登录成功后，浏览器又会将链接重定向到 http://127.0.0.1:9080/image/png，并成功访问如
图 6-22 所示的图片内容，该内容与上游 http://httpbin.org/image/png 一致。

测试完毕后，可以使用浏览器访问 http:/127.0.0.1:9080/logout 进行账号退出。

注意： 退出路径可由 openid-connect 插件配置中的 logout_path 指定，默认为 logout。

配置 Keycloak 环节的操作比较多，需要大家在实际操作中多多上手。

3. 场景三：对接 Authing

（1）关于 Authing

Authing 是国内首款以开发者为中心的全场景身份云产品，集成了目前所有主流身份认证协议，
为企业和开发者提供完善安全的用户认证和访问管理服务。以 API First 作为产品基石，把身份领域
所有常用功能都进行模块化的封装，通过全场景编程语言 SDK 将所有能力 API 化提供给开发者。

图 6-22　访问成功页面

同时，用户可以灵活地使用 Authing 开放的 RESTful API 进行功能拓展，满足不同企业不同业务场景下的身份管理需求。

结合 Authing 强大的身份认证管理功能，可以实现以下更多的功能：

❑ 通过控制台对身份认证服务进行生命周期管理，包括创建、启用、禁用等。

❑ 提供实时、可视化的应用监控，包括接口请求次数、接口调用延迟和接口错误信息，并且进行实时告警通知。

❑ 集中式日志，可以方便地查看用户登录、退出以及对应用的调整和修改信息。

下面从实际操作入手，介绍 openid-connect 插件与 Authing 结合使用的过程。

（2）具体操作

步骤一：配置 Authing。

1）登录 Authing 账号，如果你没有 Authing 账号，可访问 Authing 官网，单击右上角"登录 / 注册"进行操作。单击"添加应用"按钮，如图 6-23 所示。

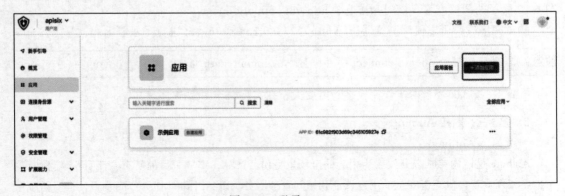

图 6-23　登录 Authing

2）创建一个 Authing 应用。选择"自建应用",输入应用名称和认证地址,单击"创建"按钮,如图 6-24 所示。

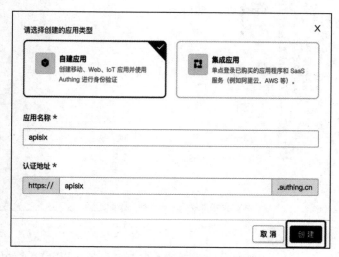

图 6-24 创建 Authing 应用

3）设置登录和退出的跳转 URL。在认证过程中,Authing 将会拒绝除配置以外的回调 URL,由于此次为本地测试,因此将登录回调 URL 和退出回调 URL 都设置为 APISIX 访问地址 http://127.0.0.1:9080/,如图 6-25 所示。

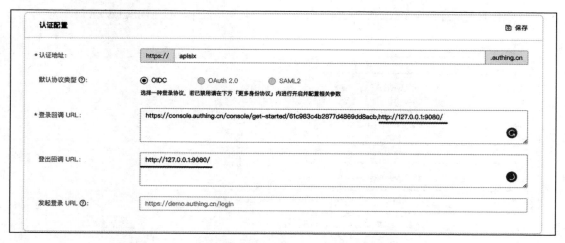

图 6-25 设置登录和退出的跳转 URL

4）创建用户(可选)。在"用户列表"页面,按图 6-26 所示创建用户,用户名和密码分别为 user1、user1,并且可以在"用户信息"→"授权管理"页面中设置是否允许应用的访问(默认为允许)。

图 6-26 创建用户

5）访问应用页面，获取如图 6-27 所示的相关配置，配置 APISIX OpenID Connect 时需要提供以下信息。

❑ App ID：OAuth Client ID，即应用的 ID。与步骤二代码中的 {YOUR_CLIENT_ID} 对应。

❑ App secret：OAuth Client Secret，即应用密钥。与步骤二代码中的 {YOUR_CLIENT_SECRET} 对应。

❑ 服务发现地址：应用服务发现的地址。与步骤二代码中的 {YOUR_DISCOVERY} 对应。

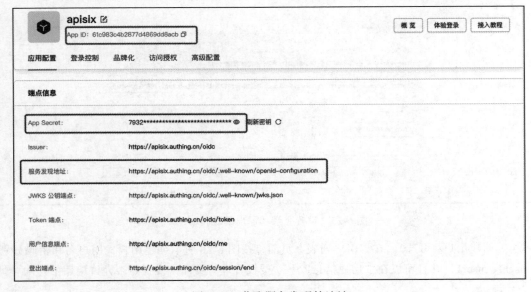

图 6-27 获取服务发现的地址

步骤二：启动 APISIX 并配置对应的路由。

创建路由并配置 openid-connect 插件。

注意： 为方便演示，以下代码示例通过 APISIX Admin API 进行创建路由，设置路由的上游为 httpbin.org。httpbin.org 是一个简单的用于接收请求和响应请求的后端服务，后续将使用 httpbin.org 的 get 页面。

```Shell
curl -XPOST 127.0.0.1:9080/apisix/admin/routes \
-H "X-Api-Key: edd1c9f034335f136f87ad84b625c8f1" -d '{
    "uri":"/*",
    "plugins":{
        "openid-connect":{
            "client_id":"{YOUR_CLIENT_ID}",
            "client_secret":"{YOUR_CLIENT_SECRET}",
            "discovery":"https://{YOUR_DISCOVERY}",
            "scope":"openid profile",
            "bearer_only":false,
            "realm":"apisix",
            "introspection_endpoint_auth_method":"client_secret_post",
            "redirect_uri":"http://127.0.0.1:9080/"
        }
    },
    "upstream":{
        "type":"roundrobin",
        "nodes":{
            "httpbin.org:80":1
        }
    }
}'
```

步骤三：访问 APISIX。

1）访问 http://127.0.0.1:9080/get。由于已经启用 openid-connect 插件，因此页面被重定向到 Authing 登录页面（可在 Authing 控制台的"应用"→"品牌化"中对该页面进行定制）。

2）输入用户在 Authing 注册的账号和密码，或者在上一步中创建的用户 user1，登录 Authing 账户。

3）登录成功之后，能成功访问 httpbin.org 中的 get 页面。该 httpbin.org/get 页面将返回请求的数据如下：

```JSON
"X-Access-Token": "**eyJ***.***qdG***.***2V8***",
"X-Id-Token": "***FSI6bn***",
"X-Userinfo": "***eyJ***"
```

上述代码中，参数含义如下：

❏ X-Access-Token：APISIX 将从用户提供商获取到的 Access Token 放入 X-Access-Token 请求头，可以通过插件配置中的 access_token_in_authorization_header 来选择是否放入 Authorization 请求头中。

JSON
```json
{
    "jti": "cO-zkJBKCRDYGGi*****",
    "sub": "61c98af984228ae*****",
    "iat": 1640598858,
    "exp": 1641808458,
    "scope": "openid profile",
    "iss": "https://apisix.authing.cn/oidc",
    "aud": "61c983c4b28779******",
}
```

❏ X-Id-Token：APISIX 将从用户提供商获取到的 ID Token 通过 Base64 编码之后放入 X-Id-Token 请求头，可以通过插件配置中的 set_id_token_header 来选择是否开启该功能，默认为开启状态。

JSON
```json
{
    "at_hash": "F_-F6ZQX-YTC4HtNWfprfQ",
    "birthdate": null,
    "family_name": null,
    "gender": "U",
    "given_name": null,
    "sub": "00ua05ecdFfWKL*****",
    "iss": "https://apisix.authing.cn/oidc",
    "picture": "https://files.authing.co/authing-console/default-user-avatar.png",
    "preferred_username": null,
    "updated_at": "YYYY-MM-DD***hh:mm:ss.****",
    "website": null,
    "zoneinfo": null,
    "name": null,
    ......
}
```

❏ X-Userinfo：APISIX 将从用户提供商获取到的用户信息通过 Base64 编码之后放入 X-Userinfo，可以通过插件配置中的 set_userinfo_header 来选择是否开启该功能，默认为开启状态。

JSON
```json
{
    "website": null,
    "zoneinfo": null,
    "name": null,
    "profile": null,
    "nickname": null,
```

```
    "sub": "61c98af984228ae49620****",
    "locale": null,
    "birthdate": null,
    "gender": "U",
    "given_name": null,
    ......
}
```

由此可以看到，APISIX 将会携带 X-Access-Token、X-Id-Token 和 X-Userinfo 三个请求头传递至上游。上游可以通过解析这几个头部，从而获取到用户 ID 信息和用户的元数据。

4）在 Authing 控制台的"审计日志"→"用户行为日志"中可以观察到如图 6-28 所示的 user1 登录信息。

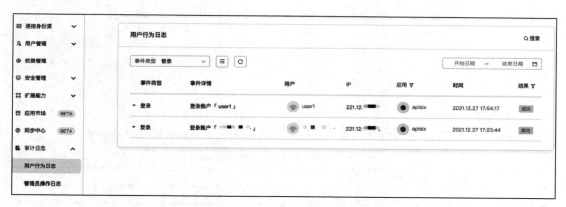

图 6-28　登录信息界面

6.4　LDAP 认证

LDAP（Lightweight Directory Access Protocol）是一种基于 X.500 标准的轻量级文件访问协议，通过 IP 协议提供访问控制和维护分布式信息的目录信息。借助于 LDAP，运维人员可以细粒度地控制用户对资源的访问权限。

通过 APISIX 的 ldap-auth 插件，可以轻松对接实现了 LDAP 的平台，例如微软的 Active Direcory、Linux 平台的 OpenLDAP Server 等，从而能够精细化地控制消费者对具体资源的访问权限。

6.4.1　插件简介

ldap-auth 插件可用于给路由或服务添加 LDAP 身份认证，该插件使用 lualdap 连接 LDAP 服务器，ldap-auth 插件原理如图 6-29 所示。该插件需要与消费者一起配合使用。

用户需要在 ldap-auth 插件中配置路由对应的访问资源信息（如 ou=users,dc=example,dc=org）以及在消费者端配置访问的用户名信息（如 cn=user01,ou=users,dc=example,dc=org）。

当客户端发出请求时，需要将 user01 的用户名和密码以 Base64 的方式写入 Authorization 请求头字段，APISIX 将会从请求头中提取对应的用户名和密码，并访问 LDAP 服务器来校验权限。

当无法找到对应的消费者或 LDAP 校验失败时，则会返回错误代码 401，表示是未经授权的访问。

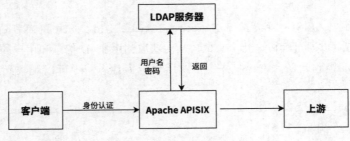

图 6-29　ldap-auth 插件原理

6.4.2　配置示例

1. 参数

表 6-6 和表 6-7 分别展示了消费者端及服务和路由端的 ldap-auth 插件相关参数。

表 6-6　消费者端 ldap-auth 插件的参数

名称	类型	必选项	描述
user_dn	string	是	LDAP 客户端的 dn，例如：cn=user01,ou=users,dc=example,dc=org

表 6-7　服务和路由端 ldap-auth 插件的参数

名称	类型	必选项	描述
base_dn	string	是	LDAP 服务器的 dn，例如：ou=users,dc=example,dc=org
ldap_uri	string	是	LDAP 服务器的 URI
use_tls	boolean	否	如果设置为 true，则表示启用 TLS。取值包括 false、true（默认值）
uid	string	否	UID 属性。默认认值为 cn

以下示例是介绍如何在全局规则中启用此插件。

2. 创建全局规则

直接创建全局规则，该插件规则将在所有的路由中生效。以下命令将创建 ID 为 1 的全局规则，并启用 ldap-auth 插件。

```Shell
curl http://127.0.0.1:9080/apisix/admin/global_rules/1 \
-H 'X-API-KEY: edd1c9f034335f136f87ad84b625c8f1' -X PUT -d '
{
    "plugins":{
        "ldap-auth":{
```

```
        "base_dn":"ou=users,dc=example,dc=org",
        "ldap_uri":"127.0.0.1:1389",
        "uid":"cn"
      }
    }
}'
```

3. 创建消费者

创建名称为 Jack 的消费者，通知对应 LDAP 服务器中的用户 Jack。

```Shell
curl http://127.0.0.1:9080/apisix/admin/consumers \
-H 'X-API-KEY: edd1c9f034335f136f87ad84b625c8f1' -X PUT -d '
{
    "username":"Jack",
    "plugins":{
        "ldap-auth":{
            "user_dn":"cn=user01,ou=users,dc=example,dc=org"
        }
    }
}'
```

6.4.3 应用场景

通过 ldap-auth 插件，APISIX 可以对接 LDAP 服务器，拒绝未在 LDAP 服务器中注册用户的恶意访问，从而保护上游资源。

假设在 LDAP 服务器中已经创建用户 Jack，其中密码为 userpassword。可以在 APISIX 中创建消费者名称为 Jack，同时创建路由启用 ldap-auth 插件。

因此，当携带 Authorizaion 头字段为 "xxx" 时允许访问，未携带或者携带非法的 Authorization 头字段将返回 401 表示未经授权。

具体操作步骤如下：

1）通过以下命令创建一个名字为 Jack 的消费者。

```Shell
curl http://127.0.0.1:9080/apisix/admin/consumers \
-H 'X-API-KEY: edd1c9f034335f136f87ad84b625c8f1' -X PUT -d '
{
    "username":"Jack",
    "plugins":{
        "ldap-auth":{
            "user_dn":"cn=user01,ou=users,dc=example,dc=org"
        }
    }
}'
```

2）通过以下命令创建一个路由，并启用 ldap-auth 插件。

```Shell
curl http://127.0.0.1:9080/apisix/admin/routes/1 \
-H 'X-API-KEY: edd1c9f034335f136f87ad84b625c8f1' -X PUT -d '
{
    "uri": "/index.html",
    "plugins": {
        "ldap-auth": {
            "base_dn": "ou=users,dc=example,dc=org",
            "ldap_uri": "127.0.0.1:1389",
            "uid": "cn"
        }
    },
    "upstream": {
        "type": "roundrobin",
        "nodes": {
            "127.0.0.1:8081": 1
        }
    }
}'
```

3）访问测试。

❑ 携带正确的 Authorization 头访问，通过认证，请求将通过。

```Apache
curl -i -uuser01: userpassword http://127.0.0.1:9080/index.html
# 返回结果
HTTP/1.1
200 OK
...
here 8081
```

❑ 未携带 Authorization 头访问，无法通过认证。

```Apache
curl -i http://127.0.0.1:9080/index.html
# 返回结果
HTTP/1.1
401 Unauthorized
...
{"message":"Invalid user authorization"}
```

❑ 携带非法的 Authorization 头访问，无法通过认证。

```Apache
curl -i -uuser01: userpassword http://127.0.0.1:9080/helloHTTP/1.1
# 返回结果
401 Unauthorized
...
{"message":"Invalid user authorization"}
```

注意：配置 ldap-auth 插件的 ldap_uri 时，不需要携带协议前缀，如 "ldap://"。

通过 ldap-auth 插件可以在 LDAP 服务器中对消费者携带的用户进行管理（新增、删除），避免额外在 APISIX 中创建认证信息，降低了整个认证的配置复杂度。

6.5 forward-auth 插件

本节主要介绍 forward-auth 插件的使用方法。

6.5.1 插件简介

当 APISIX 的标准认证插件无法满足当前需求，或者当前系统中已经部署了专门的认证服务时，可以考虑使用 forward-auth 插件。使用该插件可以将用户的请求通过 HTTP 形式转发至认证服务中，并在认证服务响应非正常状态（错误码非 20x）时，返回自定义报错或者用户重定向到认证页面。

借助 forward-auth 插件的能力，可以非常巧妙地将认证与授权逻辑转移到专门的外部服务中。forward-auth 插件原理如图 6-30 所示，具体流程如下：

1）由客户端向 APISIX 发起请求；

2）由 APISIX 向用户配置的认证服务发起请求；

3）认证服务响应（状态码为 2×× 或异常状态）；

4）APISIX 会根据认证服务响应，决定向上游转发请求或直接向客户端发送拒绝响应；

5）将上游的响应返回给客户端。

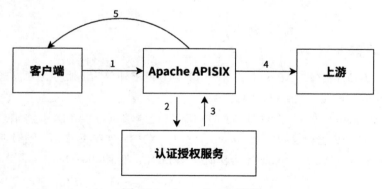

图 6-30 forward-auth 原理

6.5.2 配置示例

1. 参数

表 6-8 为 forward-auth 插件相关参数，仅选取了本书所使用到的参数，更多参数可参见官网使用文档。

表 6-8　forward-auth 插件相关参数

名称	类型	必选项	描述
uri	string	是	设置 authorization 服务的地址（例如：https://localhost:9188）
request_headers	array[string]	否	设置需要由客户端转发到认证服务的请求头。如果没有设置，则只发送 APISIX 提供的 headers（例如：X-Forwarded-XXX）
upstream_headers	array[string]	否	认证通过时，设置认证服务转发至上游的请求头，如果不设置则不转发任何请求头
client_headers	array[string]	否	认证失败时，由认证服务向客户端发送的响应头，如果不设置则不转发任何响应头

2. 创建全局规则

在全局插件中启用 forward-auth 插件，启用后该插件将在所有的路由下生效。

```Shell
curl http://127.0.0.1:9080/apisix/admin/global_rules/1 \
-H 'X-API-KEY: edd1c9f034335f136f87ad84b625c8f1' -X PUT -d '
{
    "plugins":{
        "forward-auth":{
            "uri":"http://127.0.0.1:8080/auth",
            "request_headers":["Token"],
            "upstream_headers":["X-User-ID"],
            "client_headers":["Reason"]
        }
    }
}'
```

6.5.3　应用场景

通过 forward-auth 插件，APISIX 可以使用 HTTP 请求外部认证服务，并根据配置将认证服务器中指定的响应头传递到上游或返回给下游。

启用 forward-auth 插件后，当用户向 APISIX 发送请求时，APISIX 会将请求头中的 Token 发送至认证服务并对其进行校验。当 Token 合法时，APISIX 将返回 200，同时携带该 Token 对应用户的 X-User-ID 参数；当 Token 不合法时，APISIX 将返回 403，同时携带 Reason 参数表明出现问题的原因。

1. 前提条件

创建一个使用 Go 语言编写的认证服务器，并命名为 server.go：

```Go
// server.go
package main
import (
    "net/http"
```

```
        "github.com/gin-gonic/gin"
)
func main() {
    r := gin.Default()
    r.GET("/auth", func(c *gin.Context) {
        if c.Request.Header.Get("Token") == "apisix" {
            c.Writer.Header().Set("X-User-ID", "apisix")
            c.JSON(http.StatusOK, gin.H{
                "message": "success",
            })
            return
        }
        c.Writer.Header().Set("Reason", "Bad token")
        c.Status(http.StatusForbidden)
    })
    r.Run()
}
```

创建完成后，使用 Docker 启动该服务：

```Dockerfile
docker run -p 8090:8080 \
--env GOPROXY=https://goproxy.cn,direct  \
-v $(pwd)/server.go:/test/server.go golang  sh \
-c "cd /test && go mod init test && go mod tidy && go run server.go"
```

2. 如何使用

1）创建路由并启用 forward-auth 插件，将上述的认证服务和上游应用对接起来。

```Shell
curl http://127.0.0.1:9080/apisix/admin/routes/1 \
-H 'X-API-KEY: edd1c9f034335f136f87ad84b625c8f1' -X PUT -d '
{
    "plugins": {
        "forward-auth": {
            "uri": "http://127.0.0.1:8090/auth",
            "request_headers": ["Token"],
            "upstream_headers": ["X-User-ID"],
            "client_headers": ["Reason"]
        }
    },
    "uri": "/index.html",
    "upstream":{
        "nodes":{
            "127.0.0.1:8081":1
        },
        "type":"roundrobin"
    }
}'
```

上述配置含义如下：

❑ 当有请求匹配到当前路由时，发送一个请求至 URI 中的地址，并携带 request_headers 中定义的请求头 Token（即配置需要由客户端转发至认证服务的请求头，如果不设置则不转发任何请求头），认证服务可以据此进行用户身份确认；

❑ 如果认证通过，状态码为 200 并返回一个在 upstream_headers 中定义的 X-User-ID（即认证通过时由认证服务转发至上游的请求头，如果不设置则不转发任何请求头）；

❑ 如果认证失败，状态码为 403 并返回一个在 client_headers 中定义的 Reason（即认证失败时由认证服务向客户端发送的响应头，如果不设置则不转发任何响应头）。

2）测试路由。

❑ 通过如下命令，携带正确的 Token 请求 APISIX。

```Shell
curl http://127.0.0.1:9080/get -H 'Token: apisix'
```

返回结果如下：

```Shell
< HTTP/1.1 200 OK
...
    "url": "http://127.0.0.1/get"
}
```

从上述结果可以看到，APISIX 对自定义的认证服务发起了请求，同时将认证服务返回的 X-User-Id: apisix 携带发送至 127.0.0.1:8081。

❑ 通过如下命令，携带不正确的 Token 请求 APISIX。

```Shell
curl http://127.0.0.1:9080/get -H 'Token: test'
```

返回结果如下：

```YAML
< HTTP/1.1 403 Forbidden
...
< Reason: Bad token
< Server: APISIX/2.13.1
```

从上述结果可以看到，APISIX 返回 403，并在响应头 Reason 中表明了失败的原因。

注意：使用 forward-auth 插件时，需要确保 APISIX 与认证服务之间的网络通畅。一旦网络出现故障，将会导致 APISIX 返回 403。

使用 forward-auth 插件可以自定义认证逻辑，也可以实时调整返回结果。通过上述操作将认证逻辑外置，从而减少网关层面的开发，降低网关层面的压力。

6.6 consumer-restriction 插件

前面介绍的认证插件都是针对用户身份进行验证的，本节将为大家介绍一种新的认证插件——针对消费者限制的插件 consumer-restriction。

该插件主要针对消费者进行认证，可以根据不同的访问对象，限制对服务或路由的访问；也可以在指定场景下与一些认证插件一起使用，限制指定服务的访问，以实现更为精准的流量控制。

6.6.1 插件简介

在一般场景中，通过 API 网关，首先根据请求的域名、客户端的 IP 地址等字段识别某类请求方，然后使用 APISIX 的插件过滤并转发请求到指定上游。如果需要进一步区分某个服务的消费者，就不能通过该方法实现了。

针对上述场景，APISIX 提供了 consumer-restriction 插件，通过该插件把消费者的 consumer_username 参数列入黑名单或白名单中，来限制其对服务或路由的访问，实现流量精细化管理。

consumer-restriction 插件本质上是根据选择不同的消费者做相应的访问限制，因此只要深刻理解消费者的概念，就可以灵活使用该插件。

该插件需要与消费者一同使用。首先需要创建消费者，确定 username 参数。然后在指定路由上配置该插件，以实现限制消费者访问的目的。原理如图 6-31 所示。

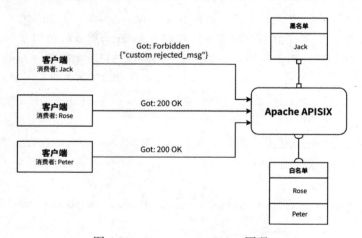

图 6-31 consumer-restriction 原理

由图 6-31 可知，将 3 个来自不同客户端的流量标记为 3 个不同的消费者，分别为 Jack、Rose 和 Peter。根据需求，需要拒绝来自名叫 Jack 的客户端访问指定路由。这里就可以使用 consumer-restriction 插件配置该路由，并配置自定义的 rejected_msg 参数。

该插件的运行主要依靠源码中的 is_include 函数。通过该函数来判断是否存在黑白名单，并使用一些常用方法（比如 is_method_allowed 判断是否允许某个方法、reject 函数判断请求被拒

绝后该返回什么样的报错信息及报错代码）进行流量相关的控制。其中 reject 函数可以自定义
rejected_msg 参数，以实现报错信息的定制化。

6.6.2　参数

表 6-9 为 consumer-restriction 插件参数，此处仅选取了本书所使用到的参数，更多参数可
参见官网使用文档。

表 6-9　consumer-restriction 插件参数

名称	类型	必选项	描述
type	string	否	根据不同的对象做相应的限制，有效值包括 consumer_name（默认值）、service_id、route_id
whitelist	array[string]	是	与 blacklist 二选一，只能启用白名单或黑名单，两者不能一起使用
blacklist	array[string]	是	与 whitelist 二选一，只能启用白名单或黑名单，两者不能一起使用
rejected_code	integer	否	当请求被拒绝时，返回的 HTTP 状态码。有效值范围为 [200,+∞)，默认值为 403

6.6.3　应用场景

1. 场景一：限制消费者

假设当前有一项认证服务只允许特定的流量访问。APISIX 可以创建多个消费者，例如
示例中的 Jack 和 Peter，但是之后新的需求要求禁止 Peter 消费者的访问权限。此时可以通过
consumer-restriction 插件针对不同的消费者进行访问限制，只要将消费者 Jack 加入白名单，就
可以实现该功能。

在该场景中，为了使测试结果更加清晰，需要配置 basic-auth 认证插件一起使用。

具体操作步骤如下：

1）通过以下命令分别创建消费者 Jack 和 Peter，并配置 basic-auth 认证插件。

❑ 创建消费者 Jack 并设置密码为 123456。

```Bash
curl http://127.0.0.1:9080/apisix/admin/consumers -H 'X-API-KEY: edd1c9f034335f1
    36f87ad84b625c8f1' -X PUT -i -d '
{
    "username": "Jack",
    "plugins": {
        "basic-auth": {
            "username":"jack",
            "password": "123456"
        }
    }
}'
```

❑ 创建消费者 Peter 并设置密码为 123456。

```Bash
curl http://127.0.0.1:9080/apisix/admin/consumers -H 'X-API-KEY: edd1c9f034335f1
    36f87ad84b625c8f1' -X PUT -i -d '
{
    "username": "Peter",
    "plugins": {
        "basic-auth": {
            "username":"peter",
            "password": "123456"
        }
    }
}'
```

2）通过以下命令创建一个路由，并且将命名为 Jack 的消费者添加进白名单并配置 basic-auth
插件。

```Bash
curl http://127.0.0.1:9080/apisix/admin/routes/1 \
-H 'X-API-KEY: edd1c9f034335f136f87ad84b625c8f1' -X PUT -d '
{
    "uri": "/index.html",
    "upstream": {
        "type": "roundrobin",
        "nodes": {
            "127.0.0.1:8081": 1
        }
    },
    "plugins": {
        "basic-auth": {},
        "consumer-restriction": {
            "whitelist": [
                "Jack"
            ]
        }
    }
}'
```

3）配置完成后，通过以下命令进行测试。

❑ 当 Jack 进行访问时：

```Bash
curl -u jack:123456 http://127.0.0.1:9080/index.html -i
```

返回结果如下：

```Bash
HTTP/1.1 200 OK
...
```

```
here 8081
```

❑ 当 Peter 进行访问时：

```Bash
curl -u peter:123456 http://127.0.0.1:9080/index.html -i
```

返回结果如下：

```Shell
HTTP/1.1 403 Forbidden
...
{"message":"The consumer_name is forbidden."}
```

通过上述两个测试，可以看到配置的白名单已经生效。读者可以根据实际情况使用不同的插件来实现不同的应用场景。

2. 场景二：限制服务

在实际应用场景中，APISIX 实例中可能会创建多个服务，而用户希望可以针对不同的服务进行限制访问，那么该如何实现呢？假设当前有两个服务，ID 分别为 1 和 2，并将 1 加入 consumer-restriction 插件的白名单，仅允许绑定该服务的消费者访问路由，并自定义返回码。

具体操作步骤如下：

1）分别创建服务 1 和 2。

```Bash
curl http://127.0.0.1:9080/apisix/admin/services/1 -H 'X-API-KEY: edd1c9f034335f
    136f87ad84b625c8f1' -X PUT -d '
{
    "upstream": {
        "nodes": {
            "127.0.0.1:8081": 1
        },
        "type": "roundrobin"
    },
    "desc": "new service 001"
}'
```

```Bash
curl http://127.0.0.1:9080/apisix/admin/services/2 -H 'X-API-KEY: edd1c9f034335f
    136f87ad84b625c8f1' -X PUT -d '
{
    "upstream": {
        "nodes": {
            "127.0.0.1:8081": 1
        },
        "type": "roundrobin"
    },
    "desc": "new service 002"
}'
```

2）创建消费者，在该消费者中配置 consumer-restriction 插件，并添加刚刚创建的 ID 为 1 的服务。为了使测试结果更加清晰，在下述示例中还将配置 key-auth 认证插件。

```Bash
curl http://127.0.0.1:9080/apisix/admin/consumers -H 'X-API-KEY: edd1c9f034335f1
    36f87ad84b625c8f1' -X PUT -d '
{
    "username": "new_consumer",
    "plugins": {
    "key-auth": {
        "key": "auth-jack"
    },
    "consumer-restriction": {
        "type": "service_id",
        "whitelist": [
            "1"
        ],
        "rejected_code": 403
    }
    }
}'
```

3）创建路由并配置 key-auth 插件，设置 service_id 为 1。

```Bash
curl http://127.0.0.1:9080/apisix/admin/routes/1 -H 'X-API-KEY: edd1c9f034335f13
    6f87ad84b625c8f1' -X PUT -d '
{
    "uri": "/index.html",
    "upstream": {
        "type": "roundrobin",
        "nodes": {
            "127.0.0.1:8081": 1
        }
    },
    "service_id": 1,
    "plugins": {
        "key-auth": {
        }
    }
}'
```

4）进行测试。

```Bash
curl http://127.0.0.1:9080/index.html -H 'apikey: auth-jack' -i
```

返回结果如下：

```Shell
HTTP/1.1 200 OK
```

```
...
here 8081
```

从以上返回结果可以看到，白名单中的 service_id 允许访问，并且插件配置生效。

接下来修改路由配置，设置 service_id 为 2。

```Bash
curl http://127.0.0.1:9080/apisix/admin/routes/1 -H 'X-API-KEY: edd1c9f034335f13
    6f87ad84b625c8f1' -X PUT -d '
{
    "uri": "/index.html",
    "upstream": {
        "type": "roundrobin",
        "nodes": {
            "127.0.0.1:1980": 1
        }
    },
    "service_id": 2,
    "plugins": {
        "key-auth": {}
    }
}'
```

使用以下命令进行测试：

```Bash
curl http://127.0.0.1:9080/index.html -H 'apikey: auth-jack' -i
```

返回结果如下：

```Shell
HTTP/1.1 403 Forbidden
...
{"message":"The service_id is forbidden."}
```

从返回结果可以看出，不在白名单中的 service_id 被拒绝访问。

3. 场景三：限制 Method

当遇到多种请求方式的需求时，例如 POST、GET，希望能针对来自消费者的不同请求资源方法类别进行访问限制，限制特定消费者访问特定资源。

具体操作步骤如下：

1）创建消费者 Jack 并配置 basic-auth 认证插件。

```Bash
curl http://127.0.0.1:9080/apisix/admin/consumers -H 'X-API-KEY: edd1c9f034335f1
    36f87ad84b625c8f1' -X PUT -i -d '
{
    "username": "Jack",
    "plugins": {
```

```
        "basic-auth": {
            "username":"jack",
            "password": "123456"
        }
    }
}'
```

2）在指定的路由上启用 consumer-restriction 插件，并限制 Jack 只能使用 POST 方式进行访问。

```Bash
curl http://127.0.0.1:9080/apisix/admin/routes/1 \
-H 'X-API-KEY: edd1c9f034335f136f87ad84b625c8f1' -X PUT -d '
{
    "uri": "/index.html",
    "upstream": {
        "type": "roundrobin",
        "nodes": {
            "127.0.0.1:8081": 1
        }
    },
    "plugins": {
        "basic-auth": {},
        "consumer-restriction": {
            "allowed_by_methods":[{
                "user": "Jack",
                "methods": ["POST"]
            }]
        }
    }
}'
```

使用以下命令进行测试来自 Jack 的请求：

```Bash
curl -u jack:123456 http://127.0.0.1:9080/index.html
```

返回结果如下：

```Shell
HTTP/1.1 403 Forbidden
...
{"message":"The consumer_name is forbidden."}
```

从上述结果可以看到，消费者 Jack 无法获取资源。

3）为 Jack 添加获取资源的能力。

```Bash
curl http://127.0.0.1:9080/apisix/admin/routes/1 \
-H 'X-API-KEY: edd1c9f034335f136f87ad84b625c8f1' -X PUT -d '
{
    "uri": "/index.html",
```

```
    "upstream": {
        "type": "roundrobin",
        "nodes": {
            "127.0.0.1:8081": 1
        }
    },
    "plugins": {
        "basic-auth": {},
        "consumer-restriction": {
            "allowed_by_methods":[{
                "user": "Jack",
                "methods": ["POST","GET"]
            }]
        }
    }
}'
```

使用以下命令进行测试来自 Jack 的请求：

```Bash
curl -u jack:123456 http://127.0.0.1:9080/index.html -i
```

返回结果如下：

```Shell
HTTP/1.1 200 OK
...
here 8081
```

consumer-restriction 插件还可以搭配多种授权插件，实现更为精细化的路由定制。

第 7 章 *Chapter 7*

API 和服务治理

随着容器平台的建设落地，微服务越来越火，越来越多的公司已经开始采用微服务架构。但微服务架构的应用通常是分布式的，一个业务应用由众多的微服务编排而成，服务之间的调用、通信、安全认证、访问控制、负载均衡、限流限额等需求也带来了运维的复杂性，微服务治理是个不小的难题。

作为 API 网关，APISIX 在服务治理领域直击用户痛点，在 API 与服务治理层面，展现出不一样的能力。

7.1 数据面服务发现

当业务量发生变化需要对上游服务进行扩缩容，或者因服务器硬件故障需要更换服务器时，如果通过网关配置来维护上游服务信息，在微服务架构模式下，其带来的维护成本可想而知。所以在这个过程中，网关非常有必要通过服务注册中心来动态获取最新的服务实例信息。

7.1.1 集成 Eureka

本节主要介绍 Eureka 的基本概念及基本原理，并且通过实际操作为大家介绍如何在 APISIX 中集成 Eureka。通过本节可了解如何将注册在 Eureka 中的服务同步到 APISIX，从而完成代理。

1. 背景

Eureka 是 Netflix 开发的服务注册框架，它被集成在 Spring Cloud 中，应用十分广泛。在已经使用 Spring Cloud 的情况下，使用 APISIX 硬编码后端服务实例 IP 地址的方式，操作复杂的同时也会带来服务不可用的问题（如 APISIX 可能无法及时感知后端重启的情况）。

因此，APISIX 支持通过 Eureka 针对上游对象完成服务发现的功能，用户只需要在 APISIX 中配置 Eureka 服务的地址，即可感知到某个后端服务最新的实例地址列表，从而完成动态服务发现。

2. 原理

如果用户在配置文件中指定了使用 Eureka 进行服务发现，APISIX 会在启动时加载一个定时器定期地和 Eureka 服务进行交互，从而获取具体的服务实例地址，保存在内存中。更新服务原理如图 7-1 所示。

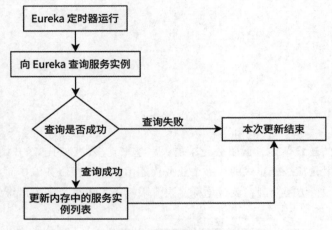

图 7-1　更新服务原理

与此同时，用户只需要在上游对象中指定 discovery_type 为 eureka，并指定其在 Eureka 中使用的服务名称，即可让 APISIX 使用从 Eureka 获取到的实例地址进行负载均衡。请求原理如图 7-2 所示。

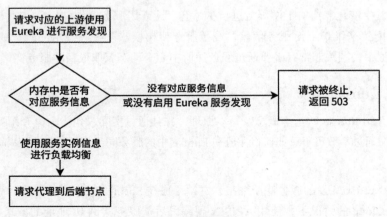

图 7-2　请求原理

3. 操作步骤

（1）准备 Eureka 服务

通过 Docker 来启动一个测试环境中的 Eureka 服务容器（提前安装好 Docker）。

```Shell
docker run \
    --name eureka -d -p 8761:8761 \
    --env ENVIRONMENT=apisix \
    --env spring.application.name=apisix-eureka \
    --env server.port=8761 \
    --env eureka.instance.ip-address=127.0.0.1 \
    --env eureka.client.registerWithEureka=true \
    --env eureka.client.fetchRegistry=false \
    --env eureka.client.serviceUrl.defaultZone=http://127.0.0.1:8761/eureka/
        bitinit/eureka
```

Eureka 容器的 8761 端口将暴露到本机，可以通过 127.0.0.1:8761 来进行访问，确认启动完毕后，进行下一步操作。

（2）准备后端服务

这里将通过 Docker 启动一个 httpbin 服务容器实例。首先运行以下命令启动一个 httpbin 容器，并将其 80 端口映射到宿主机的 10080 端口。

```Shell
docker run --rm -d -p 10080:80 kennethreitz/httpbin:latest
```

接着将 httpbin 的 127.0.0.1:10080 实例注册到 Eureka 中。

```Shell
curl http://127.0.0.1:8761/eureka/apps/httpbin -XPOST -d '
{
"instance":{
    "instanceId": "127.0.0.1:10080",
    "hostName": "127.0.0.1",
    "ipAddr": "127.0.0.1",
    "port":{
        "$":10080,
        "@enabled":true
        },
    "status": "UP",
    "app": "httpbin",
    "dataCenterInfo": {
        "name": "MyOwn",
        "@class": "com.netflix.appinfo.InstanceInfo$DefaultDataCenterInfo"
        }
    }
}' \
-v  -H 'Content-Type: application/json' -v
```

使用以下命令查看注册是否成功：

```Shell
curl http://127.0.0.1:8761/eureka/apps/httpbin -s
```

返回结果如下：

```Shell
<application>
    <name>HTTPBIN</name>
    <instance>
        <instanceId>127.0.0.1:10080</instanceId>
        ....
    </instance>
</application>%
```

注意： 以上操作均为示例，请根据真实环境来决定如何将服务注册到 Eureka 中。

（3）配置 APISIX

完成上述步骤后，修改 APISIX 的配置文件 ./conf/config.yaml 来启用 Eureka 服务发现的功能，配置完成后重新加载 APISIX。配置信息如下：

```YAML
discovery:
    eureka:
        host:
            - "http://127.0.0.1:8761"
        prefix: /eureka/
        fetch_interval: 30        # 从 Eureka 中拉取数据的时间间隔，默认 30s
        weight: 100               # 默认节点权重
        timeout:
            connect: 2000         # 连接 Eureka 的超时时间，默认 2000ms
            send: 2000
            read: 5000
```

（4）测试示例

使用以下命令创建一个路由，在路由中指定上游的服务发现类型为 eureka：

```Shell
curl http://127.0.0.1:9080/apisix/admin/routes/1 \
-H 'X-API-KEY: edd1c9f034335f136f87ad84b625c8f1' -X PUT -i -d '
{
    "uris": [
        "/*"
    ],
    "hosts": [
        "httpbin"
    ],
    "upstream": {
        "discovery_type": "eureka",
        "service_name": "HTTPBIN",
```

```
            "type": "roundrobin"
    }
}'
```

使用以下命令发送请求：

```Shell
curl http://127.0.0.1:9080/get -H 'Host: httpbin' -s
```

返回结果如下：

```Shell
{
    "args": {},
    "headers": {
        "Accept": "*/*",
        "Host": "httpbin",
        "User-Agent": "curl/7.69.1",
        "X-Forwarded-Host": "httpbin"
    },
    "origin": "127.0.0.1",
    "url": "http://httpbin/get"
}
```

从以上返回结果可以看到，APISIX 成功地从 Eureka 中获取到 httpbin 服务的端点信息，并成功将请求转发到了 httpbin 服务。

注意： 与 Eureka 交互的间隔时间需要设置一个合理的值，如果太大，可能导致服务发现滞后，从而造成服务不可用的问题；如果太小，则可能对 Eureka 带来较高的查询负担，同时也会增加 APISIX 自身的计算开销。

7.1.2　集成 Consul

本节主要介绍在 APISIX 中集成 Hashicorp Consul 的实践，并提供了详细的操作步骤。通过本节可了解如何将注册在 Consul KV 存储（键值存储）中的服务同步到 APISIX，从而完成代理。

1. 背景

Consul 是 Hashicorp 开源的一款服务网格解决方案产品，它提供了服务发现、健康检查、键值存储等诸多功能。

APISIX 支持通过 Consul KV 存储来实现服务发现，从而和用户现有的 Consul 服务集成，无缝对接服务体系。不再需要通过 APISIX Dashboard 或 Admin API 方式，将服务信息注入到 APISIX 上游对象。

2. 原理

用户在 APISIX 的配置文件中指定使用 Consul KV 进行服务发现，之后 APISIX 会在启动时加载一个定时器，定期地与 Consul 集群进行交互，从而获取具体的服务实例地址，并保存在内存中。服务发现原理如图 7-3 所示。

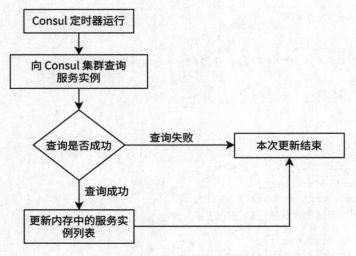

图 7-3 服务发现原理

与此同时，用户只需要在上游对象中指定 discovery_type 为 consul_kv，并指定其在 Consul KV 中注册的服务名称，即可让 APISIX 使用从 Consul KV 获取到的实例地址进行负载均衡。请求原理如图 7-4 所示。

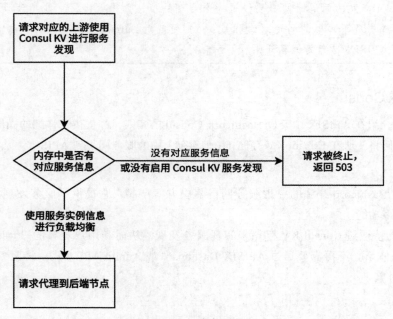

图 7-4 请求原理

3. 操作步骤

（1）准备后端服务

通过 Docker 启动一个 httpbin 服务容器，并暴露其监听的 80 端口映射到宿主机的 8080 端口。

```Shell
docker run --rm -p 8080:80 kennethreitz/httpbin:latest
```

（2）准备 Consul Agent

安装 Consul 完成后，启动一个角色为 server 的 Consul Agent，并以 dev 模式运行。

```Shell
consul agent -dev
```

接着向其 KV 存储注入 httpbin 服务信息。

```Shell
curl http://127.0.0.1:8500/v1/kv/upstreams/httpbin/127.0.0.1:8080 \
-XPUT -d '{"weight": 100}' -v
```

上述操作完成后，Consul KV 存储中就保存了一个名为 httpbin 的服务，其包含一个地址为 127.0.0.1:8080 的实例。

（3）配置 APISIX

在 ./conf/config.yaml 配置文件中配置 Consul 服务发现相关的参数，配置完成后，重新加载 APISIX。

```YAML
discovery:
    consul_kv:
        servers:
            - "http://127.0.0.1:8500"
        prefix: upstreams
        fetch_interval: 5 # 每 5 秒获取一次服务信息
        keepalive: true   # 使用长连接
```

（4）请求测试

为了进行测试，首先需要创建一条路由。为了方便起见，该路由将直接内嵌上游信息（而不是通过 id 引用的方式）。

```Shell
curl http://127.0.0.1:9080/apisix/admin/routes/1 \
-H 'X-API-KEY: edd1c9f034335f136f87ad84b625c8f1' -X PUT -i -d '
{
    "uris": [
        "/*"
    ],
    "hosts": [
        "httpbin"
    ],
```

```
    "upstream": {
        "discovery_type": "consul_kv",
        "service_name": "http://127.0.0.1:8500/v1/kv/upstreams/httpbin/",
        "type": "roundrobin"
    }
}'
```

在上述请求创建的路由中，其指定的上游对象的节点信息需要从 Consul KV 存储中获取，其服务名称为 httpbin。

注意： 在指定 service_name 时，需要带上 Consul 集群节点的地址和存储的前缀（本示例为 /v1/kv/upstreams）。

然后通过以下命令向 APISIX 发送请求：

```Shell
curl http://127.0.0.1:9080/get -H 'Host: httpbin' -s
```

返回结果如下：

```
{
    "args": {},
    "headers": {
        "Accept": "*/*",
        "Host": "httpbin",
        "User-Agent": "curl/7.69.1",
        "X-Forwarded-Host": "httpbin"
    },
    "origin": "127.0.0.1",
    "url": "http://httpbin/get"
}
```

从以上返回结果可以看到，请求成功转发到了 httpbin 服务实例，即 APISIX 成功从 Consul KV 存储中获取到了服务注册信息。

注意：

- 与 Consul 集群交互的间隔时间需要设置一个合理的值，如果太大，可能导致服务发现滞后，从而造成服务不可用的问题；如果太小，则可能对 Consul 集群带来较高的查询负担，同时也会增加 APISIX 自身的计算开销。
- 此外，如果你正在使用标准的 Consul 服务发现功能（即 Consul Agent 从配置文件中读取服务注册信息，并通过 HTTP API 或 DNS 方式暴露服务信息），同时还想将其集成至 APISIX 的话，可以为 APISIX 配置类型为 DNS 的服务发现方式。

7.1.3 集成 Nacos

本节介绍在 APISIX 中集成 Nacos 的实践，并提供了详细的操作步骤，通过本节可了解如何将注册在 Nacos 中的服务同步到 APISIX，从而完成代理。

1. 背景

Nacos 是一款开源用于构建云原生应用的动态服务发现、配置管理和服务管理的平台。

APISIX 支持通过 Nacos 针对上游对象完成服务发现，从而不需要在上游对象中硬编码服务实例的 IP 地址，这在服务实例会动态变化的场景下是十分有用的。

2. 原理

Nacos 服务发现功能类似于前面介绍的两种集成，用户在 APISIX 的配置文件中指定使用 Nacos 进行服务发现，之后 APISIX 会在启动时加载一个定时器定期地和 Nacos 服务进行交互，从而获取具体的服务实例地址，并保存在内存中。具体服务发现原理如图 7-5 所示。

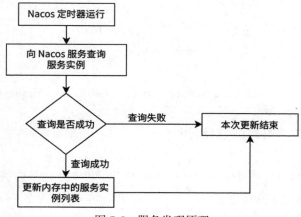

图 7-5　服务发现原理

与此同时，用户只需要在上游对象中指定 discovery_type 为 nacos，并指定其在 Nacos 服务中注册的服务名称，即可让 APISIX 使用从 Nacos 服务中获取到的实例地址进行负载均衡。请求原理如图 7-6 所示。

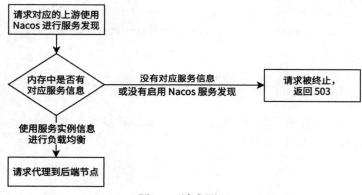

图 7-6　请求原理

3. 操作步骤

（1）准备 Nacos 服务

通过 docker-compose 来启动一个测试环境中的 Nacos 服务。

```Shell
git clone https://github.com/nacos-group/nacos-docker.git
docker-compose -f example/standalone-mysql-8.yaml up
```

上述命令会在服务器上启动一个 Nacos 服务容器和 MySQL 容器，其中 Nacos 的 API 端口 8848 将暴露到本机，可以通过 127.0.0.1:8848 进行访问。

（2）准备后端服务

首先通过 Docker 启动一个 httpbin 容器，并将其 80 端口映射到宿主机的 8080 端口。

```Shell
docker run -d -p 8080:80 --rm kennethreitz/httpbin
```

然后将 httpbin 容器的端点 127.0.0.1:8080 注册到 Nacos 中。

```Shell
curl -X POST 'http://127.0.0.1:8848/nacos/v1/ns/instance?serviceName=httpbin&ip=
    127.0.0.1&port=8080'
```

调用服务发现接口，确保注册已经成功。

```Shell
curl -X GET 'http://127.0.0.1:8848/nacos/v1/ns/instance/list?serviceName=httpbin'
```

返回如下结果，则表示注册成功：

```Shell
{
    "name":"DEFAULT_GROUP@@httpbin",
    "groupName":"DEFAULT_GROUP",
    "clusters":"",
    "cacheMillis":10000,
    "hosts":[
        {
            "instanceId":"127.0.0.1#8080#DEFAULT#DEFAULT_GROUP@@httpbin",
...
    "valid":true
}
```

（3）配置 APISIX

修改 APISIX 的配置文件 ./conf/config.yaml 来启用 Nacos 服务发现的功能，配置完成后重新加载 APISIX。配置信息如下：

```YAML
discovery:
    nacos:
```

```
host:
    - "http://127.0.0.1:8848" # 使用时请指向正确的 Nacos 服务的地址
prefix: "/nacos/v1/"
fetch_interval: 30
weight: 100                   # 默认服务实例的权重
timeout:
    connect: 2000             # 与 Nacos 服务通信时的连接超时设置
    send: 2000                # 与 Nacos 服务通信时的发送超时设置
    read: 5000                # 与 Nacos 服务通信时的读取超时设置
```

（4）请求测试

使用以下命令创建一个路由，在路由中指定上游的服务发现类型为 nacos。

```Shell
curl http://127.0.0.1:9080/apisix/admin/routes/1 \
-H 'X-API-KEY: edd1c9f034335f136f87ad84b625c8f1' -X PUT -i -d'
{
    "uris": [
        "/*"
    ],
    "hosts": [
        "httpbin"
    ],
    "upstream": {
        "discovery_type": "nacos",
        "service_name": "httpbin",
        "type": "roundrobin"
    }
}'
```

然后发送请求确认服务发现是否生效。

```Shell
curl http://127.0.0.1:9080/get -H 'Host: httpbin'
```

返回结果如下：

```Shell
{
    "args": {},
    "headers": {
        "Accept": "*/*",
        "Host": "httpbin",
        "User-Agent": "curl/7.69.1",
        "X-Forwarded-Host": "httpbin"
    },
    "origin": "127.0.0.1",
    "url": "http://httpbin/get"
}
```

从以上返回结果可知，APISIX 成功地从 Nacos 中获取 httpbin 服务的端点信息，并成功将请求转发到了 httpbin 服务。

注意：如果上述请求返回了 503，请检查此时服务注册信息是否还保存在 Nacos 服务中，默认 Nacos 只缓存 10s，可以通过如下命令修改 Nacos 缓存时间：

```Shell
curl -X PUT 'http://127.0.0.1:8848/nacos/v1/ns/operator/switches?entry=pushCache
    Millis&value=500000'
```

设置完缓存时间后，通过以下命令重新将服务注册到 Nacos 中，然后再次尝试访问 APISIX。

```Shell
curl -X POST 'http://127.0.0.1:8848/nacos/v1/ns/instance?serviceName=httpbin&ip=
    127.0.0.1&port=8080' -v
```

注意：Nacos 与 APISIX 的交互过程类似于 Eureka 和 Consul，交互的间隔时间需要设置一个合理的值。同时，请根据实际的网络情况决定合理的超时时间（包括连接超时和读写超时）。

7.2 控制面服务发现

在 APISIX 数据面上，除了支持 etcd 外，还支持基于 Consul、Nacos、Eureka 和 DNS 的服务发现，但在实际应用场景中，每次扩展兼容新的服务发现组件都需要重新部署 APISIX 的数据面，同时也会对线上服务的稳定性带来隐患。

因此，APISIX 通过一种新的方式（APISIX-Seed）来支持控制面的服务发现，当使用 APISIX-Seed 扩展**服务发现组件**时，只需要使用其提供的服务发现组件接口就可以实现添加一个新的服务发现组件。通过这种方式，APISIX 的数据面无须任何更改或重启服务，就可以完成服务注册中心的扩展，保证服务稳定的同时也极大地提高了 APISIX 的横向扩展能力。

7.2.1 原理

APISIX-Seed 会同时监听 etcd 和服务中心中的资源变化来完成数据交换，工作原理如图 7-7 所示。

1）向 APISIX 注册上游服务，并指定其服务发现类型。APISIX-Seed 将监听 etcd 中 APISIX 资源的变更，过滤发现类型并获取服务名称；

2）APISIX-Seed 将获取到的指定服务名称订阅到服务中心的注册表中，以获取对相应服务的更改；

3）将上游服务注册到对应的服务发现组件后，APISIX-Seed 会获取新的服务信息，并将更新后的服务节点写入 etcd 对应的资源中；

4）当 etcd 中对应的资源发生变化时，APISIX Worker 会将最新的服务节点信息刷新到内存中。

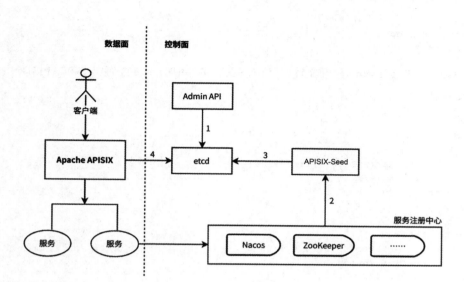

图 7-7　APISIX-Seed 工作原理

在此过程中需要注意，当引入 APISIX-Seed 后，如果注册中心的服务频繁发生变化，那 etcd 中的数据也会频繁变化。

因此，最好在启动 etcd 时设置 --auto-compaction 选项以定期压缩历史记录，避免 etcd 最终耗尽其存储空间。

7.2.2　集成 Nacos

本节主要介绍 Nacos 服务发现组件在 APISIX 控制面中的实践。

在控制面集成 Nacos 服务发现组件后，APISIX 将不需要与 Nacos 服务发现组件保持网络连接，数据面和控制面的界限也更加清晰。

1. 操作步骤

步骤一：部署 Nacos

使用 Nacos Docker 镜像快速部署 Nacos，具体命令如下：

```Apache
docker run --name nacos-quick \
-e MODE=standalone \
-p 8848:8848 \
-d nacos/nacos-server:2.0.2
```

步骤二：部署 APISIX-Seed

1）下载并构建 APISIX-Seed。

```Bash
git clone https://github.com/api7/apisix-seed.git
```

```
cd apisix-seed
go build
```

2）修改 conf/conf.yaml 配置文件，其中该配置文件中的 etcd 配置需要和 APISIX 中的 etcd 配置保持一致。

```YAML
etcd:
    host:
        - "http://127.0.0.1:2379"
    prefix: /apisix
    timeout: 30
discovery:
    nacos:
        host:
            - "http://127.0.0.1:8848"
        prefix: /nacos
        weight: 100
        timeout:
            connect: 2000
            send: 2000
            read: 5000
```

3）启动 APISIX-Seed。

```Bash
./apisix-seed
```

步骤三：注册上游服务

通过 Docker 启动 httpbin 服务，并将它注册到 Nacos 中。注意，httpbin 服务和 Nacos 需运行在同一台主机上。

1）启动一个 httpbin 容器，并将 80 端口映射到宿主机的 8084 端口。

```Bash
docker run -d -p 8084:80 --rm kennethreitz/httpbin
```

2）将 httpbin 容器的端点 127.0.0.1:8084 注册到 Nacos 中。

```Bash
curl -X POST 'http://127.0.0.1:8848/nacos/v1/ns/instance?serviceName=httpbin&ip=
    127.0.0.1&port=8084'
```

3）调用服务发现接口，确保注册成功。

```Bash
curl -X GET 'http://127.0.0.1:8848/nacos/v1/ns/instance/list?serviceName=httpbin'
```

返回结果如下，则表示服务已经注册成功。

```JSON
```

```json
{
    "name":"DEFAULT_GROUP@@httpbin",
    "groupName":"DEFAULT_GROUP",
    "clusters":",
    "cacheMillis":10000,
    "hosts":[
        {
            "instanceId":"127.0.0.1#8080#DEFAULT#DEFAULT_GROUP@@httpbin",
...
    ],
    "lastRefTime":1625126367176,
    "checksum":"",
    "allIPs":false,
    "reachProtectionThreshold":false,
    "valid":true
}
```

步骤四：注册路由

1）创建路由，并指定服务发现类型为 nacos。

```Bash
curl http://127.0.0.1:9080/apisix/admin/routes/1 -H 'X-API-KEY: edd1c9f034335f13
    6f87ad84b625c8f1' -X PUT -i -d '
{
    "uris": "/*",
    "hosts": [
        "httpbin"
    ],
    "upstream": {
        "discovery_type": "nacos",
        "service_name": "httpbin",
        "type": "roundrobin"
    }
}'
```

2）发送请求确认服务发现是否生效。

```Shell
curl http://127.0.0.1:9080/get -H 'Host: httpbin'
```

如果得到如下响应内容，则证明 APISIX 成功地从 Nacos 中获取 httpbin 服务的端点信息，并成功将请求转发到了 httpbin 服务。

```JSON
{
    "args": {},
    "headers": {
        "Accept": "*/*",
        "Host": "httpbin",
        "User-Agent": "curl/7.69.1",
```

```
        "X-Forwarded-Host": "httpbin"
    },
    "origin": "127.0.0.1",
    "url": "http://httpbin/get"
}
```

2. 注意事项

在确认服务是否生效时，如果返回了 503，请检查此时服务注册信息是否还保存在 Nacos 服务中，默认 Nacos 只缓存 10s。可以通过如下命令修改 Nacos 缓存时间为 60s，并重新将服务注册到 Nacos 中，然后再次尝试访问 APISIX。

```Shell
curl -X PUT 'http://127.0.0.1:8848/nacos/v1/ns/operator/switches?entry=pushCache
    Millis&value=600000'
```

使用以下命令重新注册：

```Shell
curl -X POST 'http://127.0.0.1:8848/nacos/v1/ns/instance?serviceName=httpbin&ip=
    127.0.0.1&port=8080' -v
```

7.2.3　集成 ZooKeeper

ZooKeeper 是一个开源的分布式应用程序协调服务，是 Google 内部开发 Chubby 的开源版本，它也是 Hadoop 和 Hbase 的重要组件。ZooKeeper 是一个为分布式应用提供一致性服务的软件，它提供了配置维护、域名服务、分布式同步和服务注册发现等功能。本节将通过具体的操作步骤为大家介绍如何通过 APISIX-Seed 完成 ZooKeeper 的服务发现。

步骤一：部署服务。

通过以下命令部署 ZooKeeper 和 APISIX-Seed。

1）通过 Docker 安装并启动 ZooKeeper。

```Bash
docker run -itd --rm --name=dev-zookeeper -p 2181:2181 zookeeper:3.7.0
```

2）下载并编译 APISIX-Seed。

```Bash
git clone https://github.com/api7/apisix-seed.git
cd apisix-seed
go build
```

如果构建失败，需更换 Go 服务器节点。命令如下：

```Nginx
go env -w GOPROXY=https://goproxy.cn,direct
```

3）修改 APISIX-Seed 的配置文件 ./conf/conf.yaml。

```YAML
etcd:
    host:
        - "http://127.0.0.1:2379"
    prefix: /apisix
    timeout: 30
discovery:
    zookeeper:
        hosts:
            - "127.0.0.1:2181"
        prefix: /zookeeper
        weight: 100
        timeout: 10
```

4）启动 APISIX-Seed。

```Bash
./apisix-seed
```

步骤二：配置路由。

通过以下命令配置路由，请求路径设置为 /index.html，上游使用 ZooKeeper 作为服务发现，服务名称为 APISIX-ZK。

```Bash
curl http://127.0.0.1:9080/apisix/admin/routes/1 \
-H 'X-API-KEY: edd1c9f034335f136f87ad84b625c8f1' -X PUT -i -d'
{
    "uri": "/index.html",
    "upstream": {
        "service_name": "APISIX-ZK",
        "type": "roundrobin",
        "discovery_type": "zookeeper"
    }
}'
```

步骤三：注册服务。

1）登录 ZooKeeper Docker 容器，使用 CLI 程序进行服务注册。
使用以下命令登录容器。

```Shell
docker exec -it ${CONTAINERID} /bin/bash
```

登录容器后，使用以下命令登录 ZooKeeper 客户端。

```Shell
./bin/zkCli.sh
```

2）注册上游服务为 127.0.0.1:8081。

```Bash
```

```
create /zookeeper/APISIX-ZK '{"host":"127.0.0.1","port":8081,"weight":100}'
```

返回结果如下：

```Bash
Created /zookeeper/APISIX-ZK
```

步骤四：验证请求。

通过以下命令请求路由：

```Bash
curl -i http://127.0.0.1:9080/zk/hello
```

正常情况下，返回结果如下：

```Bash
HTTP/1.1 200 OK
...
hello
```

从上述返回结果可以看到，APISIX 已经成功发现并将请求转发到了注册的服务节点上。

7.3　服务熔断

在微服务架构中，各个微服务之间存在多维的依赖关系，调用链路会串联多个微服务，如果某个服务出现故障，将影响调用链路的可用性。如果在短时间内有大量请求进入该调用链路，这些请求堆积在故障服务的下游服务中，最后可能会导致该调用链路出现雪崩。

为了避免因某个服务不可用而造成的雪崩效应，通常会引入服务熔断机制。例如：在服务 A 对服务 B 进行调用时，如果发现服务 B 不可用，则暂停对其调用，直接向服务 A 的调用方返回错误信息。通过快速返回错误信息，避免了服务 A 自身也产生不可用的情况，从而保护链路的稳定性。

在具体实践过程中，可以通过 APISIX 的 api-breaker 插件来实现服务熔断，保护上游服务，避免使用不当造成服务宕机或资源浪费。

7.3.1　原理

服务熔断的判定是按照预设的代码逻辑，根据触发不健康状态的次数递增运算，原理如图 7-8 所示。

在熔断持续时间内，APISIX 不会将接收到的请求转发到不健康的上游，而是直接返回提示消息，表示该上游不可用。

熔断时间将按照指数的方式进行递增。根据此插件预设的逻辑，某个上游服务第一次被判定为不可用时，则会被熔断 2s，接下来则是 4s、8s、16s……依次递增，直至达到预设的最大熔断时间。max_breaker_sec 的默认值是 300，允许自定义修改。

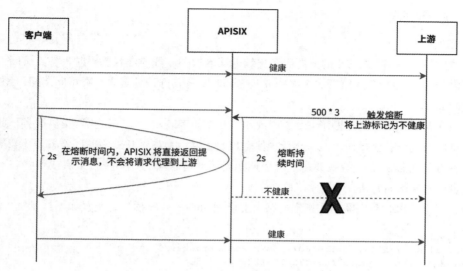

图 7-8 服务熔断原理

在上游服务为不健康状态时，如果通过 APISIX 转发请求到上游服务的过程中，返回了 healthy.http_statuses 预设的状态码（默认为 200），并且达到 healthy.successes 预设的次数时（默认为 3 次），则判定该上游服务恢复健康状态。当上游被 APISIX 重新视为可用时（如连续返回了 3 次 200 状态码），所有关于这个上游的统计都将被重置，即一个熔断周期结束。

在熔断结束后，APISIX 会将新接收到的请求转发到上游，此时从 APISIX 角度来看，该上游是"不稳定的"，如果在这段时间内上游反馈的错误状态码达到预设次数，则会重新熔断。

7.3.2 参数

表 7-1 为实现服务熔断功能过程中所用到的 api-breaker 插件相关参数，仅选取了本书所使用到的参数，更多参数可参见官网使用文档。

表 7-1 api-breaker 插件相关参数

名称	类型	必选项	描述
break_response_code	integer	是	服务不健康返回错误码，有效值范围为 [200, 599]
max_breaker_sec	integer	否	最大熔断持续时间，单位为 s。有效值范围为 [3, +∞)，默认值为 300
unhealthy.http_statuses	array[integer]	否	服务不健康时候的状态码，有效值范围为 [500, 599]，默认值为 500
unhealthy.failures	integer	否	触发不健康状态的连续错误请求次数，有效值范围为 [1, +∞)，默认值为 3
healthy.http_statuses	array[integer]	否	健康时候的状态码，有效值范围为 [200, 499]，默认值为 200
healthy.successes	integer	否	触发健康状态的连续正常请求次数，有效值范围为 [1, +∞)，默认值为 3

7.3.3　应用场景

1. 场景一

运维人员希望当 APISIX 的上游服务连续返回 5 次 500 或 502 状态码时，将其熔断。最长熔断时间为 1min；而当其连续返回 3 次 200 状态码时，将其标记为健康。在熔断期间，APISIX 会直接返回 503。

此场景是通用的服务熔断场景，500 或 502 状态码都表示上游无法正常提供服务，此时上游可能在重启或进行其他操作，但是预计很快会恢复正常，所以最长熔断时间设置得比较短。

这种配置可以减少上游服务在不可用期间受到的请求压力，防止在重启或者状态不佳阶段受到大量请求冲击而宕机。

根据以上需求，我们需要在指定的路由上启用 api-breaker 插件，配置如下：

```PowerShell
curl "http://127.0.0.1:9080/apisix/admin/routes/1" \
-H 'X-API-KEY: edd1c9f034335f136f87ad84b625c8f1' -X PUT -d '
{
    "plugins": {
        "api-breaker": {
            "break_response_code": 503,
            "unhealthy": {
                "http_statuses": [500, 502],
                "failures": 5
            },
            "max_breaker_sec": 60,
            "healthy": {
                "http_statuses": [200],
                "successes": 3
            }
        }
    },
    "upstream": {
        "type": "roundrobin",
        "nodes": {
            "127.0.0.1:8083": 1
        }
    },
    "uri": "/index.html"
}'
```

上述路由示例中配置的上游 127.0.0.1:8083 并没有监听进程，因此在访问该路由时将会得到 502 的响应（无法与上游建立链接）。如果连续访问该路由 5 次之后，将会触发熔断。

```PowerShell
# 第 1 次访问
curl http://127.0.0.1:9080/hello
502 Bad Gateway
……
# 第 5 次访问，将会触发熔断
```

```
curl http://127.0.0.1:9080/hello
502 Bad Gateway
# 第 6 次访问，熔插件生效
curl http://127.0.0.1:9080/hello
503 Service Temporarily Unavailable
```

2. 场景二

运维人员希望 APISIX 可以以某种方式感知到上游处理请求的能力，并且根据上游的处理请求能力，实时动态地控制转发到上游的请求压力。如果上游处理能力跟不上，则拒绝部分请求。

此场景更关注上游的可用性，如果上游是某些脆弱且珍贵的 API 资源，可以使用这种方式，但是这种方式不保证客户端可用性。

按照需求，在指定的路由上启用 api-breaker 插件，配置参数如下：

```
Ada
curl "http://127.0.0.1:9080/apisix/admin/routes/1" \
-H 'X-API-KEY: edd1c9f034335f136f87ad84b625c8f1' -X PUT -d '
{
    "plugins": {
        "api-breaker": {
            "break_response_code": 503,
            "unhealthy": {
                "http_statuses": [502],
                "failures": 1
            },
            "max_breaker_sec": 8,
            "healthy": {
                "http_statuses": [200],
                "successes": 1
            }
        }
    },
    "upstream": {
        "type": "roundrobin",
        "nodes": {
            "127.0.0.1:8083": 1
        }
    },
    "uri": "/hello"
}'
```

从以上代码可知，http_statuses 默认为 502，表示该上游无法处理更多请求，只要出现一次 502，就立刻熔断，并且最大熔断时间是 8s，避免过长时间的熔断而让上游处于空闲状态。

注意： 当使用多个 api-breaker 插件共享同一个上游的统计信息时，如果存在多个路由对象配置了 api-breaker 插件（同时参数各不相同），那么配置多个 api-breaker 插件的效果可能会出现一些与预期不符的现象。建议通过 plugin_config 插件在这些路由对象中共享相同配置的 api-breaker 插件。

7.4 流量镜像

在企业级场景中，往往需要对外部流量进行合法性审计以及对即将上线的服务进行检测。如果在生产环境中直接操作，可能会造成意想不到的结果。因此我们需要在不影响线上服务的情况下，对流量或请求内容以及服务进行测试并分析。

作为云原生 API 网关，APISIX 基于此场景提供了 proxy-mirror 插件来实现流量镜像。流量镜像是将线上真实流量复制到镜像服务中，以便在不影响线上服务的情况下，对线上流量或请求内容进行具体分析。

流量镜像不同于灰度和蓝绿等功能，灰度和蓝绿是对真实流量进行切分，而流量镜像是复制真实流量，镜像服务处理的是真实流量的副本，所以流量镜像更适合那些需要引入真实流量来验证的场景。

7.4.1 插件简介

proxy-mirror 插件提供了镜像客户端请求的能力。相对于 NGINX 原生 mirror 指令提供的镜像请求功能，APISIX 的 proxy-mirror 插件支持更多的特性。

1）支持修改镜像请求的 path 路径部分。如果收集镜像请求的服务有特殊的路径，这个灵活配置将会非常有用。

2）支持设置镜像请求采样率。按比例产生镜像请求，设置为 1 表示对所有执行该插件的请求生成一份镜像请求。

3）支持在配置了 proxy_request_buffering 属性的同时，使用镜像请求功能。在 NGINX 中，proxy_request_buffering 和 mirror 功能是互斥的。

4）支持设置镜像请求的超时时间。由于镜像请求是以子请求的方式实现，子请求的延迟将会导致原始请求阻塞，直到子请求完成，才可以恢复正常。因此通过配置超时时间，来避免子请求出现过大的延迟而影响原始请求。

proxy-mirror 插件借助 NGINX 的 ngx_http_mirror_module 模块实现，其主要工作原理如图 7-9 所示，在后台根据原始请求创建子请求，并丢弃子请求的响应。

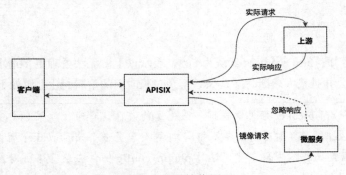

图 7-9　流量镜像原理

7.4.2 参数

表 7-2 为 proxy-mirror 插件相关参数，仅选取了本书所使用到的参数。更多参数配置可查看官网使用文档。

表 7-2 proxy-mirror 插件参数

名称	类型	必选项	描述
host	string	是	指定镜像服务地址，例如 http://127.0.0.1:9797（地址中需要包含 schema：HTTP 或 HTTPS，不能包含 path 部分）
path	string	否	指定镜像请求的路径。如不指定，当前路径将被使用
sample_ratio	number	否	镜像请求采样率。有效值范围为 [0.00001, 1]，默认值为 1

7.4.3 应用场景

1. 场景一

在实际场景中，作为 API 网关的 APISIX 会接受来自外部的流量，如果企业内有完善的风控和安全体系，就会对这些来自外部的流量进行审计，防止恶意流量攻击企业服务。

检查流量合法性的方式通常有两类。一类是在 API 网关接受请求并在转发至后端服务前，先将原样发送至一个专门的服务，由该服务进行流量审计。这样做安全性较高，但往往会使得请求延时更长，导致用户体验度下降。另一类是不在当前请求自身的生命周期内完成校验，而是将流量进行"镜像"，通过异步发送至专门的服务，由该服务判定流量是否合法，再通过其他方式进行结果反馈。这种方式不影响请求自身，但是安全程度不如第一类。

（1）部署上游和镜像服务

通过 Docker Compose 启动两个 httpbin 的服务，分别模拟上游服务和镜像服务。其中 httpbin 通过 GUNICORN_CMD_ARGS 记录请求，观察镜像服务是否接收到请求。参考以下命令创建一个文件，并命名为 httpbin.yaml。

```yaml
YAML
version: '3.7'
services:
  upstream:
    image: kennethreitz/httpbin
    container_name: upstream
    ports:
      - '1980:80'
    environment:
      GUNICORN_CMD_ARGS: "--capture-output --error-logfile - --access-
        logfile - --access-logformat '%(h)s %(t)s %(r)s %(s)s Host:
        %({Host}i)s'"
  mirror:
    image: kennethreitz/httpbin
    container_name: mirror
    ports:
```

```
            - '1981:80'
      environment:
        GUNICORN_CMD_ARGS: "--capture-output --error-logfile - --access-
            logfile - --access-logformat '%(h)s %(t)s %(r)s %(s)s Host:
            %({Host}i)s}'"
```

使用 Docker Compose 启动：

```Shell
docker-compose -f httpbin.yaml up -d
```

（2）配置 proxy-mirror 插件

对于安全审计这样的场景，需要 1∶1 复制流量，因此将 proxy-mirror 插件中的 host 属性指向镜像服务 http://127.0.0.1:1981，上游服务则配置为 127.0.0.1:1980。

```Shell
curl "http://127.0.0.1:9080/apisix/admin/routes/1" \
-H 'X-API-KEY: edd1c9f034335f136f87ad84b625c8f1' -X PUT -d'
{
    "plugins": {
        "proxy-mirror": {
            "host": "http://127.0.0.1:1981",
            "sample_ratio": 1
        }
    },
    "upstream": {
        "type": "roundrobin",
        "nodes": {
            "127.0.0.1:1980": 1
        }
    },
    "uri": "/anything"
}'
```

（3）模拟请求

使用以下命令向 APISIX 发送请求，命中该路由后，将会启用 proxy-mirror 插件。

```Shell
curl http://127.0.0.1:9080/anything
```

返回结果如下：

```JSON
{
    "args": {},
    "data": "",
    "files": {},
    "form": {},
    "headers": {
        "Accept": "*/*",
```

```
        "Host": "127.0.0.1:9080",
        "User-Agent": "curl/7.29.0",
        "X-Forwarded-Host": "127.0.0.1"
    },
    "json": null,
    "method": "GET",
    "origin": "127.0.0.1",
    "url": "http://127.0.0.1/anything"
}
```

（4）验证镜像服务

通过以下命令查看镜像服务的 Docker 日志：

```Shell
docker logs mirror
```

返回结果如下：

```Shell
...
172.24.0.1 [27/May/2022:05:49:02 +0000] GET /anything HTTP/1.1 200 Host:
    127.0.0.1:9080}
```

从返回日志上可以看到，镜像服务接收了 proxy-mirror 插件生成的镜像请求（由于日志格式限制，在日志中记录的请求仅是请求内容的一部分）。

2. 场景二

当我们对某个服务进行大规模重构后，最大的困难是通过测试来保证重构前后的业务逻辑一致。在实际场景中，并不是所有的项目都有完整、无死角的集成测试，大部分项目是依靠测试人员的测试用例、自动化测试和压力测试等来保证服务的健壮性。但是这些测试都无法完全模拟生产环境的真实流量。真实流量具有复杂性，是开发和测试人员在服务上线前无法进行完全考虑和验证的，这就导致了在重构项目上线后，会出现一些意外情况。

然而通过流量镜像的功能，可以解决上述问题。

在预发布或者预生产环境中部署重构后的服务，在生产环境中使用流量镜像功能，将线上的真实流量复制到预发布或者预生产环境汇总，让重构后的服务接受真实流量的检阅，以便提前暴露出各种意想不到的问题。

如果需要真实流量的规模来检阅重构后服务的稳定性，可以让镜像请求采样率保持1:1。但一般情况下，我们更关注通过使用真实流量的多样性来测试重构后的服务，以保证其业务逻辑的正确性。因为预发布或预生产环境的服务器性能比生产环境的服务器性能差很多，所以可以使用少量的真实流量来验证新服务，防止大量的真实流量涌入给预发布或预生产环境的服务器带来巨大压力。

在这种情况下，我们可以指定镜像请求的采样率。

1）部署上游和镜像服务的操作步骤与场景一相同。在进行以下操作前，请重启 Docker，避免场景一的测试数据影响观察结果。

2）配置 proxy-mirror 插件。将采样比例设置为 0.5，即 proxy-mirror 插件会转发 APISIX 接收到的所有请求数的 50% 到镜像服务。

```Shell
curl "http://127.0.0.1:9080/apisix/admin/routes/1" \
-H 'X-API-KEY: edd1c9f034335f136f87ad84b625c8f1' -X PUT -d '
{
    "plugins": {
        "proxy-mirror": {
            "host": "http://127.0.0.1:1981",
            "sample_ratio": 0.5
        }
    },
    "upstream": {
        "type": "roundrobin",
        "nodes": {
            "127.0.0.1:1980": 1
        }
    },
    "uri": "/anything"
}'
```

3）验证采样比例。使用以下命令向 APISIX 发送请求，命中该路由后，将会启用 proxy-mirror 插件。

❑ 第 1 次发送请求到 APISIX，并查询镜像服务的日志。

```Shell
curl http://127.0.0.1:9080/anything  && \
docker logs mirror
```

返回结果如下，表示镜像服务没有接收到镜像请求。

```Shell
[2022-05-27 07:24:23 +0000] [1] [INFO] Starting gunicorn 19.9.0
[2022-05-27 07:24:23 +0000] [1] [INFO] Listening at: http://0.0.0.0:80 (1)
[2022-05-27 07:24:23 +0000] [1] [INFO] Using worker: gevent
[2022-05-27 07:24:23 +0000] [9] [INFO] Booting worker with pid: 9
```

❑ 第 2 次发送请求到 APISIX，并查询镜像服务的日志。

```Shell
curl http://127.0.0.1:9080/anything && \
docker logs mirror
```

返回结果如下，表示镜像服务接收到镜像请求。

```Shell
[2022-05-27 07:24:23 +0000] [1] [INFO] Starting gunicorn 19.9.0
[2022-05-27 07:24:23 +0000] [1] [INFO] Listening at: http://0.0.0.0:80 (1)
```

```
[2022-05-27 07:24:23 +0000] [1] [INFO] Using worker: gevent
[2022-05-27 07:24:23 +0000] [9] [INFO] Booting worker with pid: 9
172.25.0.1 [27/May/2022:08:17:25 +0000] GET /anything HTTP/1.1 200 Host:
    127.0.0.1:9080}
```

注意： 由于 NGINX 是利用子请求的方式发送镜像请求，并且主请求只能在子请求之后结束，因此如果镜像服务的响应慢，会导致主请求超时。这种情况下，可以在 ./conf/config.yaml 的 plugin_attr 中指定子请求的超时时间。在连接复用的场景下，镜像流量到一个非常慢的后端服务时非常有用。

```YAML
plugin_attr:
    proxy-mirror:
        timeout:
            connect: 2000ms
            read: 2000ms
            send: 2000ms
```

7.5　故障注入

在软件开发初期，测试人员需要编写详细的测试用例来测试服务，除了测试正常的服务处理流程之外，还需要处理各种异常错误。正常的处理流程可以保障服务的可用性，而异常的处理流程可以保障服务的健壮性，一个安全稳定的服务就必然对健壮性有很高的要求。

在测试环境中，为了测试服务在运行过程中出现的异常错误，通常需要人为构建一些异常的场景来模拟服务故障。但是异常的场景需要比较苛刻的构建条件，所以这个过程往往是耗时且繁重的。为了方便测试人员更快完成服务测试，APISIX 提供了 fault-injection（故障注入）插件优化测试流程。

故障注入旨在通过软件的方式进行人为模拟故障，在测试环境中掌握软件故障时的运行状况，利用这些测试数据来帮助软件变得更加稳定。因此，故障注入是开发高健壮性软件过程中非常重要的一环。

7.5.1　插件简介

fault-injection 插件可以和 APISIX 的其他插件同时使用，并且执行优先级高于其他插件。该插件可以模拟两类故障，分别是高时延和服务异常（如返回 500 状态码）。

通过在该插件中配置 abort 参数，可以实现请求到达后，直接返回客户端指定的响应码并终止其他插件的执行，达到服务异常的效果。通过配置 delay 参数，可以实现延迟某个请求，并且仍会执行该路由中配置的其他插件。

此外，为了实现概率性的故障，fault-injection 插件还支持针对满足条件的请求进行故障注入，并可设置生效百分比，具体实现原理如图 7-10 所示。

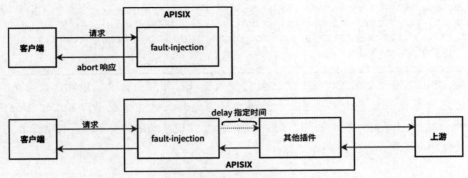

图 7-10　故障注入原理

如果配置了 abort 相关参数，那么该请求在经过 fault-injection 后不会向后传递，更不会向上游转发，而是返回给客户端。

如果配置了 delay 相关参数，即相当于让该请求"沉睡"指定的时间后，再返回给客户端。

7.5.2　参数

表 7-3 为 fault-injection 插件相关参数，仅选取了本书所使用到的参数，更多参数可参见官网使用文档。

表 7-3　fault-injection 插件参数

名称	类型	必选项	描述
abort.http_status	integer	是	返回给客户端的 HTTP 状态码，有效值范围为 [200, +∞)
abort.body	string	否	返回给客户端的响应数据。支持使用 NGINX 变量，如 client addr: $remote_addr\n
abort.percentage	integer	否	将被中断的请求占比，有效值范围为 [0, 100]
abort.vars	array[]	否	执行故障注入的规则，当规则匹配通过后才会执行故障注
delay.duration	number	是	延迟时间，可以指定小数，有效值范围为 [0, 100]
delay.percentage	integer	否	将被延迟的请求占比，有效值范围为 [0, 100]
delay.vars	array[]	否	执行请求延迟的规则，当规则匹配通过后才会延迟请求

注意： abort 和 delay 参数两者必须存在一个。

abort.vars 和 delay.vars 是由 lua-resty-expr 表达式组成的列表，它可以灵活地实现规则之间的与 / 或关系。

vars 特性可以对特定的请求触发故障，可以借助这个特性更精准地还原故障。

7.5.3　应用场景

1. 场景一

在前后端分离架构下，API 接口修订确认之后，前后端通常是独立开发的，到联调阶段才会串联起前后端服务。

前端开发通常需要测试桩来返回符合 API 接口文档定义的响应体，而后端开发采用微服务架构在进行 RPC 远程调用时，如果并不具备相应的远程接口，也需要测试桩来模拟 RPC 调用的返回结果。这时可以借助 fault-injection 来模拟响应。

在测试过程中，我们发现正常的业务逻辑比较容易测试，因为行为是预期的。但是异常分支比较难测试，因为大部分异常行为需要在特定条件下才会触发。这时也可以借助 fault-injection 来模拟故障响应，进而构造测试特定异常的场景。

假设我们需要某个 API 返回 HTTP 状态码为 500，响应体内容是 Fault Injection!，创建路由如下：

```Shell
curl http://127.0.0.1:9080/apisix/admin/routes/1 \
-H 'X-API-KEY: edd1c9f034335f136f87ad84b625c8f1' -X PUT -d '
{
    "uri": "/index.html",
    "plugins": {
        "fault-injection": {
            "abort": {
                "http_status": 500,
                "body": "Fault Injection!"
            }
        }
    },
    "upstream": {
        "nodes": {
            "127.0.0.1:8081": 1
        },
        "type": "roundrobin"
    }
}'
```

使用如下命令访问该路由：

```Shell
curl http://127.0.0.1:9080/hello -i
```

响应如下：

```Apache
HTTP/1.1 500 Internal Server Error
...
Fault Injection!
```

由以上响应可以看到，HTTP Status 返回 500 并且响应体为 Fault Injection!，表示该插件已启用。

2. 场景二

在一些特殊的场景中，可能需要考虑极端情况，比如网络延迟、后端服务无响应等，这时也可以使用 fault-injection 插件来构建延迟响应的场景。此处使用 delay 相关配置。

首先创建一个路由：

```Shell
curl http://127.0.0.1:9080/apisix/admin/routes/1 \
-H 'X-API-KEY: edd1c9f034335f136f87ad84b625c8f1' -X PUT -d '
{
    "uri": "/index.html",
    "plugins": {
        "fault-injection": {
            "delay": {
                "duration": 3
            }
        }
    },
    "upstream": {
        "nodes": {
            "127.0.0.1:8081": 1
        },
        "type": "roundrobin"
    }
}'
```

然后通过如下命令进行测试：

```PowerShell
time curl http://127.0.0.1:9080/index.html -i
```

响应信息如下：

```Shell
HTTP/1.1 200 OK
...
here 8081
real    0m3.034s
user    0m0.007s
sys     0m0.010s
```

从以上响应结果可以看到，响应延迟了约 3s。

3. 场景三

前面两个场景中，对于所有发送给 fault-injection 插件的请求都会生效。但由于路由的配置，命中该路由的请求很多，而只需要对其中某个特定的请求触发故障注入，这时可以用 vars 配置来匹配这种特定请求。

比如需要匹配请求的参数同时满足 name == "jack"、age >= 18 时，执行故障注入，或请求头满足 apikey == "apisix-key" 时，执行故障注入。

首先创建一个路由：

```Shell
curl http://127.0.0.1:9080/apisix/admin/routes/1  \
-H 'X-API-KEY: edd1c9f034335f136f87ad84b625c8f1' -X PUT -d '
{
    "uri": "/hello",
    "plugins": {
        "fault-injection": {
            "abort": {
                "http_status": 403,
                "body": "Fault Injection!\n",
                "vars": [
                    [
                        ["arg_name","==","jack"],
                        ["arg_age","!","<",18]
                    ],
                    [
                        ["http_apikey","==","apisix-key"]
                    ]
                ]
            }
        }
    },
    "upstream": {
        "nodes": {
            "127.0.0.1:8081": 1
        },
        "type": "roundrobin"
    }
}'
```

然后通过以下步骤进行测试：

1）请求参数中有 name 和 age，并且与 fault-injection 插件的参数匹配，但是请求中没有携带 apikey 请求头，使用以下命令进行测试：

```Shell
curl "http://127.0.0.1:9080/index.html?name=jack&age=19" -i
```

返回结果如下：

```Apache
HTTP/1.1 403 Forbidden
...
Fault Injection!
```

从以上返回结果可以看到，上述请求触发了故障注入。

2）请求头中有 apikey，但是请求参数中没有 name 和 age，测试：

```Shell
curl http://127.0.0.1:9080/index.html -H "apikey: apisix-key" -i
```

返回结果如下:

```
Apache
HTTP/1.1 403 Forbidden
...
Fault Injection!
```

从以上返回结果可以看到,上述请求也触发了故障注入。说明在 fault-injection 插件配置中,vars 下的两组配置是或的关系,只要满足其中一个匹配条件即可触发故障注入。

3)测试请求参数中既没有 name 和 age,又没有 apikey 请求头,将不会执行故障注入:

```
Shell
curl http://127.0.0.1:9080/index.html -i
```

返回结果如下:

```
Apache
HTTP/1.1 200 OK
...
here 8081
```

从上述返回结果可以看到,上述请求返回了 200 的状态码,并显示了上游的响应,说明该请求并没有满足 fault-injection 插件配置中设置的触发故障注入的条件。

注意:从使用场景来看,fault-injection 插件更适合在开发测试阶段使用,可以作为测试桩,也可以作为故障模拟工具。应尽量避免在生产环境中启用此插件。该插件把特定异常的测试方式变得更加简单,使用该插件精准执行针对某些特定请求的故障注入,并且基于这个功能,可以组合出更复杂的测试场景来满足特定的测试需求。

7.6　DNS 配置

APISIX 支持在上游对象的节点信息中配置域名,从而避免因 IP 地址变化而造成灵活性缺失。尤其是在 Kubernetes 平台上,Pod 实例的生命周期是短暂的,因此 IP 地址的变化是一个频繁发生的事件,此时通过域名来访问上游对象(例如 Kuberentes 中的服务)就显得十分重要。

将域名解析为 IP 的过程即 DNS 解析,这是 APISIX 代理请求的重要过程。所有在 APISIX 上游对象中配置的域名,在实际代理请求到上游之前,都将被解析为 IP。

APISIX 支持自定义 DNS 服务器,并且支持多种 DNS 资源记录类型。APISIX 会根据 DNS 协议及返回的结果,把 DNS 查询结果缓存在本地,因此并不是每次代理请求都会查询 DNS 服务器。

7.6.1　原理

APISIX 在配置文件中预设了若干个配置项来允许用户自定义 DNS 相关的行为。

❑ dns_resolver：用以配置具体的 DNS 服务器地址，若未设置，则使用 /etc/resolv.conf 中的 nameservers 字段。

❑ dns_resolver_valid：自定义 DNS 解析记录的有效时间（该时间并不是根据解析记录中的 TTL 字段来决定的）。

❑ resolver_timeout：DNS 查询的超时时间。

❑ enable_resolv_search_opt：是否使用 /etc/resolv.conf 中定义的 search 选项。启用后，用户可以在 APISIX 中配置短域名（查询时将按照 search 选项对域名分别进行补齐，依次查询），该配置在 Kubernetes 环境中十分实用。

注意： 由于以上属性均定义在 APISIX 的默认配置文件 config-default.yaml 中。如果需要进行更改，可以参考默认配置文件，把相关属性添加到 ./conf/config.yaml 文件中，重新加载后生效。

在 APISIX 中实现 DNS 配置非常简单，但是对于 DNS 协议的处理就比较复杂了。DNS 实现原理如图 7-11 所示。

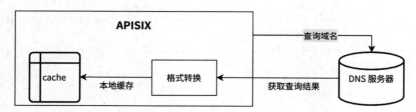

图 7-11　DNS 实现原理

7.6.2　应用场景

（1）建立 DNS 查询服务器

使用 CoreDNS 作为测试的 DNS 查询服务器，并且在 CoreDNS 中配置指定需要解析的 DNS 域名。配置文件如下。

1）Corefile 配置。

```Plain Text
test.local {
    file db.test.local
    log
}
```

2）db.test.local 配置。

```Plain Text
$ORIGIN test.local.
@       3600 IN        SOA sns.dns.icann.org. noc.dns.icann.org. (
```

```
                         2017042745 ; serial
                         7200       ; refresh (2 hours)
                         3600       ; retry (1 hour)
                         1209600    ; expire (2 weeks)
                         3600       ; minimum (1 hour)
                         )
        3600 IN NS a.iana-servers.net.
        3600 IN NS b.iana-servers.net.
sd              IN A    127.0.0.1
sd              IN A    127.0.0.2
```

上述配置表示 CoreDNS 为域名 sd.test.local 提供的 IP 地址是 127.0.0.1 和 127.0.0.2。

启动 CoreDNS 并加载上述配置，指定 CoreDNS 监听 1053 端口。使用 dig 命令来验证 CoreDNS 的查询返回：

```Shell
dig @127.0.0.1 -p 1053 sd.test.local
```

查询结果如下：

```Shell
[INFO] 127.0.0.1:48117 - 13574 "A IN sd.test.local. udp 42 false 4096" NOERROR
    qr,aa,rd 173 0.000091723s
; <<>> DiG 9.11.4-P2-RedHat-9.11.4-26.P2.el7_9.8 <<>> @127.0.0.1 -p 1053
    sd.test.local
; (1 server found)
;; global options: +cmd
;; Got answer:
;; WARNING: .local is reserved for Multicast DNS
;; You are currently testing what happens when an mDNS query is leaked to DNS
;; ->>HEADER<<- opcode: QUERY, status: NOERROR, id: 13574
;; flags: qr aa rd; QUERY: 1, ANSWER: 2, AUTHORITY: 2, ADDITIONAL: 1
;; WARNING: recursion requested but not available
;; OPT PSEUDOSECTION:
; EDNS: version: 0, flags:; udp: 4096
;; QUESTION SECTION:
;sd.test.local.                       IN        A
;; ANSWER SECTION:
sd.test.local.          3600         IN        A        127.0.0.1
sd.test.local.          3600         IN        A        127.0.0.2
;; AUTHORITY SECTION:
test.local.             3600         IN        NS       a.iana-servers.net.
test.local.             3600         IN        NS       b.iana-servers.net.
;; Query time: 0 msec
;; SERVER: 127.0.0.1#1053(127.0.0.1)
;; WHEN: Tue May 31 12:17:51 CST 2022
;; MSG SIZE  rcvd: 184
```

从上述信息可以看到，从 CoreDNS 查询 sd.test.local 得到的结果有 2 条，分别是 127.0.0.1 和 127.0.0.2，与配置文件一致。

（2）指定 APISIX 的 DNS 查询服务器

首先通过 Docker 启用一个 Web 服务来模拟上游服务。

```Shell
docker run --name nginx04 -d -p 1980:80 nginx
```

在 ./conf/config.yaml 中配置 DNS 服务器的地址：

```YAML
apisix:
  admin_key:
    - name: admin
        key: edd1c9f034335f136f87ad84b625c8f1
        role: admin
discovery:
  dns:
    servers:
      - "127.0.0.1:1053"
```

然后创建一个路由，其中上游的 discovery_type 指定为 DNS，表示将从配置的 DNS 服务器查询 service_name。由于配置的域名 sd.test.local 只配置了 IP 查询结果，没有配置端口，因此在 service_name 中需要指定端口为 1980。

```Shell
curl http://127.0.0.1:9080/apisix/admin/routes/1 \
-H 'X-API-KEY: edd1c9f034335f136f87ad84b625c8f1' -X PUT -d '
{
    "upstream": {
        "id": 1,
        "discovery_type": "dns",
        "service_name": "sd.test.local:1980",
        "type": "roundrobin"
    },
    "uri": "/index.html"
}'
```

sd.test.local 将被解析为 127.0.0.1 和 127.0.0.2。上述的 upstream 中配置等同于如下配置：

```JSON
{
    "id": 1,
    "type": "roundrobin",
    "nodes": [
        {"host": "127.0.0.1", "weight": 1},
        {"host": "127.0.0.2", "weight": 1}
    ]
}
```

（3）验证相关正确性

1）直接访问上游 1980 端口：

```Shell
curl -i http://127.0.0.1:1980/index.html
```

响应信息如下：

```Apache
HTTP/1.1 200 OK
Server: nginx/1.21.6
```

2）访问 APISIX，命中上面配置的路由后代理到上游：

```Shell
curl http://127.0.0.1:9080/index.html
```

响应信息如下：

```Apache
HTTP/1.1 200 OK
Server: nginx/1.21.6
```

可以看到，service_name 被正确地解析成了 IP，并代理到上游。

注意： 所有来自 sd.test.local 的 IP 都有相同的权重；解析的记录将根据它们的 TTL 进行缓存；对于记录不在缓存中的服务，将按照 SRV → A → AAAA → CNAME 的顺序进行查询；刷新缓存记录时，将从上次成功的类型开始尝试。

（4）SRV 记录

通过使用 SRV 记录可以指定一个服务的端口和权重。更新 CoreDNS 配置，补充如下 SRV 记录：

```Plain Text
; SRV
A           IN A      127.0.0.1
B           IN A      127.0.0.2
; RFC 2782 style
_sip._tcp.srv   86400 IN    SRV 10      60      1980 A
_sip._tcp.srv   86400 IN    SRV 10      20      1980 B
; standard style
srv   86400 IN    SRV 10      60      1980 A
srv   86400 IN    SRV 10      20      1980 B
```

用 dig 命令验证查询 srv.test.local：

```PowerShell
dig @127.0.0.1 -p 1053 srv.test.local srv
```

查询结果如下：

```Shell
[INFO] 127.0.0.1:51524 - 7478 "SRV IN srv.test.local. udp 43 false 4096" NOERROR
    qr,aa,rd 264 0.000091212s
```

```
; <<>> DiG 9.11.4-P2-RedHat-9.11.4-26.P2.el7_9.8 <<>> @127.0.0.1 -p 1053 srv.
    test.local srv
; (1 server found)
;; global options: +cmd
;; Got answer:
;; WARNING: .local is reserved for Multicast DNS
;; You are currently testing what happens when an mDNS query is leaked to DNS
;; ->>HEADER<<- opcode: QUERY, status: NOERROR, id: 7478
;; flags: qr aa rd; QUERY: 1, ANSWER: 2, AUTHORITY: 2, ADDITIONAL: 3
;; WARNING: recursion requested but not available
;; OPT PSEUDOSECTION:
; EDNS: version: 0, flags:; udp: 4096
;; QUESTION SECTION:
;srv.test.local.                      IN        SRV
;; ANSWER SECTION:
srv.test.local.              86400      IN        SRV       10 60 1980
    a.test.local.
srv.test.local.              86400      IN        SRV       10 20 1980
    b.test.local.
;; AUTHORITY SECTION:
test.local.            3600       IN        NS        a.iana-servers.net.
test.local.            3600       IN        NS        b.iana-servers.net.
;; ADDITIONAL SECTION:
a.test.local.          1          IN        A         127.0.0.1
b.test.local.          1          IN        A         127.0.0.2
;; Query time: 0 msec
;; SERVER: 127.0.0.1#1053(127.0.0.1)
;; WHEN: Tue May 31 14:39:44 CST 2022
;; MSG SIZE  rcvd: 275
```

可以看到，该域名会返回两条查询结果。

❑ IP 地址：127.0.0.1；端口：1980；优先级：10；权重：60。

❑ IP 地址：127.0.0.2；端口：1980；优先级：10；权重：20。

在 APISIX 中配置路由如下：

PowerShell
```
curl http://127.0.0.1:9080/apisix/admin/routes/1 \
-H 'X-API-KEY: edd1c9f034335f136f87ad84b625c8f1' -X PUT -d '
{
    "upstream": {
        "id": 1,
        "discovery_type": "dns",
        "service_name": "srv.test.local",
        "type": "roundrobin"
    },
    "uri": "/index.html"
}'
```

效果等同于：

JSON

```
{
    "id": 1,
    "type": "roundrobin",
    "nodes": [
        {"host": "127.0.0.1", "port": 1980, "weight": 60, "priority": -10},
        {"host": "127.0.0.2", "port": 1981, "weight": 20, "priority": -10}

    ]
}
```

注意：对于 SRV 记录，低优先级的节点被先选中，所以上述结果的最后一项优先级为负数。

接下来进行验证：

Shell
```
# 使用以下命令请求 8 次
curl http://127.0.0.1:9080/index.html
```

响应结果如下：

Apache
```
HTTP/1.1 200 OK
Server: nginx/1.21.6
```

此时可以进行相关日志查询，从日志统计中去验证当 APISIX 代理请求到上游时，选择的节点比例是否遵循 SRV 记录中定义的权重。

❑ 查询 127.0.0.1:1980 的记录。

Shell
```
cat logs/error.log | grep -c  "proxy request to 127.0.0.1:1980"
```

返回结果如下：

Shell
```
6
```

❑ 查询 127.0.0.2:1980 的记录。

Shell
```
cat logs/error.log | grep -c  "proxy request to 127.0.0.2:1980"
1
```

当然，除了以上自定义权重配比外，APISIX 还支持 0 权重的 SRV 记录。关于 0 权重的 SRV 记录，在 RFC 2782 中是这么描述的：当没有任何候选服务器时，域管理员应使用权重为 0 的，使资源记录更为易读（噪音更少）；当存在权重大于 0 的记录时，权重为 0 的记录被选中的可能性很小。

一般情况下，在处理此类记录时，会把权重为 0 的记录当作权重为 1 的记录，这样该节点被选中的可能性就会很小。而对于端口为 0 的 SRV 记录，APISIX 会使用上游协议的默认端口，也可以在 service_name 字段中直接指定端口，比如 srv.blah.service:8848。

第 8 章 *Chapter 8*

SSL 证书配置

在一般情况下，我们默认使用 HTTP 来传输数据，但通过 HTTP 传输的是明文数据，不会对数据进行加密。在当下的网络环境中，明文传输数据意味着没有安全性可言，可能会引发诸多安全事件，如网站数据泄露、数据越权和钓鱼攻击等。

HTTPS 是基于 HTTP 扩展出来的，使用了 TLS/SSL 安全通信框架，为上层网络传输提供数据加密、身份认证等功能。

8.1 SSL 证书配置简介

如果要使用 HTTPS，需要从证书颁发机构（CA）获取 SSL 证书，也可以生成自签名证书。APISIX 支持通过 TLS 扩展 SNI（Server Name Indication）实现加载特定的 SSL 证书，以实现对 HTTPS 的支持。

SNI 是用来改善 SSL 和 TLS 的一项特性，启用该特性后，将允许客户端在服务器端向其发送证书之前向服务器端发送请求的域名，服务器端将会根据客户端请求的域名选择合适的 SSL 证书发送给客户端。

8.1.1 单域名

通常情况下，一个 SSL 证书只包含一个静态域名。在 APISIX 中，可以配置一个 ssl 参数对象，它包括 cert、key 和 snis 三个属性，具体信息如下。

❑ cert：SSL 密钥对中的公钥，PEM 格式。

❑ key：SSL 密钥对中的私钥，PEM 格式。

❑ snis：SSL 证书所指定的一个或多个域名。注意：在设置这个参数之前，需要确保该证书对应的私钥是有效的。

为了方便演示，使用以下 Python 脚本生成证书：

```Python
#!/usr/bin/env python
# coding: utf-8
# save this file as ssl.py
import sys
# sudo pip install requests
import requests
if len(sys.argv) <= 3:
    print("bad argument")
    sys.exit(1)
with open(sys.argv[1]) as f:
    cert = f.read()
with open(sys.argv[2]) as f:
    key = f.read()
sni = sys.argv[3]
api_key = "edd1c9f034335f136f87ad84b625c8f1"
resp = requests.put("http://127.0.0.1:9080/apisix/admin/ssl/1", json={
    "cert": cert,
    "key": key,
    "snis": [sni],
}, headers={
    "X-API-KEY": api_key,
})
print(resp.status_code)
print(resp.text)
```

该脚本通过命令行读取 SSL 证书文件地址。以下示例展示了如何使用该脚本并验证 HTTPS。

1）创建 SSL 对象，其中 apisix.crt 和 apisix.key 文件位于 APISIX Github 仓库的 t/certs/ 目录下，该证书签发的 Common Name 是 test.com。

```Shell
./ssl.py apisix.crt apisix.key test.com
```

返回结果如下（因篇幅所限，此处省略了证书内容）：

```Shell
201
{"action":"set","node":{"key":"\/apisix\/ssl\/1","value":{"snis":["test.
    com"],"id":"1","cert":"-----BEGIN CERTIFICATE----
......
```

2）创建路由。

```Shell
curl http://127.0.0.1:9080/apisix/admin/routes/1 \
-H 'X-API-KEY: edd1c9f034335f136f87ad84b625c8f1' -X PUT -i -d '
```

```
{
    "uri": "/hello",
    "hosts": ["test.com"],
    "methods": ["GET"],
    "upstream": {
        "type": "roundrobin",
        "nodes": {
            "127.0.0.1:1980": 1
        }
    }
}'
```

3）通过以下命令进行测试。

```Shell
curl --resolve 'test.com:9443:127.0.0.1' https://test.com:9443/hello  -vvv
```

返回结果如下：

```Shell
* Added test.com:9443:127.0.0.1 to DNS cache
* About to connect() to test.com port 9443 (#0)
*   Trying 127.0.0.1...
* Connected to test.com (127.0.0.1) port 9443 (#0)
* Initializing NSS with certpath: sql:/etc/pki/nssdb
* skipping SSL peer certificate verification
* SSL connection using TLS_ECDHE_RSA_WITH_AES_256_GCM_SHA384
* Server certificate:
*         subject: CN=test.com,O=iresty,L=ZhuHai,ST=GuangDong,C=CN
*         start date: Jun 24 22:18:05 2019 GMT
*         expire date: May 31 22:18:05 2119 GMT
*         common name: test.com
*         issuer: CN=test.com,O=iresty,L=ZhuHai,ST=GuangDong,C=CN
> GET /hello HTTP/1.1
> User-Agent: curl/7.29.0
> Host: test.com:9443
> Accept: */*
```

当使用 curl --resolve 'test.com:9443:127.0.0.1' https://test.com:9443/hello 发送请求时，curl 发送的 SNI 是 test.com，APISIX 根据 test.com 找到 apisix.crt，并使用这张证书与 curl 完成 TLS 握手。

8.1.2 泛域名

一个 SSL 证书的域名也可能包含泛域名，如 *.test.com，它代表所有以 test.com 结尾的域名都可以使用该证书，可以匹配 www.test.com、mail.test.com 等。

1）通过以下命令，将 *.test.com 作为 SNI 生成证书。

```Shell
./ssl.py apisix.crt apisix.key '*.test.com'
```

2）创建路由。

```Shell
curl http://127.0.0.1:9080/apisix/admin/routes/1 \
-H 'X-API-KEY: edd1c9f034335f136f87ad84b625c8f1' -X PUT -i -d '
{
    "uri": "/hello",
    "hosts": ["*.test.com"],
    "methods": ["GET"],
    "upstream": {
        "type": "roundrobin",
        "nodes": {
            "127.0.0.1:1980": 1
        }
    }
}'
```

3）通过以下命令进行测试。

```Shell
curl --resolve 'www.test.com:9443:127.0.0.1' https://www.test.com:9443/hello
    -vvv
```

返回结果如下：

```Shell
* Added test.com:9443:127.0.0.1 to DNS cache
* About to connect() to test.com port 9443 (#0)
*   Trying 127.0.0.1...
* Connected to test.com (127.0.0.1) port 9443 (#0)
* Initializing NSS with certpath: sql:/etc/pki/nssdb
* skipping SSL peer certificate verification
* SSL connection using TLS_ECDHE_RSA_WITH_AES_256_GCM_SHA384
* Server certificate:
*         subject: CN=test.com,O=iresty,L=ZhuHai,ST=GuangDong,C=CN
*         start date: Jun 24 22:18:05 2019 GMT
*         expire date: May 31 22:18:05 2119 GMT
*         common name: test.com
*         issuer: CN=test.com,O=iresty,L=ZhuHai,ST=GuangDong,C=CN
> GET /hello HTTP/1.1
> User-Agent: curl/7.29.0
> Host: test.com:9443
> Accept: */*
```

注意：APISIX 不支持二级域名匹配，比如 *.test.com 无法匹配 www.a.test.com 这个域名。

8.1.3 多域名

如果一个 SSL 证书包含多个独立域名，比如 www.test.com 和 mail.test.com，则可以把它们都放入 snis 数组中，比如：

```YAML
{
"snis": ["www.test.com", "mail.test.com"]
}
```

8.1.4 单域名，多证书

如果想为一个域名配置多张证书，比如同时支持使用 ECC 和 RSA 的密钥交换算法，那么可以将额外的证书和私钥（第一张证书和其私钥依然使用 cert 和 key）配置在 certs 和 keys 中。详细信息将在后文中进行描述。

❑ certs：PEM 格式的 SSL 证书列表。

❑ keys：PEM 格式的 SSL 证书私钥列表。

APISIX 会将相同下标的证书和私钥配对使用，因此 certs 和 keys 列表的长度必须一致。

8.2 同域名 RSA 与 ECC 双证书配置

RSA 数字证书是目前使用最广泛的证书类型，它因内嵌了 RSA 公钥而得名（在 TLS 握手时使用 RSA 算法进行密钥交换）。然而，由于该数字证书不能防止 TLS 重放攻击、证书尺寸过大等，业界纷纷开始寻找更好的解决方案，因此 ECC 证书应运而生。

ECC 证书内嵌了给予椭圆曲线算法的公钥，在 TLS 握手时会基于椭圆曲线算法进行密钥交换。相比于 RSA 证书，ECC 证书具有更高的安全性，其证书尺寸也更小（意味着更小的网络传输负载）。

尽管 ECC 证书更加先进，但是某些旧版本客户端和服务端软件可能并不支持 ECC 证书，用户不得不继续使用 RSA 证书，因为软件对 RSA 证书的支持更加广泛。

APISIX 作为一个现代化的 API 网关，通常被用于 TLS 卸载，在此背景下同时支持使用 ECC 和 RSA 证书就显得尤为重要。

8.2.1 原理

在处理 TLS 握手请求时，APISIX 会根据客户端传入的加密套件，来判断该客户端是否支持使用 ECC 证书。例如，如果客户端传入套件 TLS_ECDHE_ECDSA_WITH_AES_256_GCM_SHA384，则意味着它支持使用椭圆曲线算法进行密钥交换，于是 APISIX 可以优先将 ECC 证书（如果为对应 SNI 配置了 ECC 证书）发送到客户端。

APISIX 的 SSL 资源对象支持为同一域名配置多张数字证书。使用时，用户只需要将若干张证书分别填入即可。

8.2.2 使用示例

步骤一：生成自签名证书。

使用 OpenSSL 命令行工具来分别生成 RSA 和 ECC 证书，如果已经有对应的证书，可以跳过这一步。

（1）创建 RSA 证书

1）创建一个 key size 为 4096 的 RSA 私钥，保存到 rsa-cert.key 文件中。

```Shell
openssl genrsa -out rsa-cert.key 4096
```

2）创建一个证书签发请求文件，对应证书 CommonName 为 *.httpbin.org。

```Shell
openssl req -key rsa-cert.key -new \
-out rsa-cert.csr -subj '/C=/ST=/L=/O=/OU=web/CN=*.httpbin.org'
```

3）创建一张有效期为 10 年的证书，保存到 rsa-cert.crt。

```Shell
openssl x509 -req -in rsa-cert.csr \
-signkey rsa-cert.key -out rsa-cert.crt -days 3650 -sha256
```

（2）创建 ECC 证书

1）创建一个椭圆曲线私钥，使用标准曲线 prime256v1，保存到 ecc-cert.key。

```Shell
openssl ecparam -genkey -name prime256v1 -out ecc-cert.key
```

2）创建一个证书签发请求文件，对应证书 CommonName 为 *.httpbin.org。

```Shell
openssl req \-key ecc-cert.key -new -out ecc-cert.csr -subj '/C=/ST=/L=/O=/
    OU=web/CN=*.httpbin.org'
```

3）创建一张有效期为 10 年的证书，保存到 ecc-cert.crt。

```Shell
openssl x509 -req -in ecc-cert.csr \
-signkey ecc-cert.key \
-out ecc-cert.crt \
-days 3650 -sha256
```

步骤二：在 APISIX 中配置 SSL 对象。

1）将步骤一中生成的证书和私钥保存到 dual-ssl.json 文件中（因篇幅有限，此处未展示全部内容）。

```Prolog
{
    # RSA 证书
    "cert": "-----BEGIN CERTIFICATE----......",
    "key": "-----BEGIN RSA PRIVATE KEY-----......",
```

```
"certs": [
    # ECC 证书
    "-----BEGIN CERTIFICATE-----......"
],
"keys": [
    "-----BEGIN EC PARAMETERS-----......"
],
"snis": [
    "*.httpbin.org"
]
}
```

2）通过以下命令创建 SSL 对象。

```
Apache
curl http://127.0.0.1:9080/apisix/admin/ssl \
-H "X-API-KEY: edd1c9f034335f136f87ad84b625c8f1" -d @dual-ssl.json -v
```

步骤三：验证双证书是否生效。

使用 openssl s_client 命令控制客户端传入的加密套件，从而分析 APISIX 返回的证书是否符合预期。

1）设置加密组件为 ECDHE-RSA-AES256-GCM-SHA384。

```
Shell
openssl s_client \
-connect 127.0.0.1:9443 \
-servername www.httpbin.org \
-cipher ECDHE-RSA-AES256-GCM-SHA384 -tls1_2
```

2）设置加密组件为 ECDHE-ECDSA-AES256-GCM-SHA384。

```
Shell
openssl s_client \
-connect 127.0.0.1:9443 \
-servername www.httpbin.org \
-cipher ECDHE-ECDSA-AES256-GCM-SHA384 -tls1_2
```

上述两条命令在执行过程中输出 TLS 握手的细节，包括 APISIX 返回的证书。

通过观察证书的大小或者使用 openssl x509 命令就可以判断本次返回的证书是 RSA 类型还是 ECC 类型。

注意： 可以通过 openssl ciphers 命令来获取所有加密组件的名称。

8.3　TLS 双向认证

TLS 双向认证一般简称为 mTLS，是目前主流的 TLS 协议。如果在你的网络环境中，要求只有受信任的客户端才可以访问服务端，那么 mTLS 是目前最合适的一种方案。

mTLS 基于 TLS 协议，增加了服务端验证客户端证书的能力，从而保证处于网络通信的双方都可以向对方发送自己的证书，双方可以根据证书验证对端身份。

8.3.1　原理

mTLS 要求在双方进行 TLS 握手时，客户端需要将代表自身身份的数字证书及其 CA 证书发送到服务端（服务端在此之前会发送客户端证书请求的报文给客户端），服务端因此可以校验客户端证书并决定是否继续握手流程。如果客户端身份校验失败（如证书不受信任或过期等原因），则可以中断握手流程。

在某些场景下，客户端证书是由自定义 CA 签发的，如果服务端无法找到该 CA 证书，就必须要客户端携带，服务端借此才可以继续校验 CA 证书的颁发者，直到校验到根证书。

在下述场景中，因为 CA 是我们自身，服务端可以配置为对 CA 已知，所以客户端不需要发送 CA 证书。

8.3.2　应用场景

双向认证为用户提供了一种更好的方法来阻止未经授权的网站或资源对相关数据信息的访问。目前 APISIX 的双向认证主要应用于保护 Admin API、保护 etcd 和保护路由等方面。

1. 保护 Admin API

在 Admin API 中启用双向认证功能时，客户端需要向服务器提供证书，服务器将检查该客户端证书是否有受信的 CA 签名，并决定是否响应其请求。

（1）如何配置

1）生成自签证书对，包括 CA、服务器和客户端证书对。

以下示例代码可以生成测试时使用的证书。在生产环境中，服务端应当使用由受信的国际 CA 机构颁发的证书。

```Bash
#!/bin/bash
set -ex
DIR="certs" # 证书存放目录
DAYS=365 # 有效期
ORG_NAME=${ORG_NAME:-"ORG_NAME"}
ORG_UNIT=${ORG_UNIT:-"ORG_UNIT"}
CA_CN=${CA_CN:-"CA_CN"}
SERVER_CN=${SERVER_CN:-"SERVER_CN"}
USER_CN=${USER_CN:-"USER_CN"}
# parameter: output_filename subj
gen_root() {
    local CONFIG="
    [req]
```

```
        distinguished_name=dn
        [ dn ]
        [ ext ]
        basicConstraints=CA:TRUE
        subjectAltName=$DOMAIN_SUBJ_ALT_NAME
        "
        openssl req -config <(echo "$CONFIG") -new -newkey rsa:4096 -nodes \
        -subj "$2" -x509 -days ${DAYS} -extensions ext -keyout ${DIR}/$1.key -out
            ${DIR}/$1.pem
}
# parameter: output_filename subj ca_filename
gen_user() {
        local CONFIG="
        [req]
        distinguished_name=dn
        [ dn ]
        [ ext ]
        basicConstraints=CA:FALSE
        subjectAltName=$DOMAIN_SUBJ_ALT_NAME
        "
        openssl genrsa -out ${DIR}/$1.key 4096
        openssl req -config <(echo "$CONFIG") -key ${DIR}/$1.key -new -out ${DIR}/$1.
            req -subj "$2"
        openssl x509 -days ${DAYS} -req -in ${DIR}/$1.req -out ${DIR}/$1.pem -CAkey
            ${DIR}/$3.key -CA ${DIR}/$3.pem -CAcreateserial -req -extfile <(echo
            "$CONFIG") -extensions ext
}
mkdir -p "$DIR"
CA_SUBJ="/C=CN/ST=Zhejiang/L=Hangzhou/O=${ORG_NAME}/OU=${ORG_UNIT}/CN=${CA_CN}/
    emailAddress=${EMAIL}"
gen_root ca "${CA_SUBJ}"
SERVER_SUBJ="/C=CN/ST=Zhejiang/L=Hangzhou/O=${ORG_NAME}/OU=${ORG_UNIT}/
    CN=${SERVER_CN}/emailAddress=${EMAIL}"
gen_user server "${USER_SUBJ}" ca
USER_SUBJ="/C=CN/ST=Zhejiang/L=Hangzhou/O=${ORG_NAME}/OU=${ORG_UNIT}/CN=${USER_
    CN}/emailAddress=${EMAIL}"
gen_user user "${USER_SUBJ}" ca
```

2）修改 ./conf/config.yaml 中的配置项。

```YAML
apisix:
...
  port_admin: 9180
  https_admin: true
  admin_api_mtls:
    admin_ssl_ca_cert: "/data/certs/mtls_ca.crt"
    admin_ssl_cert: "/data/certs/mtls_server.crt"
    admin_ssl_cert_key: "/data/certs/mtls_server.key"
```

3）执行以下命令，使配置生效。

```Shell
apisix init
apisix reload
```

（2）客户端调用

将证书文件的路径与域名按实际情况替换。注意，提供的 CA 证书需要与服务端的相同。

```Shell
curl --cacert /data/certs/mtls_ca.crt \
--key /data/certs/mtls_client.key \
--cert /data/certs/mtls_client.crt \
https://admin.apisix.dev:9180/apisix/admin/routes \
-H 'X-API-KEY: edd1c9f034335f136f87ad84b625c8f1'
```

2. 保护 etcd

首先构建 APISIX-Base，然后在配置文件中设置 etcd.tls 来使 etcd 的双向认证功能正常工作。关于如何使用 APISIX-Base，可以参考 api7/apisix-build-tools 库中的代码，构建自己的 APISIX-Base 环境。

```YAML
etcd:
  tls:
    cert: /data/certs/etcd_client.pem
    key: /data/certs/etcd_client.key
```

3. 保护路由

在配置 SSL 资源时，同时需要配置 client.ca 和 client.depth 参数，它们分别代表客户端证书签名的 CA 列表和证书链的最大深度。具体细节可参考官方 SSL API 文档。

以下示例是生成带有双向认证配置的 SSL 资源的 Python 脚本，可以根据需要修改 API 地址、API Key 和 SSL 资源的 ID。

```Python
#!/usr/bin/env python
# coding: utf-8
# 保存该文件为 ssl.py
import sys
# sudo pip install requests
import requests
if len(sys.argv) <= 4:
    print("bad argument")
    sys.exit(1)
with open(sys.argv[1]) as f:
    cert = f.read()
with open(sys.argv[2]) as f:
    key = f.read()
sni = sys.argv[3]
```

```
api_key = "edd1c9f034335f136f87ad84b625c8f1" # Change it
reqParam = {
    "cert": cert,
    "key": key,
    "snis": [sni],
}
if len(sys.argv) >= 5:
    print("Setting mTLS")
    reqParam["client"] = {}
    with open(sys.argv[4]) as f:
        clientCert = f.read()
        reqParam["client"]["ca"] = clientCert
    if len(sys.argv) >= 6:
        reqParam["client"]["depth"] = int(sys.argv[5])
resp = requests.put("http://127.0.0.1:9080/apisix/admin/ssl/1", json=reqParam,
    headers={
    "X-API-KEY": api_key,
})
print(resp.status_code)
print(resp.text)
```

使用上述 Python 脚本创建 SSL 资源：

```
Shell
./ssl.py ./server.pem ./server.key 'mtls.test.com' ./client_ca.pem 10
```

使用以下命令进行测试：

```
Shell
curl --resolve \
'mtls.test.com:<APISIX_HTTPS_PORT>:<APISIX_URL>' \
"https://<APISIX_URL>:<APISIX_HTTPS_PORT>/hello" \
-k --cert ./client.pem --key ./client.key
```

注意：测试时使用的域名需要符合证书的参数。

4. APISIX 与上游

TLS 双向认证还有一种特殊场景，就是上游服务启用了双向认证。在这种情况下，APISIX 作为上游服务的客户端，需要提供客户端证书保证与其正常进行通信。

在配置上游资源时，可以使用 tls.client_cert 和 tls.client_key 参数来配置 APISIX 用于与上游进行通信时使用的证书。具体可参考官方 Upstream API 文档。

注意：该功能需要 APISIX 运行在 APISIX-Base 上。

下面是一个与配置 SSL 时相似的 Python 脚本，可为一个已存在的上游资源配置双向认证。如果需要，可修改 API 地址和 API Key。

```python
Python
#!/usr/bin/env python
# coding: utf-8
# 保存该文件为 patch_upstream_mtls.py
import sys
# sudo pip install requests
import requests
if len(sys.argv) <= 4:
    print("bad argument")
    sys.exit(1)
with open(sys.argv[2]) as f:
    cert = f.read()
with open(sys.argv[3]) as f:
    key = f.read()
id = sys.argv[1]
api_key = "edd1c9f034335f136f87ad84b625c8f1" # Change it
reqParam = {
    "tls": {
        "client_cert": cert,
        "client_key": key,
    },
}
resp = requests.patch("http://127.0.0.1:9080/apisix/admin/upstreams/"+id, json=
    reqParam, headers={
    "X-API-KEY": api_key,
})
print(resp.status_code)
print(resp.text)
```

为上游 testmtls 配置双向认证：

```shell
Shell
./patch_upstream_mtls.py testmtls ./client.pem ./client.key
```

mTLS 在零信任安全的场景中使用较多。如果在一些对安全要求较高的场景中使用 APISIX，可以考虑启用 APISIX 的 mTLS 功能来满足安全需求。

第 9 章 *Chapter 9*

可 观 测 性

可观测性是从系统外部去观察系统内部程序的运行时状态和资源使用情况。衡量可观测性的主要途径包括链路追踪、日志和指标。链路追踪在 Request 级别产生的日志会通过链路追踪 ID 将链路追踪和日志关联起来。对这份日志进行一定的聚合运算之后，能够得到一些指标。链路追踪自身也会产生一些指标，例如调用量之间的关系。

Apache APISIX 拥有完善的可观测性能力：支持链路追踪和指标，同时也拥有丰富的日志插件生态，还支持查询节点状态。

9.1　链路追踪

在互联网业务快速发展的今天，软件架构变得更加复杂。为了适应海量用户的请求，系统中的组件也越来越多，开始走向分布式化，出现如微服务、分布式缓存和分布式消息等，虽然提高了性能，但维护过程也较为麻烦。服务出现问题后，如何追踪也变得更加复杂。为了应对这种情况，链路追踪应运而生。

链路追踪是将一次请求还原成调用链路，将一次请求的调用情况使用拓扑的方式展现。比如展示各个微服务节点上的耗时，或者请求具体经过了哪些服务器以及每个服务节点的请求状态等。本节介绍如何通过 APISIX 的 SkyWalking 插件和 OpenTelemetry 插件来完成链路追踪。

9.1.1　集成 Apache SkyWalking

在复杂的服务架构中，单次请求所经历的链路越来越长。如何快速洞察数据的流转、有效监控网络延迟成为了分布式网络架构的痛点。

　　借助链路追踪技术，可以快速进行故障定位、链路分析和系统性能瓶颈分析。

　　Apache SkyWalking 是一个针对分布式系统的应用性能监控和可观测性分析平台，它提供了从调用链跟踪到关联日志分析多维度的应用性能分析手段以及告警功能。同时，也是目前最流行的应用性能监控系统之一。

　　APISIX 在早期版本中就增加了对 SkyWalking 分布式追踪系统的支持，使用其原生的 NGINX LUA Tracer（SkyWalking nginx-lua⊖），从服务和 URI 角度提供了分布式追踪、拓扑分析的指标信息。

1. 原理

　　在 APISIX 配置文件中完成 SkyWalking 服务端的相关信息配置后，重新加载 APISIX。skywalking 插件会创建一个定时器（Timer），通过 HTTP 定时向 SkyWalking 服务端上报心跳，以及链路追踪相关数据，原理如图 9-1 所示。

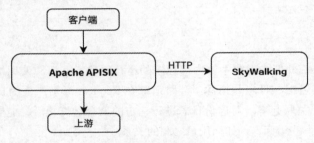

图 9-1　skywalking 插件原理

　　虽然 APISIX 支持处理 4 层和 7 层流量，但是 skywalking 插件对 4 层流量支持还不完善，因此这里主要介绍基于 7 层流量的链路追踪。

2. 配置说明

　　表 9-1 为 skywalking 插件关于 SkyWalking 服务端信息相关的配置项。

表 9-1　skywalking 插件服务端信息配置项

名称	类型	默认值	描述
service_name	string	"APISIX"	SkyWalking 上报的服务名称
service_instance_name	string	"APISIX Instance Name"	SkyWalking 上报的服务实例名。设置为 $hostname 时，将获取本机主机名
endpoint_addr	string	"http://127.0.0.1:12800"	Skywalking 的 HTTP endpoint 地址。例如 http://127.0.0.1:12800
report_interval	integer	SkyWalking 客户端内置的值	上报时间间隔，单位为 s

　　当绑定路由时，skywalking 插件仅需要配置一个配置参数，如表 9-2 所示。

⊖　SkyWalking nginx-lua 是 SkyWalking 联合 APISIX 两个社区共同维护的 NGINX 原生分布式追踪系统，提供调用链追踪的能力。

表 9-2 skywalking 插件参数

名称	类型	必选项	描述
sample_ratio	number	是	采样的比例。设置为 1 时，将对所有请求进行采样。有效值范围为 [0.00001, 1]，默认值为 1

注：sample_ratio 可取边界值，当前 SkyWalking 针对 NGINX 的控制采样率的最小细粒度是单一路由级别。

3. 操作步骤

步骤一：启动 SkyWalking 以及 SkyWalking Web UI。

1）使用 docker-compose 启动 SkyWalking 相关服务。

在 usr/local 中创建 skywalking.yaml 文件。

```YAML
version: "3"
services:
    oap:
        image: apache/skywalking-oap-server:8.9.1
        restart: always
        ports:
            - "12800:12800/tcp"
    ui:
        image: apache/skywalking-ui:8.9.1
        restart: always
        ports:
            - "8080:8080/tcp"
        environment:
            SW_OAP_ADDRESS: http://oap:12800
```

使用以下命令启动上述创建的文件。

```Shell
docker-compose -f skywalking.yaml up -d
```

完成上述操作后，就已经启动了 SkyWalking 以及 SkyWalking Web UI，可以使用以下命令进行确认。

```Shell
docker ps
```

返回结果如下：

```Apache
CONTAINER ID    IMAGE                                   COMMAND                CREATED
    STATUS          PORTS                               NAMES
d498a9f6256d    apache/skywalking-ui:8.9.1                "bash docker-entrypo…"    10
    seconds ago     Up 9 seconds      0.0.0.0:8080->8080/tcp, :::8080->8080/tcp
    local-ui-1
cfeee4229e50    apache/skywalking-oap-server:8.9.1    "bash docker-entrypo…"    10
    seconds ago     Up 9 seconds      1234/tcp, 11800/tcp, 0.0.0.0:12800->12800/tcp,
```

```
    :::12800->12800/tcp    local-oap-1
```

2）使用 Docker 启动 SkyWalking 相关服务。

注意：请确保 1234、11800、12800、8080 端口未被使用。

使用以下命令启动 SkyWalking OAP 服务，并指定网络为 Host 网络。

```Shell
docker run --name skywalking --restart always -d \
    --net host \
    apache/skywalking-oap-server:8.9.1
```

为了更直观地看到采集到的数据，可以通过以下命令启用 SkyWalking Web UI，并指定网络为 Host 网络。

```Shell
sudo docker run --name skywalking-ui -d \
--net host \
-e SW_OAP_ADDRESS=http://127.0.0.1:12800 \
--restart always \
apache/skywalking-ui:8.9.1
```

步骤二：启用 skywalking 插件。

APISIX 默认禁用 skywalking 插件，可以在 ./conf/config.yaml 文件中添加相关配置启用该插件。

```YAML
plugins:
    ...
    - skywalking
plugin_attr:
    skywalking:
        service_name: APISIX
        service_instance_name: $hostname
        endpoint_addr: http://127.0.0.1:12800
        report_interval: 15
```

步骤三：Trace 数据采样。

仅仅在配置文件中启用 skywalking 插件并不会产生 Trace 数据，还需要将其绑定在指定路由、服务，或者创建全局规则进行 Trace 数据采样。

（1）绑定在指定路由中进行 Trace 数据采样

以下示例是创建一个路由并将请求代理到 http://127.0.0.1:8081 中。

```Bash
curl -X PUT http://127.0.0.1:9080/apisix/admin/routes/1 \
    -H 'X-API-KEY: edd1c9f034335f136f87ad84b625c8f1' \
    -d '{
```

```
    "uri": "/index.html",
    "plugins": {
        "skywalking": {
            "sample_ratio": 1
        }
    },
    "upstream": {
        "type": "roundrobin",
        "nodes": {
            "127.0.0.1:8081": 1
        }
    }
}'
```

以上配置设置了 SkyWalking 的采样率为 1，目的是确保每个请求都能被采集到，也可以根据实际情况设置采样率。

（2）创建全局规则

当路由和服务的数量较少时，可以手动将 APISIX 插件绑定在指定的路由或服务上。但当路由和服务的数量较多时，手动绑定会增加工作量，同时还影响效率。

此时，可以通过创建一个 APISIX 全局规则，并将 skywalking 插件绑定在全局规则上，从而实现收集全部路由的请求采样率。

以下示例是通过 APISIX 的 global_rules 创建全局规则。

```Shell
curl -X PUT 'http://127.0.0.1:9080/apisix/admin/global_rules/1' \
-H 'X-API-KEY:  edd1c9f034335f136f87ad84b625c8f1' \
-d '{
    "plugins": {
        "skywalking": {
            "sample_ratio": 1
        }
    }
}'
```

（3）创建测试请求

在创建路由时已经指定了 127.0.0.1:8081 为测试上游，因此可以直接发送请求，产生 trace 数据：

```Shell
curl -i http://127.0.0.1:9080/index.html
```

返回结果如下：

```Apache
HTTP/1.1 200 OK
...
here 8081
```

（4）查看链路追踪信息

访问 http://127.0.0.1:8080/，等待 15s 后就可以在 SkyWalking WebUI 中可以看到如图 9-2 所示的服务拓扑图。

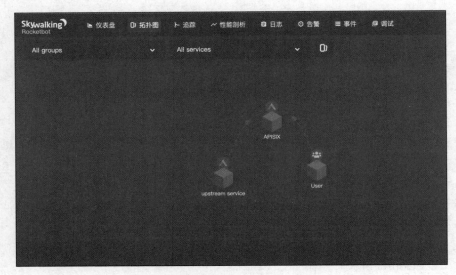

图 9-2　SkyWalking 服务拓扑图

如果不存在相应信息，则需要检查配置文件中的 SkyWalking Collector 地址是否正确。

在可观测性领域，通常采用链路追踪、指标和日志三大方向的数据收集与分析，以达到洞察应用运行状态的目的。SkyWalking 的日志处理正好具备了以上三方面。

9.1.2　集成 OpenTelemetry

OpenTelemetry 是一个开源的遥测数据采集和处理系统，它不仅提供了各种 SDK 用于应用端遥测数据的收集和上报和数据收集端用于数据接收、加工和导出，还支持通过配置导出到任意一个或多个已经适配 OpenTelemetry Exporter 的后端，比如 Jaeger、Zipkin、OpenCensus 等。在 opentelemetry-collector-contrib 库中可以查看已经适配 OpenTelemetry Collector 的插件列表。

1. 原理

opentelemetry 插件基于 OpenTelemetry 原生标准（OTLP/HTTP）实现 Trace 数据采集，并通过 HTTP 发送至 OpenTelemetry Collector，原理如图 9-3 所示。

由于 OpenTelemetry 的 Agent/SDK 与后端实现无关，当应用集成了 OpenTelemetry 的 Agent/SDK 之后，用户能够在应用侧无感知的情况下轻松自由地变更可观测性后端服务，比如从 Zipkin 切换成 Jaeger。

opentelemetry 插件位于图 9-3 中的代理侧，但目前仅支持 Trace 协议，还不支持 OpenTelemetry 的 Log 和 Metric 协议。

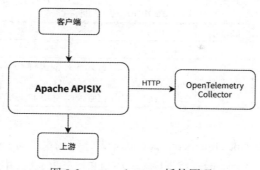

图 9-3   opentelemetry 插件原理

2. 配置说明

opentelemetry 插件的相关配置分为数据上报相关配置和数据采样相关配置。数据上报相关配置在 ./conf/config.yml 中指定，数据采样相关配置在创建路由时指定。表 9-3 展示了 opentelemetry 插件在进行数据上报时的相关配置。

表 9-3   opentelemetry 插件数据上报相关配置

名称	类型	默认值	描述
trace_id_source	enum	random	Trace ID 的来源。有效值为 random 或 x-request-id。当设置为 x-request-id 时，x-request-id 头的值将用作 Trace ID。请确保当前请求 ID 符合 Trace ID 规范，即 [0-9a-f]{32}
resource	object	无	追加到 trace 的额外资源
collector	object	{address = "127.0.0.1:4317", request_timeout = 3}	OpenTelemetry Collector 配置
collector.address	string	127.0.0.1:4317	数据采集服务的地址
collector.request_timeout	integer	3	数据采集服务上报请求超时时长，单位为 s
collector.request_headers	object	无	数据采集服务上报请求附加的 HTTP 请求头
batch_span_processor	object	无	Trace Span 处理器参数配置
batch_span_processor.drop_on_queue_full	boolean	true	如果设置为 true 时，则在队列排满时删除 Span，否则强制处理批次
batch_span_processor.max_queue_size	integer	2048	处理器缓存队列容量的最大值
batch_span_processor.batch_timeout	number	5	构造一批 Span 超时时间，单位为 s
batch_span_processor.max_export_batch_size	integer	256	单个批次中要处理的 Span 数量
batch_span_processor.inactive_timeout	number	2	两个处理批次之间的时间间隔，单位为 s

表 9-4 展示了使用 opentelemetry 插件时需要配置的相关参数，仅选取了本书所使用到的参数，更多参数可参见官网使用文档。

表 9-4 opentelemetry 插件参数

名称	类型	必选项	描述
sampler	object	否	采样配置
sampler.name	string	否	采样算法。always_on：全采样；always_off：不采样（默认值）；trace_id_ratio：基于 Trace ID 的百分比采样；parent_base：如果存在 trace 上游，则使用上游的采样决定，否则使用配置的采样算法决策

3. 场景示例

本场景通过简单修改 OpenTelemetry Collector 官方示例来部署 Collector、Jaeger 和 Zipkin 作为后端服务，并且启动两个示例应用程序（客户端和服务器）。其中服务器提供了一个 HTTP 服务，而客户端会循环调用服务器提供的 HTTP 接口，从而产生包括两个 Span 的调用链。最终应用的拓扑图如图 9-4 所示。

图 9-4 应用的拓扑图

Trace 数据上报流程如图 9-5 所示。其中由于 APISIX 是单独部署的，并不在 docker-compose 的网络内，所以 APISIX 是通过本地映射的端口 127.0.0.1:4138 访问到 OpenTelemetry Collector 的 OTLP HTTP Receiver。

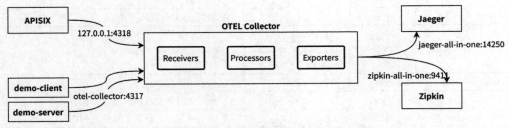

图 9-5 Trace 数据上报流程

步骤一：部署 OpenTelemetry。

以下使用 OpenTelemetry 官方示例进行部署。

1）下载 OpenTelemetry。

```Shell
git clone https://github.com/open-telemetry/opentelemetry-collector-contrib.git
```

2）修改 opentelemetry-collector-contrib/examples/demo/otel-collector-config.yaml 文件，并添加 OTLP HTTP Receiver。

```YAML
receivers:
    otlp:
```

```
        protocols:
            grpc:
            http: # 添加 OTLP HTTP Receiver，默认端口为 4318
...
```

3）修改 opentelemetry-collector-contrib/examples/demo/docker-compose.yaml 文件，将 OTLP HTTP Receiver 和 Server 服务的端口映射到本地。

如下示例是修改配置后完整的 docker-compose.yaml：

```YAML
version: "2"
services:
    # Jaeger
    jaeger-all-in-one:
        image: jaegertracing/all-in-one:latest
        ports:
            - "16686:16686" # jaeger UI 的端口
            - "14268"
            - "14250"
    # Zipkin
    zipkin-all-in-one:
        image: openzipkin/zipkin:latest
        ports:
            - "9411:9411"
    # Collector
    otel-collector:
        image: ${OTELCOL_IMG}
        command: ["--config=/etc/otel-collector-config.yaml", "${OTELCOL_ARGS}"]
        volumes:
            - ./otel-collector-config.yaml:/etc/otel-collector-config.yaml
        ports:
            - "1888:1888"    # pprof 扩展
            - "8888:8888"    # 收集器公开的 Prometheus 指标
            - "8889:8889"    # Prometheus 导出器指标
            - "13133:13133" # 健康检查扩展
            - "4317"         # OTLP gRPC receiver
            - "4318:4318"    # 添加 OTLP HTTP Receiver 端口映射
            - "55670:55679" # zpages 扩展
        depends_on:
            - jaeger-all-in-one
            - zipkin-all-in-one
    prometheus:
        container_name: prometheus
        image: prom/prometheus:latest
        volumes:
            - ./prometheus.yaml:/etc/prometheus/prometheus.yml
        ports:
            - "9090"
```

4）启动 OpenTelemetry。

```Bash
cd opentelemetry-collector-contrib/examples/demo && \
docker-compose up -d
```

在浏览器中输入 http://127.0.0.1:16686（Jaeger UI）或 http://127.0.0.1:9411/zipkin（Zipkin UI），如果可以正常访问，则表示部署成功，如图 9-6 和图 9-7 所示。

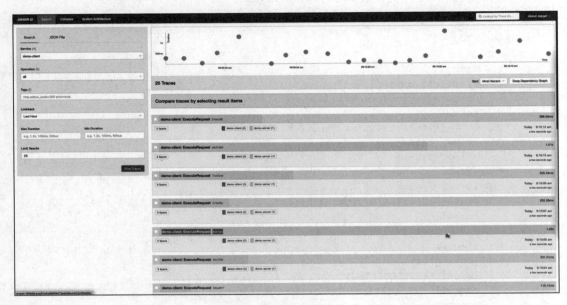

图 9-6　访问成功示例（一）

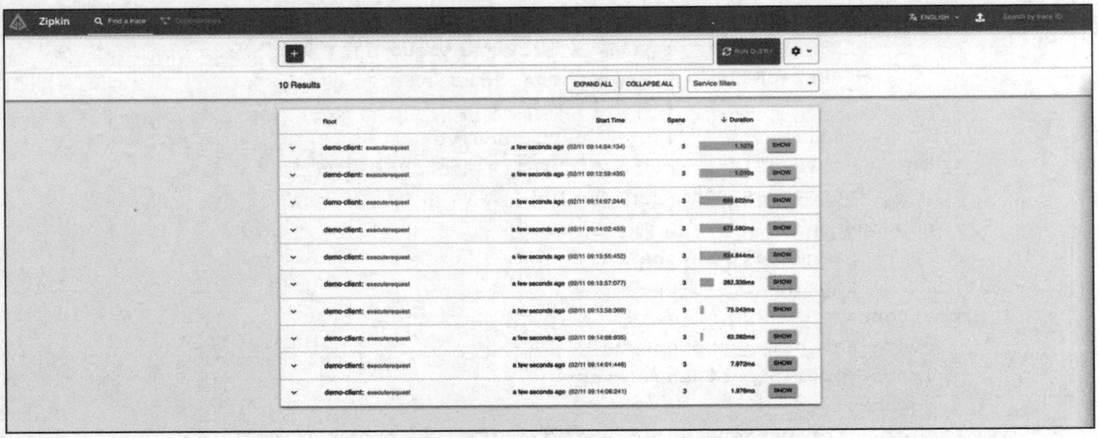

图 9-7　访问成功示例（二）

步骤二：在 APISIX 中启用插件。

在 ./conf/config.yaml 配置文件中启用 opentelemetry 插件并修改 Collector 配置。启用前请确认已经完成 OpenTelemetry Collector 的部署，并且启用了 OTLP HTTP Receiver。

```YAML
plugins
    ... # 已经启用的其他插件
    - opentelemetry
```

其中，OTLP HTTP Receiver 的默认端口为 4318，Collector 的地址为 OpenTelemetry Collector 的 HTTP Receiver 地址，相关字段可参考配置说明。

步骤三：创建路由。

与其他 Trace 类型的插件一样，启用 opentelemetry 插件之后不会产生 Trace 数据，因此仍然需要将插件绑定到指定路由上进行 Trace 数据采样。为了方便测试，这里将采样器设置为 "全采样"，以确保每次请求都被追踪后产生 Trace 数据，方便在 Web UI 上查看，也可以根据实际情况设置相关参数。

参考如下示例创建一个路由，并且启用 opentelemetry 插件进行采样：

```Shell
curl http://127.0.0.1:9080/apisix/admin/routes/1 \
    -H 'X-API-KEY: edd1c9f034335f136f87ad84b625c8f1' \
    -X PUT -d '
{
        "uri": "/index.html",
        "plugins": {
            "opentelemetry": {
                "sampler": {
                    "name": "always_on"
                }
            }
        },
        "upstream": {
            "type": "roundrobin",
            "nodes": {
                "127.0.0.1:8081": 1
            }
        }
}'
```

步骤四：测试。

创建测试请求。在创建路由时已经指定了 127.0.0.1:8081 为测试上游，因此可以直接发送请求，产生 Trace 数据：

```Shell
curl -i http://127.0.0.1:9080/index.html
```

访问 Jaeger UI 或 Zipkin UI 即可看到 Trace 数据中包含 APISIX 的 Span，数据上报成功示

例如图 9-8 和图 9-9 所示。

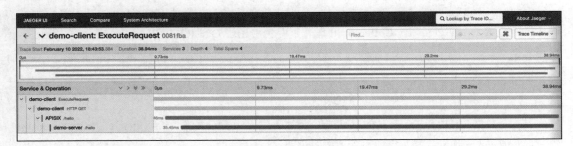

图 9-8 Trace 数据上报成功示例（一）

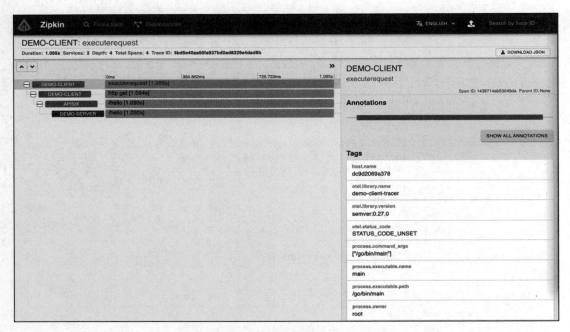

图 9-9 Trace 数据上报成功示例（二）

9.2 指标

本节主要介绍监控指标方面的插件及其功能，通过学习可以很轻松地使用 Datadog 和 Prometheus 监控 APISIX 相关的指标。

9.2.1 集成 Datadog

Datadog 是一个云监控服务解决方案，通过基于 SaaS 的数据分析平台，为云规模的应用提供监控服务器、数据库、工具和服务。datadog 插件提供了与 Datadog 监控平台集成的能力。

随着应用开发复杂度的增加，监控成为应用系统的一个重要组成部分。实时、准确的监控既能满足快速迭代的周期性需求，又能够确保应用的稳定性和流畅性。如何选择一个适合的监控，以提升应用的可观测性，是每个开发者都必须面对的一道难题。

1. 原理

APISIX 通过 datadog 插件将其自定义的指标推送到 DogStatsD 服务器，而 DogStatsD 服务器通过 UDP 连接与 Datadog Agent 捆绑在一起。DogStatsD 是 StatsD 协议的一个实现，它为 APISIX Agent 收集自定义指标，将其聚合成一个数据点，并发送到配置的 Datadog 服务器。datadog 插件原理如图 9-10 所示。

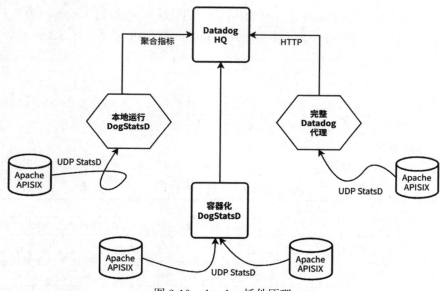

图 9-10 datadog 插件原理

2. 属性

当启用 datadog 插件时，APISIX 客户端会在每个请求响应周期向 DogStatsD 服务器输出表 9-5 所示的指标。

表 9-5 APISIX 输出指标

名称	类型	描述
Request Counter	Counter	收到的请求数量
Request Latency	Histogram	处理该请求所需的时间，单位为 ms
Upstream latency	Histogram	上游 Server Agent 请求到收到响应所需的时间，以单位为 ms
APISIX Latency	Histogram	APISIX Agent 处理该请求的时间，单位为 ms
Ingress Size	Timer	请求体大小，以字节为单位
Egress Size	Timer	响应体的大小，以字节为单位

以上指标将被发送到 DogStatsD Agent，并附带表 9-6 所示的标签。如果出现表 9-7 中的标

签，但没有指定其数值，该标签将被直接忽略。

表 9-6 附带标签

名称	描述
route_name	路由的名称，如果不存在，将显示路由 ID
service_id	如果一个路由是用服务的抽象概念创建的，那么特定的服务 ID 将被使用
consumer	如果路由有一个链接的消费者，消费者的用户名将被添加为一个标签
balancer_ip	选中的上游服务 IP
response_status	HTTP 响应状态代码
scheme	已用于提出请求的协议，如 HTTP、gRPC、gRPCs 等

datadog 插件维护了一个带有计时器的 Buffer。当计时器失效时，datadog 插件会将 Buffer 的指标作为一个批量处理程序传送给本地运行的 DogStatsD 服务器。这种方法通过重复使用相同的 UDP 套接字，对资源的占用较少，同时因为可以配置计时器，所以不会使网络过载。

3. 配置说明

如果在启用 APISIX 的 datadog 插件时使用默认配置，DogStatsD 服务将在 127.0.0.1:8125 可用。如果想更新配置，需更新插件的元数据。

（1）元数据参数

元数据参数如表 9-7 所示。

表 9-7 元数据参数

名称	类型	必选项	描述
hosts	string	否	DogStatsD 服务器的主机地址，默认值为 "127.0.0.1"
port	integer	否	DogStatsD 服务器的主机端口，默认值为 8125
namespace	string	否	由 Agent 发送的所有自定义参数的前缀，默认值为 "apisix"。对寻找指标图的实体很有帮助，例如 apisix.request.counter
constant_tags	array	否	静态标签嵌入到生成的指标中。对某些信号的度量进行分组很有用，默认值为 "source:apisix"

如果想修改插件的元数据，可以向 /apisix/admin/plugin_metadata 端点发出请求进行更新，如下所示。

```Shell
curl http://127.0.0.1:9080/apisix/admin/plugin_metadata/datadog \
-H 'X-API-KEY: edd1c9f034335f136f87ad84b625c8f1' -X PUT -d '
{
    "host": "127.0.0.1",
    "port": 8125,
    "constant_tags": [
        "source:apisix",
        "service:custom"
    ],
    "namespace": "apisix"
}'
```

（2）插件其他参数

与元数据类似，在启用 datadog 插件时也可以调整其他参数，如表 9-8 所示。

表 9-8 插件其他参数

参数	类型	必选项	描述
batch_max_size	integer	否	每个批次的 Buffer 最大值。有效值范围为 [1, +∞)，默认值为 5000
inactive_timeout	integer	否	如果不活跃，Buffer 将被刷新的最长时间（s）。有效值范围为 [1, +∞)，默认值为 5
buffer_duration	integer	否	在必须处理一个批次之前，该批次中最老的条目的最长存活时间（s）。有效值范围为 [1, +∞)，默认值为 60
max_retry_count	integer	否	如果一个条目未能到达 DogStatsD 服务器，重试的次数。有效值范围为 [1, +∞)，默认值为 1

4. 操作步骤

步骤一：启动 Datadog Agent。

1）在当前系统中安装 Datadog Agent，它可以是一个 Docker 容器、一个 Pod 或二进制的包管理器，同时要确保 APISIX 可以连接到 Datadog Agent 的 8125 端口。

2）访问 www.datadoghq.com，创建一个账户，然后按照图 9-11 所示步骤生成一个 API 密钥。

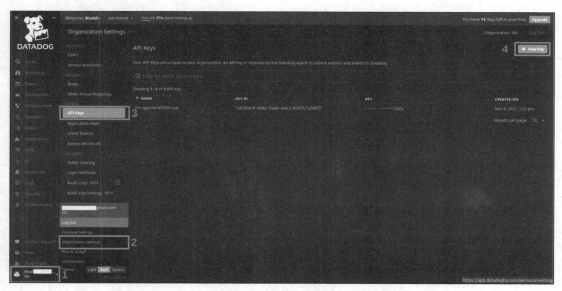

图 9-11 生成 API 密钥

3）datadog 插件只需要依赖 datadog/agent 的 dogstatsd 组件即可实现，因为该插件按照 StatsD 协议通过标准的 UDP 套接字向 DogStatsD 服务器异步发送参数。

注意： 这里推荐使用独立的 datadog/dogstatsd 镜像，而不是完整的 datadog/agent 镜像。因为 datadog/dogstatsd 的组件大小只有约 11 MB，更加轻量化。

运行以下命令，将 datadog/dogstatsd 作为一个容器来运行：

```Shell
docker run -d --name dogstatsd-agent \
-e DD_API_KEY=8049d210c2082b187207cb273a96814b7b53613a \
-p 8125:8125/udp  datadog/dogstatsd
```

如果在生产环境中使用 Kubernetes，也可以将 DogStatsD 作为一个 Daemonset 或多容器 Pod 与 APISIX Agent 一起部署。

步骤二：创建路由。

如果你已经启动 Datadog Agent，只需执行一条命令，就可以为指定路由启用 datadog 插件。

```Shell
curl http://127.0.0.1:9080/apisix/admin/routes/1 \
-H 'X-API-KEY: edd1c9f034335f136f87ad84b625c8f1' -X PUT -d '
{
    "plugins": {
        "datadog": {}
    },
    "upstream": {
        "type": "roundrobin",
        "nodes": {
            "127.0.0.1:8081": 1
        }
    },
    "uri": "/index.html"
}'
```

启用 datadog 插件后，任何对 /index.html 的请求都会产生前面描述的相关指标，并推送到 Datadog Agent 的本地 DogStatsD 服务器。

所有字段都是可选的，如果没有手动设置任何参数，datadog 插件将使用默认值设置这些参数。以下命令是将 batch_max_size 参数修改为 10，如果需要指定其他参数，可参考此命令更新对应的路由、服务或消费者。

```Shell
curl http://127.0.0.1:9080/apisix/admin/routes/1 \
-H 'X-API-KEY: edd1c9f034335f136f87ad84b625c8f1' -X PUT -d '
{
    "plugins": {
        "datadog": {
            "batch_max_size": 10
        }
    },
    "upstream": {
        "type": "roundrobin",
        "nodes": {
            "127.0.0.1:8081": 1
        }
```

```
        },
        "uri": "/index.html"
}'
```

完成上述配置后，就可以访问 Datadog 并查看收集到的数据了。

通过 datadog 插件能捕获针对每个请求和响应周期的多种指标，从而更好地监控整个系统的行为和健康状况。

9.2.2 集成 Prometheus

Prometheus 是一款开源的云原生监控报警系统，它为用户提供强大的指标存储、告警功能和近实时查询引擎，支持多种 exporter 采集数据和 pushgateway 进行数据上报。Prometheus 的性能足以支撑上万台规模的集群，是目前最流行的开源监控系统之一。

1. 原理

APISIX 通过 Prometheus Exporter 以 HTTP 的方式向外暴露 APISIX 设定的监控指标，包括 APISIX 的连接数、HTTP 请求的状态码分布、HTTP 请求总数和 HTTP 请求延时等。prometheus 插件原理如图 9-12 所示。

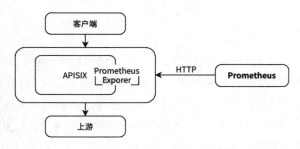

图 9-12 prometheus 插件原理

2. 配置说明

（1）参数

APISIX 的 Prometheus Exporter 配置项如表 9-9 所示。

表 9-9 Prometheus Exporter 配置项

参数名称	类型	描述
ip	string	指定 Exporter 暴露的 IP 地址。默认值为 127.0.0.1
port	integer	指定 Exporter 暴露的端口。默认值为 9091
export_uri	string	Prometheus 暴露的地址。默认值为 /apisix/prometheus/metrics
enable_export_server	boolean	是否启用单独服务作为 Exporter。有效值包括 true、false（默认值）

（2）创建路由

启用 prometheus 插件后，在访问 Prometheus Exporter 时获取的指标数据中并不包括 HTTP

请求的相关指标，仅存在 APISIX 实例相关的指标，因此还需要将它绑定在指定路由上或者为其创建一个全局规则。

在实际场景中，我们并不需要启用全局插件，而需要对部分路由启用此插件。因此 APISIX 也提供了细粒度的插件使用方式，用户可以将插件绑定在指定路由上，对部分路由进行指标收集，配置如下：

```Shell
curl -X PUT http://127.0.0.1:9080/apisix/admin/routes/1 \
-H 'X-API-KEY: edd1c9f034335f136f87ad84b625c8f1' \
-d '{
        "uri": "/index.html",
        "plugins": {
            "prometheus": {
                "prefer_name": false
            }
        },
        "upstream": {
            "type": "roundrobin",
            "nodes": {
                "127.0.0.1:8081": 1
            }
        }
    }'
```

prefer_name 默认为 false，即默认使用路由或服务的 ID。APISIX 支持设置 prefer_name 为 true，设置成功后，则可以使用路由或服务的 name 标识请求所命中的路由或服务，而不是使用它们的 ID。但当路由或服务没有设置 name 时，将会继续使用它们的 ID。因为目前无法对名称进行唯一值校验，多个路由或服务可以设置为相同的名称，所以当设置 prefer_name 为 true 时，需要规范命名，否则容易引起误解。

3. 操作步骤

步骤一：配置 APISIX。

APISIX 默认启用 prometheus 插件，也可以在 ./conf/config.yaml 文件中修改相关配置并启用该插件。

启用插件后，此插件会增加 /apisix/prometheus/metrics 接口，指标默认通过独立的服务地址进行暴露，默认服务地址为 127.0.0.1:9091。

也可以在 plugin_attr 下添加 Prometheus Exporter 相关配置，让此接口通过指定的地址暴露 APISIX 的指标，配置如下：

```YAML
vim /usr/local/apisix/conf/config.yaml
# 添加以下内容
plugins:
    - ...# 其他插件
```

```
    - prometheus
plugin_attr:
    prometheus:
        export_uri: /apisix/prometheus/metrics
        export_addr:
            ip: ${{INTRANET_IP}}
            port: 9091      # 可以修改为任意一个可用的端口
```

在上述配置示例中，假设环境变量 {INTRANET_IP} 为 127.0.0.1，那么 APISIX 会将指标数据通过接口 http://127.0.0.0:9091/apisix/prometheus/metrics 暴露。

在测试过程中，如果在配置文件中使用 INTRANET_IP 作为 IP 属性，可以通过设置环境变量的方式完成具体的配置，例如 export INTRANET_IP=127.0.0.1。

用户可以在 ip 参数中配置内网地址，确保仅在局域网内暴露 Prometheus Exporter 接口，保护此接口的安全。为了方便测试，也可以将 Prometheus Exporter 直接暴露在数据面的端口上，命令如下：

```YAML
plugin_attr:
    prometheus:
        enable_export_server: false
```

从指定的 URL（/apisix/prometheus/metrics）中可以提取指标数据，请求命令如下：

```Shell
curl -i http://127.0.0.1:9091/apisix/prometheus/metrics
```

目前可用的指标如下。

❑ Status codes：上游服务返回的 HTTP 状态码，可以统计每个服务或所有服务的响应状态码的次数总和，具体信息如表 9-10 所示。

表 9-10　Status codes 信息

名称	描述
code	上游服务返回的 HTTP 状态码
route	与请求匹配的路由的 route_id，如果未匹配，则默认为空字符串
matched_uri	与请求匹配的路由的 uri，如果未匹配，则默认为空字符串
matched_host	与请求匹配的路由的 host，如果未匹配，则默认为空字符串
service	与请求匹配的路由的 service_id。当路由中缺少 service_id 时，则默认为 $host
consumer	与请求匹配的消费者的 consumer_name。如果未匹配，则默认为空字符串
node	上游节点 IP 地址

❑ Bandwidth：流经 APISIX 的总带宽（可分出口带宽和入口带宽），可以统计每个服务的带宽总和，具体信息如表 9-11 所示。

表 9-11　Bandwidth 信息

名称	描述
type	带宽的类型（ingress 或 egress）

（续）

名称	描述
route	与请求匹配的路由的 route_id，如果未匹配，则默认为空字符串
service	与请求匹配的路由的 service_id。当路由缺少 service_id 时，则默认为 $host
consumer	与请求匹配的消费者的 consumer_name。如果未匹配，则默认为空字符串
node	消费者节点 IP 地址

❑ etcd reachability：APISIX 连接 etcd 的可用性，用 0 和 1 来表示。1 表示可用，0 表示不可用。

❑ Connections：各种 NGINX 连接指标。如 active（正处理的活动连接数）、reading（NGINX 读取到客户端的 Header 信息数）、writing（NGINX 返回给客户端的 Header 信息数）等。

❑ Batch process entries：批处理未发送数据计数器。当使用批处理发送插件时，将会在此指标中看到批处理当前尚未发送的数据的数量。

❑ Latency：每个服务的请求用时和 APISIX 处理耗时的直方图。具体信息如表 9-12 所示。

表 9-12　Latency 信息

名称	描述
type	该值可以是 apisix、upstream 和 request，分别表示耗时的来源是 APISIX、上游以及两者总和
service	与请求匹配的路由的 service_id。当路由缺少 service_id 时，则默认为 $host
consumer	与请求匹配的消费者的 consumer_name。如果未匹配，则默认为空字符串
node	上游节点的 IP 地址

❑ Info：当前 APISIX 节点信息。

步骤二：配置 Prometheus。

1）通过以下命令下载 Prometheus。

```Shell
cd /usr/local && \
wget https://github.com/prometheus/prometheus/releases/download/v2.33.0-rc.0/
    prometheus-2.33.0-rc.0.linux-amd64.tar.gz && \
tar -zxvf prometheus-2.33.0-rc.0.linux-amd64.tar.gz && \
cd /usr/local/prometheus-2.33.0-rc.0.linux-amd64/
```

2）通过 APISIX 暴露出来的指标，将在 Prometheus 服务端新增一个 Scrape 属性，从而完成指标收集。通过在 Prometheus 的 prometheus.yml 配置文件中添加此 URI 地址并重启 Prometheus，就可以自动完成指标数据的提取。可参考以下内容修改配置。

```Shell
vim prometheus.yml
```

详细配置如下：

```YAML
scrape_configs:
```

```
    - job_name: "apisix"
      scrape_interval: 15s
      metrics_path: "/apisix/prometheus/metrics"
      static_configs:
          - targets: ["127.0.0.1:9091"]
```

其中，scrape_interval 的取值与 Prometheus QL 中 rate 函数的时间范围有关系，rate 函数中的时间范围应该是此参数取值的两倍；targets 是在 APISIX 中配置的 Prometheus Exporter 暴露指标的地址。

3）启动 Prometheus，通过参数指定监听端口为 9094。

```Shell
./prometheus --config.file=prometheus.yml --web.listen-address=:9094 --web.
    enable-lifecycle &
```

访问 127.0.0.1:9094 地址，并选择 Status → Targets，结果如图 9-13 所示则表示配置成功。

图 9-13　配置成功示例

步骤三：配置 Grafana。

在 APISIX 官网中提供了 APISIX 指标的展示面板，可以登录 APISIX 官网下载 APISIX Grafana Dashboard 的配置文件，并将其导入 Grafana 中就可以查看 APISIX 的相关指标。

1）通过 RPM 包安装并启动 Grafana。

```Shell
wget https://dl.grafana.com/enterprise/release/grafana-enterprise-8.3.3-1.
    x86_64.rpm && \
sudo yum -y install grafana-enterprise-8.3.3-1.x86_64.rpm && \
systemctl start grafana-server
```

2）登录 Grafana（127.0.0.1:3000），用户和密码默认均为 admin。登录成功后，在当前页面单击 Add your first data source，选择 Prometheus，配置 URL 为 http://127.0.0.1:9094，如图 9-14 所示。

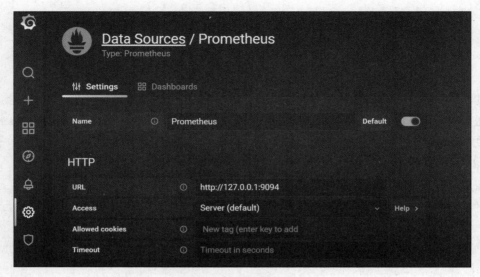

图 9-14　配置 Data Sources

3）单击左侧"＋"号并选择 Import，输入 APISIX Grafana Dashboard 元数据的 ID 11719 并单击 Load 按钮，完成后单击页面下方的 Load 按钮，如图 9-15 所示。

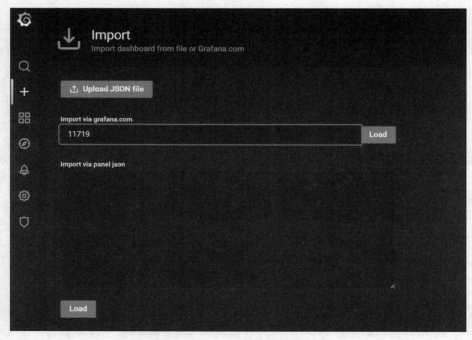

图 9-15　导入 APISIX 面板

至此，Grafana 就配置完成了。

步骤四：请求 APISIX。

根据配置说明中创建路由的操作完成路由的创建。可以通过以下命令请求路由：

```Shell
curl http://127.0.0.1:9080/index.html
```

登录 Grafana 页面查看 APISIX Dashboard。结果如图 9-16 所示则表示配置成功。

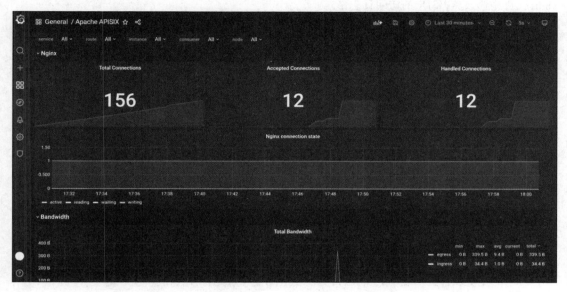

图 9-16　配置成功示例

9.3　日志

访问日志（access log）和错误日志（errror log）是 APISIX 提供的两类日志，访问日志将每个请求的上下文信息记录在日志文件中，而错误日志是 APISIX 运行时主动输出的日志信息，包括 NGINX 和插件相关信息。

9.3.1　访问日志

网关作为整个微服务系统的入口，所有流量都需要经过它的处理，所以网关是整个后端可观测性数据的开始节点。

在可观测性方面，APISIX 提供了访问日志，它记录了 APISIX 所处理的每个请求以及上游服务响应的上下文信息，比如客户端 IP 地址、请求头、处理请求的上游服务端地址、响应状态码和耗时等。

如下是一条 APISIX 访问日志示例：

```Shell
10.240.0.4 - - [16/Jun/2022:09:32:30 +0000] apisix.apache.org:443 "GET /docs/
    apisix/getting-started HTTP/1.1" 200 150 30.129 "-" "lua-resty-http/0.16.1
    (Lua) ngx_lua/10020" 10.244.3.134:7752 200 30.129 "https://apisix.apache.
    org:443"
```

以上这条日志使用了默认的日志格式，并定义在 config-default.yaml 中，可以在 config.yaml 文件中修改 APISIX 的访问日志格式。

关于访问日志的具体配置信息如下：

```YAML
nginx_config:
    http:                                    # 7 层协议下的日志配置
        enable_access_log: true              # 是否开启访问日志
        access_log: logs/access.log          # 默认存储路径
        access_log_format: "$remote_addr - $remote_user [$time_local] $http_host
            \"$request\" $status $body_bytes_sent $request_time \"$http_referer\"
            \"$http_user_agent\" $upstream_addr $upstream_status $upstream_
            response_time \"$upstream_scheme://$upstream_host$upstream_uri\""
            # 日志格式
        access_log_format_escape: default    # 允许在变量中设置 JSON 或默认字符串转义
```

在以上访问日志的配置信息中，通过 access_log_format 可以定义访问日志的格式，使用 $variable_name 引用请求上下文中的变量可以丰富日志内容。如果某个请求的上下文中没有该变量，最终的日志中会使用 "-" 代替。

常用的变量及含义如表 9-13 所示，更多变量配置可参见官方文档。

表 9-13　常用的变量

名称	描述
remote_addr	客户端的 IP 地址
remote_user	Basic Auth 中的用户名
time_local	时间戳，格式为 %d/%b/%Y:%H:%M:%S %z
http_name	任意请求头，name 为请求头转小写，并将短横线替换为下划线。例如输出请求头 X-Request-ID，可以使用 http_x_request_id
request	HTTP 中的 request line，包含请求方法、URI 和协议版本。例如 GET /docs/apisix/gettingstarted HTTP/1.1
status	响应状态码
body_bytes_sent	响应体的大小
request_time	请求耗时，单位为 s，精度为 ms
upstream_addr	上游节点的 IP 地址。因为在实际应用中，后端服务往往是多节点的，所以每个请求都会按照一定的负载均衡规则分配到某个实例上，可以通过该变量在日志中记录这条请求被分配的上游节点
upstream_status	上游返回的状态码。与 status 的区别在于，status 是返回给客户端的状态码
upstream_response_time	读取上游响应的耗时。结合 request_time 可以看出一个慢请求是因为上游处理得慢还是网关处理得慢

在默认配置中，APISIX 会将日志记录在本机的 ./logs/access.log 中，并将日志写入 APISIX 所在机器的本地磁盘中。

但是在大规模的网关集群中，通过登录机器获取日志的方式显然效率太低，同时不利于运维。因此 APISIX 还提供了一系列丰富的处理访问日志的插件，它们通过各种网络协议将日志投递给远端的日志服务，进行后续的聚合处理分析。

目前 APISIX 支持 http-logger、tcp-logger、udp-logger、kafka-logger、clickhouse-logger、skywalking-logger 等插件对接各种常见日志存储服务。基于这些插件，可以将 APISIX 的访问日志与已经成熟的日志系统进行便捷对接，完成可观测性数据的闭环处理。

下面详细介绍 APISIX 中各种日志插件的使用。

1. 对接 HTTP 服务器

APISIX 可以使用内建的 http-logger 插件对接 HTTP 服务器。通过 HTTP POST 请求的方式将日志发送到目标 HTTP 服务器上，从而实现将访问日志对接到 HTTP 服务器的功能。

HTTP 是互联网中使用最广泛的协议，它不仅提供了面向用户的 Web 服务，也同样在系统间的集成中发挥着重要作用。很多 SaaS 服务商都提供了基于 HTTP 的 API，用来帮助用户在自己的系统中集成 SaaS 产品。例如，消息服务会提供 Webhook 发送消息。

而在日志收集领域，日志系统的厂商往往也都会提供 HTTP 端点用于接收日志，而 http-logger 插件正是将 APISIX Access Log 接入丰富 HTTP 生态中的重要一环。

（1）原理

图 9-17 展示了 http-logger 插件的运行过程，具体步骤如下。

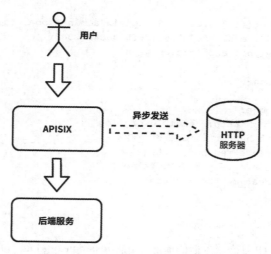

图 9-17　http-logger 插件运行过程

1）用户向 APISIX 发起请求。

2）APISIX 处理请求并生成访问日志。

3）http-logger 插件在请求结束后以异步的方式将请求的上下文信息按照指定的日志格式组合，通过 POST 请求发送给 HTTP 服务器。

（2）参数

表 9-14 为 http-logger 插件参数，仅选取了本书所使用到的参数，更多参数可参见官网使用文档。

表 9-14　http-logger 插件参数

名称	类型	必选项	描述
uri	string	是	日志服务器的 URI，可以是 HTTP 或 HTTPS
include_req_body	boolean	否	是否在日志中包括请求体（request body）。有效值如下。 • true：表示包含请求体 • false：表示不包含请求体（默认值）
include_resp_body	boolean	否	是否在日志中包括响应体（response body）。有效值如下。 • true：表示包含响应体 • false：表示不包含响应体（默认值）
concat_method	string	否	枚举类型。有效值如下。 • json：对所有待发日志使用 json.encode 编码（默认值） • new_line：对每一条待发日志单独使用 json.encode 编码并使用"\n"连接

1）创建全局规则。APISIX 不仅支持为指定路由启用插件，还支持全局启用插件，收集所有请求的访问日志。以下示例是创建一个全局规则，并将 http-logger 插件绑定到全局规则上。

```Shell
curl --location \
--request PUT 'http://127.0.0.1:9080/apisix/admin/global_rules/http-logger' \
--header 'X-API-KEY: edd1c9f034335f136f87ad84b625c8f1' \
--header 'Content-Type: application/json' \
--data-raw '{
    "id": "http-logger",
    "plugins": {
        "http-logger": {
            "uri": "http://example.org/log",
            "auth_header": "Bearer XXXXX"
            "include_req_body": true,
            "include_resp_body": false,
            "concat_method": "json"
        }
    }
}'
```

以上示例指定了 HTTP 日志服务器的地址（http://example.org/log），并且配置用于鉴权的 auth-header: Bearer XXXXX。此外，还通过 include_req_body、include_resp_body、concat_method 等参数定义了日志内容和格式。

2）自定义日志格式。http-logger 插件支持设置访问日志的日志格式。用户可以通过 APISIX

和 NGINX 提供的丰富变量,灵活设置适合业务需求的日志格式。

注意: 因为日志格式 log_format 变量是通过创建插件元数据配置的,所以 log_format 的配置是全局生效的。这意味着即使在不同的路由中绑定 http-logger 插件,甚至配置不同的对端服务器,日志格式仍然是相同的。

配置示例如下:

```Bash
curl -X PUT http://127.0.0.1:9080/apisix/admin/plugin_metadata/http-logger \
    -H 'X-API-KEY: edd1c9f034335f136f87ad84b625c8f1' \
    -d '{
        "log_format": {
            "host": "$host",
            "@timestamp": "$time_iso8601",
            "client_ip": "$remote_addr"
        }
    }'
```

(3)应用场景

SolarWinds Loggly 是一家在日志分析领域著名的 SaaS 提供商,APISIX 也提供了 loggly 插件用于对接 Loggly 服务。事实上,我们同样可以通过 http-logger 插件,将日志写入 SolarWinds Loggly 提供的 HTTP 端点。

当然,loggly 插件支持更加丰富的协议(例如 syslog),可以根据实际需求自行选择合适的插件。

1)在日志源界面搜索 HTTP/S Bulk Endpoint,并获取接收日志的 URL,如图 9-18 所示。

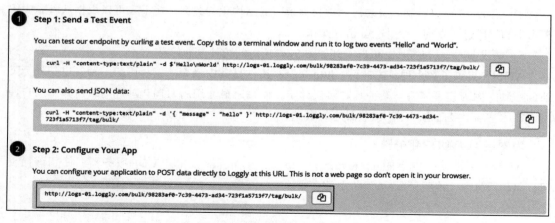

图 9-18 获取接收日志的 URL

2)创建路由,并在路由中配置 http-logger 插件。

```Shell
```

```
curl "http://127.0.0.1:9080/apisix/admin/routes/1" \
-H "X-API-KEY: edd1c9f034335f136f87ad84b625c8f1" -X PUT -d '
    {
        "uri": "/index.html",
        "upstream": {
            "type": "roundrobin",
            "nodes": {
                "127.0.0.1:8081": 1
            }
        },
        "plugins": {
                    "http-logger": {
                        "uri": "${URL}",
                        "include_req_body": true,
                        "include_resp_body": true,
                        "concat_method": "new_line"
                    }
        }
    }'
```

其中，${URL} 指的是步骤一中获取的 SolarWinds Loggly 的 Endpoint。

因为 Loggly HTTP Bulk Endpoint 对日志格式有严格的规定，所以在上述示例中通过 concat_method 属性指定 new_line 来分割多条日志。

3）使用以下命令多次请求路由。

```
Shell
curl http://127.0.0.1:9080/index.html
```

4）在 Loggly 的控制台上查看相关日志，具体细节如图 9-19 所示。

通过图 9-19 可以看到，日志已经被自动解析成结构化的数据。接下来可以根据从日志中解析出来的字段进行查询、统计、分析等操作。

5）请求 URL 分布统计，可以看到如图 9-20 所示的统计页面信息。

APISIX 提供了数十种日志插件，http-logger 插件是其中最简单、易用的一种，也是最为灵活的一种。因为它不需要与某种日志协议绑定，而是以最通用的 HTTP 进行网络传输，用户便可以在此基础上灵活选择用于接收日志的服务。

2. 对接 TCP/UDP 服务器

APISIX 可以使用内建的 tcp-logger 和 udp-logger 插件对接 TCP/UDP 服务器。使用该插件可以将访问日志上传至目标 TCP/UDP 服务器。

（1）原理

图 9-21 展示了 tcp-logger、udp-logger 插件的运行过程，具体步骤如下。

1）用户向 APISIX 发起请求。

2）APISIX 处理请求并生成访问日志。

3）tcp-logger 和 udp-logger 插件在请求结束后，以异步的方式将请求的上下文信息以 JSON

格式通过 TCP 和 UDP 协议发送给目标服务器。

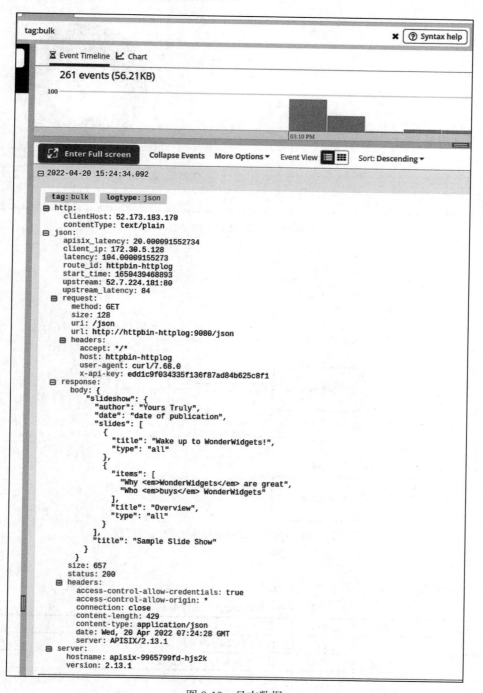

图 9-19　日志数据

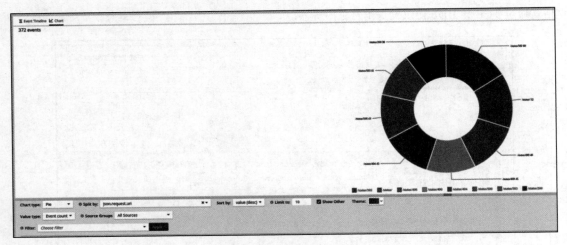

图 9-20 请求 URL 分布统计

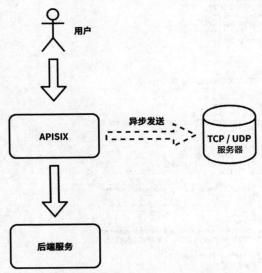

图 9-21 tcp-logger、udp-logger 插件的运行过程

（2）参数

1）tcp-logger 插件参数如表 9-15 所示。

表 9-15 tcp-logger 插件参数

名称	类型	必选项	描述
host	string	是	TCP 服务器的 IP 地址或主机名
port	integer	是	目标 TCP 端口，有效值范围为 $[0, +\infty)$
timeout	integer	否	发送数据的超时时间（单位：ms），有效值范围为 $[1, +\infty)$，默认值为 1000

（续）

名称	类型	必选项	描述
tls	boolean	否	用于控制是否执行 SSL 验证，有效值包括 true、false（默认值）
tls_options	string	否	TLS 选项
include_req_body	boolean	否	是否包括请求体

2）udp-logger 插件参数如表 9-16 所示。

表 9-16　udp-logger 插件参数

名称	类型	必选项	描述
host	string	是	UDP 服务器的 IP 地址或主机名
port	integer	是	目标 UDP 端口，有效值范围为 $[0, +\infty)$
timeout	integer	否	发送数据的超时时间（单位：ms），有效值范围为 $[1, +\infty)$，默认值为 1000
name	string	否	标识 logger 的唯一标识符，默认值为 "udp logger"
include_req_body	boolean	否	是否包括请求体

3）创建全局规则。通过以下示例可以创建一个全局规则，将 tcp-logger 插件绑定到全局规则上，同样也可以更换绑定 udp-logger。

```Bash
curl -X PUT 'http://127.0.0.1:9080/apisix/admin/global_rules/1' \
    -H 'X-API-KEY:  edd1c9f034335f136f87ad84b625c8f1' \
    -d '{
        "plugins": {
            "tcp-logger": {
                "host": "172.23.82.193",
                "port": 1234,
                "name": "tcp logger"
            }
        }
    }'
```

（3）应用场景

在实际场景中，一个系统中会有各种各样的日志，如应用日志、中间件日志和基础设施日志等。这些日志往往格式各异，输出方式也各不相同，因此就需要一个日志处理层来应对各式各样的日志，实现统一处理。

在大型软件项目中，日志的存储也会因为应用本身的业务属性有所差异。例如处理金融业务的应用日志要收集到保密性强的存储中，而用户访问轨迹的日志可能要被收集到大数据平台中。

下面使用 udp-logger 插件将 APISIX 访问日志投递到 Fluentd，并演示如何进行日志的解析和处理。

1）准备好 Fluentd 的配置文件，配置如下：

```Plain Text
```

```
<source>
    @type udp
    tag apisix
    <parse>
        @type json
    </parse>
    port 1234
    bind 0.0.0.0
</source>
<match **>
    @type stdout
</match>
```

上述配置的含义为：Fluentd 会监听来自 UDP1234 端口的消息，并且为这些消息打上 apisix 标签，该标签可以在后续的处理中用于区分不同来源的日志。

```
Plain Text
<match **>
    @type stdout
</match>
```

上述代码表示将所有标签的日志都设置为标准输出，方便查看结果。

2）使用 Fluentd 官方提供的 Docker 镜像启动 Fluentd 服务。启动命令中指定了前面准备好的配置文件，并且将 UDP1234 端口映射到宿主机上，这样可以通过宿主机 IP:PORT 访问 Fluentd 服务。

```
Shell
docker run -p 1234:1234/udp -d \
--rm -v  `pwd`:/fluentd/etc/ fluent/fluentd fluentd \
-c /fluentd/etc/fluentd.conf -v
```

3）创建路由后，使用 udp-logger 插件将日志发送到上面配置好的 Fluentd 实例。

```
Shell
curl 'http://127.0.0.1:9180/apisix/admin/routes/1' \
--header 'X-API-KEY: edd1c9f034335f136f87ad84b625c8f1' \
--header 'Content-Type: application/json' \
--data-raw '{
    "host": "httpbin-udplog",
    "uri": "/*",
    "upstream": {
        "type": "roundrobin",
        "nodes": [
            {
                "host": "httpbin",
                "port": 80,
                "weight": 1
            }
        ]
```

```
        },
        "plugins": {
            "udp-logger": {
                "host": "127.0.0.1",
                "port": 1234,
                "name": "udp logger"
            }
        },
        "name": "udplog"
}'
```

4）对 APISIX 执行 HTTP 请求。

```Shell
curl http://127.0.0.1:9080/index.html  \
-H "Host: httpbin-udplog"
```

5）观察 Fluentd 容器的标准输出。因为日志发送会有缓冲，所以需要等待 15s 左右，以减少网络调用的次数，提升整体性能。

```Apache
2022-04-28 15:10:50 +0000 [info]: #0 fluent/log.rb:322:info: listening udp
    socket bind="0.0.0.0" port=1234
2022-04-28 15:10:50 +0000 [info]: #0 fluent/log.rb:322:info: fluentd worker is
    now running worker=0
2022-04-28 15:10:50.906442638 +0000 fluent.info: {"worker":0,"message":"fluentd
    worker is now running worker=0"}
2022-04-28 15:11:53.212119790 +0000 apisix: [{"client_ip":"10.0.20.6"****"route_
    id":"httpbin-udplog"}]
```

从上述返回结果可以看到，Fluentd 可以正常接收日志，并正确解析为 JSON 对象，这样可以基于这个 JSON 对象中的任意字段进行后续处理。比如定义 match 规则，根据请求的 Host 将不同域名的日志写入不同的存储中。

udp-logger 插件的配置与 tcp-logger 插件类似。

tcp-logger 和 udp-logger 是两款相对来说比较简单的日志插件，它们通过最常见的两个传输层协议将日志发送到目标服务器。虽然 tcp-logger 和 udp-logger 没有提供很丰富的配置项，但是可以借助类似于 Fluentd 这样的日志处理组件，对产生的原始日志进一步处理，从而达到满意的日志收集效果。

3. 对接 Syslog 服务器

APISIX 的 syslog 插件可以通过 TCP 或 UDP 将 APISIX 的 Access Log 投递给 Syslog 服务器，从而实现将访问日志对接到 Syslog 服务器的能力。

Syslog 常被称为系统日志或系统记录，是一种使用 TCP/UDP 传递日志消息的标准。Syslog 协议属于 CS（Client/Server）架构。Syslog 发送端会将日志消息通过网络协议发送到 Syslog 接收端。

APISIX syslog 插件就是作为一个 Syslog 客户端，将 APISIX 的访问日志通过 TCP 或者 UDP 协议发送给指定的 Syslog 服务器。

（1）原理

图 9-22 展示了 syslog 插件的运行过程，具体步骤如下。

1）用户向 APISIX 发起请求。

2）APISIX 处理请求并生成访问日志。

3）syslog 插件在请求结束后以异步方式将请求的上下文信息包装成 JSON 格式，并通过指定的网络协议发送到目标 Syslog 服务器中。

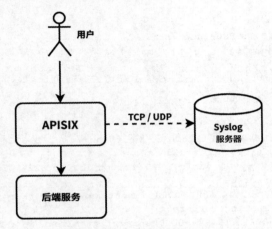

图 9-22　syslog 插件运行过程

（2）参数

表 9-17 为 syslog 插件参数，仅选取了本书所使用到的参数，更多参数可参见官网使用文档。

表 9-17　syslog 插件参数

名称	类型	必选项	描述
host	string	是	Syslog 服务器的 IP 地址或主机名
port	integer	是	Syslog 服务器的端口
timeout	integer	否	上游发送数据的超时时间（单位为 ms）。有效值范围为 $[1, +\infty)$，默认值为 3000
flush_limit	integer	否	如果缓冲的消息的大小加上当前消息的大小达到（大于等于）此限制（字节为单位），则缓冲的日志消息将被写入日志服务器。有效值范围为 $[1, +\infty)$，默认值为 4096
sock_type	string	否	用于指定传输层协议。有效值包括 udp、tcp（默认值）
include_req_body	boolean	否	投递的日志中是否包括请求体，有效值包括 true、false（默认值）

APISIX 不仅支持为指定路由启用插件，还支持全局启用插件，收集所有请求的访问日志。以下示例是创建一个全局规则，并将 syslog 插件绑定到全局规则上：

```Shell
curl --location \
--request PUT 'http://127.0.0.1:9080/apisix/admin/global_rules/syslog' \
--header 'X-API-KEY: edd1c9f034335f136f87ad84b625c8f1' \
--header 'Content-Type: application/json' \
--data-raw '{
    "id": "syslog",
    "plugins": {
        "syslog": {
            "host": "172.23.31.43",
            "port": 5044,
            "sock_type": "udp",
            "flush_limit": 1,
            "timeout": 1000,
            "include_req_body": true
        }
    }
}'
```

（3）应用场景

rsyslog.service 是常见 Linux 发行版中的默认 Syslog 服务器。这里使用它来收集 APISIX 日志。

syslog 插件相对于其他日志输出方案来说，主要优势是可以直接将日志输出到 Linux 系统中内置的日志服务。这样就可以拥有统一的日志查看渠道（/var/log/message）去查询整个机器上所有系统组件的日志，而不必去查看每一个组件的日志输出在什么位置，在一定程度上降低了运维的复杂度。

在 CentOS 7.6 环境下，将 APISIX 访问日志记录到系统内置的 Syslog 服务中，从而实现像其他系统组件一样，在 /var/log/messages 下看到 APISIX 的访问日志。

1）确认当前系统中的 rsyslog.servcie 是否正常运行。

```Shell
systemctl status rsyslog.service
```

返回结果如下。如果没有正在运行的 Syslog 服务，请确认是否安装和启动 Syslog 服务。

```Shell
• rsyslog.service - System Logging Service
    Loaded: loaded (/usr/lib/systemd/system/rsyslog.service; enabled; vendor
        preset: enabled)
    Active: active (running) since 五 2022-04-08 09:25:56 CST; 1h 0min ago
        Docs: man:rsyslogd(8)
            http://www.rsyslog.com/doc/
Main PID: 6032 (rsyslogd)
    Tasks: 8
    Memory: 2.3M
    CGroup: /system.slice/rsyslog.service
            └─6032 /usr/sbin/rsyslogd -n
```

2）由于 rsyslog.service 默认只监听了 Linux Domain Socket，因此需要修改配置文件并重启。这里需要让它暴露一个 TCP 服务，修改 /etc/rsyslog.conf 文件，增加以下几行配置（表示在 TCP 5044 端口接收日志投递）：

```Bash
$ModLoad imtcp
$InputTCPServerRun 5044
```

3）重启 rsyslog.servcie。

```Shell
systemctl restart rsyslog.service
```

4）增加测试路由。路由中配置使用 syslog 插件，其中 Host 为 172.23.31.43，即上一步中 rsyslog.service 所在的服务器地址。

```Shell
curl http://127.0.0.1:9080/apisix/admin/routes/syslog \
-H 'X-API-KEY: edd1c9f034335f136f87ad84b625c8f1' -X PUT -d '
{
    "host": "httpbin-syslog",
    "uri": "/*",
    "upstream": {
        "type": "roundrobin",
        "nodes": [
            {
                "host": "127.0.0.1:8081",
                "port": 80,
                "weight": 1
            }
        ]
    },
    "plugins": {
        "syslog": {
            "host": "127.0.0.1",
            "port": 5044,
            "flush_limit": 1,
            "timeout": 1000
        }
    },
    "name": "syslog"
}'
```

5）请求 APISIX 产生访问日志。

```Shell
while true; do curl \
--location --request GET 'http://127.0.0.1:9080/ip' \
--header 'Host: httpbin-syslog'; sleep 1; done
```

6）检查 /var/log/messages。

```Shell
tail -f /var/log/messages
```

返回结果如下：

```Shell
Apr  8 09:27:40 172.30.5.177 "[{\"latency\": 483.99996757507,\"upstream\
    ":\"3.229.191.75:80\",\"server\":{\"hostname\":\"apisix-64c586f944-
    9227h\",\"version\":\"2.13.0\"},\"upstream_latency\":460,\"apisix_latency\":
    23.999967575073,\"start_time\":1649381220176,\"client_ip\":\"172.23.33.182\"
    ,\"response\":{\"size\":316,\"headers\":{\"content-type\":\"application\\\/
    json\",\"access-control-allow-credentials\":\"true\",\"x-server-balancer-addr\
    ":\"3.229.191.75:80\",\"access-control-allow-origin\":\"*\",\"date\":\"Fri, 08
    Apr 2022 01:27:00 GMT\",\"content-length\":\"48\",\"connection\":\"close\",\"se
    rver\":\"APISIX\\\/2.13.0\"},\"status\":200},\"service_id\":\"\",\"route_id\":\
    "syslog\",\"request\":{\"headers\":{\"user-agent\":\"curl\\\/7.68.0\",\"x-api-
    key\":\"edd1c9f034335f136f87ad84b625c
....
```

从以上返回结果可以看到 APISIX 的访问日志，该日志中包含请求的上下文信息，可用于后续进一步分析。其中，127.0.0.1 是投递日志 APISIX 实例的 IP 地址，当存在多个 APISIX 实例时，可以通过这个 IP 进行区分。

Syslog 是绝大多数 Linux 服务器都会安装的日志收集服务，结合 APISIX 的 syslog 插件，可以将 APISIX 的访问日志投递给 Syslog。这样就可以与其他系统组件共享一个日志存储，在方便查询的同时，也利于后续的日志系统集成。

4. 对接 ClickHouse 服务器

ClickHouse 是一个主要用于海量数据实时分析场景，基于 MPP 架构的列式存储数据库，可以实现使用 SQL 查询并实时生成分析数据报告。ClickHouse 列式存储的设计在大数据量的实时分析场景下有很好的性能表现。而网关作为当前微服务系统中最前置的组件，它的访问日志中包含对系统运维、业务数据分析等非常关键的信息。

APISIX 的 clickhouse-logger 插件将 APISIX 访问日志投递给 ClickHouse 服务器，进而借助 ClickHouse 的实时数据分析能力，提升网关的可观测性和发掘更多的业务指标。

（1）原理

clickhouse-logger 插件原理如图 9-23 所示，具体步骤如下。

1）用户向 APISIX 发起请求。

2）APISIX 接受请求并生成访问日志。

3）clickhouse-logger 插件在请求结束后基于上下文信息生成一个 JSON 对象。

4）通过 ClickHouse HTTP API 执行 INSERT 语句，将生成的 JSON 对象存储到 ClickHouse 中。

5）用户通过 SQL 查询 ClickHouse 中存储的日志数据。

使用的 SQL 语句示例如下：

JSON

```
// 为了展示效果，将 JSON 做了格式化处理，实际传输时不会有换行和缩进
INSERT INTO apisix_access_log FORMAT JSONEachRow {
    "@timestamp":"2022-04-12T07:01:30+00:00",
    "client_ip":"172.23.33.182",
    "apisix_hostname":"apisix-64c586f944-qcwsw",
    "user_agent":"PostmanRuntime\/7.29.0",
    "status":200,
    "method":"GET",
    "uri":"\/status\/200",
    "upstream":"18.215.122.215:80",
    "latency":0.531,
    "route_id":"clickhouse",
    "host":"httpbin-clickhouse"
}
```

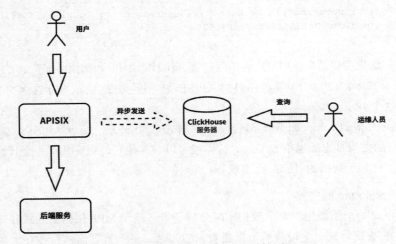

图 9-23　clickhouse-logger 插件原理

其中，apisix_access_log 字段是插件配置中指定的数据表名称。

从上述 SQL 语句可以看到，clickhouse-logger 插件利用 ClickHouse 的 FORMAT 特性，可以按照字段名的对应关系，将一个包含请求上下文信息的 JSON 对象写入数据表中。

clickhouse-logger 插件还提供了自定义日志 JSON 内容的配置项，这样就可以按照数据库中的表结构设置日志格式，具有极大的灵活性。

（2）参数

表 9-18 为 clickhouse-logger 插件参数，仅选取了本书所使用到的参数，更多参数可参见官网使用文档。

表 9-18　clickhouse-logger 插件参数

名称	类型	必选项	描述
endpoint_addr	string	是	ClickHouse 服务器的 HTTP 端点。例如 https://127.0.0.1:8123
database	string	是	使用的数据库

（续）

名称	类型	必选项	描述
logtable	string	是	写入的表名
user	string	是	ClickHouse 的用户名
password	string	是	ClickHouse 的密码

在某些情况下，你可能需要收集所有路由的访问日志，这时就可以通过创建全局规则来实现。这样可以避免在每一个路由上绑定 clickhouse-logger 插件，减少运维人员的工作量。具体示例如下：

```Shell
curl 'http://127.0.0.1:9080/apisix/admin/global_rules/clickhouse-logger' \
-H 'X-API-KEY: edd1c9f034335f136f87ad84b625c8f1' -X PUT -d ' \
{
    "id": "clickhouse-logger",
    "plugins": {
        "clickhouse-logger": {
            "user": "default",
            "password": "",
            "database": "default",
            "logtable": "apisix_access_log",
            "endpoint_addr": "http://127.0.0.1:8123"
        }
    }
}'
```

（3）应用场景

APISIX 的状态码指标可以非常准确地反映整个系统的健康状态，因此我们希望把这些数据展示在运维数据大盘上。如果想要实现这一点，可以借助插件把 APISIX 的访问日志发送到指定的日志软件中，并通过该软件进行数据展示，然后通过一些面板就可以实现实时监控整个系统的健康状态。

以下示例演示如何使用 clickhouse-logger 插件将 APISIX 的访问日志写入 ClickHouse 中，并使用 SQL 语句对这些重要指标进行数据统计分析。

注意：请确保你的系统中已安装 Docker。

1）通过使用 ClickHouse 官方的 Docker 镜像启动一个 ClickHouse 服务。

```Shell
docker run -d --name clickhouse-server \
    -e CLICKHOUSE_DB=apisix \
    -e CLICKHOUSE_USER=apisix \
    --ulimit nofile=262144:262144 \
    -p 8123:8123 \
    -p 9000:9000 \
    clickhouse/clickhouse-server
```

通过设置环境变量，指定该实例使用的用户名（CLICKHOUSE_USER）和数据库（CLICKHOUSE_DB），并且将容器中的 8123、9000 端口映射到宿主机上。

其中，8123 端口是 ClickHouse 的 HTTP 端口，而 9000 是 ClickHouse 自有协议端口，APISIX 将会通过 8123 端口写入数据。

2）使用官方提供的 ClickHouse Client Docker 镜像连接到上一步中创建的 Clickhouse 服务器中。注意，这两步操作需要在同一台宿主机上运行。

```Shell
docker run -it --rm \
--link clickhouse-server:clickhouse-server \
clickhouse/clickhouse-client \
--host clickhouse-server -u apisix -d apisix
```

执行上述命令后，可以看到一个交互式的 ClickHouse 查询终端，之后可在此控制台上执行 SQL 语句。

3）在 ClickHouse Client 终端中执行以下 SQL 语句，完成数据表的创建。

```SQL
CREATE TABLE apisix_access_log (
    `apisix_hostname` String,
    `host` String,
    `uri` String,
    `method` String,
    `user_agent` String,
    `client_ip` String,
    `upstream` String,
    `latency` Float64,
    `status` Int16,
    `route_id` String,
    `service_id` String,
    `timestamp` String,
    PRIMARY KEY(`timestamp`)
) ENGINE = MergeTree()
```

从上述 SQL 语句中可以看到，创建的数据表中包含很多重要的访问日志字段，其中就有我们所需要的 status（状态码）字段。

4）自定义 clickhouse-logger 插件的日志输出格式，以匹配上一步中定义的数据表结构。

```Shell
curl http://127.0.0.1:9080/apisix/admin/plugin_metadata/clickhouse-logger \
-H 'X-API-KEY: edd1c9f034335f136f87ad84b625c8f1' -X PUT -d '
{
    "log_format": {
        "apisix_hostname": "$hostname",
        "host": "$host",
        "uri": "$uri",
        "method": "$request_method",
```

```
        "user_agent": "$http_user_agent",
        "client_ip": "$remote_addr",
        "upstream": "$upstream_addr",
        "latency": "$request_time",
        "status": "$status",
        "timestamp": "$time_iso8601"
    }
}'
```

日志模板中可以使用的变量非常丰富，具体细节可以参考官方文档。

5）创建路由并绑定 clickhouse-logger 插件。

```Shell
curl http://127.0.0.1:9080/apisix/admin/routes/1 \
-H 'X-API-KEY: edd1c9f034335f136f87ad84b625c8f1' -X PUT -d '
{
    "host": "httpbin-clickhouse",
    "uri": "/*",
    "upstream": {
        "type": "roundrobin",
        "nodes": [
            {
                "host": "httpbin.org",
                "port": 80,
                "weight": 1
            }
        ]
    },
    "plugins": {
        "clickhouse-logger": {
            "user": "apisix",
            "password": "",
            "database": "apisix",
            "logtable": "apisix_access_log",
            "endpoint_addr": "http://172.23.154.232:8123"
        }
    },
    "name": "clickhouse"
}'
```

6）访问 APISIX。通过以下命令请求 APISIX，使用 httpbin.org 的 /status/* 接口实现随机多种状态码的效果。

```Shell
status_code_list=("200" "400" "404" "499" "500" "502" "503" "504")
while true; do curl --location --request GET "http://127.0.0.1:9080/
    status/${status_code_list[ $RANDOM % ${#status_code_list[@]} ]}" --header
    'Host: httpbin-clickhouse'; sleep 1; done
```

7）通过 ClickHouse Client 终端执行 SQL 查询语句，验证插件是否正常工作。

```SQL
# 查询命令
select * from apisix_access_log limit 6;
```

返回结果如下：

```SQL
SELECT *
FROM apisix_access_log
LIMIT 6
Query id: c28d2575-3b9f-4aaa-8383-f81fea1e22ff
┌─ apisix_hostname ──────────────┬─ host ────────────────────────┬── uri ──────
  am ────────────────┬── method ──┬── user_agent ──┬── client_ip ──┬── upstre
  ──────────────────┬── latency ──┬── status ──┬── route_id ──┬── service_
  id ──┬── timestamp ─────────────────────────
│ apisix-64c586f944-qcwsw │ httpbin-clickhouse │ /status/502 │ GET │
   curl/7.68.0 │ 172.23.33.182 │ 18.215.122.215:80 │   0.518 │   502 │
   clickhouse │                 │ 2022-04-12T08:33:53+00:00 │
│ apisix-64c586f944-qcwsw │ httpbin-clickhouse │ /status/400 │ GET │
   curl/7.68.0 │ 172.23.33.182 │ 52.7.224.181:80 │   0.234 │   400 │
   clickhouse │                 │ 2022-04-12T08:33:56+00:00 │
│ apisix-64c586f944-qcwsw │ httpbin-clickhouse │ /status/404 │ GET │
   curl/7.68.0 │ 172.23.33.182 │ 44.195.242.112:80 │   0.22 │   404 │
   clickhouse │                 │ 2022-04-12T08:33:58+00:00 │
│ apisix-64c586f944-qcwsw │ httpbin-clickhouse │ /status/500 │ GET │
   curl/7.68.0 │ 172.23.33.182 │ 54.91.120.77:80 │   0.231 │   500 │
   clickhouse │                 │ 2022-04-12T08:33:59+00:00 │
│ apisix-64c586f944-qcwsw │ httpbin-clickhouse │ /status/400 │ GET │
   curl/7.68.0 │ 172.23.33.182 │ 52.55.211.119:80 │   0.235 │   400 │
   clickhouse │                 │ 2022-04-12T08:34:02+00:00 │
│ apisix-64c586f944-qcwsw │ httpbin-clickhouse │ /status/502 │ GET │
   curl/7.68.0 │ 172.23.33.182 │ 52.55.211.119:80 │   0.921 │   502 │
   clickhouse │                 │ 2022-04-12T08:34:04+00:00 │

6 rows in set. Elapsed: 0.003 sec.
```

从上述返回结果中可以看到，APISIX 已经在 apisix_access_log 数据表中写入了数据，表明插件工作正常。

8）通过以下 SQL 语句统计状态码。

```SQL
# 查询命令
SELECT status, count(*) as count FROM apisix_access_log group by status order by
    count desc
```

返回结果如下：

```
SQL
SELECT
    status,
    count(*) AS count
FROM apisix_access_log
GROUP BY status
ORDER BY count DESC
Query id: 39ed9d1c-cec1-4692-983b-cf914ec4d6ae
    ┌─status─┬─count─┐
    │    404 │   121 │
    │    400 │    66 │
    │    499 │    66 │
    │    503 │    65 │
    │    502 │    59 │
    │    200 │    52 │
    │    500 │    40 │
    └────────┴───────┘

7 rows in set. Elapsed: 0.033 sec.
```

9）完成上述操作后，使用运维大盘连接该数据库，从而实时监控系统的健康状态。

5. 对接 SkyWalking

在节中介绍了如何使用 skywalking 插件收集 APISIX 的链路追踪数据。

针对访问日志场景，APISIX 还提供了 skywalking-logger 插件。该插件可以将 APISIX 的访问日志投递到 SkyWalking 系统，实现在一个监控系统中同时查询到 Trace 和 Log 两种数据，避免了监控数据的割裂感。

在微服务系统的问题排查场景中，开发者首先需要获得一些异常请求的 Trace ID，然后根据 Trace ID 找出请求链路中所有节点的详细日志。在该场景下，skywalking-logger 插件可以将 Trace 和 Log 数据进行关联，打通可观测性数据的壁垒，为开发者提供更加丰富、直观的数据。

（1）原理

skywalking-logger 插件原理如图 9-24 所示，具体步骤如下。

1）用户向 APISIX 发起请求。

2）APISIX 接受请求并生成访问日志。

3）skywalking-logger 插件在每次请求结束时以异步同步的方式，将请求的上下文信息生成一个 JSON 对象。

4）通过 SkyWalking OAP 服务器的 HTTP API /v3/logs 将日志投递到 SkyWalking 中。

值得注意的是，skywalking-logger 插件在上报日志时会尝试从当前请求的上下文信息中获取 Trace 数据。如果请求中存在 Trace 数据，该插件就会把当前的日志自动与 Trace 上下文关联起来，因此 SkyWalking 服务端就可以将这条日志与对应的链路关联，方便后续进行查询分析。

同时，与 clickhouse-logger 插件一样，skywalking-logger 插件提供了自定义日志 JSON 内容的配置项，因此也可以定制需要投递的日志内容。

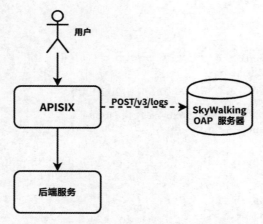

图 9-24　skywalking-logger 插件原理

（2）参数

表 9-19 为 skywalking-logger 插件参数，仅选取了本书所使用到的参数，更多参数可参见官网使用文档。

表 9-19　skywalking-logger 插件参数

名称	类型	必选项	描述
endpoint_addr	string	是	SkyWalking OAP 服务器的 URI
service_name	string	否	SkyWalking 服务名称。默认值为 "APISIX"
service_instance_name	string	否	SkyWalking 服务实例名称，使用 $hostname 可以设置为 APISIX 实例所在主机名。默认值为 "APISIX Instance Name"
timeout	integer	否	HTTP 请求各个阶段的超时时间，单位为 s，有效值范围为 [1, +∞)，默认值为 3
name	string	否	标识 logger 的唯一标识符。默认值为 "skywalking logger"
include_req_body	boolean	否	是否包括请求体。有效值如下。 • false：表示不包含请求体（默认值） • true：表示包含请求体

在某些情况下，你可能需要收集所有路由的访问日志，此时可以通过创建全局规则来解决，这样就不需要在每一个路由上绑定 skywalking-logger 插件。以下代码展示了如何创建全局规则：

```Shell
curl http://127.0.0.1:9080/apisix/admin//global_rules/skywalking-logger \
-H 'X-API-KEY: edd1c9f034335f136f87ad84b625c8f1' -X PUT -d '{
    "id": "skywalking-logger",
    "plugins": {
        "skywalking-logger": {
            "endpoint_addr": "http://127.0.0.1:12800"
        }
    }
}'
```

（3）应用场景

在可观测性场景中，Apache SkyWalking 提供了包括 Trace、Profiler、应用拓扑、告警以及日志等多个维度的收集和展示方案。目前大多数的可观测性工具往往都是聚焦于某一点，比如：

❑ 使用 Prometheus 收集指标数据并通过 Grafana 展示。

❑ 使用 ElasticSearch Filebeat 收集日志并通过 Kibana 展示。

当团队中需要多套不同的基础设施去完成整个可观测性任务时，维护和使用成本都会随之增加。而 SkyWalking 提供了一套开箱即用的组件，并提供了统一的入口供用户使用，大大提高了运维人员的工作效率。

下面演示如何使用 skywalking-logger 插件将 APISIX 的访问日志写入 SkyWalking 系统中，并结合 skywalking 插件进行 Trace 数据和 Log 数据的联动。

1）部署 Skywalking 和 ElasticSearch 两部分组件。下面使用 Docker Compose 作为部署方式，将以下 Docker Compose 配置保存到 skywalking-logger.yaml 中：

```YAML
version: '3.8'
services:
    elasticsearch:
        image: docker.elastic.co/elasticsearch/elasticsearch-oss:7.4.2
        container_name: elasticsearch
        ports:
            - "9200:9200"
        healthcheck:
            test: [ "CMD-SHELL", "curl --silent --fail localhost:9200/_cluster/
                health || exit 1" ]
            interval: 30s
            timeout: 10s
            retries: 3
            start_period: 10s
        environment:
            - discovery.type=single-node
            - bootstrap.memory_lock=true
            - "ES_JAVA_OPTS=-Xms512m -Xmx512m"
        ulimits:
            memlock:
                soft: -1
                hard: -1
    oap:
        image: apache/skywalking-oap-server:8.9.1
        container_name: oap
        depends_on:
            elasticsearch:
                condition: service_healthy
        links:
            - elasticsearch
        ports:
```

```yaml
      - "11800:11800"
      - "12800:12800"
    healthcheck:
      test: [ "CMD-SHELL", "/skywalking/bin/swctl ch" ]
      interval: 30s
      timeout: 10s
      retries: 3
      start_period: 10s
    environment:
      SW_STORAGE: elasticsearch
      SW_STORAGE_ES_CLUSTER_NODES: elasticsearch:9200
      SW_HEALTH_CHECKER: default
      SW_TELEMETRY: prometheus
      JAVA_OPTS: "-Xms2048m -Xmx2048m"
  ui:
    image: apache/skywalking-ui:8.9.1
    container_name: ui
    depends_on:
      oap:
        condition: service_healthy
    links:
      - oap
    ports:
      - "8080:8080"
    environment:
      SW_OAP_ADDRESS: http://oap:12800
```

2）使用 Docker Compose 启动相关服务。

```Shell
docker-compose -f skywalking.yaml up -d
```

3）检查组件运行正常。

```Shell
docker ps
```

正常返回结果如下：

```Shell
CONTAINER ID   IMAGE                         COMMAND                 CREATED
    STATUS                      PORTS                    NAMES
affc70d49a0a   apache/skywalking-ui:8.8.1                            "bash docker-
    entrypo…"    About a minute ago    Up 15 seconds       0.0.0.0:8080-
    >8080/tcp, :::8080->8080/tcp                          ui
ddad43cc01d6   apache/skywalking-oap-server:8.8.1                    "sh
    docker-entrypoin…"    About a minute ago    Up 46 seconds (healthy)
    0.0.0.0:11800->11800/tcp, :::11800->11800/tcp, 1234/tcp, 0.0.0.0:12800-
    >12800/tcp, :::12800->12800/tcp    oap
37f73114e75c   docker.elastic.co/elasticsearch/elasticsearch-oss:7.4.2      "/
    usr/local/bin/dock…"    About a minute ago    Up About a minute
```

```
(healthy)    0.0.0.0:9200->9200/tcp, :::9200->9200/tcp, 9300/tcp
elasticsearch
```

4）在 APISIX 中启用 skywalking 和 skywalking-logger 插件，并为 skywalking 插件指定正确的 OAP 服务地址。可参考以下示例修改相关内容：

```YAML
plugins:
    - skywalking
    - skywalking-logger
plugin_attr:
    skywalking:
        service_name: APISIX
        service_instance_name: $hostname
        endpoint_addr: http://127.0.0.1:12800
```

其中，endpoint_addr 是 OAP 服务器的访问日志，service_name 和 service_instance_name 是 SkyWalking 中的重要概念，可以理解为**一个微服务**和**属于某个微服务的一个实例**。以上字段会在 SkyWalking 的控制台上显示。

5）创建路由并在该路由上启用 skywalking-logger 插件。

```Shell
curl http://127.0.0.1:9080/apisix/admin/routes/1 \
-H 'X-API-KEY: edd1c9f034335f136f87ad84b625c8f1' -X PUT -d '
{
    "uri": "/index.html",
    "upstream": {
        "type": "roundrobin",
        "nodes": {
        "127.0.0.1:8083": 1
        }
    },
    "plugins": {
        "skywalking-logger": {
            "endpoint_addr": "http://127.0.0.1:12800",
            "service_instance_name": "$hostname"
        },
        "skywalking": {
            "sample_ratio": 1
        }
    },
    "name": "skywalking-logger"
}'
```

为了测试方便，此处将 skywalking 插件的采样率（sample_ratio）设置为 1，表示收集所有请求的数据。

注意： 将 service_instance_name 设置为 $hostname 是为了获取 APISIX 实例所在的主机名，方便区分出具体的 APISIX 实例，多用于在部署多个 APISIX 实例的场景中。

6）循环请求 APISIX，产生访问日志。

```Shell
while true; do curl --location \
--request GET 'http://127.0.0.1:9080/index.html'; sleep 1; done
```

7）访问 SkyWalking Web UI，地址为 http://127.0.0.1:8080/log，页面如图 9-25 所示。

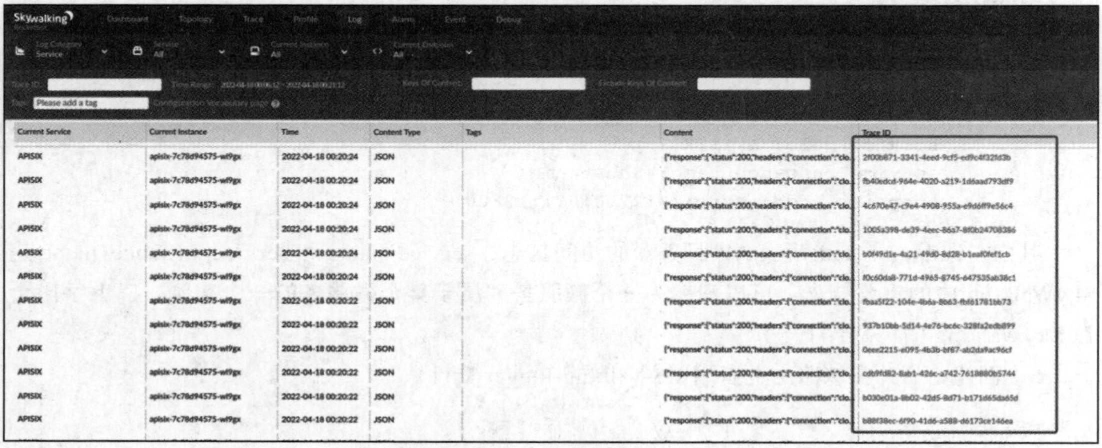

图 9-25　SkyWalking Web UI Log 信息

在 Log 导航栏中查询最近 15min 的日志，可以看到 APISIX 的访问日志和对应的 Trace ID 均已收集到 SkyWalking 中。如果此时告警系统中推送了一条错误请求的 Trace ID，根据 Trace ID 可以很轻松地查询到 APISIX 上的日志。

同时点击该 Trace ID 列还可以查看完整链路，这样也就完成了 Trace 和 Log 的联动。

6. 对接 Apache Kafka

前面介绍了很多种 APISIX 日志插件，用于对接到各种不同的日志存储系统中。而 kafka-logger 插件则与它们不同，Apache Kafka 作为一款知名的消息中间件，它并不作为日志的最终存储，而作为日志处理链路中的"缓冲区"。

在日志收集场景中，如果不做采样收集，业务产生日志的数量往往是与业务流量成正比的。例如：一条获取登录用户详情的请求会在整个微服务系统中产生 10 条日志，那么当有 10 个用户在同时执行这个操作时，就会产生 100 条日志。所以在一个可观测性建设完备的微服务系统中，日志系统的压力不容忽视。

在以往的架构中，日志存储系统不仅要处理日志来源的投递请求，还需要处理后续日志的解析、索引、分析等重 IO 和重计算的操作，这就要求日志系统需要随着日志流量的上升而不断扩容。

这时如果在架构中引入 Kafka 作为日志流量的缓冲区，日志系统就可以按照既定的速度按部就班地消费 Kakfa 中的日志。这样即使出现流量激增的情况，也不至于压垮日志系统，最多只会让日志处理链路出现延迟。

（1）原理

kafka-logger 插件原理如图 9-26 所示，具体步骤如下：

1）用户向 APISIX 发起请求。

2）APISIX 接受请求并生成访问日志。

3）kafka-logger 插件在请求结束后基于上下文信息生成一个 JSON 对象投递到 Kafka 服务器。

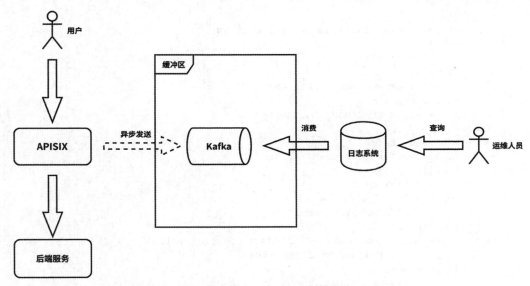

图 9-26　kafka-logger 插件原理

（2）参数

表 9-20 为 kafka-logger 插件参数，仅选取了本书所使用到的参数，更多参数可参见官网使用文档。

表 9-20　kafka-logger 插件参数

名称	类型	必选项	描述
broker_list	object	是	要推送的 Kafka 的 broker 列表
kafka_topic	string	是	要推送的目标主题

（3）应用场景

下面将演示如何使用 kafka-logger 插件将 APISIX 访问日志发送到 Kafka 服务，并通过 ElasticSearch 生态中用于日志处理的开源组件 Logstash 消费 Kafka 中的日志。

Logstash 拥有丰富的 I/O 插件，可以处理各种来源的日志，进行解析、过滤和处理后发送到指定存储。在小流量的场景下，可以直接使用 http-logger、tcp-logger 等插件将日志发送给 Logstash。一旦流量到达一定量级，就不得不部署更多的 Logstash 服务器，此时如果在链路中引入 Kafka，就可以为整个链路增加更多的弹性。

在以下场景中，通过使用 Docker Compose 启动一个 Kafka 集群以及 Kafka 的消费者，并使用 kafka-console-consumer.sh 脚本去消费通过 kafka-logger 插件写入 Kafka 中的日志。

1）创建一个 Docker Compose 的启动文件（kafka.yaml），请确保 9092 端口未被其他服务占用。具体信息如下：

```YAML
version: "2"
services:
    zookeeper:
        image: docker.io/bitnami/zookeeper:3.8
        ports:
            - "2181:2181"
        volumes:
            - "zookeeper_data:/bitnami"
        environment:
            - ALLOW_ANONYMOUS_LOGIN=yes
    kafka:
        hostname: kafka
        image: docker.io/bitnami/kafka:3.2
        ports:
            - "9092:9092"
        volumes:
            - "kafka_data:/bitnami"
        environment:
            - KAFKA_CFG_ZOOKEEPER_CONNECT=zookeeper:2181
            - ALLOW_PLAINTEXT_LISTENER=yes
        depends_on:
            - zookeeper
    kafka-consumer:
        image: docker.io/bitnami/kafka:3.2
        command: ["kafka-console-consumer.sh", "--bootstrap-server",
            "kafka:9092", "--topic","apisix"]
        depends_on:
            - kafka
volumes:
    zookeeper_data:
        driver: local
    kafka_data:
        driver: local
```

2）使用 Docker Compose 启动一个 Kafka 服务。

```Shell
docker-compose -f kafka.yaml up -d
```

返回信息如下：

```Shell
[+] Running 28/28
:: kafka Pulled                                          178.5s
```

```
....
:: zookeeper Pulled                                          139.8s
....                                                         135.6s
[+] Running 5/5
:: Network bitnami-docker-kafka_default          Created     0.1s
:: Volume "bitnami-docker-kafka_zookeeper_data"  Created     0.0s
:: Volume "bitnami-docker-kafka_kafka_data"      Created     0.0s
:: Container bitnami-docker-kafka-zookeeper-1    Created     0.3s
:: Container bitnami-docker-kafka-kafka-1        Created
:: Container root-kafka-consumer-1               Created     0.1s
```

3）运行成功后，使用以下命令检查容器运行情况（处于 running 状态表示正常启动）和查看访问端口。

Haskell
```
    docker ps
```

返回结果如下：

Apache
```
CONTAINER ID    IMAGE           COMMAND           CREATED       STATUS       PORTS       NAMES
892b7553c6b6    bitnami/kafka:3.2    "/opt/bitnami/script…"    16 minutes ago
    Up 15 minutes    9092/tcp         root-kafka-consumer-1
0a10785b858e    bitnami/kafka:3.2    "/opt/bitnami/script…"    16 minutes ago
    Up 15 minutes    0.0.0.0:9092->9092/tcp, :::9092->9092/tcp    root-kafka-1
7dec7b30b35c    bitnami/zookeeper:3.8    "/opt/bitnami/script…"    16 minutes ago
    Up 15 minutes    2888/tcp, 3888/tcp, 0.0.0.0:2181->2181/tcp, :::2181->2181/
tcp, 8080/tcp    root-zookeeper-1
```

可以看到，ZooKeeper、Kafka 和 Kafka Consumer 容器正常启动，kafka 的 9092 服务端口被映射到宿主机的 9092 端口。

4）为同样部署在这个集群中的 APISIX 创建路由，同时配置 kafka-logger 插件。将 Kafka 的服务器地址配置为上述步骤中得到的 IP（127.0.0.1）和端口（9092），topic 设置为 apisix。

Shell
```
curl -i http://127.0.0.1:9080/apisix/admin/routes/1 \
-H 'X-API-KEY: edd1c9f034335f136f87ad84b625c8f1' -X PUT -d '
{
    "uri": "/index.html",
    "upstream": {
        "type": "roundrobin",
        "nodes": {
            "127.0.0.1:8081": 1
        }
    },
    "plugins": {
        "kafka-logger": {
            "broker_list" :
                {
```

```
                    "127.0.0.1": 9092
                },
            "kafka_topic" : "apisix"
        }
    },
    "name": "kafkalog"
}'
```

5）由于 APISIX 是部署在宿主机中的，无法直接解析到容器中，因此需要将其添加到宿主机的 hosts 文件中。

Shell
```
    echo  '127.0.0.1  kafka' >> /etc/hosts
```

6）访问 APISIX，产生访问日志。

Shell
```
curl http://127.0.0.1:9080/index.html
```

7）通过以下命令查看日志。

Apache
```
docker logs root-kafka-consumer-1
```

输出如下内容，则表示已经正常输出日志。

JSON
```
[
    {
        "client_ip": "10.0.20.6",
        "server": {
            "hostname": "apisix-9965799fd-w5ls8",
            "version": "2.13.1"
...                     # 因篇幅有限，仅显示部分内容
        },
        "route_id": "kafkalog"
    }
]
```

8）创建一个名称为 logstash 的文件，使用 Elastic 官方的 Logstash 镜像，并结合以下配置来消费 Kafka 中的日志。

Ruby
```
input {
    kafka{
        codec => json
        bootstrap_servers => "kafka:9092"
        topics => ["apisix"]
    }
}
output {
```

```
    stdout {
        codec => rubydebug
    }
}
```

上述配置表示消费 127.0.0.1:9092 中 apisix topic 下的日志，使用 JSON 解码，输出到 stdout。

9）启动 Logstash 容器，观察输出。

```Shell
docker run --network root_default\
    -v $(pwd)/logstash:/usr/share/logstash/pipeline/logstash \
        docker.elastic.co/logstash/logstash:8.2.0
```

返回结果如下：

```YAML
{
    "@version" => "1",.... // 因篇幅有限，省略部分内容
    },
        "server" => {
    "hostname" => "apisix",
    "version" => "2.13.1"
    },
        "route_id" => "1",
        "upstream" => "127.0.0.1:8081",
        "client_ip" => "127.0.0.1"
}
```

在海量日志场景下，借助 Apache Kafka 可以将日志系统的压力控制在预期容量内，从而平稳应对流量高峰，这对于那些流量有明显波峰波谷的业务来说是至关重要的。

9.3.2 错误日志

错误日志（error.log）是 APISIX 运行时主动输出的日志信息，这些日志往往都与请求的处理流程息息相关，是代码开发者留给自己和用户的一剂"解药"。当 APISIX 出现非预期行为时，首先想到的一定是查看错误日志。

APISIX 的错误日志有 stderr、emerg、alert、crit、error、warn、notice、info、debug 几个级别，默认的错误日志级别为 warn，存储在 APISIX 所在主机的 ./logs/error.log 文件中。

在 ./conf/config.yaml 中添加相关配置可以修改错误日志的级别，也可以修改错误日志的存放路径。

```YAML
nginx_config:
    error_log: logs/error.log      # 存放路径
    error_log_level:  warn         # 日志级别
```

当服务出现故障时，登录 APISIX 所在的主机可查看该文件获取的错误日志。但这种方式显

然是低效的，因为在实际生产环境中，网关的实例会随着业务流量的增加而线性扩容。试想在一个有着数百个 APISIX 实例的集群中找到其中某个实例的错误日志，是一个非常烦琐的工作。

为此，APISIX 为错误日志提供了 error-log-logger 插件，用于将 APISIX 的错误日志通过 TCP/IP 协议投递到指定的远端存储中，这样既完成了日志的持久化存储，也让用户可以在一个统一的日志系统中查询到所有实例的错误日志，极大提高了问题发现和定位的效率。

1. 插件简介

error-log-logger 插件根据用户预先设置的日志级别，对 APISIX 的错误日志进行筛选，并将筛选后的日志发送到指定服务。

该插件目前支持对接的服务有 TCP Server、SkyWalking、ClickHouse。当对它们进行同时配置时，生效优先级为：SkyWalking > ClickHouse > TCP Server。在后续迭代过程中，也会考虑增加更多类型。

error-log-logger 插件通过一个定时器，定时通过 ngx.errlog API 获取错误日志。待日志达到预定的数量后，一并发送到指定的远端存储，原理如图 9-27 所示。

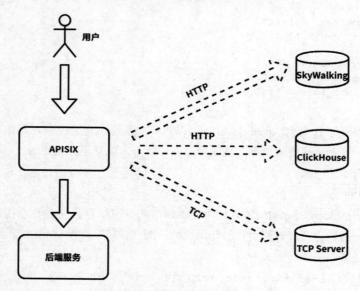

图 9-27　error-log-logger 插件原理

2. 参数

表 9-21 为 error-log-logger 插件参数，仅选取了本书所使用到的参数，更多参数可参见官网使用文档。

表 9-21　error-log-logger 插件参数

名称	类型	必选项	描述
tcp.host	string	是	TCP 服务器的 IP 地址或主机名

（续）

名称	类型	必选项	描述
tcp.port	integer	是	目标端口，有效值范围为 [0,+∞)
skywalking.endpoint_addr	string	否	SkyWalking 的 HTTP endpoint 地址，默认值为 http://127.0.0.1:12900/v3/logs
clickhouse.endpoint_addr	String	否	ClickHouse 的 HTTP endpoint 地址，默认值为 http://127.0.0.1:8213
clickhouse.user	String	否	ClickHouse 的用户名
clickhouse.password	String	否	ClickHouse 的密码
clickhouse.database	String	否	ClickHouse 的用于接收日志的数据库
clickhouse.logtable	String	否	ClickHouse 的用于接收日志的表

3. 配置说明

error-log-logger 是全局性插件，不需要绑定任何路由或服务，在配置文件 ./conf/config.yaml 中启用插件后，就可以通过 /apisix/admin/plugin_metadata/error-log-logger 接口更新该插件的配置。通过配置 level 参数来指定日志级别。

（1）配置 TCP 服务器

```Shell
curl http://127.0.0.1:9080/apisix/admin/plugin_metadata/error-log-logger \
-H 'X-API-KEY: edd1c9f034335f136f87ad84b625c8f1' -X PUT -d '
{
    "tcp": {
        "host": "127.0.0.1",
        "port": 1999
    },
    "inactive_timeout": 1
}'
```

（2）配置 SkyWalking 服务器

```Shell
curl http://127.0.0.1:9080/apisix/admin/plugin_metadata/error-log-logger \
-H 'X-API-KEY: edd1c9f034335f136f87ad84b625c8f1' -X PUT -d '
{
  "skywalking": {
    "endpoint_addr": "http://127.0.0.1:12800/v3/logs"
  },
  "inactive_timeout": 1
}'
```

（3）配置 ClickHouse 服务器

```C++
curl http://127.0.0.1:9080/apisix/admin/plugin_metadata/error-log-logger \
-H 'X-API-KEY: edd1c9f034335f136f87ad84b625c8f1' -X PUT -d '
{
```

```
    "clickhouse": {
        "user": "default",
        "password": "$password",
        "database": "error_log",
        "logtable": "t",
        "endpoint_addr": "http://127.0.0.1:8123"
    }
}'
```

4. 应用场景

ElasticSearch 是一个分布式、支持多租户的全文搜索引擎，它使用 Java 语言开发，并在 Apache 许可证下作为开源软件发布。官方客户端具有 Java、.NET（C#）、PHP、Python、Apache Groovy、Ruby 和多种其他语言，根据相关调研报告显示，ElasticSearch 是当下最受欢迎的企业搜索引擎。

在微服务领域，ElasticSearch 往往和可观测性紧密结合，它优秀的搜索引擎基因为各种类型的可观测性数据提供了良好的分析能力。

下面介绍如何使用 ElasticSearch 生态中的 Filebeat 项目，结合 error-log-logger 插件，实现对 APISIX 错误日志的实时检索和分析。

在进行以下步骤前，请确保已经部署好可以正常工作的 APISIX 和 ElasticSearch 服务。

1）根据 ElasticSearch 官方文档中的说明，下载安装 Filebeat 程序包。

```Shell
curl -L -O https://artifacts.elastic.co/downloads/beats/filebeat/filebeat-8.2.0-
    linux-x86_64.tar.gz
tar xzvf filebeat-8.2.0-linux-x86_64.tar.gz
```

2）准备 Filebeat 配置文件。

```YAML
filebeat.inputs:
- type: tcp
    host: "0.0.0.0:1999"

output.elasticsearch:
    hosts: ["https://your-elastic-search-host:9200"]
    username: "$YOUR_USERNAME"
    password: "$YOUR_PASSWORD"
```

以上配置表示 Filebeat 会监听 TCP 1999 端口，在该端口收到的数据会写入指定的 ElasticSearch 服务中。

3）在 ElasticSearch 中有一个很重要的概念叫作 index template，表示用户告诉 ElasticSearch 要如何处理一段文本数据。例如你希望可以解析出一段日志中的日志等级字段，解析完成后，就可以基于解析后的数据进行更加高效的检索，例如 "log.level = error"。

Filebeat 中内置了简单的 index template 配置，可以通过如下方式启用：

```Shell
filebeat setup -e
```

4）运行 Filebeat 程序。

```Shell
filebeat -c filebeat.yml
```

5）配置 error-log-logger 插件。

```Shell
curl http://127.0.0.1:9080/apisix/admin/plugin_metadata/error-log-logger \
-H 'X-API-KEY: edd1c9f034335f136f87ad84b625c8f1' -X PUT -d '
{
    "tcp": {
        "host": "172.23.7.107",
        "port": 1999
    },
    "inactive_timeout": 1
}'
```

其中，172.23.7.107 为 Filebeat 所在机器的 IP 地址。

6）通过 Kibaba 查询日志，例如在图 9-28 中，根据 warn 关键字查询所有警告日志。

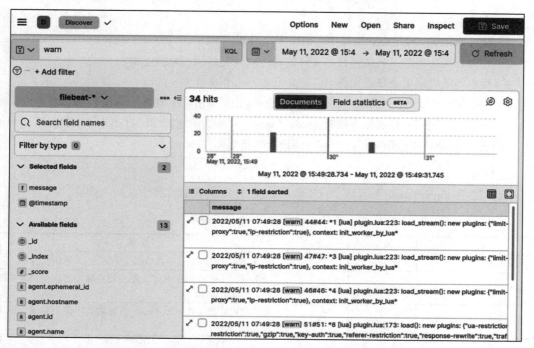

图 9-28　警告日志查询结果

可以看到，APISIX 的错误日志已经被收集到 ElasticSearch 中，并且可被正常索引。

错误日志是排查 APISIX 相关问题时最高效的手段之一。借助 error-log-logger 插件，可以将针对错误日志的分析流程进一步优化，在持久化日志的同时，用户不需要登录具体的主机上查看日志，提升运维效率。

9.3.3　日志文件自动切分

APISIX 支持将访问日志和错误日志写入本地文件，但因为网关日志的数据量会随着流量呈线性增长，所以本地日志文件的存储占用是不得不考虑的问题。

默认情况下，访问日志和错误日志会分别写在 ./logs/access.log 和 ./logs/error.log 文件中。随着 APISIX 的运行，并持续产生日志，日志文件的大小就会持续增长。这样就可能出现部署 APISIX 的机器磁盘写满的情况，机器上所有程序也会因此受到影响；在问题排查时，我们往往需要根据故障时间点找到具体时间段的日志，如果所有日志都写在一个文件中，会因为文件过大导致检索不便，还会出现使用编辑器打开过大的日志文件时内存溢出的情况。

APISIX 内建日志文件自动切分插件 log-rotate，通过此插件可以自动完成日志目录 logs 下的访问日志（access.log）和错误日志（error.log）的定时切分。

此插件会定期创建一个新的日志文件（以创建时间命名），并将新日志输出到新创建的日志文件中，从而实现日志文件归档，减少在过大的日志文件中查找目标信息的成本。

1. 原理

1）插件启用后，会在 APISIX 中注册一个定时器。

2）定时器循环判断，当达到日志文件轮转时间间隔后执行轮转逻辑。

3）根据当前时间生成日志文件名，将新日志写入新文件中。

4）根据用户配置的压缩策略（enable_compression），调用系统中的 tar 命令压缩旧日志文件。

5）根据用户配置的日志保留策略（max_kept），判断当前系统中的日志文件数量是否达到阈值，如果达到阈值，则会删除距离当前时间最长的日志文件。

2. 参数

表 9-22 为 log-rotate 插件参数，以下参数是在 APISIX 配置文件中使用的参数。

表 9-22　log-rotate 插件参数

名称	类型	必选项	描述
interval	integer	是	每间隔多长时间切分一次日志，单位为 s，默认值为 60
max_kept	integer	是	最多保留多少份历史日志，超过指定数量后，自动删除旧文件。默认值为 24 * 7
enable_compression	boolean	否	是否启用日志文件压缩（gzip）。该功能需要安装 tar。默认值为 false

3. 配置说明

log-rotate 是全局性插件，不需要绑定在具体的路由或服务中，在 ./conf/config.yaml 的 plugins

中启用插件后，可以通过 plugin_attr 指定插件配置，配置如下：

```YAML
plugins:
    - log-rotate
plugin_attr:
    log-rotate:
        interval: 3600       # 切分时间，单位为 s
        max_kept: 168        # 保留最大日志文件数
        enable_compression: false    # 是否启用日志压缩，默认为禁用状态
```

（1）日志轮转

1）配置 log-rotate 插件。

```YAML
plugins:
  - log-rotate
plugin_attr:
    log-rotate:
        interval: 10
        max_kept: 2
        enable_compression: false
```

以上配置表示每 10s 轮转日志文件一次，保留 2 个历史文件。

2）等待几分钟后查看 logs 目录。

```Shell
ll logs
```

返回结果如下：

```Shell
total 44K
-rw-r--r--. 1 resty resty    0 Mar 20 20:32 2020-03-20_20-32-40_access.log
-rw-r--r--. 1 resty resty 2.4K Mar 20 20:32 2020-03-20_20-32-40_error.log
-rw-r--r--. 1 resty resty    0 Mar 20 20:32 2020-03-20_20-32-50_access.log
-rw-r--r--. 1 resty resty 2.4K Mar 20 20:34 2020-03-20_20-34-50_error.log
-rw-r--r--. 1 resty resty    0 Mar 20 20:34 access.log
-rw-r--r--. 1 resty resty 1.5K Mar 20 21:31 error.log
```

从以上返回结果可以看到，每隔 10s 会分别产生一个 access.log 和 error.log 文件。

（2）日志轮转并压缩

1）配置 log-rotate 插件。

```YAML
plugins:
    - log-rotate
plugin_attr:
    log-rotate:
        interval: 10
```

```
max_kept: 3
enable_compression: true
```

以上配置表示每 10s 轮转日志文件一次，保留 3 个历史文件，并且压缩历史文件减少存储占用。

2）等待几分钟后查看 logs 目录。

```Shell
ll logs
```

返回结果如下：

```Shell
total 10.5K
-rw-r--r--. 1 resty resty  1.5K Mar 20 20:33 2020-03-20_20-33-50_access.log.tar.
    gz
-rw-r--r--. 1 resty resty  1.5K Mar 20 20:33 2020-03-20_20-33-50_error.log.tar.
    gz
-rw-r--r--. 1 resty resty  1.5K Mar 20 20:33 2020-03-20_20-34-00_access.log.tar.
    gz
-rw-r--r--. 1 resty resty  1.5K Mar 20 20:34 2020-03-20_20-34-00_error.log.tar.
    gz
-rw-r--r--. 1 resty resty  1.5K Mar 20 20:34 2020-03-20_20-34-10_access.log.tar.
    gz
-rw-r--r--. 1 resty resty  1.5K Mar 20 20:34 2020-03-20_20-34-10_error.log.tar.
    gz
-rw-r--r--. 1 resty resty     0 Mar 20 20:34 access.log
-rw-r--r--. 1 resty resty 1.5K Mar 20 21:31 error.log
```

从以上返回结果可以看到，除了当前正在使用的 access.log 和 error.log 文件，其他历史文件都被压缩为 tar.gz 格式。

使用 log-rotate 插件可将 APISIX 的访问日志和错误日志文件按照时间分割轮转，这样即使 APISIX 持续运行不停机，也不至于磁盘被占满导致服务异常。

第 10 章 *Chapter 10*

运维管理

在日常的运维工作中，你可能会对 APISIX 进行升级维护、更换 SSL 证书等操作。本章介绍 APISIX 运维相关的内容，比如使用命令行交互工具对 APISIX 进行管理，使用 Admin API 添加上游、路由、SSL 证书等操作，以及使用 Control API 获取插件的 schema 规则等；还介绍了 APISIX 支持的单机模式，它可以在不依赖数据库的情况下正常工作。最后介绍了运维相关的安全细节，比如特有的 etcd 通信安全、证书轮转和 Public API 相关知识。

10.1 命令行交互

APISIX 作为一个服务端软件，提供丰富的操作指令。通过这些指令，我们可以更好地管理和控制 APISIX 的行为。本节介绍 APISIX 的命令行交互（CLI）指令，以及这些指令的用法和场景。

当 APISIX 成功安装后，就需要通过命令行来启动 APISIX。修改 APISIX 的配置之后，也需要通过命令行来操作 APISIX 重新加载配置。APISIX 提供了如表 10-1 所示的操作指令，通过这些操作指令可以控制 APISIX 的启动、停止和重启等多种状态。

表 10-1　APISIX 指令

操作指令	描述
init	初始化 nginx.conf 配置文件
init_etcd	初始化 etcd 中的数据
start	启动 APISIX
stop	停止 APISIX
quit	平滑退出 APISIX

（续）

操作指令	描述
restart	先停止 APISIX，再启动 APISIX
reload	重新加载 APISIX，常用于配置更新
version	查看 APISIX 当前版本

1. init

在 APISIX 日常运维工作中，可能需要初始化 nginx.conf，因此 APISIX 提供了 init 指令，用于初始化操作。

在执行 init 指令时，APISIX 将读取 ./conf/config.yaml 和 ./conf/config-default.yaml 两个文件，并将文件中的内容按如下规则进行合并。

- ❏ 当 ./conf/config.yaml 配置文件中的内容为非 map 类型时，./conf/config-default.yaml 中的内容将会被 ./conf/config.yaml 中的内容覆盖。非 map 类型有 number、string、boolean、array 等。
- ❏ 当 ./conf/config.yaml 配置文件中的内容为 map 类型时，则会和 ./conf/config-default.yaml 中的内容进行合并，/conf/config.yaml 优先级大于 ./conf/config-default.yaml。

合并之后，APISIX 会对配置进行合法性检查和 OpenResty 版本检查。

以下是该指令的操作示例：

```Shell
apisix init
```

返回结果如下：

```Shell
/usr/local/openresty/luajit/bin/luajit /usr/local/apisix/apisix/cli/apisix.lua
    init
```

2. init_etcd

当服务出现异常时，可能需要测试 etcd 服务是否正常。此时如果手动检查，既耗时又容易出错。为解决这一问题，APISIX 提供了 init_etcd 指令。在执行 init_etcd 指令时，APISIX 将判断 etcd 中是否存在表 10-2 所示的 key。如果不存在，APISIX 将会创建对应的 key 和 value，用于后续对 etcd 进行配置和更新监听。

表 10-2　etcd 中需要存在的 key

key	value
/apisix/consumers/	init_dir
/apisix/node_status/	init_dir
/apisix/global_rules/	init_dir
/apisix/plugin_metadata/	init_dir
/apisix/plugins/	init_dir

（续）

key	value
/apisix/proto/	init_dir
/apisix/routes/	init_dir
/apisix/services/	init_dir
/apisix/ssl/	init_dir
/apisix/stream_routes/	init_dir
/apisix/upstreams/	init_dir

该指令的操作示例如下：

```Shell
apisix init_etcd
```

返回结果如下：

```Shell
/usr/local/openresty/luajit/bin/luajit /usr/local/apisix/apisix/cli/apisix.lua
    init_etcd
```

3. start

当 APISIX 安装完成后，可以使用 start 指令启动 APISIX。当执行该指令时，会在 APISIX 安装的根目录中创建 logs 目录，并判断 APISIX 当前是否处于运行状态。如果 APISIX 没有处于运行状态，则依次调用 init、init_etcd 指令，调用成功后启动 APISIX。

该指令的操作示例如下：

```Shell
apisix start
```

返回结果如下：

```Shell
/usr/local/openresty/luajit/bin/luajit /usr/local/apisix/apisix/cli/apisix.lua
    start
```

4. stop

当需要立即停止服务时，可以使用 stop 指令。执行该指令时，APISIX 将会停止接受请求，并立即断开当前正在处理的链接，然后退出进程。

该指令的操作示例如下：

```Shell
apisix stop
```

返回结果如下：

```Shell
```

```
/usr/local/openresty/luajit/bin/luajit /usr/local/apisix/apisix/cli/apisix.lua
    stop
```

5. quit

假如不想立即停止服务，可以使用 quit 指令。执行该指令时，APISIX 将会停止接受请求，并在处理完当前链接后退出进程。在实际生产环境中，建议执行该指令停止 APISIX。

以下是该指令的操作示例：

```Shell
apisix quit
```

返回结果如下：

```Shell
/usr/local/openresty/luajit/bin/luajit /usr/local/apisix/apisix/cli/apisix.lua
    quit
```

6. restart

当 APISIX 服务出现异常，需要重启时，可以使用 restart 指令。执行该指令时，APISIX 将会先执行 stop 退出进程，然后执行 start 启动。在此过程中，保存在共享内存中的数据将会丢失（例如限流、限速等信息）。

该指令的操作示例如下：

```Groovy
apisix restart
```

返回结果如下：

```Shell
/usr/local/openresty/luajit/bin/luajit /usr/local/apisix/apisix/cli/apisix.lua
    restart
configuration test is successful
```

7. reload

修改完配置文件后，需要使配置文件生效，可以使用 reload 指令。执行该指令时，APISIX 将执行热更新操作。

在热更新的过程中，APISIX 会重新读取配置，并加载 Lua 代码，创建新的 Worker 节点用于接收这部分请求。当在旧 Worker 上的链接处理完毕后，旧 Worker 也将一并退出。该指令常用于修改完配置文件或者修改完自定义插件之后热更新 APISIX。

该指令的操作示例如下：

```Shell
apisix reload
```

返回结果如下：

```Shell
/usr/local/openresty/luajit/bin/luajit /usr/local/apisix/apisix/cli/apisix.lua
    reload
```

8. version

当需要确认 APISIX 的版本信息时,可以执行 version 指令。

该指令的操作示例如下:

```Shell
apisix version
```

返回结果如下:

```Shell
/usr/local/openresty/luajit/bin/luajit /usr/local/apisix/apisix/cli/apisix.lua
    version
2.13.1
```

10.2　Admin API

Admid API 是一组用于配置 APISIX 路由、上游、SSL 证书等功能的 RESTful API。用户可以通过 Admin API 来获取、创建、更新以及删除资源。得益于 APISIX 的热更新能力,资源配置完成后,APISIX 将会自动更新,无须重启服务。

APISIX 默认使用 etcd 作为配置中心,并定期从 etcd 数据中加载资源信息。为了避免用户直接操作 etcd,APISIX 提供了 Admin API,用户可以通过 Admin API 更加便捷地配置 APISIX。

目前 APISIX 支持通过接口配置所有资源,具体细节如表 10-3 所示。

表 10-3　APISIX 的资源

资源	接口	方法
route(路由)	/apisix/admin/routes/{id}	获取、创建、更新、删除
service(服务)	/apisix/admin/services/{id}	获取、创建、更新、删除
consumer(消费者)	/apisix/admin/consumers/{id}	获取、创建、删除
upstream(上游)	/apisix/admin/upstreams/{id}	获取、创建、更新、删除
SSL(证书)	/apisix/admin/ssl/{id}	获取、创建、更新、删除
global_rule(全局插件)	/apisix/admin/global_rules/{id}	获取、创建、更新、删除
plugin_config(插件模版)	/apisix/admin/plugin_configs/{id}	获取、创建、更新、删除
plugin_metadata(插件元数据)	/apisix/admin/plugin_metadata/{plugin_name}	获取、创建、删除
plugin(插件)	/apisix/admin/plugins/{plugin_name} /apisix/admin/plugins/list /apisix/admin/plugins/reload	获取
stream_routes	/apisix/admin/stream_routes	获取、创建、更新、删除

10.2.1 配置 Admin API

APISIX 在 ./conf/config-default.yaml 配置文件中默认开启 Admin API，用户可以通过在 ./conf/config.yaml 中添加配置进行开启与禁用。配置如下：

```YAML
apisix:
    ...
    enable_admin: true
    enable_admin_cors: true
```

其中，enable_admin 为 true 表示启用 Admin API，为 false 表示禁用 Admin API；enable_admin_cors 为 true 表示启用 Admin API 的跨域，为 false 表示禁用 Admin API 的跨域。

1. 监听端口

APISIX Admin API 默认监听 9080 端口，可以在 ./conf/config.yaml 文件中添加配置并进行修改。

```YAML
apisix:
    ...
    admin_listen:
        ip: "127.0.0.1"
        port: 9180
```

其中，ip 表示设置 Admin API 监听的主机，port 表示设置 Admin API 监听的端口。

2. 访问白名单

APISIX 支持设置 Admin API 的 IP 访问白名单，防止 APISIX 被非法访问和攻击。在 ./conf/config.yaml 文件的 apisix.allow_admin 选项中，可以配置允许访问的 IP 地址。

注意：当该配置项为空时，任何 IP 都可以访问 Admin API。因此该配置项不能为空，否则将带来不必要的安全隐患。

```YAML
apisix:
    allow_admin:
        - 127.0.0.0/24
```

上述代码中，allow_admin 表示允许访问的 IP 列表，支持 IP CIDR 形式进行配置。默认为 127.0.0.0/24，即仅允许本机访问。

3. TLS 与 mTLS 访问

APISIX 支持配置 TLS 或 mTLS 来访问 Admin API，从而防止在通信链路中的数据泄露以及未经授权的恶意访问。用户可以通过在 ./conf/config.yaml 配置文件中新增如下配置开启这个功能。Admin API 的 TLS 双向认证配置方式可参考 8.3 节的 Admin API 相关内容。

```YAML
apisix:
    https_admin: true

    admin_api_mtls:
        admin_ssl_cert: ""
        admin_ssl_cert_key: ""
        admin_ssl_ca_cert: ""
```

其中:

❑ https_admin 参数用于开启或关闭 TLS 访问，默认是关闭状态。当该功能开启时，将会使用 ./conf/apisix_admin_api.crt 和 ./conf/apisix_admin_api.key 作为证书和密钥。

❑ admin_api_mtls 参数用于控制开启或关闭 mTLS，又包含以下 3 个参数。

- admin_ssl_cert 表示开启 mTLS 时服务端的证书；
- admin_ssl_cert_key 表示开启 mTLS 时服务端的密钥；
- admin_ssl_ca_cert 表示开启 mTLS 时签发的 CA 证书。

4. API Key 和用户

APISIX 支持配置 Key Auth 来访问 Admin API，通过在 ./conf/config.yaml 文件中添加如下配置开启该功能。

```YAML
apisix:
    admin_key:
        -
            name: "admin"
            key: edd1c9f034335f136f87ad84b625c8f1
            role: admin
        -
            name: "viewer"
            key: 4054f7cf07e344346cd3f287985e76a2
            role: viewer
```

其中:

❑ name 表示创建的用户名，允许自定义。

❑ key 表示鉴权时携带的 X-API-KEY 值。访问 Admin API 时，需要携带 "X-API-KEY: $KEY" 进行鉴权。

❑ role 表示用户的角色，目前支持设置为具有读写操作的角色 admin 和只读角色 viewer。admin 对配置数据具有完整的访问权限，而 viewer 是只读权限。

注意: 如果 role 为空，则无须提供 X-API-KEY 即可访问 Admin API。所以在生产环境中一定要注意此处切忌为空。

10.2.2　功能介绍

1. 创建路由资源

当使用非法的 X-API-KEY 时，APISIX 将返回 401 Unauthorized，同时返回信息 {"error_msg":"failed to check token"}，表示认证失败。

```Shell
curl -XPOST "http://127.0.0.1:9080/apisix/admin/routes/1" \
-H "X-API-KEY: invalid_key" -d '
{
    "uri":"/index.html",
    "upstream":{
        "nodes":{
            "127.0.0.1:8081":1
        },
        "type":"roundrobin"
    }
}'
```

返回结果如下：

```Shell
{"error_msg":"failed to check token"}
```

当创建非法的路由资源时，APISIX 将返回 400 Bad Request，同时返回对应的错误信息，表示配置内容不合法。

```Shell
curl -XPOST "http://127.0.0.1:9080/apisix/admin/routes" \
-H "X-API-KEY: edd1c9f034335f136f87ad84b625c8f1" -d '
{
    "uri":123,
    "upstream":{
        "nodes":{
            "127.0.0.1:8080":1
        },
        "type":"roundrobin"
    }
}'
```

返回结果如下：

```Shell
{"error_msg":"invalid configuration: property \"uri\" validation failed: wrong
    type: expected string, got number"}
```

当创建路由资源合法，并且使用正确的 API Key 时，APISIX 将返回 201 Created，表示创建成功。例如，使用 Admin API 创建一条以 127.0.0.1 作为上游的路由资源，命令如下。

```Shell
```

```
curl "http://127.0.0.1:9080/apisix/admin/routes/1" \
-H "X-API-KEY: edd1c9f034335f136f87ad84b625c8f1" -X PUT -d '
{
    "uri":"/index.html",
    "upstream":{
        "nodes":{
            "127.0.0.1:8081":1
        },
        "type":"roundrobin"
    }
}'
```

2. 测试路由资源

通过如下命令可以测试之前创建的路由资源：

```Shell
curl "http://127.0.0.1:9080/index.html"
```

APISIX 将转发请求到 127.0.0.1:8081，并返回如下结果，表示之前创建的路由已经生效。

```Apache
HTTP/1.1 200 OK
Content-Type: text/html; charset=utf-8
...
here 8081
```

3. 获取路由资源列表

通过如下命令可以获取路由资源列表，APISIX 将会返回所有的路由资源：

```Shell
curl "http://127.0.0.1:9080/apisix/admin/routes" \
-H "X-API-KEY: edd1c9f034335f136f87ad84b625c8f1"
```

返回信息如下：

```JSON
{
    "action":"get",
    "count":1,
    "node":{
        "nodes":[
            {
                "key":"/apisix/routes/1",
                "modifiedIndex":108,
                "createdIndex":108,
                "value":{
                    "uri":"/index.html",
                    "upstream":{
                        "nodes":{
                            "127.0.0.1:8081":1
                        },
```

```
                               "pass_host":"pass",
                               "scheme":"http",
                               "type":"roundrobin",
                               "hash_on":"vars"
                          },
                          "priority":0,
                          "status":1,
                          "id":"1",
                          "update_time":1654588565,
                          "create_time":1654588565
                     }
                }
           ],
           "dir":true,
           "key":"/apisix/routes"
      }
}
```

4. 获取指定 ID 的路由资源

通过如下命令可获取 ID 为 1 的路由资源。

```Shell
curl "http://127.0.0.1:9080/apisix/admin/routes/1" \
-H "X-API-KEY: edd1c9f034335f136f87ad84b625c8f1"
```

5. 更新路由资源

通过如下命令可以将 ID 为 1 的路由资源的 URI 从 /index.html 更新为 /*。

```Shell
curl -XPUT "http://127.0.0.1:9080/apisix/admin/routes/1" -H  "X-API-KEY: edd1c9f
    034335f136f87ad84b625c8f1" -d '
{
    "uri":"/*",
    "upstream":{
        "nodes":{
            "127.0.0.1:8081":1
        },
        "type":"roundrobin"
    }
}'
```

6. 删除路由资源

通过如下命令删除 ID 为 1 的路由资源。

```Shell
curl -XDELETE "http://127.0.0.1:9080/apisix/admin/routes/1" \
-H "X-API-KEY: edd1c9f034335f136f87ad84b625c8f1"
```

返回如下结果，则表示删除成功：

```Shell
{
    "action": "delete",
    "key": "/apisix/routes/1",
    "deleted": "1",
    "node": {}
}
```

本节介绍了如何配置 Admin API 以及如何使用 Admin API 创建路由资源，可以使用相同的方法操作其他资源，例如服务、消费者和上游等资源。

相比于直接操作 etcd，Admin API 可以通过 Schema 校验来确保写入资源的正确性，更加易于使用。另外，使用 Admin API 可以修改对应的资源配置，因此在生产环境中使用 Admin API 时要做好安全防护。

10.3　Control API

Control API 是一组用于获取资源 Schema 以及上游健康状态的 API。同时，插件也可以将 API 暴露到 Control API，这样就可以通过该 API 获取插件内部的状态信息或资源信息。通过 Control API，可以获取资源的 Schema，从而使用该 Schema 对资源进行格式校验；同时也可以获取上游节点的健康信息，及时告警，从而避免出现服务不可用的场景。

目前，APISIX 支持的 Control API 如表 10-4 所示，更多详细内容可参见 APISIX Control API 官方文档。

表 10-4　APISIX 支持的 Control API

接口	用途
/v1/schema	获取插件、资源的 Schema 配置
/v1/healthcheck	获取上游、服务、路由中上游的健康状态（需要开启健康检查）
/v1/gc	主动进行一次 Lua 内存回收

10.3.1　配置 Control API

1. 开启与关闭 Control API

APISIX 在 ./conf/config-default.yaml 文件中默认开启 Control API，可以通过在 ./conf/config.yaml 文件中添加相关配置进行开启与关闭。示例如下：

```YAML
apisix:
    ...
    enable_control: true
```

其中，enable_control 表示是否开启 Control API。true 表示开启 Control API，false 表示关闭 Control API。

2. 设置 Control API 监听端口

APISIX 在 ./conf/config-default.yaml 文件中默认设置监听 127.0.0.1:9090，可以通过在 ./conf/
config.yaml 文件中添加配置进行修改。配置如下：

```YAML
apisix:
    ...
    enable_control: true
    control:
        ip: "127.0.0.1"
        port: 9090
```

其中，apisix.control.ip 表示 Control API 绑定的主机；apisix.control.port 表示 Control API 监
听的端口。

3. 插件设置

APISIX 的插件可以通过在插件对象中实现 control_api 方法返回数组。

以下示例是将 /v1/plugin/example-plugin/helloAPI 设置到 Control API 中。

```Lua
local function hello()
    local args = ngx.req.get_uri_args()
    if args["json"] then
        return 200, {msg = "world"}
    else
        return 200, "world\n"
    end
end
function _M.control_api()
    return {
        {
            methods = {"GET"},
            uris = {"/v1/plugin/example-plugin/hello"},
            handler = hello,
        }
    }
end
```

其中，methods 表示该 API 支持的调用方法，uris 表示该 API 暴露的访问路径，handler 表
示该 API 处理的方法函数。

当插件开启时，可以通过此插件暴露 /v1/plugin/example-plugin/hello 的访问，命令如下：

```Shell
curl -i -X GET "http://127.0.0.1:9090/v1/plugin/example-plugin/hello"
```

返回结果如下：

```Shell
world
```

10.3.2 功能介绍

1. 获取资源 Schema

APISIX 使用 JSON Schema 对资源进行格式校验，因此 APISIX 中定义了对资源（包括路由、上游、消费者等）的格式规范，以及各个插件通过 Schema 变量定义的格式规范。

通过 Control API 可以获取到所有的 Schema，因此可以将该 Schema 集成到开发的应用中进行资源的格式校验。

通过下述命令获取插件的 Schema。

```Shell
curl "127.0.0.1:9090/v1/schema"
```

返回结果如下：

```JSON
{
    "main": {
        ...
    },
    "plugins": {
        ...
    },
    "stream_plugins": {
        ...
    },
}
```

在返回结果中，main 中的内容为 APISIX 的上游、路由等资源的 Schema 配置，plugins 中的内容为插件中的 Schema 配置，stream_plugins 中的内容为 stream 插件中的 Schema 配置。

通过 Control API 我们可以获取完整的 Schema，并使用该 Schema 文件对资源进行格式校验。

注意： 当资源能够通过该 Schema 时，不代表 APISIX 也可以正确解析该配置。因为插件中可能存在 check_schema 方法，即通过代码逻辑来对资源进行校验。

---

2. 获取 APISIX 上游健康状态

APISIX 中有主动检查和被动检查两种方式对上游进行健康检查。通过 Control API 的 healthcheck API 可以获取上游的健康状态信息。

通过如下命令可以获取上游健康状态。注意，此处需要在路由中开启健康检查。

```Shell
curl "127.0.0.1:9090/v1/healthcheck"
```

返回结果如下：

```JSON
```

```
[
    {
        "healthy_nodes":[
            {
                "host":"127.0.0.1",
                "port":1980,
                "priority":0,
                "weight":1
            }
        ],
        "name":"upstream#/apisix/upstreams/1",
        "nodes":[
            {
                "host":"127.0.0.1",
                "port":1980,
                "priority":0,
                "weight":1
            },
            {
                "host":"127.0.0.2",
                "port":1988,
                "priority":0,
                "weight":1
            }
        ],
        "src_id":"1",
        "src_type":"upstreams"
    }
]
```

其中，healthy_nodes 表示健康的节点；nodes 表示该资源中所有的上游节点。

同时，通过 /v1/healthcheck/$src_type/$src_id 可获取指定资源的健康信息。如果想获取指定上游中的节点健康信息，可以通过 GET /v1/healthcheck/upstreams/1 进行操作。

10.4　单机模式

APISIX 默认使用 etcd 作为配置中心，并将路由、上游、消费者等信息存放于 etcd 中。此外，APISIX 也提供了单机模式，也就是使用 apisix.yaml 作为配置中心，用于存放路由、上游、消费者等信息。在该模式下，APISIX 将定时读取 apisix.yaml 文件，从而更新对应的配置信息。相较于使用 etcd 作为配置中心，单机模式下运行更加简洁、方便，该模式多适用于路由数量较少且变更不频繁的场景。

单机模式的主要原理是用户将配置信息写入 ./conf/apisix.yaml 文件中，APSIX 将定时读取 ./conf/apisix.yaml 文件，从中提取对应的配置信息。

10.4.1 相关配置

1. 设置单机模式

APISIX 在 ./conf/config-default.yaml 文件中设置了默认使用 etcd 作为配置中心，用户需要通过在 ./conf/config.yaml 文件中添加相关配置才可以将 APISIX 改为单机模式。

由于 Admin API 都是使用 etcd 配置中心作为解决方案，因此当开启单机模式时，Admin API 将会被禁用。

通过在 ./conf/conf.yaml 配置文件中添加如下配置可将 APISIX 设置为单机模式，并且禁用 Admin API。

```YAML
apisix:
    enable_admin: false
    config_center: yaml
```

启用单机模式后，APISIX 启动后会立即加载 ./conf/apisix.yaml 文件中的路由规则至内存，并每隔一段时间就会检测 ./conf/apisix.yaml 文件中的内容是否有更新，如果有则重新加载规则。整个加载过程均为内存热更新，不存在工作进程的替换过程，因此也不会影响正常的业务请求。

注意： 如果 ./conf 文件夹下没有 apisix.yaml 文件，需要手动创建该文件。

2. 规则配置

当 APISIX 以单机模式运行时，所有的规则均存放在 ./conf/apisix.yaml 文件中，整个配置的规则以 YAML 的格式组织起来，且支持设置所有资源，包含 routes、upstreams、services、plugins、ssl、global_rules、consumer、plugin_metadata、stream_routes。详细配置资源可参考 10.2 节。

此外，APISIX 将以 #END 作为文件末尾标记符，因此配置结尾应当保留 #END 标记符。

10.4.2 应用场景

非单机模式下，可以通过 Admin API 创建资源。但在单机模式下，需要将路由配置和插件配置写入 ./conf/apisix.yaml 文件中，从而实现资源的创建。以下是使用 apisix.yaml 文件配置路由与插件的示例。

1）将路由及插件配置写入 ./conf/apisix.yaml 文件中。

```YAML
routes:
    -
        uri: /index.html
        upstream:
            nodes:
                "127.0.0.1:8081": 1
```

```
        type: roundrobin
      plugin_config_id: 1
plugin_configs:
    -
      id: 1
      plugins:
        response-rewrite:
            body: "Hello World\n"
      desc: "response-rewrite"
#END
```

在上述配置中创建了一条路由，该路由的上游为 127.0.0.1:8081，并且使用 plugin_config_id 参数。该参数下配置了 response-rewrite 插件，在 response-rewrite 插件中，修改返回的 body 内容为 Hello World。

2）配置 config.yaml 文件，开启单机模式并且关闭 Admin API。

```YAML
apisix:
    enable_admin: false
    config_center: yaml
```

3）启动 APISIX，此时 APISIX 将从 apisix.yaml 文件中获取配置信息。

```Shell
apisix start
```

4）请求 APISIX，测试 apisix.yaml 文件中的配置是否生效。

```Shell
curl http://127.0.0.1:9080/index.html -v
```

返回结果如下，则表明 ./conf/apisix.yaml 文件中的插件配置已经生效。

```Shell
Hello World
```

5）更新插件配置文件，将 response-rewrite 插件中 body 内容的 Hello World 修改为 Hello APISIX。

```YAML
routes:
    -
      uri: /index.html
      upstream:
        nodes:
            "127.0.0.1:8081": 1
        type: roundrobin
      plugin_config_id: 1
plugin_configs:
    -
```

```
        id: 1
    plugins:
        response-rewrite:
            body: "Hello APISIX\n"
    desc: "response-rewrite"
#END
```

6）再次请求 APISIX，返回结果如下，则表明 ./conf/apisix.yaml 文件中的插件配置已经生效。

```Shell
Shell
Hello APISIX
```

当路由数量较少或变更不频繁时，可以优先考虑单机模式。使用单机模式，可以减少对配置中心的依赖，从而降低运维成本。

10.5 etcd 通信安全

APISIX 默认使用 etcd 作为配置中心，用于存放路由、上游、证书等配置信息，所以 APISIX 与 etcd 的通信安全就显得尤为重要。

本节将介绍两种保障 etcd 通信安全的方案：一种是通过设置 mTLS 双向认证来防止 APISIX 和 etcd 通信过程中的数据泄露，另一种是使用 etcd 的 RBAC（基于角色的访问控制）特性来防止数据被异常篡改。

10.5.1 相关配置

etcd 相关配置如表 10-5 所示。

表 10-5 etcd 相关配置

名字	必选项	类型	说明	示例
--cert-file=\<path\>	否	string	用于指定服务端的证书文件路径	/path/to/server.crt
--key-file=\<path\>	否	string	用于指定服务端的私钥文件路径	/path/to/server.key
--trusted-ca-file=\<path\>:	否	string	用于指定 CA 证书的文件路径	/path/to/ca.crt
--client-cert-auth	否	boolean	用于指定开启客户端证书校验（mtls）	

APISIX 相关配置如下：

```YAML
YAML
apisix:
    etcd:
        tls:
            cert: /path/to/client.crt
            key: /path/to/client.key
            verify: false
            sni:
```

其中：

□ cert 表示 etcd 客户端使用的证书路径。

□ key 表示 etcd 客户端使用的密钥路径。

□ verify 表示设置 etcd 为 TLS 连接时，是否验证 etcd 端点证书。默认值为 true。

□ sni 表示连接到 etcd 时使用的 SNI。如果为空则会使用 URL 路径中的 Host。

10.5.2　开启 mTLS 双向认证

当 etcd 启动时，会配置服务端的证书和客户端的证书，同时配置受信的 CA 证书。因此 APISIX 将采用双向认证的方式连接 etcd，并且在后续的通信过程中，所有的数据包都是加密的，即使被劫持也不会泄露具体内容。

开始配置前，需要准备一张 CA 证书（ca.crt）、一组用于配置 etcd（server.crt，server.key）的服务端证书和一组用于配置 APISIX（client.crt，client.key）的客户端证书。准备完毕后，根据以下步骤开启 mTLS 双向认证。

1）开启 etcd 的 mTLS。

```Shell
etcd --name infra0 --data-dir infra0 \
     --client-cert-auth --trusted-ca-file=/path/to/ca.crt \
     --cert-file=/path/to/server.crt --key-file=/path/to/server.key \
     --advertise-client-urls https://127.0.0.1:2379 \
     --listen-client-urls https://127.0.0.1:2379
```

命令执行成功后，etcd 会监听 127.0.0.1:2379，同时开启双向认证。此时 etcd 仅允许 mTLS 的连接请求，非 mTLS 的连接请求将会被拒绝。

2）使用如下命令连接 etcd，连接将会被拒绝。

```Shell
etcdctl get /apisix --prefix
```

返回示例如下：

```JSON
{
    "level":"warn",
    ... // 省略部分返回信息
    "error":"rpc error: code = DeadlineExceeded desc = latest balancer error:
        last connection error: connection closed"
}
```

使用以下命令指定证书和私钥，连接 etcd：

```Shell
etcdctl get /apisix --cert ./tls.crt \
--key ./tls.key --insecure-skip-tls-verify
```

不返回任何报错信息，则说明 etcd 已经成功开启 mTLS。

3）配置 APISIX 访问 etcd 的证书和私钥。开启 etcd 的 mTLS 后，仍需要配置 APISIX 访问 etcd 的证书和私钥。可以根据以下步骤添加相关配置。

APISIX 支持配置证书与私钥访问 etcd，通过在 /conf/config.yaml 中配置如下字段进行开启。

```YAML
apisix:
  etcd:
    tls:
      cert: /path/to/client.crt
      key: /path/to/client.key
      verify: false
```

完成上述配置后，重新启动 APISIX，如果启动成功，则表示 mTLS 双向认证开启成功。

10.5.3 配置 etcd RBAC

mTLS 双向认证只允许对客户端进行连接，如果想要更细粒度的配置，比如只需要 APISIX 进行只读操作，那么就可以通过配置 etcd 的 RBAC（基于角色的访问控制）实现该需求。

首先需要在 etcd 中开启认证，并创建只读用户，然后在 APISIX 中添加相应配置。这样就可以实现 APISIX 只对 etcd 中的数据拥有可读权限，而无法修改 etcd 中的数据，从而增加 etcd 的通信安全。

注意：开启此功能需要关闭 Admin API，同时关闭 Server-Info 插件。

---

1. 创建指定资源的只读用户

1）进入 etcd 安装目录，并通过如下命令创建用户 apisix，设置密码为 9tHkHhYkjr6cQY。

```Shell
etcdctl user add apisix
```

2）创建角色 reader，并赋予 /apisix/（APISIX 的默认配置目录）读权限。

```Shell
etcdctl role add reader
etcdctl role grant-permission reader --prefix=true read /apisix
etcdctl role grant-permission reader readwrite /apisix/routes/
etcdctl role grant-permission reader readwrite /apisix/upstreams/
etcdctl role grant-permission reader readwrite /apisix/global_rules/
etcdctl role grant-permission reader readwrite /apisix/services/
etcdctl role grant-permission reader readwrite /apisix/plugin_configs/
etcdctl role grant-permission reader readwrite /apisix/ssl/
etcdctl role grant-permission reader readwrite /apisix/consumers/
etcdctl role grant-permission reader readwrite /apisix/stream_routes/
etcdctl role grant-permission reader readwrite /apisix/plugin_metadata/
etcdctl role grant-permission reader readwrite /apisix/plugins/
etcdctl role grant-permission reader readwrite /apisix/proto/
etcdctl role grant-permission reader --prefix=true  readwrite /data_plane/
```

```
    server_info/
```

3）将 apisix 用户和 reader 角色关联。

```Shell
etcdctl user grant-role apisix reader
```

完成之后，需要开启认证。开启认证之后，所有的 etcd 访问请求均需要携带用户名和密码。

4）设置 root 用户并开启认证。

```Shell
etcdctl user add root
etcdctl auth enable
```

5）执行如下命令将产生错误，apisix 用户没有 /apisix/key 的写权限。

```Shell
etcdctl --user apisix:9tHkHhYkjr6cQY put /apisix/key value
```

6）执行如下命令，表明 apisix 用户拥有 /apisix/key 的获取权限。

```Shell
etcdctl --user apisix:9tHkHhYkjr6cQY get /apisix/key
```

返回结果如下，则表明 etcd 的 RBAC 已经成功开启，并创建了只读用户 apisix。

```Shell
value
```

2. 配置 APISIX 使用指定用户

在 APISIX 的默认配置中，没有设置访问 etcd 的用户，但可以在 ./conf/config.yaml 配置文件中添加以下配置来指定访问用户（将 apisix 用户设置到 APISIX 中）。

```YAML
apisix:
    etcd:
        user: apisix
        password: 9tHkHhYkjr6cQY
```

其中，user 表示访问 etcd 的用户名，password 表示用户访问 etcd 的密码。

完成上述配置后，重新启动 APISIX。如果启动成功，则表示 etcd RBAC 配置成功。

由于 APISIX 在启动时需要向 /apisix/routes/ 写入 init_dir，因此需要对上述 key 开启读写权限。

10.6　证书轮转

在实际应用场景中，为了保证访问 APISIX 的安全性，运维人员会通过在 APISIX 中配置证书的方式开启 TLS，使得客户端能够使用 HTTPS 访问 APISIX。但证书的有效期一般是固定的，当证书过期时，运维人员就需要上传新的证书。众所周知，证书的替换存在一定的风险，一旦操作不当，将会影响所有的业务请求。本节将介绍如何平滑地轮转证书，从而最大程度降低调整证书的风险。

证书轮转流程如图 10-1 所示，在证书即将过期之前，先上传新的证书，后暂停旧的证书，确认服务正常之后，删除旧证书。

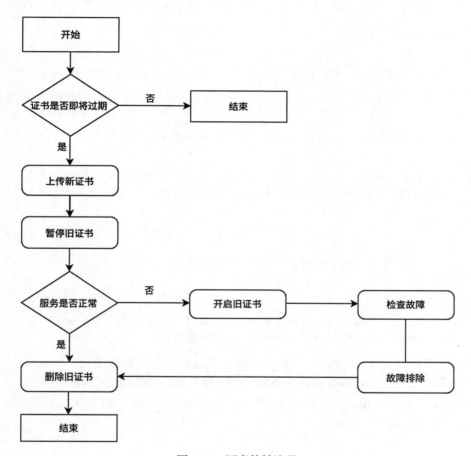

图 10-1　证书轮转流程

假设 APISIX 当前环境中存在一张即将过期的证书，该证书的 ID 为 OLD_CERT_ID。

1）创建新的证书。使用 Admin API 的 POST 方法创建新的证书。

```Shell
curl -XPOST "http://127.0.0.1:9080/apisix/admin/ssl" \
-H "X-API-KEY: edd1c9f034335f136f87ad84b625c8f1" -d'
{
    "snis": ["{YOUR_SSL_SNI}"],
    "key": "{YOUR_SSL_KEY}",
```

```
    "cert": "{YOUR_SSL_CERT}"
}'
```

2）暂停即将过期的证书。使用 Admin API 暂停即将过期的证书。

```Shell
Shell
curl -XPATCH "http://127.0.0.1:9080/apisix/admin/ssl/{OLD_SSL_ID)" \
-H "X-API-KEY: edd1c9f034335f136f87ad84b625c8f1" -d '
{
    "status": 0
}'
```

其中，status 参数表示是否开启该证书。值为 0，表示禁用该证书；值为 1，表示启用该证书。

3）测试服务是否正常。完成上述步骤后，APISIX 就停用了旧证书，此时需要测试新的证书是否成功生效。

当新证书无法生效时，可以执行如下命令及时回滚旧证书的状态。

```Shell
Shell
curl -XPATCH "http://127.0.0.1:9080/apisix/admin/ssl/${OLD_SSL_ID)" \
-H "X-API-KEY: edd1c9f034335f136f87ad84b625c8f1" -d '
{
    "status": 1
}'
```

4）删除即将过期的证书。如果服务测试正常，通过如下命令可以将旧证书删除，此时证书轮转已经完成。

```Shell
Shell
curl -XDELETE "http://127.0.0.1:9080/apisix/admin/ssl/{OLD_SSL_OLD)" \
-H "X-API-KEY: edd1c9f034335f136f87ad84b625c8f1"
```

APISIX 在默认的 ./conf/config-default.yaml 配置文件中存在配置项 apisix.ssl.key_encrypt_salt，该配置项用于指定 APISIX 在对证书 key 进行 AES-128-CBC 加密时的验证。

因此当 etcd 中存在 SSL 配置时，不要修改此配置项，否则将会导致 APISIX 重启之后无法解密 etcd 中的 SSL 证书。

10.7 Public API

在实际应用场景中，我们可能会开发自定义插件并暴露出一些 API 供外部调用，此时暴露的 API 是不安全的，因此需要一个插件来保护它的安全。本节介绍 public-api 插件如何保护那些被暴露的 API。

10.7.1 插件简介

由于开发者在 APISIX 中开发自定义插件时，需要为插件定义一些 API（以下称 Public

API），并通过这些 API 实现一些特殊功能，因此 APISIX 为插件提供了 Public API 机制。

APISIX 内置的一些插件也提供了 Public API 接口，如 jwt-auth 插件，该插件提供了一个 /apisix/plugin/jwt/sign 接口用于签发 JWT。

在实际应用场景中，插件所提供的接口可能是面向内部调用的，而非开放在公网供任何人调用。public-api 插件可以解决 Public API 使用过程中的痛点，可以为 Public API 设置自定义的 URI 或配置任何类型的插件。

1. 原理

关于 public-api 原理，可以用一句话描述：public-api 插件将之前单独的 Public API 路由匹配转移到了插件内部，仅对开启插件的路由进行 Public API 匹配。下面将从两个方面进行详细解释。

（1）使用 public-api 插件前

首先了解一下 APISIX 在集成 public-api 之前是如何实现 Public API 功能的，具体流程如图 10-2 所示。

❑ 当 APISIX 启动时会加载自定义插件，并使用从 etcd 获取的路由配置构建 Radixtree 路由器，它将负责根据请求信息匹配路由并调用正确的 Handler 来转发请求。

❑ APISIX 将为自定义插件的 Public API 与用户创建的路由分别创建不同的路由器（分别称为 Public API 路由器和 Route 路由器）。

❑ 当请求到达时，将先由 Public API 路由器进行匹配，之后再由 Route 路由器进行匹配。它们属于请求处理流程上完全分开的两个部分。

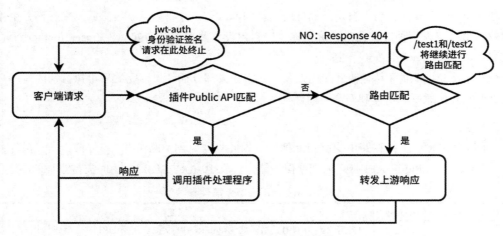

图 10-2　使用 public-api 插件前

根据此流程，如果想将面向 Route 路由器的插件应用在 Public API 路由器上，就需要手动维护一个插件列表，并在 Public API 路由器匹配成功后手动执行插件函数。由此可以看出，这样的架构是复杂且难以维护的，还带来了许多问题，如使用复杂（基于 plugin_metadata 的配置方式）、粗粒度配置（难以为一个插件中提供的多个 Public API 执行不同的策略）等。

（2）使用 public-api 插件后

在 APISIX 增加 public-api 插件后，上述流程被简化了：将原来先于 Route 路由匹配执行的 Public API 路由匹配转移到了插件中。具体流程如图 10-3 所示。

❏ 当请求到达时，APISIX 会直接执行 Route 路由匹配。当找到相应的路由后，将转发请求至插件中进行处理。

❏ 当一个路由启用了 public-api 插件时，将根据插件的配置调用指定的 Public API 进行请求处理，不再执行请求的转发。而没有启用 public-api 插件的路由，将不会进行处理。

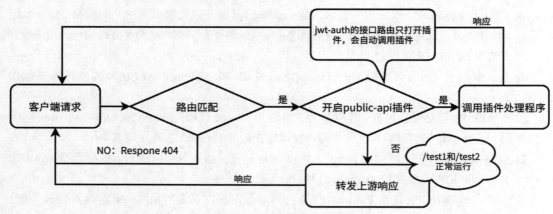

图 10-3　使用 public-api 插件后

使用 public-api 插件后，自定义插件所提供的 Public API 将默认不再暴露出来，而是由用户配置的路由决定以何种方式提供。这里你可以自由设置路由参数，如 uri、host、method 等，之后只需为路由开启 public-api 插件即可。

由于 public-api 插件具有较低的优先级，它将在大部分插件执行完之后再执行，因此用户可以为路由配置任意一个认证和安全类插件。

2. 参数

目前 APISIX 仅支持在路由中绑定此插件，因此只需要创建路由并绑定 public-api 插件，即可享受 APISIX 为 Public API 带来的全新保护能力。表 10-6 是在创建路由时支持添加的参数。

表 10-6　public-api 插件参数

名称	类型	必选项	描述
uri	string	否	自定义路由 URI。当需要为 Public API 设置自定义 URI 时，可以使用这个参数指定原 Public API URI，以确保请求被正确转发至对应的插件。默认值为空

10.7.2　应用场景

1. 场景一：保护接口

在某些情况下，有些插件需要对外暴露服务接口。如果直接使用进行暴露，显然不安全，因此可以通过 public-api 插件进行 Public API 的暴露。

1）创建包含 key-auth 的消费者。下面使用 key-auth 鉴权插件进行演示，需要创建一个消费者，并配置 key-auth 密钥。

```Shell
curl -XPUT 'http://127.0.0.1:9080/apisix/admin/consumers' \
-H 'X-API-KEY: edd1c9f034335f136f87ad84b625c8f1' \
-H 'Content-Type: application/json' \
-d '{
    "username": "test01",
    "plugins": {
        "key-auth": {
            "key": "test-apikey"
        }
    }
}'
```

2）创建包含 jwt-auth 的消费者。下面使用 jwt-auth 提供的 Public API/apisix/plugin/jwt/sign 进行演示，需要先创建一个启用 jwt-auth 的消费者。

```Shell
curl -XPUT 'http://127.0.0.1:9080/apisix/admin/consumers' \
-H 'X-API-KEY: edd1c9f034335f136f87ad84b625c8f1' \
-H 'Content-Type: application/json' \
-d '{
    "username": "APISIX",
    "plugins": {
        "jwt-auth": {
            "key": "user-key",
            "algorithm": "HS256"
        }
    }
}'
```

3）配置路由。创建路由，设置 URI 为 jwt-auth 插件中的 JWT 签发接口，并启用 key-auth 插件和 public-api 插件。

```Shell
curl -XPUT 'http://127.0.0.1:9080/apisix/admin/routes/r1' \
-H 'X-API-KEY: edd1c9f034335f136f87ad84b625c8f1' \
-H 'Content-Type: application/json' \
-d '{
    "uri": "/apisix/plugin/jwt/sign",
    "plugins": {
        "public-api": {},
        "key-auth": {}
    }
}'
```

4）测试示例。经过测试，当请求携带正确的 apikey 时，Public API 可以正常响应；而没有携带 apikey 时，将返回 401 Unauthorized。如果测试的返回结果和示例状态一致，表明刚刚配置的 key-auth 插件已经生效。

❑ 携带 apikey 进行访问。

```Shell
curl -XGET 'http://127.0.0.1:9080/apisix/plugin/jwt/sign?key=user-key'
    -H "apikey: test-apikey"
```

返回结果如下：

```Shell
ah1olj***.krfbn1***.urfrqj***   # 因篇幅有限，此处省略部分内容
```

❑ 不携带 apikey 进行访问。

```Shell
curl -i -XGET 'http://127.0.0.1:9080/apisix/plugin/jwt/sign?key=user-key'
```

返回结果如下：

```Shell
HTTP/1.1 401 UNAUTHORIZED
```

2. 场景二：自定义 URI

有时因为一些特殊的业务需求，我们无法直接使用 APISIX 内置插件中设定的 Public API 的 URI。目前仅有少数插件如 prometheus 支持自定义 URI，其他插件仅支持通过修改源码的方式来实现，非常不灵活。

在使用 public-api 插件后，就可以便捷地修改 Public API 的 URI，而无须修改代码。

（1）设置路由

创建路由，并设置 uri 为 "/gen_token"，同时将这个接口原有的 URI 配置到 public-api 插件中的 uri 字段。

```Shell
# 创建路由并绑定 public-api 插件
curl -XPUT 'http://127.0.0.1:9080/apisix/admin/routes/r1' \
-H 'X-API-KEY: edd1c9f034335f136f87ad84b625c8f1' \
-H 'Content-Type: application/json' \
-d '{
    "uri": "/gen_token",
    "plugins": {
        "public-api": {
            "uri": "/apisix/plugin/jwt/sign"
        }
    }
}'
```

（2）测试示例

使用新的 URI 可以正常访问 Public API。

```Shell
curl -XGET 'http://127.0.0.1:9080/gen_token?key=user-key'

2leflj***.drhsdf***.upohs1***   # 此处省略部分内容
```

使用旧的 URI 无法访问 Public API。

```Shell
curl -XGET 'http://127.0.0.1:9080/apisix/plugin/jwt/sign?key=user-key'

{"error_msg":"404 Route Not Found"}
```

当使用 APISIX v2.13.1 及后续版本时，在 APISIX 的 HTTP 请求处理流程中将不再进行 Public API 的路由匹配，即不再默认暴露插件中注册的 Public API。

如果你已经在之前的 APISIX 版本中完成了自定义插件的开发，升级版本后可能会对你的业务造成影响，务必在升级前再次进行确认。

目前，public-api 插件可以与任何使用场景相符的现有插件配合使用，比如鉴权、限流及安全类插件，如果开发了自定义插件，也可以与其配合使用。通过 APISIX 的 public-api 插件，可以更加灵活地使用 APISIX 提供的 Public API 功能，并通过插件组合与修改 URI 的方式来保护 Public API。

二次开发与扩展操作

本章介绍如何在 APISIX 中编写自定义插件来执行自定义业务逻辑，以及利用多语言插件自定义开发新的插件。通过本章的学习，可对 Apache APISIX 的二次开发过程有更加系统的了解。

11.1 自定义插件

APISIX 在设计之初就把易于扩展作为核心特征。易于扩展带来的其中一个优势是 APISIX 支持自定义插件。用户可以通过编写自定义插件来拓展 APISIX 的功能，将自己的代码注入 APISIX 日常工作流程中。

11.1.1 加载自定义插件

1. 编写自定义插件

首先，我们需要编写自定义插件文件。一个最基本的插件编写示例如下：

```Lua
local your_plugin_schema =
    type = "object",
    properties = {
        word = {type = "string"},
    },
    required = {"word"},
}
local _M = {
    version = 0.1, -- 版本号（目前没有格式要求）
    priority = 99, -- 优先级，需要不与现有插件冲突
```

```
        name = "your_plugin", -- 插件名称，需要不与现有插件冲突
        schema = your_plugin_schema, -- 插件配置的 Schema（jsonschema 格式）
}
function _M.check_schema(conf, schema_type) -- 校验插件 Schema 的自定义函数
        -- 通常直接用 jsonschema 检验器即可，但是部分插件可能需要
        -- 手写 Lua 检验代码
        return core.schema.check(_M.schema, conf) -- 返回 ok, err_msg
end
function _M.access(conf, ctx) -- conf 是该插件的配置，ctx 是请求上下文
        -- 在 access 阶段（访问上游之前）执行代码
        ngx.log(ngx.WARN, conf.word)
        ctx.your_plugin_word = conf.word
        -- 如果需要中断请求，返回 code, body
        -- body 为 Lua table 时，会被编码成 JSON
        -- 如果该函数没有返回值，则继续执行请求
end
```

目前，APISIX 在插件执行过程中有以下几个阶段。

❑ rewrite：用于执行认证操作，以及需要在认证之前执行的操作，比如 tracing。

❑ access：用于执行认证之后、选择上游节点之前的操作。

❑ before_proxy：用于执行选择上游节点之后、访问上游之前的操作，以及重试上游之前的操作。

❑ header_filter：用于执行改写上游响应头的操作。

❑ body_filter：用于执行改写上游响应体的操作。

❑ log：用于执行请求日志相关的操作。

在插件中，通过定义 _M.phase_name(conf, ctx) 就能在指定的阶段执行自己的操作逻辑，比如 _M.access(conf, ctx)。

> **注意：** APISIX 插件的阶段概念和 OpenResty 的阶段概念并不完全一致。为了追求更好的性能，APISIX 插件的 Rewrite 方法会在 OpenResty 的 Access 阶段运行，before_proxy 方法的首次运行也是在 Access 阶段。

2. 放置插件加载目录

当编写完插件代码文件后，就需要把插件代码放置到插件加载目录中。APISIX 默认的插件加载目录是 apisix/plugins，APISIX 的内置插件也位于该目录下。

如果需要将自定义插件放置在其他目录下，可以在 config.yaml 文件中配置自己的 Lua 引用路径：

```YAML
apisix:
    ...
    extra_lua_path: "/path/to/example/?.lua"
```

在以上示例代码中，配置的插件加载目录是 example 目录，那么插件就需要位于 example/apisix/plugins 目录下，目录结构如下：

```Plain Text
├── example
│   └── apisix
│       ├── plugins
│       │   └── 3rd-party.lua # 自定义插件
```

3. 声明自定义插件

为了让 APISIX 能加载自定义插件，还需要在 config.yaml 文件中声明该插件。

```YAML
plugins:
    ...
    #- log-rotate
    - your_plugin
    #- example-plugin
    ...
```

注意： 请在 config.yaml 文件中列出所有想要启用的插件，而不仅仅是新增的插件。同时，config.yaml 文件中的插件按照优先级从高到低排序。排名越靠前的插件优先级越高，执行次序越靠前。

完成声明配置后，APISIX 就可以成功加载自定义插件了。

11.1.2 启动自定义插件

目前插件的启动主要涉及两种场景：一种是应用于指定路由上；另一种是全局使用。

1. 在指定路由上启用插件

如果需要在指定的一个或多个路由上启用自定义插件，可参考以下代码示例：

```JSON
// /routes/1
{
    "methods": ["GET"],
    "uri": "/index.html",
    "id": 1,
    "plugins": {
        "your_plugin": {
            "word": "hit"
        }
    },
    "upstream": {
        "type": "roundrobin",
        "nodes": {
```

```
            "172.0.0.1:80": 1
        }
    }
}
```

2. 启用全局插件

如果需要在所有路由上启用某个自定义插件，则可以选择把这个自定义插件作为全局插件运行：

```JSON
// /global_routes/1
{
    "id": 1,
    "plugins": {
        "your_plugin": {
            "word": "hit"
        }
    }
}
```

注意：全局插件运行在路由插件之前。

3. 校验：配置 check_schema

从编写自定义插件的示例中可以看到，每个插件都需要定义一个 check_schema 方法，用于校验路由配置。APISIX 通过调用 core.schema.check(_M.schema, conf) 完成 Schema 的校验工作。其中 Schema 的格式是由 jsonschema 来定义的。

某些场合下，光靠 jsonschema 不能描述校验的规则，也可以选择通过 Lua 代码来实现。

4. 拓展方向：与消费者交互

你可能留意到了，check_schema 方法中还有 schema_type 参数，因为插件除了可用于路由或全局路由的配置外，还可用于其他配置模式，比如用在消费者配置中的 core.schema.TYPE_CONSUMER。

实际上，自定义插件和内置插件并没有什么区别，所以自定义插件也可以与消费者进行交互。只需操作如下几步：

1）标记插件的类型为 auth，这样就可以在消费者配置中使用该插件。

```Lua
local _M = {
    type = 'auth',
    ...
}
```

2）增加在消费者中使用该插件配置的 Schema 校验逻辑。

```Lua
local consumer_schema = {
    type = "object",
    properties = {
        key = { type = "string" },
    },
    required = {"key"},
}
local _M = {
    type = 'auth',
    ...
    consumer_schema = consumer_schema -- 新增在消费者配置中使用的 Schema
}
function _M.check_schema(conf, schema_type)
    if schema_type == core.schema.TYPE_CONSUMER then
        return core.schema.check(_M.consumer_schema, conf)
    else
        return core.schema.check(_M.schema, conf)
    end
end
```

这样就可以在创建消费者时校验该插件的配置：

```JSON
{
    "username": "jack",
    "plugins": {
        "your_plugin": { // 校验 key 是否存在
            "key": "auth-one"
        }
    }
}
```

3）在 rewrite 阶段查询消费者配置，找到命中的消费者并挂载到 ctx 上。

```Lua
local consumer_mod = require("apisix.consumer")
local create_consume_cache
do
    local consumer_names = {}
    function create_consume_cache(consumers)
        core.table.clear(consumer_names)
        -- 将 [{consumer1(consumer_data, key1)}, {consumer2(consumer_data,
            key2)}, ...]
        -- 变成 {"key1": consumer1, "key2": consumer2, ...}
        for _, consumer in ipairs(consumers.nodes) do
            core.log.info("consumer node: ", core.json.delay_encode(consumer))
            consumer_names[consumer.auth_conf.key] = consumer
        end
        return consumer_names
    end
```

```
end -- do
-- 消费者处理逻辑是在 rewrite 和 access 之间完成的，所以 rewrite 阶段
-- 就要找到命中的消费者
function _M.rewrite(conf, ctx)
    local key = core.request.header(ctx, "Authorization")
    if not key then
        return 401, {message = "Missing API key found in request"}
    end
    local consumer_conf = consumer_mod.plugin(plugin_name)
    if not consumer_conf then
        return 401, {message = "Missing related consumer"}
    end
    local consumers = create_consume_cache(consumer_conf)
    local consumer = consumers[key] -- 根据 key 获取具体的消费者
    if not consumer then
        return 401, {message = "Invalid API key in request"}
    end
    core.log.info("consumer: ", core.json.delay_encode(consumer))
    -- 挂载上面的消费者，这样后面的鉴权逻辑才能用上
    consumer_mod.attach_consumer(ctx, consumer, consumer_conf)
end
```

11.1.3 自定义插件的使用

1. 插件属性

和内置插件一样，自定义插件也能够定义自己的 plugin_attr 和 plugin_metadata。
在 config.yaml 文件中自定义插件的静态属性如下：

```YAML
plugin_attr:
    your_plugin:
        max_word: 3600
```

这种情况下可通过如下方式在插件中访问。

```Lua
local plugin = require("apisix.plugin")
local attr = plugin.plugin_attr("your_plugin")
local max_word = attr and attr.max_word or default_max_word
```

当然也可以通过 plugin_metadata 动态设置插件属性，具体配置示例如下：

```JSON
// /plugin_metadata/your_plugin
{
    "min_word": 2
}
```

这种情况下，可通过如下方式在插件中访问。

```Lua
local plugin = require("apisix.plugin")
local metadata = plugin.plugin_metadata("your_plugin")
local min_word
if not (metadata and metadata.value) then
    min_word = default_min_word
else
    min_word = metadata.value.min_word
end
```

也可以像校验消费者配置一样，在插件里校验 plugin_metadata 的配置。

```Lua
local metadata_schema = {
    type = "object",
    properties = {
        min_word = { type = "integer" },
    },
    required = {"min_word"},
}
local _M = {
    ...
    metadata_schema = metadata_schema,
}
```

2. 注册接口

除了基本的自定义插件配置外，某些插件可能需要暴露额外的 HTTP 接口，这些接口主要分为两类：一类是用于内部管理和调试的接口，比如返回当前的某些状态；另一类则是允许公网访问的接口，比如向客户端分发 API Key。

为此，APISIX 分别为上述情况提供了 control_api 和 api 两种方法。

（1）control_api

control_api 方法主要通过返回一组 API 定义来进行，具体可参考以下示例。

```Lua
local function get_ver()
    local info = {ver = "1.1.1"}
    return 200, info
end
function _M.control_api()
    return {
        {
            methods = {"GET"},
            uris = {"/v1/ver"},
            handler = get_ver,
        }
    }
end
```

其中，每个定义由如下部分组成。

❑ methods：API 的 HTTP 方法。

❑ uris：API 的路径，推荐采用 /version/resource 这种命名方式。

❑ handler：命中给定 methods 和 uris 时执行的函数。handler 要求返回 code 和 body，它们
会被映射成对应的 HTTP 状态码和响应体。

由于 Control API 默认暴露在 127.0.0.1:9090 端口，因此最终可以看到如下访问结果：

```Bash
curl http://127.0.0.1:9090/v1/ver
```

返回结果如下：

```Lua
{"ver": "1.1.1"}
```

通过这一功能，插件可以暴露自己的一些状态，方便运行时调试。也可以通过 control_api
注册接口修改插件的内部状态。

（2）api

此方法与 control_api 几乎一模一样，除了两个细节。具体可参考以下示例。

```Lua
local function generate_token()
    return 200, {token = "1234"}
end
function _M.api()
    return {
        {
            methods = {"GET"},
            uri = "/apisix/plugin/your_plugin/token",
            handler = generate_token,
        }
    }
end
```

因为一些历史遗留问题，该方法使用的是 uri 而不是 uris；此外，该方法会把接口注册在对
外的数据面端口，方便网关外的客户端访问这些接口。所以该方法一般用于注册发放 Token 或
API Key 这种需要对外网暴露的接口。

同时，对于 uri 参数的命名，虽然目前没有硬性要求，但是强烈建议以 "/apisix/" 作为开头。

另外在默认情况下，暴露的接口不会执行全局插件规则。但可以在 config.yaml 文件中修改
这一行为，如下所示：

```YAML
apisix:
    ...
    # 在此处修改
```

```
global_rule_skip_internal_api: false # 默认为 true
```

3. 加载和卸载插件

除了与请求响应相关外，有些插件也会在插件的生命周期中执行额外的逻辑，比如加载时初始化数据、卸载时进行一些清理工作等。为此，APISIX 也专门提供了针对这些场景的处理方法。

```Lua
function _M.init()
    -- 加载插件时调用
end
function _M.destroy()
    -- 卸载插件时调用
    -- 只有插件热加载时才会调用该函数。停止 APISIX 不会调用它
end
```

熟悉 OpenResty 的读者可能会误以为 init 方法是在 init 阶段调用。其实不是，这只是个巧合。由于插件是 init_by_worker 阶段加载的，因此一般情况下该方法是在 init_by_worker 阶段执行。另外插件热加载时也会调用 init/destroy，这部分内容将会在下节进行详细描述。

11.2　插件热加载

APISIX 支持动态加载、修改和卸载插件，用户可以在有需要时进行动态控制插件。

插件热加载的操作很简单，只需要给 Admin API 发送一个 PUT /apisix/admin/plugins/reload 请求，APISIX 就会重新读取 ./conf/config.yaml 文件中的插件列表，然后执行“先卸载当前已加载的插件，再加载配置文件中列出的插件”操作。

从前面的内容中可知，用户可以在插件中定义两个方法：_M.init() 和 _M.destroy()，插入相关的自定义逻辑。

```Lua
function _M.init()
    -- 加载插件时调用
end
function _M.destroy()
    -- 卸载插件时调用
end
```

每次重启时，APISIX 都会把已经加载插件的 Destroy 方法执行一遍，卸载当前已加载的插件，然后把插件列表的插件 init 方法执行一遍，加载 config.yaml 配置文件中的插件。

❏ 如果要新增插件，需要先修改 config.yaml 文件中的插件列表，进行新插件的添加，然后发起插件重启请求。

❏ 如果要删除插件，需要先在 config.yaml 文件中进行目标插件的删除，然后发起插件重启请求。

❑ 如果只是想修改插件的内容，在完成修改后只需发起插件重启请求，APISIX 就会重新读取插件文件中的内容。

目前 APISIX 插件热加载的机制还比较简单，只会重新加载对应的一个插件文件，不涉及复杂的依赖分析。

11.3　多语言插件开发

在支持多语言编程插件前，APISIX 只支持使用 Lua 语言编写插件，这种情况下就需要开发者掌握 Lua 和 OpenResty 相关的开发能力。然而相对于主流开发语言 Java 和 Go 来说，Lua 和 OpenResty 属于相对小众的技术，开发者很少。如果从头开始学习 Lua 和 OpenResty，需要付出相当多的时间和精力。

开发团队在进行技术选型时，往往会考量所选技术是否与本团队技术栈相匹配。所以小众的技术栈就限制了 APISIX 在更广阔的场景下进行技术落地。

为此，APISIX 进行了多语言开发插件的支持，除了在功能层面进行扩展，更重要的是支持各种计算语言所在的开发生态圈，方便使用者基于自己熟悉的技术栈来开发 APISIX。以支持 Java 为例，使用者不仅可以使用 Java 语言编写插件，还可以融入 Spring Cloud 生态圈，广泛使用生态圈内的各种技术组件。

在前几节内容中为大家介绍了如何通过 Lua 语言进行自定义插件编写。但其实 APISIX 也可以通过外部插件的形式来执行非 Lua 编程语言编写的插件。

11.3.1　实现方式

所谓"外部插件"，就是使用其他编程语言编写一个 Plugin Runner。Plugin Runner 能够执行用同种编程语言编写的插件。

APISIX 会把 Plugin Runner 当作一个子进程进行管理，以 Sidecar 的形式伴随运行。每当有匹配的请求访问 APISIX，APISIX 会利用 Plugin Runner 发起 RPC 调用。Plugin Runner 会执行配置好的插件，然后把运行结果通过 RPC 调用的方式返回给 APISIX。实现方式如图 11-1 所示。

其中，APISIX 预设了两个可以发起 RPC 调用和请求 Plugin Runner 的位置。

❑ ext-plugin-pre-req：在执行绝大部分 APISIX 内置插件之前发起调用。

❑ ext-plugin-post-req：在执行完 APISIX 内置插件后，访问上游之前发起调用。

作为类比，可以认为 APISIX 执行外部插件的过程与在请求过程中访问外部的鉴权服务器几乎一样。只是有以下几点明显区别：

1）Plugin Runner 是在本机上运行的，所以通信延迟会明显低很多。

2）Plugin Runner 的生命周期由 Apache APISIX 管理，是 APISIX 的附属。

就像鉴权服务器只要遵循某个鉴权标准，其内部实现可以千差万别，Plugin Runner 只要能够与 APISIX 正确地通信，其内部实现也可以五花八门。不同编程语言的 Plugin Runner 实现，受各自语言的规范和能力影响，往往有不同的使用方式。

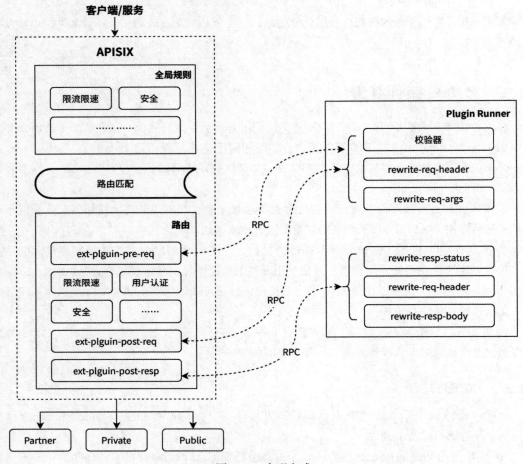

图 11-1 实现方式

各编程语言的 Plugin Runner，作为与 APISIX 通信的桥梁，主要实现了私有数据协议的解析和 RPC 报文的封包与解包。

目前 Apache APISIX 已实现了通过 Go、Java、Python 和 Wasm 多编程语言进行自定义插件的开发。下面进行详细的讲解。

11.3.2 使用 Go 开发插件

在介绍具体的开发内容之前，先简单介绍一下 Go Plugin Runner 的开发背景。

目前，Go Plugin Runner 是作为一个库的形式提供的，因为 Go 语言的惯例是把所有的代码编译成一个可执行文件。Go Plugin 主要通过将插件代码编译成动态链接库加载进主体机制来实现，但从体验层面来说，目前的机制呈现效果还不太完美。

GitHub 上的 apache/apisix-go-plugin-runner 仓库结构如下：

```Plain Text
.
├── cmd
├── internal
├── pkg
```

其中，internal 负责内部的实现，pkg 陈列对外的接口，cmd 提供演示的示例。

cmd 目录下存在 go-runner 的子目录，通过阅读该部分的代码，可以学习到如何在实际应用中使用 Go Plugin Runner。其中有两个地方需要着重学习：

1）plugins/fault_injection.go 文件中，用户编写完插件后，可通过 plugin.RegisterPlugin 方法把它注册到 Runner 中。

```Go
func init() {
    err := plugin.RegisterPlugin(&FaultInjection{})
    if err != nil {
        log.Fatalf("failed to register plugin %s: %s", plugin_name, err)
    }
}
```

2）main.go 文件中，可通过 RunnerConfig 控制 apisix-go-plugin-runner 的行为，比如 Log 级别。

```Go
cfg := runner.RunnerConfig{}
...
runner.Run(cfg)
```

其中，runner.Run 是入口函数。执行该函数后，应用会开始监听对应的地址，接收 RPC 请求并执行注册好的插件。直到应用退出之前，它都会一直处于该函数中。所以如果进行其他后台操作，需要在执行该函数之前发起。

下面将以 plugins/fault_injection.go 为例，详细介绍如何在 Apache APISIX 中开发一个 Go 插件。

1. 开发插件示例

（1）实现 Name

使用以下方法返回插件的名称，之后在 APISIX 中进行配置插件时会引用该名称。需要注意，同一名称的插件只能注册一次。

```Go
type FaultInjection struct {
}
func (p *FaultInjection) Name() string {
    return "fault-injection"
}
```

（2）实现 ParseConf

```Go
type FaultInjectionConf struct {
    Body        string `json:"body"`
    HttpStatus  int    `json:"http_status"`
    Percentage  int    `json:"percentage"`
}
func (p *FaultInjection) ParseConf(in []byte) (interface{}, error) {
    conf := FaultInjectionConf{Percentage: -1}
    err := json.Unmarshal(in, &conf)
    if err != nil {
        return nil, err
    }
    // schema check
    if conf.HttpStatus < 200 {
        return nil, errors.New("bad http_status")
    }
    if conf.Percentage == -1 {
        conf.Percentage = 100
    } else if conf.Percentage < 0 || conf.Percentage > 100 {
        return nil, errors.New("bad percentage")
    }
    return conf, err
}
```

通过上述代码解析给定的配置信息，然后生成插件所需的配置结构体。这个配置结构体可以是任意类型，而且每个路由的配置都只对应一次 ParseConf 调用，所以可以在其中存储路由级别的上下文。

注意： 如果在一个路由上同时启用了 ext-plugin-pre-req 和 ext-plugin-post-req，会对应调用两次 ParseConf。因此，尽管理论上一个路由可以同时启用 ext-plugin-pre-req 和 ext-plugin-post-req，但在实际操作过程中并不推荐这么做。

（3）实现 Filter 方法

最后是插件的核心部分——Filter 的实现。

```Go
func (p *FaultInjection) Filter(conf interface{}, w http.ResponseWriter, r
    pkgHTTP.Request) {
    fc := conf.(FaultInjectionConf)
    // 检查是否命中
    if rand.Intn(100) > fc.Percentage {
        return
    }

    // 写入响应状态码
    w.WriteHeader(fc.HttpStatus)
    body := fc.Body
```

```
if len(body) == 0 {
    return
}
// 写入响应体
_, err := w.Write([]byte(body))
if err != nil {
    log.Errorf("failed to write: %s", err)
}
}
```

在这个过程中，每个 RPC 请求都会触发一次 Filter 的调用。其中，Filter 会接收 3 个参数：第一个是 ParseConf 解析出来的结构体 conf；第二个是 Go 标准库中的 http.ResponseWriter，可以用来中断请求，返回自定义响应；第三个是 apisix-go-plugin-runner 提供的 pkgHTTP.Request，可以获取请求信息。更多关于 pkgHTTP.Request 的 API 介绍可参见官方文档。

之所以没有用标准库的 http.Request，是因为它不是接口，而且 pkgHTTP.Request 也并不是基于真正的 HTTP 请求，所以没办法复用现有的代码。

注意： 插件一旦调用 http.ResponseWriter 的 API 进行响应输出，就不会再代理到上游。这个行为与 APISIX 插件保持一致。

---

2. 运行及部署

由于 Go Plugin Runner 和 APISIX 的通信是基于 UNIX Socket 的 RPC 进行传递的，因此 Go Plugin Runner 和 APISIX 需要部署在同一台机器上。

（1）启用 Go Plugin Runner

前面提到过，Go Plugin Runner 由 APISIX 负责管理，即作为 APISIX 的子进程运行，所以它必须在 APISIX 中配置并运行。

下面以 apisix-go-plugin-runner 项目里的代码 cmd/go-runner 为例介绍配置过程。

1）编译示例代码。执行 make build 会生成 go-runner 这一可执行文件。

2）在 APISIX 的 conf/config.yaml 文件中进行如下配置：

```YAML
ext-plugin:
    cmd: ["/path/to/apisix-go-plugin-runner/go-runner", "run"]
```

通过上述配置后，APISIX 启动时就会运行 go-runner 文件，停止时就会关闭 go-runner 文件。鉴于在实际开发过程中，是以库的形式采用 apisix-go-plugin-runner，所以需要把以上示例配置更换成自己的可执行文件和启动指令。

3）启动 APISIX，go-runner 文件也随着一起启动。

（2）可选其他配置方式

在开发过程中，如果每次验证都需要进行上述三个步骤，相当烦琐，所以 APISIX 提供了另一种配置方式，允许在开发过程中独立运行 apisix-go-plugin-runner。

1）编译代码，在 APISIX 的 conf/config.yaml 文件中进行如下配置：

```YAML
ext-plugin:
    path_for_test: /tmp/runner.sock
```

2）执行以下代码启动 go-runner。

```Shell
APISIX_LISTEN_ADDRESS=unix:/tmp/runner.sock ./go-runner run
```

注意： 这里通过环境变量 APISIX_LISTEN_ADDRESS 指定了 go-runner 通信时所用的 Socket 地址。这个地址需要与 APISIX 中的配置保持一致。

3. 插件验证

（1）配置路由

如前面所述，APISIX 预设了两个可以发起 RPC 调用的位置，分别是 ext-plugin-pre-req 和 ext-plugin-post-req，因此可以在路由中进行如下配置：

```Shell
curl http://127.0.0.1:9080/apisix/admin/routes/1 \
-H 'X-API-KEY: edd1c9f034335f136f87ad84b625c8f1' -X PUT -d '
{
    "uri": "/get",
    "plugins": {
        "ext-plugin-pre-req": {
            "conf": [
                {"name":"fault-injection", "value":"{\"body\":\"Fault Injection
                    for Go Runner\",\"http_status\":201,\"percentage\":50}"}
            ]
        }
    },
    "upstream": {
        "type": "roundrobin",
        "nodes": {
            "127.0.0.1:1980": 1
        }
    }
}'
```

如果想要从 ext-plugin-post-req 发起 RPC 调用，只需把配置里的插件名称替换为 ext-plugin-post-req 即可。

从上述代码中可以看到，ext-plugin-pre-req 配置里的 conf 字段是一个数组。需注意，conf 数组里的外部插件顺序将决定运行外部插件时的采用顺序。比如以下示例中，运行顺序为先运行 fault-injection 再运行 say。

```JSON
"conf": [
    {"name":"fault-injection", "value":"{\"body\":\"Fault Injection for Go
        Runner\",\"http_status\":200,\"percentage\":50}"},
    {"name": "say", "value":"{\"body\":\"hello\"}"}
]
```

每个外部插件都是在 name 中设置插件名，在 value 中设置 JSON 编码过的配置内容，其中的内容会交由对应插件的 ParseConf 方法解析。

（2）验证请求

通过以上配置可以看到有 50% 的概率命中 fault-injection 插件，验证结果如下：

1）转发至上游。

```Shell
curl -i http://127.0.0.1:9080/get
```

返回结果如下：

```Apache
HTTP/1.1 200 OK
...
Hello World
```

2）命中 fault-injection 插件。

```Shell
curl -i http://127.0.0.1:9080/get
```

返回结果如下：

```Apache
HTTP/1.1 201 OK
...
Fault Injection for Go Runner
```

通过插件配置以及 Go Pulgin Runner 的配合，可以轻松实现即使不会 Lua 语言也可以打造 APISIX 插件的过程。

11.3.3 使用 Java 开发插件

关于 Java Plugin Runner 的背景就不再赘述了，前面已针对 Go 语言进行了详细描述。这里直接进入操作环节。

GitHub 上的 apache/apisix-java-plugin-runner 仓库结构如下：

```Plain Text
.
├── runner-core
├── runner-plugin
└── sample
```

其中，runner-core 目录封装了 Runner 内部的实现，runner-plugin 目录是用户自定义插件的存放目录，sample 目录中存放插件示例。

1. 开发插件示例

插件类文件需要创建在 runner-plugin/src/main/java/org/apache/apisix/plugin/runner/filter 目录中，以下使用 fault-injection 插件作为示例。

注意： 插件类必须继承并实现 PluginFilter 接口。

（1）实现 Name

使用以下方法返回插件的名称，之后在 APISIX 中进行配置插件时会引用该名称。需要注意，同一名称的插件只能注册一次，且插件名称需要与类名保持一致。

```Java
public class FaultInjection implements PluginFilter {
    ...
    @Override
    public String name() {
        return "FaultInjection";
    }
}
```

（2）实现 Filter 方法

```Java
@Component
public class FaultInjection implements PluginFilter {
    ...
    @Override
    public void filter(HttpRequest request, HttpResponse response,
        PluginFilterChain chain) {
        String configStr = request.getConfig(this);
        Gson gson = new Gson();
        Map<String, Object> conf = new HashMap<>();
        conf = gson.fromJson(configStr, conf.getClass());
        int percentage = (int) conf.getOrDefault("percentage", 0);
        Random rand = new Random();
        if (rand.nextInt(100) > percentage) {
            chain.filter(request, response);
            return;
        }
        int status = (int) conf.getOrDefault("http_status" ,200);
        // set status code
        response.setStatusCode(status);

        String body = (String) conf.getOrDefault("body", "");
        // set body
        response.setBody(body);
```

```
        chain.filter(request, response);
    }
}
```

在这个过程中，每个 RPC 请求都会触发一次 Filter 的调用。其中，Filter 会接收 3 个参数：第一个是 HTTP 请求对象 request，它用来获取 HTTP 请求信息；第二个是 HTTP 响应对象 response，它用来中断请求，返回自定义响应；最后一个参数是插件的调用链对象 chain，在同时设置多个插件时用于显示"调用执行下一个插件"。

2. 运行及部署

目前版本的 Java Plugin Runner（v0.2.0）依赖 APISIX 2.12.0+ 和 JDK 11+ 作为基础运行环境，APISIX 的安装和部署不再过多赘述，详情可参考第一部分。

由于 Java Plugin Runner 和 APISIX 的通信是基于 UNIX Socket 的 RPC 进行传递的，因此 Java Plugin Runner 和 APISIX 需要部署在同一台机器上。

（1）下载并安装 Java Plugin Runner

通过以下代码下载并安装 Java Plugin Runner。

```Bash
git clone https://github.com/apache/apisix-java-plugin-runner.git
cd apisix-java-plugin-runner
./mvnw install
```

（2）配置 Java Plugin Runner（生产模式）

在 APISIX 的 conf/config.yaml 文件中进行如下配置：

```YAML
ext-plugin:
    cmd: ['java', '-jar', '-Xmx4g', '-Xms4g', '/path/to/dist/apisix-runner-bin/
          apisix-java-plugin-runner.jar']
```

完成配置后重启 APISIX 即可，Java Plugin Runner 将以 NGINX 特权进程方式启动，生命周期由 NGINX master 进程管理。

（3）配置 Java Plugin Runner（调式模式）

1）在调试模式下，Java Plugin Runner 是以独立进程的形式启动的，不受 NGINX master 进程约束，对于调试和开发会更友好。可以使用以下终端命令来启动 Java Plugin Runner 的调试模式。

```Shell
cd /path/to/apisix-java-plugin-runner
java -jar -DAPISIX_LISTEN_ADDRESS=unix:/tmp/runner.sock -DAPISIX_CONF_EXPIRE_
    TIME=3600 /path/to/dist/apisix-runner-bin/apisix-java-plugin-runner.jar
```

2）在 APISIX 中修改相关配置文件。

```YAML
ext-plugin:
    path_for_test: /tmp/runner.sock
```

之后重启 APISIX 即可，此时 APISIX 和 Java Plugin Runner 都已经完成配置并启动。

3. 插件验证

（1）路由配置

如前面所述，APISIX 预设了两个可以发起 RPC 调用的位置，可以在路由中进行如下配置：

```Shell
curl http://127.0.0.1:9080/apisix/admin/routes/1 -H 'X-API-KEY: edd1c9f034335f13
    6f87ad84b625c8f1' -X PUT -d '
{
    "uri": "/get",
    "plugins": {
        "ext-plugin-pre-req": {
            "conf": [
                {"name":"FaultInjection", "value":"{\"body\":\"Fault Injection
                    for Go Runner\",\"http_status\":201,\"percentage\":50}"}
            ]
        }
    },
    "upstream": {
            "type": "roundrobin",
            "nodes": {
                "127.0.0.1:1980": 1
            }
        }
}'
```

如果想要从 ext-plugin-post-req 发起 RPC 调用，只需将配置中的插件名称替换成 ext-plugin-post-req 即可。

从上述代码中可以看到，ext-plugin-pre-req 配置里的 conf 字段是一个数组。conf 数组的外部插件顺序将决定运行外部插件时的采用顺序。比如以下示例中，运行顺序为先运行 fault-injection 再运行 say。

```JSON
"conf": [
    {"name":"fault-injection", "value":"{\"body\":\"fault-injection for Java
        Runner\",\"http_status\":201,\"percentage\":50}"},
    {"name": "say", "value":"{\"body\":\"hello\"}"}
]
```

（2）验证请求

通过以上配置可以看到有 50% 的概率命中 fault-injection 插件，验证如下。

1）转发至上游。

```Shell
curl -i http://127.0.0.1:9080/get
```

返回结果如下：

```
Apache
HTTP/1.1 200 OK
...
Hello World
```

2）命中 fault-injection 插件。

```Shell
curl -i http://127.0.0.1:9080/get
```

返回结果如下：

```
Apache
HTTP/1.1 201 OK
...
Fault Injection for Go Runner
```

11.3.4 使用 Python 开发插件

Python 语言作为一个解释型的高级编程语言，其语法简洁易上手、代码可读性好，在跨平台、可移植性和开发效率上都有出色的表现。同时作为一个高级编程语言，它的封装抽象程度比较高，屏蔽了很多底层细节（例如 GC），可以让用户在开发过程中更专注应用逻辑的开发。所以 APISIX 对 Python Plugin Runner 也进行了支持。

GitHub 上的 apache/apisix-python-plugin-runner 仓库目录结构如下：

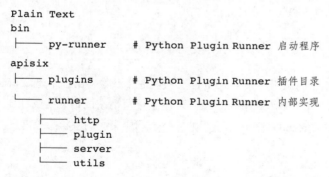

```Plain Text
bin
├── py-runner       # Python Plugin Runner 启动程序
apisix
├── plugins         # Python Plugin Runner 插件目录
└── runner          # Python Plugin Runner 内部实现
        ├── http
        ├── plugin
        ├── server
        └── utils
```

其中，bin/py-runner 文件为 Python Plugin Runner 的启动入口；apisix/plugins 目录为 Python Plugin Runner 插件开发目录，该目录下的插件文件会自动加载，无需额外配置；apisix/runner 目录为 Python Plugin Runner 的内部实现，包括请求解析、构造和处理等。

1. 开发插件示例

（1）实现 Name

使用以下方法返回插件的名称，在稍后 APISIX 中进行配置插件时会引用这个名称。需要注意，同一名称的插件只能注册一次。

```Python
class FaultInjection(PluginBase):

    ...
    def name(self) -> str:
        """
        The name of the plugin registered in the runner
        :return:
        """
        return "fault-injection"
```

（2）实现 ParseConf

通过下述代码会解析给定的配置信息。这个配置结构体可以是任意类型，而且每个路由的配置都只会对应一次 ParseConf 调用，所以可以在其中存储路由级别的上下文信息。

```Python
class FaultInjection(PluginBase):

    ...
    def config(self, conf: Any) -> Any:
        """
        Parse plugin configuration
        :param conf:
        :return:
        """
        if isinstance(conf, str):
            return json.dumps(conf)
        else:
            return conf
```

（3）实现 Filter 方法

每个 RPC 请求都会触发一次 Filter 的调用。其中，Filter 会接收 3 个参数：第一个是 conf，它是 config 解析出来的配置；第二个是请求操作对象 request，可用于重写请求的请求头、URI、请求参数等信息；第三个是响应操作对象 response，用于重写响应体、响应头、响应状态等信息。

```Python
class FaultInjection(PluginBase):
    ...
    def filter(self, conf: Any, request: Request, response: Response):
        """
        The plugin executes the main function
        :param conf:
            plugin configuration after parsing
        :param request:
            request parameters and information
        :param response:
            response parameters and information
```

```
:return:
"""
if not isinstance(conf, dict):
    return
percentage = conf.get("percentage", 0)
if random.randint(0, 100) > int(percentage):
    return
http_status = conf.get("http_status", 200)
# 设置状态码
response.set_status_code(http_status)
body = conf.get("body", "")
response.set_body(body)
```

2. 运行及部署

目前版本的 Python Plugin Runner（v0.2.0）依赖 APISIX 2.7+ 和 Python 3.6+ 作为基础运行环境，APISIX 的安装部署可参考第一部分。

由于 Python Plugin Runner 和 APISIX 的通信是基于 UNIX Socket 的 RPC 进行传递的，因此 Python Plugin Runner 和 APISIX 需要部署在同一台机器上。

（1）下载并安装 Python Plugin Runner

通过以下代码下载并安装 Python Plugin Runner。

```Shell
git clone https://github.com/apache/apisix-python-plugin-runner.git
cd apisix-python-plugin-runner
make install
```

（2）配置 Python Plugin Runner（生产模式）

1）执行 make install 将 Python Plugin Runner 所需相关依赖安装到系统中。

2）在 APISIX 的 conf/config.yaml 文件中进行如下配置：

```YAML
ext-plugin:
    # path_for_test: /tmp/runner.sock
    cmd: ["/path/to/apisix-python-plugin-runner/bin/py-runner", "start"]
```

完成配置后重启 APISIX 即可，Python Plugin Runner 将以 NGINX 特权进程方式启动，生命周期由 NGINX master 进程管理。

（3）配置 Python Plugin Runner（调试模式）

1）在调试模式下，Python Plugin Runner 是以独立进程的形式启动的，不受 NGINX master 进程约束，对于调试和开发会更友好，可以使用 make dev 或以下终端命令来启动 Python Plugin Runner 的调试模式。

```Bash
cd /path/to/apisix-python-plugin-runner
APISIX_LISTEN_ADDRESS=unix:/tmp/runner.sock python3 bin/py-runner start
```

2）在 APISIX 中修改相关配置文件。

```YAML
ext-plugin:
    path_for_test: /tmp/runner.sock
```

之后重启 APISIX 即可，此时 APISIX 和 Python Plugin Runner 都已经完成配置并启动。

3. 插件验证

（1）路由配置

如前面所述，APISIX 预设了两个可以发起 RPC 调用的位置，可以在路由里进行如下配置：

```Shell
curl http://127.0.0.1:9080/apisix/admin/routes/1 -H 'X-API-KEY: edd1c9f034335f13
6f87ad84b625c8f1' -X PUT -d '
{
    "uri": "/get",
    "plugins": {
        "ext-plugin-pre-req": {
            "conf": [
                {"name":"fault-injection", "value":"{\"body\":\"Fault Injection
                    for Go Runner\",\"http_status\":201,\"percentage\":50}"}
            ]
        }
    },
    "upstream": {
        "type": "roundrobin",
        "nodes": {
            "127.0.0.1:1980": 1
        }
    }
}'
```

如果想要从 ext-plugin-post-req 发起 RPC 调用，只需把配置中的插件名称替换成 ext-plugin-post-req 即可。

从上述代码中可以看到，ext-plugin-pre-req 配置里的 conf 字段是一个数组。conf 数组里的外部插件顺序将决定运行外部插件时的采用顺序。比如以下示例中，运行顺序为会先运行 fault-injection 再运行 say。

```JSON
"conf": [
    {"name":"fault-injection", "value":"{\"body\":\"Fault Injection for Python
        Runner\",\"http_status\":201,\"percentage\":50}"},
    {"name": "say", "value":"{\"body\":\"hello\"}"}
]
```

（2）验证请求

通过以上配置可以看到有 50% 的概率命中 fault-injection 插件。

1）转发至上游。

```Shell
curl -i http://127.0.0.1:9080/get
```

返回结果如下：

```Apache
HTTP/1.1 200 OK
...
Hello World
```

2）命中 fault-injection 插件。

```Shell
curl -i http://127.0.0.1:9080/get
```

返回结果如下：

```Apache
HTTP/1.1 201 OK
...
Fault Injection for Go Runner
```

11.3.5　使用 Wasm 开发插件

Wasm 全称 WebAssembly，与前几节介绍的编程语言不同之处在于，它是一套字节码标准，适用于在宿主环境中嵌套使用。

如果某种编程语言提供编译成 Wasm 字节码的功能，就可以把该语言的应用编译成 Wasm 字节码，运行在某个支持 Wasm 的宿主环境中。目前大部分主流语言都提供了对 Wasm 不同程度的支持。

听起来，是不是只要某个宿主环境支持 Wasm，就能像操作系统一样运行任意应用？但其实这里有个限制，就像操作系统需要实现特定标准的 Syscall 一样，要想运行特定的应用，也需要实现该应用所需的 API。

这里的 API 可以分成两部分，一部分是与操作系统进行交互的 API，也就是 WASI（WebAssembly System Interface）；另一部分是与宿主环境进行交互的 API。前者是 Wasm 标准的一部分，由 Wasm VM 实现。对于后者，Envoy 制定了一套 Proxy Wasm 标准，基于 Proxy Wasm SDK 开发的 Wasm 代码，能够运行在 Envoy 的 Wasm Filter 中。

Apache APISIX 实现了 Proxy Wasm 标准，所以也可以基于 Proxy Wasm SDK 开发 APISIX 的 Wasm 插件。

凭借 Proxy Wasm SDK，APISIX 可以支持通过 Go 或 Rust，以及其他 SDK 支持的语言编写直接运行在 APISIX 内部的插件中。

1. 开发插件示例

下面结合 proxy-wasm-go-sdk 来介绍如何利用 Wasm 实现注入自定义响应的功能。

（1）基于 proxy-wasm-go-sdk 编写代码

```Go
package main
import (
    "math/rand"
    "github.com/tetratelabs/proxy-wasm-go-sdk/proxywasm"
    "github.com/tetratelabs/proxy-wasm-go-sdk/proxywasm/types"
    // tinygo doesn't support encoding/json, see https://github.com/tinygo-org/
        tinygo/issues/447
    "github.com/valyala/fastjson"
)
func main() {
    proxywasm.SetVMContext(&vmContext{})
}
type vmContext struct {
    types.DefaultVMContext
}
func (*vmContext) NewPluginContext(contextID uint32) types.PluginContext {
    return &pluginContext{}
}
type pluginContext struct {
    types.DefaultPluginContext
    Body       []byte
    HttpStatus uint32
    Percentage int
}
func (ctx *pluginContext) OnPluginStart(pluginConfigurationSize int) types.
    OnPluginStartStatus {
    data, err := proxywasm.GetPluginConfiguration()
    if err != nil {
        proxywasm.LogErrorf("error reading plugin configuration: %v", err)
        return types.OnPluginStartStatusFailed
    }
    var p fastjson.Parser
    v, err := p.ParseBytes(data)
    if err != nil {
        proxywasm.LogErrorf("error decoding plugin configuration: %v", err)
        return types.OnPluginStartStatusFailed
    }
    ctx.Body = v.GetStringBytes("body")
    ctx.HttpStatus = uint32(v.GetUint("http_status"))
    if v.Exists("percentage") {
        ctx.Percentage = v.GetInt("percentage")
    } else {
        ctx.Percentage = 100
    }
    // schema check
    if ctx.HttpStatus < 200 {
        proxywasm.LogError("bad http_status")
```

```go
        return types.OnPluginStartStatusFailed
    }
    if ctx.Percentage < 0 || ctx.Percentage > 100 {
        proxywasm.LogError("bad percentage")
        return types.OnPluginStartStatusFailed
    }
    return types.OnPluginStartStatusOK
}
func (ctx *pluginContext) NewHttpContext(contextID uint32) types.HttpContext {
    return &httpLifecycle{parent: ctx}
}
type httpLifecycle struct {
    types.DefaultHttpContext
    parent *pluginContext
}
func sampleHit(percentage int) bool {
    return rand.Intn(100) < percentage
}
func (ctx *httpLifecycle) OnHttpRequestHeaders(numHeaders int, endOfStream bool)
    types.Action {
    plugin := ctx.parent
    if !sampleHit(plugin.Percentage) {
        return types.ActionContinue
    }
    err := proxywasm.SendHttpResponse(plugin.HttpStatus, nil, plugin.Body, -1)
    if err != nil {
        proxywasm.LogErrorf("failed to send local response: %v", err)
        return types.ActionContinue
    }
    return types.ActionPause
}
```

需注意，虽然 proxy-wasm-go-sdk 项目中携带了 Go 的名字，但它其实使用的是 TinyGo 而不是原生的 Go。因为原生 Go 在支持 WASI（可以认为它是非浏览器的 Wasm 运行时接口）时会出现一些问题，这里不再赘述。

（2）构建相应 Wasm 文件

```shell
Shell
tinygo build -o ./fault-injection/main.go.wasm -scheduler=none -target=wasi ./
    fault-injection/main.go
```

（3）在 APISIX 中引用文件

最后就可以在 APISIX 中配置 config.yaml 文件。

在 APISIX 中，Wasmg 与 Lua 插件具有平等地位，可以像配置一个 Lua 插件一样配置 Wasm 插件。

```yaml
YAML
apisix:
        ...
wasm:
```

```
    plugins:
        - name: wasm_fault_injection
            priority: 7997
            file: ./fault-injection/main.go.wasm
```

通过以上配置，就可以实现像使用 Lua 插件一样操作 Wasm 插件。

其中，部分 Proxy Wasm 参数与 APISIX 之间的映射如下。

❑ proxy_on_configure：一旦没有新配置的 PluginContext，就运行 proxy_on_configure。例如，当第一个请求到达配置了 Wasm 插件的路由时。

❑ proxy_on_http_request_headers：在接收到 HTTP 请求时运行。

❑ proxy_on_http_request_body：和 proxy_on_http_request_headers 一样的运行阶段。要运行这个回调，需要在 proxy_on_http_request_headers 中设置 wasm_process_req_bodyproperty 为非空的值。

❑ proxy_on_http_response_headers：在 header_filter 阶段运行。

❑ proxy_on_http_response_body：在 body_filter 阶段运行。要运行这个回调，需要在 proxy_on_http_response_headers 中设置 wasm_process_resp_bodyproperty 为非空的值。

2. 插件验证

（1）配置路由

在指定路径中启用相关插件：

```
Shell
curl -i http://127.0.0.1:9080/apisix/admin/routes/1 \
-H 'X-API-KEY: edd1c9f034335f136f87ad84b625c8f1' -X PUT -d '
{
    "uri": "/get",
    "plugins": {
        "wasm_fault_injection": {
            "conf": "{\"body\":\"hello world\n\", \"http_status\":200,
                \"percentage\":50}"
        }
    },
    "upstream": {
        "type": "roundrobin",
        "nodes": {
            "127.0.0.1:9999": 1
        }
    }
}'
```

注意： Wasm 插件的配置是 conf 字段下面的一条字符串，由对应的插件进行解析。

上述配置会有 50% 的概率注入一个状态码为 200、响应体为 "hello world\n" 的响应。剩余概率则会转发请求到一个不存在的上游，导致出现一个 502 的错误响应。

（2）验证请求

通过以上配置可以看到有 50% 的概率命中 fault-injection 插件。

1）转发至上游。

```Shell
curl -i http://127.0.0.1:9080/get
```

返回结果如下：

```Apache
HTTP/1.1 502 Bad Gateway
...
<html>
<head><title>502 Bad Gateway</title></head>
<body>
<center><h1>502 Bad Gateway</h1></center>
<hr><center>openresty</center>
</body>
</html>
```

2）命中 fault-injection 插件。

```Shell
curl -i http://127.0.0.1:9080/get
```

返回结果如下：

```Apache
HTTP/1.1 200 OK
...
hello world
```

目前 APISIX 已在整个请求的生命周期中支持使用 Wasm，未来也会按实际需求继续完善对 Wasm 的支持。相信在不久的将来，APISIX 就能运行由开发者自己喜欢的语言编写的插件。

APISIX 在产品实现中一直致力于对开发者友好，所以在多语言插件方面也会持续不断地进行迭代与进步，希望通过这些插件可以让开发实现无隔断交流。

第 12 章

自定义协议支持

本章介绍 APISIX 所支持的协议与框架,帮助大家在使用中拓展更多场景。

12.1 基础协议支持

通过本节可以了解 APISIX 支持的基础协议,在实际使用中,可根据需要选择使用对应的协议。

12.1.1 HTTP/1.1 和 HTTP/2

APISIX 作为 API 网关,默认支持 HTTP/1.1,不需要特殊配置,同时也支持基于 TLS 加密的 HTTP/2 和纯文本传输的 HTTP/2。

HTTP/2 允许非加密的 HTTP,也允许使用 TLS 1.2 或更高版本的协议进行加密,但是大部分客户端只实现了基于 TLS1.2 的 HTTP/2,这也是 HTTP/2 的事实标准。

在内网环境中,如果需要代理 gRPC 服务,可以通过纯文本的 HTTP/2 暴露 gRPC 服务,不需要依赖 SSL。

虽然 NGINX 本身也支持其他方式的 HTTP/2,但是启用后需要单独开放端口来启用纯本文的 HTTP/2,无法在同一端口上接收 HTTP/1.x 请求。

而 APISIX 支持在同一端口上接受 HTTP/1.x 和 HTTP/2。这样做的好处是减少端口资源分配,便于运维。在 ./conf/config.yaml 配置文件中可添加如下配置进行启用。

```YAML
apisix:
    node_listen:
        - port: 9080
```

```
            enable_http2: false
        - port: 9081
            enable_http2: true
```

上述配置在 9081 端口上开启了纯文本的 HTTP/2。

首先添加上游：

```PowerShell
curl http://127.0.0.1:9080/apisix/admin/routes/1 -H 'X-API-KEY: edd1c9f034335f13
    6f87ad84b625c8f1' -X PUT -d '
{
    "methods": ["POST", "GET"],
    "uri": "/helloworld.Greeter/SayHello",
    "upstream": {
        "scheme": "grpc",
        "type": "roundrobin",
        "nodes": {
            "127.0.0.1:50051": 1
        }
    }
}'
```

其中，50051 是一个接受 gRPC 协议的上游服务的端口，可以复制 APISIX 官方仓库到本地后，在本地仓库的目录下执行如下脚本来启动这个模拟上游：

```Bash
#!/usr/bin/env bash
cd t/grpc_server_example
CGO_ENABLED=0 go build
./grpc_server_example \
    -grpc-address :50051 -grpcs-address :50052 -grpcs-mtls-address :50053 \
    -crt ../certs/apisix.crt -key ../certs/apisix.key -ca ../certs/mtls_ca.crt \
    > grpc_server_example.log 2>&1 || (cat grpc_server_example.log && exit 1)&
cd ../../
```

接下来访问创建的路由：

```Shell
grpcurl -plaintext -import-path /pathtoprotos  -proto helloworld.proto  \
    -d '{"name":"apisix"}' 127.0.0.1:9081 helloworld.Greeter.SayHello
```

其中，grpcurl 是一个 CLI 工具，类似于 curl，充当 gRPC 客户端与 gRPC 服务器进行交互；pathtoprotos 表示存放 proto 文件的地址，在以上测试用例中，使用的是 APISIX 官方仓库下 ./t/grpc_server_example/proto 文件夹下的 proto 文件。

返回以下信息则表示已成功代理：

```Shell
{
    "message": "Hello apisix"
}
```

12.1.2 HTTPS

在 APISIX 中，使用 TLS 扩展的 SNI 协议加载特定的 SSL 证书可以开启 HTTPS。

SNI 是改善 SSL 和 TLS 的一项特性，它允许客户端在服务器端向其发送证书之前，向服务器端发送请求的域名，服务器端根据客户端请求的域名选择合适的 SSL 证书发送给客户端。

SSL 证书可以使用 /apisix/admin/ssl/{id} 接口来动态配置，通常情况下，一个 SSL 证书只包含一个静态域名。如果要配置 SSL 证书，可以配置 SSL 资源，它包括 cert、key 和 sni 三个属性。

❑ cert：SSL 密钥对的公钥，PEM 格式。

❑ key：SSL 密钥对的私钥，PEM 格式。

❑ sni：SSL 证书所指定的一个或多个域名。

注意：在设置 sni 之前，需要确保证书对应的私钥是有效的。

配置示例如下：

```Shell
curl http://127.0.0.1:9080/apisix/admin/ssl/1 \
-H 'X-API-KEY: edd1c9f034335f136f87ad84b625c8f1' -X PUT -d '
{
    "cert": "-----BEGIN CERTIFICATE-----
            ......
            -----END CERTIFICATE-----",
    "key": "-----BEGIN RSA PRIVATE KEY-----
            ......
            -----END RSA PRIVATE KEY-----",
    "sni": "test.com"
}'
```

在以上示例中省略号代表使用 Base64 编码的证书内容，请根据实际证书内容填写。

注意：上传时要加上类似 "-----BEGIN CERTIFICATE-----" 和 "-----END CERTIFICATE-----" 的头尾标记。

通过以下命令创建路由，该路由用来测试 SSL 证书配置是否生效：

```Shell
curl http://127.0.0.1:9080/apisix/admin/routes/1 \
-H 'X-API-KEY: edd1c9f034335f136f87ad84b625c8f1' -X PUT -i -d '
{
    "uri": "/hello",
    "hosts": ["test.com"],
    "methods": ["GET"],
    "upstream": {
        "type": "roundrobin",
        "nodes": {
            "127.0.0.1:1980": 1
```

```
            }
        }
}'
```

通过如下命令测试 SSL 证书配置是否生效：

```Shell
curl --resolve 'test.com:9443:127.0.0.1' https://test.com:9443/hello  -vvv
```

返回结果如下：

```Shell
* Added test.com:9443:127.0.0.1 to DNS cache
* About to connect() to test.com port 9443 (#0)
*   Trying 127.0.0.1...
* Connected to test.com (127.0.0.1) port 9443 (#0)
* Initializing NSS with certpath: sql:/etc/pki/nssdb
* skipping SSL peer certificate verification
* SSL connection using TLS_ECDHE_RSA_WITH_AES_256_GCM_SHA384
* Server certificate:
*         subject: CN=test.com,O=iresty,L=ZhuHai,ST=GuangDong,C=CN
*         start date: Jun 24 22:18:05 2019 GMT
*         expire date: May 31 22:18:05 2119 GMT
*         common name: test.com
*         issuer: CN=test.com,O=iresty,L=ZhuHai,ST=GuangDong,C=CN
> GET /hello HTTP/1.1
> User-Agent: curl/7.29.0
> Host: test.com:9443
> Accept: */*
```

在上述示例中，我们指定了该证书的 SNI 是 test.com，在创建路由时指定了 hosts 属性是 test.com。当路由的 hosts 属性和证书的 SNI 为同一个域名时，则代表将 SSL 证书和路由进行了绑定。

当客户端请求 test.com 域名时，路由匹配成功后，APISIX 将根据 test.com 找到对应的证书，返回给客户端完成 TLS 握手。

12.1.3　MQTT

APISIX 支持代理 MQTT 3.1.* 及 5.0 两个协议，主要通过内置的 mqtt-proxy 插件来实现。mqtt-proxy 插件只运行在流模式下，它可以根据 MQTT 的 client_id 实现动态负载均衡。

在 ./conf/config.yaml 文件中需添加 stream_proxy 配置才可以启用 mqtt-proxy 插件。如下配置代表监听 9100 TCP 端口：

```YAML
    ...
    router:
        http: 'radixtree_uri'
```

```
        ssl: 'radixtree_sni'
    stream_proxy:                  # TCP/UDP 代理
        tcp:                       # TCP 代理端口列表
        - 9100
    dns_resolver:
    ...
```

配置成功后，就可以把 MQTT 请求发送到 9100 端口。以下示例是在指定的路由上启用 mqtt-proxy 插件：

```Shell
curl http://127.0.0.1:9080/apisix/admin/stream_routes/1 \
-H 'X-API-KEY: edd1c9f034335f136f87ad84b625c8f1' -X PUT -d '
{
    "remote_addr": "127.0.0.1",
    "plugins": {
        "mqtt-proxy": {
            "protocol_name": "MQTT",
            "protocol_level": 4,
            "upstream": {
                "host": "127.0.0.1",
                "port": 1980
            }
        }
    }
}'
```

注意：upstream.host 属性也支持配置域名。

12.1.4 GraphQL

APISIX 支持通过 GraphQL 的一些属性来过滤路由。目前支持的属性有 graphql_operation、graphql_name、graphql_root_fields。

GraphQL 的属性与以下展示的 GraphQL Query 语句一一对应：

```Plain Text
query getRepo {
    owner {
        name
    }
    repo {
        created
    }
}
```

❏ graphql_operation 对应 query。

❏ graphql_name 对应 getRepo。

❑ graphql_root_fields 对应 ["owner", "repo"]。

根据以上信息创建路由:

```Shell
curl http://127.0.0.1:9080/apisix/admin/routes/1 \
-H 'X-API-KEY: edd1c9f034335f136f87ad84b625c8f1' -X PUT -i -d '
{
    "methods": ["POST"],
    "uri": "/_graphql",
    "vars": [
        ["graphql_operation", "==", "query"],
        ["graphql_name", "==", "getRepo"],
        ["graphql_root_fields", "has", "owner"]
    ],
    "upstream": {
        "type": "roundrobin",
        "nodes": {
            "39.97.63.215:80": 1
        }
    }
}'
```

注意: 为了避免长时间读取无效的 GraphQL 请求体,GraphQL 默认只读取请求体的前 1MiB 数据。该限制通过以下方式进行配置:

```YAML
graphql:
    max_size: 1048576
```

如果需要传递一个大于限制数值的 GraphQL 请求体,可以在 ./conf/config.yaml 文件中增加该数值。

12.1.5 Dubbo

APISIX 支持代理 Dubbo 协议,主要通过内置的 dubbo-proxy 插件来实现。

如果使用 OpenResty,则需要编译 api7/mod_dubbo 模块来支持 Dubbo。在 api7/apisix-build-tools 项目中提供了该编译脚本。

dubbo-proxy 插件默认禁用,可在 ./conf/config.yaml 文件中添加以下参数启用该插件:

```YAML
plugins:
    - dubbo-proxy
```

配置完成后,可以通过 apisix reload 命令重新加载 APISIX,使更改后的 ./conf/config.yaml 文件生效。如下命令是在指定的路由中启用 dubbo-proxy 插件:

```Shell
curl http://127.0.0.1:9080/apisix/admin/routes/1  \
```

```
-H 'X-API-KEY: edd1c9f034335f136f87ad84b625c8f1' -X PUT -d '
{
    "uris": [
        "/hello"
    ],
    "plugins": {
        "dubbo-proxy": {
            "service_name": "org.apache.dubbo.sample.tengine.DemoService",
            "service_version": "0.0.0",
            "method": "tengineDubbo"
        }
    },
    "upstream": {
        "type": "roundrobin",
        "nodes": {
            "127.0.0.1:8081": 1
        }
    }
}'
```

创建完成后，可以使用 Tengine 项目提供的 Quick Start 例子，利用上述配置进行测试，将会产生同样的结果。

从上游 Dubbo 服务返回的数据一定是 Map<String, String> 类型。例如，返回的数据如下：

```Shell
{
    "status": "200",
    "header1": "value1",
    "header2": "valu2",
    "body": "blahblah"
}
```

对应的 HTTP 响应如下：

```Shell
HTTP/1.1 200 OK # "status" will be the status code
...
header1: value1
header2: value2
...
blahblah # "body" will be the body
```

dubbo-proxy 插件也可以与 proxy-rewrite、response-rewrite 等插件搭配使用。

12.1.6 gRPC

APISIX 支持多种场景下的 gRPC 协议代理。

1. gRPC-proxy

可以通过 APISIX 代理 gRPC 连接，并使用 APISIX 的大部分特性管理 gRPC 服务，该场景适用于后端中 gRPC 服务之间的互相调用，调用关系为 gRPC server↔APISIX（双向调用）。

（1）TLS + HTTP/2

在该场景中需要配置 SSL 证书。以下示例使用的是 APISIX 官方项目证书，其证书文件是 conf/cert/ssl_PLACE_HOLDER.crt 和 conf/cert/ssl_PLACE_HOLDER.key，其 sni 是 test.com。使用的上游是 APISIX 仓库中的 t/grpc_server_example。

配置路由如下：

```Shell
curl http://127.0.0.1:9080/apisix/admin/routes/1 \
-H 'X-API-KEY: edd1c9f034335f136f87ad84b625c8f1' -X PUT -d '
{
    "methods": ["POST", "GET"],
    "uri": "/helloworld.Greeter/SayHello",
    "upstream": {
        "scheme": "grpc",
        "type": "roundrobin",
        "nodes": {
            "127.0.0.1:8081": 1
        }
    }
}'
```

注意： 路由中 upstream 下的 scheme 必须设置为 grpc 或 grpcs。上述示例中设置的是 grpc，表示 APISIX 到上游使用的是 grpc 协议。

使用 gRPCurl 作为客户端访问 APISIX：

```PowerShell
grpcurl -insecure \
-import-path ./t/grpc_server_example/proto
-proto helloworld.proto \
-d '{"name":"apisix"}' test.com:9443 helloworld.Greeter.SayHello
```

返回结果如下：

```JSON
{
    "message": "Hello apisix"
}
```

（2）纯文本的 HTTP/2

默认情况下，APISIX 仅在 9443 端口支持 TLS 加密的 HTTP/2，然而 APISIX 也支持纯本文的 HTTP/2，我们只需在 ./conf/config.yaml 文件中添加 node_listen 的配置即可。

```YAML
apisix:
    node_listen:
```

```
    - port: 9080
        enable_http2: false
    - port: 9081
        enable_http2: true
```

使用 gRPCurl 访问 APISIX：

```PowerShell
grpcurl \
-plaintext -import-path ./t/grpc_server_example/proto  \
-proto helloworld.proto \
-d '{"name":"apisix"}' 127.0.0.1:9081 helloworld.Greeter.SayHello
```

返回结果如下：

```Shell
{
    "message": "Hello apisix"
}
```

2. grpc-web

APISIX 可以通过 grpc-web 插件来转换 gRPC Web 客户端到 gRPC 服务器的请求。调用关系为 gRPC Web 客户端 → APISIX → gRPC 服务器。

具体使用方式可以参考官方仓库的 grpc-web 插件文档。

3. grpc-transcode

APISIX 支持协议转换，可以将来自客户端的 HTTP 或 HTTPS 的请求，转换成 gRPC 协议代理到上游。调用关系为 HTTP(s) → APISIX → gRPC 服务器。

具体使用方式可以参考官方仓库的 grpc-transcode 插件文档。

12.1.7　WebSocket

WebSocket 是一种网络传输协议，可在单个 TCP 连接上进行全双工通信（又称为双向同时通信，即通信的双方可以同时发送和接收信息的信息交互方式），位于 OSI 模型的应用层。

WebSocket 使得客户端和服务器之间的数据交换变得更加简单，允许服务端主动向客户端推送数据。在 WebSocket API 中，浏览器和服务器只需要完成一次握手，两者之间就可以创建持久性的连接，并进行双向数据传输。

APISIX 支持代理 WebSocket 协议，也支持 WebSocket Secure 协议。在路由和服务上均设有 enable_websocket 配置选项，用于启用 WebSocket 协议支持。以创建路由为例：

```Shell
curl http://127.0.0.1:9080/apisix/admin/routes/1 -H 'X-API-KEY: edd1c9f034335f13
    6f87ad84b625c8f1' -X PUT -i -d '
{
    "uri": "/hello",
```

```
    "enable_websocket": true,
    "upstream": {
        "type": "roundrobin",
        "nodes": {
            "127.0.0.1:1980": 1
        }
    }
}'
```

路由创建成功后，在当前窗口使用 websocat 项目启动 WebSocket Echo 服务器。

```
PowerShell
websocat -s 1980
```

在另一个窗口启动 WebSocket 客户端。

```
PowerShell
websocat ws://127.0.0.1:9080/hello
```

完成上述步骤后，WebSocket 客户端 → APISIX → WebSocket Echo 服务器之间的 WebSocket 连接就完成了。

12.1.8　WebSocket Secure

APISIX 代理 WebSocket Secure 协议与 HTTPS 类似，需要使用 SSL 证书。以下示例中使用的是 APISIX 官方项目证书，其证书和密钥是 APISIX 官方项目的 ./conf/cert/ssl_PLACE_HOLDER.crt 和 ./conf/cert/ssl_PLACE_HOLDER.key，其 SNI 是 test.com。

```
PowerShell
curl http://127.0.0.1:9080/apisix/admin/routes/1 \
-H 'X-API-KEY: edd1c9f034335f136f87ad84b625c8f1' -X PUT -i -d '
{
    "uri": "/hello",
    "enable_websocket": true,
    "upstream": {
        "type": "roundrobin",
        "scheme": "https",
        "nodes": {
            "test.com:1980": 1
        }
    }
}'
```

路由创建成功后，在当前窗口使用 websocat 项目启动 WebSocket Echo 服务器。

```
PowerShell
websocat -E -t - ws-c:cmd:'socat openssl-listen:1234,cert=/path/to/apisix.
    crt,key=/path/to/apisix.key,verify=0,fork,reuseaddr system:"/path/to/
    websocat -t inetd-ws\\: open-fd\\:2"'
```

在另一个窗口启动 WebSocket 客户端。

```PowerShell
websocat --ws-c-uri=wss://test.com/hello -t - ws-c:cmd:'socat - ssl:test.
    com:9443,verify=0'
```

同样的，完成上述步骤后，WebSocket 客户端 → APISIX → WebSocket Echo 服务器之间的 WebSocket Secure 连接就完成了。

12.1.9　TCP/UDP

目前，众多知名的应用和服务（如 LDAP、MySQL 和 RTMP）都选择 TCP 作为通信协议，但是非事务性的应用（如 DNS、Syslog 和 RADIUS）则选择了 UDP 作为通信协议。

APISIX 可以对 TCP/UDP 进行代理并实现动态负载均衡。在 NGINX 中，通常称 TCP/UDP 代理为 Stream 代理，在 APISIX 中也遵循了这个声明。

1. 如何设置

在 ./conf/config.yaml 配置文件中添加 stream_proxy 选项（默认禁用），指定一组需要进行动态代理的 IP 地址。

```YAML
apisix:
    stream_proxy: # TCP/UDP proxy
        tcp: # TCP proxy address list
            - 9100
            - "127.0.0.1:9101"
        udp: # UDP proxy address list
            - 9200
            - "127.0.0.1:9211"
```

如果 enable_admin 为 true，上述配置会同时启用 HTTP 和 Stream 代理。

如果 enable_admin 为 false，且需要同时启用 HTTP 和 Stream 代理时，请设置 only 为 false：

```YAML
apisix:
    stream_proxy: # TCP/UDP proxy
        only: false
        tcp: # TCP proxy address list
            - 9100
            - "127.0.0.1:9101"
        udp: # UDP proxy address list
            - 9200
            - "127.0.0.1:9211"
```

可以通过以下命令创建 Stream 路由：

```PowerShell
curl http://127.0.0.1:9080/apisix/admin/stream_routes/1 \
```

```
-H 'X-API-KEY: edd1c9f034335f136f87ad84b625c8f1' -X PUT -d '
{
    "remote_addr": "127.0.0.1",
    "upstream": {
        "nodes": {
            "127.0.0.1:1995": 1
        },
        "type": "roundrobin"
    }
}'
```

该路由会匹配客户端 IP 为 127.0.0.1 的请求，并将匹配到的请求代理到 127.0.0.1:1995。更多配置请参考官方仓库中 stream-proxy 相关内容。

2. TLS over TCP

APISIX 目前也支持接收 TLS over TCP 的连接。

在 ./conf/config.yaml 文件中添加以下配置，为相应的 TCP 地址启用 TLS：

```YAML
apisix:
    stream_proxy: # TCP/UDP proxy
        tcp: # TCP proxy address list
            - addr: 9100
                tls: true
            - addr: "127.0.0.1:9101"
```

注意：需要为预设的 SNI 配置证书。具体步骤参考 10.2 节。

之后可以创建一个路由，用来匹配连接并代理到上游：

```Shell
curl http://127.0.0.1:9080/apisix/admin/stream_routes/1 \
-H 'X-API-KEY: edd1c9f034335f136f87ad84b625c8f1' -X PUT -d '
{
    "upstream": {
        "nodes": {
            "127.0.0.1:1995": 1
        },
        "type": "roundrobin"
    }
}'
```

当连接为 TLS over TCP 时，就可以通过 SNI 来匹配路由，比如：

```Shell
curl http://127.0.0.1:9080/apisix/admin/stream_routes/1 \
-H 'X-API-KEY: edd1c9f034335f136f87ad84b625c8f1' -X PUT -d '
{
    "sni": "a.test.com",
```

```
    "upstream": {
        "nodes": {
            "127.0.0.1:5991": 1
        },
        "type": "roundrobin"
    }
}'
```

在该路由中，握手时发送 SNI 为 a.test.com 的连接会被代理到 127.0.0.1:5991。

12.1.10　代理到 TLS over TCP 上游

APISIX 还支持代理到 TLS over TCP 上游。

```PowerShell
curl http://127.0.0.1:9080/apisix/admin/stream_routes/1 \
-H 'X-API-KEY: edd1c9f034335f136f87ad84b625c8f1' -X PUT -d '
{
    "upstream": {
        "scheme": "tls",
        "nodes": {
            "127.0.0.1:1995": 1
        },
        "type": "roundrobin"
    }
}'
```

如上所示，当 scheme 为 tls 时，APISIX 将与上游进行 TLS 握手。

当客户端也使用 TLS over TCP 时，客户端发送的 SNI 将传递给上游，否则将使用一个假的 SNI（apisix_backend）。

12.2　xRPC 自定义协议框架

12.2.1　相关概念

1. 多协议代理

在 APISIX 中，每个请求都会对应一个路由对象。目前 APISIX 的代理场景主要有以下两种。

第一种是 HTTP 代理，也是目前 APISIX 中最常用的请求代理。基于 HTTP 代理，APISIX 已经实现了数十种流量治理能力，如细粒度的流控、安全和可观测性等。

第二种是基于 TCP 和 UDP 的动态协议代理和负载均衡，它提供了最基础的流量准入能力和连接级别的日志能力。这种代理模式可以代理任何基于 TCP/UDP 的请求，如 MySQL、Redis、MongoDB 或 DNS 等。但由于它是基于 TCP/UDP 的代理，没有上层的应用层协议，只能获取四元组的一些基础信息，所以在扩展能力上会稍弱一些。

2. 什么是 xRPC

前面提到 APISIX 支持代理 TCP，但是有些场景下，纯粹的 TCP 代理是不够的。用户需要的是特定应用协议的代理，比如 Redis Proxy、Kafka Proxy 等。因为有些功能必须在对该协议进行编解码之后才可以实现。

因此，APISIX 在 3.0 版本中实现了一个名为 xRPC 的 L4 协议拓展框架，允许开发者在其中自定义特定的应用协议。基于 xRPC 框架，开发者可以通过 Lua 代码对请求和响应进行编解码，进而在了解协议内容的基础上完成故障注入、日志上报、动态路由等功能的实现。

基于 xRPC 框架，APISIX 还可以提供对若干主流应用协议的代理支持，同时用户也可以基于该框架来支持自己私有的基于 TCP 的应用，使其具备类似 HTTP 代理的精准颗粒度和更高阶的 7 层控制。

总结来说，xRPC 从字面角度分析，x 为协议资源的抽象代表，而 RPC 则理解为所有经过网关的资源都为一个过程调用。它是一个协议扩展框架，所以在定位上，xRPC 是一个基础框架，而不是一种具体协议的实现。

如图 12-1 所示，xRPC 是基于 APISIX Core 扩展出来的框架。在该框架的基础之上，用户可以实现不同应用层的协议，比如 Redis、MySQL、Mongo 和 Postgres 等。而在不同的协议之上，又可以抽象一些共性因素，实现相关插件能力，让不同的协议可以共享这些能力。

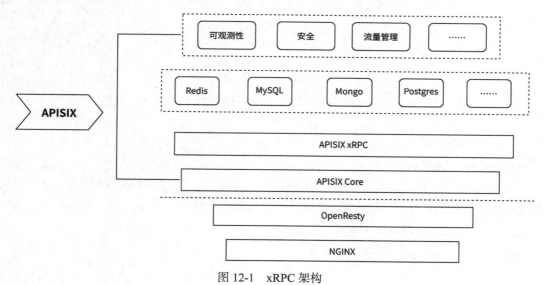

图 12-1　xRPC 架构

xRPC 的主要作用可以总结为：提供标准化应用层协议的接入能力，支持跨协议的能力共享，以及让用户获得自定义协议的扩展能力。

12.2.2　操作步骤

目前，用户使用 xRPC 的步骤比较简单，只需两步即可快速处理。

1）在 conf/config.yaml 中启用对应的协议：

```yaml
YAML
xrpc:
    protocols:
        - name: redis
```

2）在相关的 stream_routes 中指定 Protocol：

```json
JSON
{
    ...
    "protocol": {
        "name": "redis",
        "conf": {
            "faults": [
                {"delay": 5, "key":"bogus_key", "commands":["GET", "MGET"]}
            ]
        },
        "logger": [
            {
                "name": "xx-logger",
                "filter": [["rpc_time", ">", "1"]],
                "conf": {
                }
            }
        ]
    }
}
```

最终，命中该 stream_routes 的 TCP 连接，就会根据该协议进行后续处理。

12.2.3 应用场景

1. 功能一：故障注入

以 Redis 协议为例，当解码 Redis 的 RESP 后，就能知道当前请求的命令和参数，进而根据配置获取对应的内容，并采用 RESP 进行编码，返回给客户端。

假设用户使用了如下的路由配置：

```json
JSON
{
    ...
    "protocol": {
        "name": "redis",
        "conf": {
            "faults": [
                {"delay": 5, "key":"bogus_key", "commands":["GET", "MGET"]}
            ]
        }
```

```
        }
    }
```

那么当命令为 GET 或 MGET，且操作的 key 中包含 bogus_key 时，会根据配置得到"'"delay": "5"'"，并进行对应的操作，即注入 5s 的延迟。

由于 xRPC 要求开发者在自定义协议时对协议进行编解码，因此对于其他协议也可以采用同样操作。

2. 功能二：日志上报

在使用 xRPC 的过程中，用户也可以对 xRPC 配置中的 logger 字段进行对应参数的配置，从而实现日志相关的功能。其中每个 logger 参数包含 logger 名称、执行该 logger 的前提条件（如请求处理时间超过给定值）和 logger 自身的配置等。以如下配置为例：

```JSON
{
    ...
    "protocol": {
        ...
        "logger": [
            {
                "name": "syslog",
                "filter": [["rpc_time", ">", "1"]],
                "conf": {
                }
            }
        ]
    }
}
```

这里 logger 的名称为 syslog，前提条件是 [["rpc_time", ">", "1"]]，logger 自身配置为空。

不同于普通的 TCP 代理只会在连接断开后执行 logger，xRPC 的 logger 会在每个"请求"结束后执行。而具体请求的粒度则取决于协议自身，由 xRPC 拓展代码的细节进行划分。如在 Redis 协议中，执行一个命令就算一个请求。

3. 功能三：动态路由

在代理 RPC 协议过程中，往往会有不同的 RPC 调用需要转发给不同的上游需求，所以 xRPC 框架内置了动态路由的支持。

xRPC 路由中会出现 superior 和 subordinate 的概念，如以下示例中的两个路由：

```JSON
# 路由1
{
    "sni": "a.test.com",
    "protocol": {
        "name": "xx",
```

```
        "conf": {
            ...
        }
    },
    "upstream_id": "1"
}
# 路由 2
{
    "protocol": {
        "name": "xx",
        "superior_id": "1",
        "conf": {
            ...
        }
    },
    "upstream_id": "2"
}
```

在路由 2 中通过 superior_id 指定了路由 1 的 ID，表示路由 1 为 superior 路由，而路由 2 是一个 subordinate 路由，它从属于路由 1。其中只有 superior 路由参与入口处的匹配。之后会在解析请求时，由具体的协议完成 subordinate 路由的匹配。

比如对于 Dubbo RPC 协议，在匹配 subordinate 路由时会根据路由配置的 service_name 等参数和请求中实际携带的 service_name 进行匹配。如果匹配成功，则会采用 subordinate 路由中的配置，否则依然采用 superior 路由的配置。

在上述示例中，如果路由 2 匹配成功，则会转发到上游 2，否则依然转发到上游 1。

12.3　通过 APISIX 代理 Kafka

在之前版本的 APISIX 中，仅支持以 Kafka 作为 logger 的日志存储，用户无法通过 APISIX 作为消费者从 Kafka 中获取消息。在 APISIX v2.14 版本之后，通过新功能的迭代，现已允许用户通过 WebSocket 连接到 APISIX，从而实现对 Kafka 进行代理。

12.3.1　原理

Apache Kafka 使用自定义的 TCP 实现 Broker 与消费者之间的通信。在 APISIX 中，可以通过 4 层代理实现这部分的代理，但对于终端用户（如浏览器等）与 Broker 通信这种无法直接使用 TCP 连接的场景，则不能提供很好地支持。

而现在，客户端可通过 WebSocket 连接到 APISIX，在 APISIX 内部建立与 Kafka 的连接，进而处理客户端的命令（如获取偏移量、获取消息等）。通过 WebSocket 的连接，可以避免在浏览器这种无法直接使用 TCP 连接的场景中从 Kafka 中获取消息。

通过图 12-2 可以看到，这里内部使用自定义的 Protobuf 协议作为通信协议，通过便捷的编译过程，使其后续可在多种语言的程序中使用。在该过程中，主要通过 ListOffsets 命令来获取偏移量，通过 Fetch 命令来获取消息。

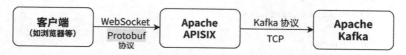

图 12-2　代理 Kafka 原理

当前，该功能的实现仅支持简单的消费者模式，无法使用消费者组，即无法由 Kafka 存储消费偏移量，客户端需要自行处理偏移量的记录。同时，该功能支持 Kafka TLS 握手和 SASL/PLAIN 认证。

除此之外，由于 Kafka 消费者的功能是基于 APISIX 的 PubSub 框架的，因此也可以基于它扩展其他消息系统，实现更丰富的发布订阅能力。

12.3.2　使用方法

1. 设置 Kafka 路由

APISIX 在 2.14 版本后就添加了新的上游 Scheme 类型，除支持 HTTP、gRPC 等协议外，也开始支持 Kafka。在设置过程中，只需将 scheme 字段值设置为 kafka，nodes 字段中设置 Kafka Broker 的地址与端口，即可开启 APISIX 的 Kafka 发布订阅支持。

```Shell
curl -X PUT 'http://127.0.0.1:9080/apisix/admin/routes/kafka' \
    -H 'X-API-KEY: edd1c9f034335f136f87ad84b625c8f1' \
    -H 'Content-Type: application/json' \
    -d '{
"uri": "/kafka",
"upstream": {
    "nodes": {
        "kafka-server:9092": 1
    },
    "type": "none",
    "scheme": "kafka"
    }
}'
```

2. 设置 TLS 握手（可选）

当 Kafka 上游的 tls 字段存在时，APISIX 会为该连接开启 TLS 握手，同时 tls 中还有一个 verify 字段，可以通过它控制 TLS 握手时是否校验服务器证书。

```Shell
curl -X PUT 'http://127.0.0.1:9080/apisix/admin/routes/kafka' \
    -H 'X-API-KEY: edd1c9f034335f136f87ad84b625c8f1' \
    -H 'Content-Type: application/json' \
    -d '{
'uri': '/kafka',
```

```
    'upstream': {
        'nodes': {
            'kafka-server:9092': 1
        },
        'type': 'none',
        'scheme': 'kafka',
        'tls': {
            'verify': true
        }
    }
}'
```

3. 设置 SASL/PLAIN 认证（可选）

为了支持认证功能，APISIX 还提供了 kafka-proxy 插件，用户可以通过它为 Kafka 的路由配置 SASL 认证功能，当前仅支持 PLAIN 模式的认证。

```Shell
curl -X PUT 'http://127.0.0.1:9080/apisix/admin/routes/kafka' \
    -H 'X-API-KEY: edd1c9f034335f136f87ad84b625c8f1' \
    -H 'Content-Type: application/json' \
    -d '{
'uri': '/kafka',
'plugins': {
    'kafka-proxy': {
        'sasl': {
            'username': 'user',
            'password': 'pwd'
        }
    }
},
    'upstream': {
        'nodes': {
            'kafka-server:9092': 1
        },
        'type': 'none',
        'scheme': 'kafka'
    }
}'
```

4. 设置客户端

在设置客户端的过程中，可以从 APISIX 的 GitHub 仓库中获取 PubSub 的协议定义，其中包含 Kafka 的命令与响应，需要将它编译成所需语言的 SDK。

之后，便可通过 WebSocket 连接之前设置的 Kafka 路由 URI (ws://127.0.0.1:9080/kafka)，向其发送 PubSubReq 数据。其中包含需要使用的命令，然后 APISIX 会从 Kafka 中获取数据，并向客户端发送 PubSubResp 响应数据。

第 13 章 *Chapter 13*

故 障 排 除

APISIX 提供了多平台解决方案，因此支持安装在各种不同的操作系统中。这些操作系统运行在不同的软硬件环境上，部分用户会基于 APISIX 进行一些定制化的修改或开发，或者将 APISIX 与其他产品或服务进行对接，彼此协作完成特定的需求。

在这个过程中，可能会出现一些非预期的故障。单从表象来看，这些故障毫无章法，无从下手解决。尤其对于使用 APISIX 的新手来说，遇到报错或看到异常日志就会束手无策。那么本章将为大家提供一些解决报错的方法。

授人以鱼不如授人以渔，本章着重介绍在使用 APISIX 时遇到故障的排查思路，辅以 APISIX 提供的调试与分析工具，以便用户在遇到故障时，可以从本章获得灵感，用清晰的思路和高效的排查技术迅速定位问题，找到解决问题的方法。

在 APISIX 的官方仓库中，维护了一份"常见问题列表"，即 FAQ，社区的维护者们也会定期将社区中反馈的常见问题和解决方案更新到该列表中。

该列表中维护的内容主要包括 APISIX 的使用技巧、常见故障和易混淆概念的解释等。本章的第一节从中选择了常见故障排除相关的内容，APISIX 的初学者可以从中查找是否有与当下问题相关联的内容，迅速定位甚至解决问题。

APISIX 故障排除的第二步是静态分析，即通过检查日志、源码和配置文件等，分析并推断 APISIX 的行为，从而掌握故障相关的上下文信息，为故障分析、验证以及解决提供准确的信息来源。

这个过程需要用户熟悉 APISIX，并可以从静态文件中寻找到蛛丝马迹，串联起多处的关键信息整合成完整细致的逻辑链条，进而分析出故障发生的原因。一旦了解故障原因之后，修复故障的思路和方式也会比较明确。

对于 APISIX 来说，95% 的故障可以通过静态分析来排除，但也有一些故障无法通过静态分析来排除，因此 APISIX 常见故障排除的第三步就是动态调试。

APISIX 提供了一个专门的动态调试模块，可以通过修改 ./conf/debug.yaml 文件来开启动态调试功能。动态调试功能是 APISIX 的高级功能，也是 APISIX 疑难故障排除的撒手锏。有一些极端场景就需要用到动态调试的手段来协助排除故障。比如不清楚故障的复现条件、不能重启 APISIX 以防破坏故障现场；或者通过静态分析之后已经大致确定故障原因，需要辅以动态调试来验证推测等。

13.1 常见故障排除

本节汇总了 APISIX 社区中经常出现的一些故障现象及问题，并按照问题类型进行逐一划分。如果读者在使用 APISIX 的过程中也遇到了以下情况，可以参考本节提供的方案解决问题。

1. 操作类

问题 1：已经配置了路由，但访问相应的路由无法得到预期结果，是否有排查步骤？

答：如出现上述问题，检查顺序如下。

1）排查路由是否生效；

2）观察 access.log；

3）检查是否有优先级更高的路由；

4）检查 error.log 是否有相关错误信息。

问题 2：为什么在使用 Admin Upstream API 检测上游健康状况时，有时候会获取不到上游的健康状态？

答：在没有流量的情况下，APISIX 不会主动发起健康检查，以避免大量无用的健康检查请求。

问题 3：将多个 APISIX 节点部署在同一集群时，为什么限速插件不生效？

答：如果出现这种情况，请优先考虑以下两个方面。

1）是否配置为集群限速模式。如果不是集群限速，则集群整体限速＝单节点限速速率 × 节点数量。

2）时间窗口问题。假设设定时间窗口为 10s，限速 100，那么在第 1 秒发起一个请求，在第 9 秒的时候仍然保留有 99 次请求的配额。在这个时候发起测试，如果运行时间超过了 1s，那么在第 9 秒～第 11 秒中间的实际限速配额最高可以达到 199，因为第 10 秒的时候刷新了配额限制。

问题 4：为什么在使用 Admin API 删除了指定路由后，无法删除对应的上游，显示还有路由在引用？

答：Admin API 删除路由是通过 etcd Watch 通知的，需要检查 etcd 的响应性能，或者等待 etcd 通知 APISIX 之后再执行删除上游操作。

2. 安全类

问题：为什么 APISIX Dashboard 上出现了未知的路由，提示云厂商安全卫士报警？

答：此情况请优先查阅 CVE 通告，检查当前版本是否存在漏洞。如因漏洞导致，可通过升级版本或者按照 APISIX 给出的紧急修补方式解决问题。

3. 集成类

问题：为什么使用云厂商的负载均衡（Load Balance，LB）产品后无法获取真实的用户 IP？

答：如出现这种情况，请优先考虑以下两种方式。

1）查看云厂商的 LB 说明，7 层 LB 一般会有类似于 X-Real-IP 的 header 可以获取真实用户 IP。

2）APISIX 提供了 real-ip 插件，可用于动态改变传递到 APISIX 的客户端的 IP 地址和端口。具体使用详情可参考官方文档。

4. 异常类

问题 1：为什么上游会过早关闭连接？

答：该异常特征常出现在 upstream prematurely closed connection while reading response header from upstream 这样的日志中。

这种情况一般是由于上游设置的超时时间小于 APISIX 上游配置中的超时时间。在 APSIX 上游默认的超时时间中，如连接超时、读超时和写超时都是 60s。

如果出现该异常状况，可以调整上游的配置，以此覆盖默认配置。

问题 2：返回了 5×× 状态码，如何判断是上游产生的还是 APISIX 产生的？

答：500、502、503 等类似的 5×× 状态码，是由于服务器错误而响应的状态码。识别响应状态码的来源能够快速定位问题所在。

具体解决方法是在请求的响应头中，通过 X-APISIX-Upstream-Status 响应头有效识别 5×× 状态码的来源。

- 当 5×× 状态码来源于上游时，在响应头中可以看到 X-APISIX-Upstream-Status 响应头，并且该响应头的值为响应的状态码。
- 当 5×× 状态码来源于 APISIX 时，响应头中没有 X-APISIX-Upstream-Status 的响应头信息，也就是只有 5×× 状态码来源于上游时，才会出现 X-APISIX-Upstream-Status 响应头。

需注意，当修改 ./conf/config.yaml 文件的配置 show_upstream_status_in_response_header 为 true 时，会返回所有上游状态码，不仅仅是 5×× 状态。

想了解更多关于识别 5×× 响应状态码的内容，可查阅官方文档 https://apisix.apache.org/zh/docs/apisix/debug-function/。

问题 3：为什么 etcd 的 CPU 消耗随时间增长而增加，且响应缓慢？

答：如果出现这种异常情况，请优先考虑以下方面。

1）检查 etcd 部署模式，查看磁盘性能是否满足要求；检查 etcd 是否开启压缩选项。

2）在低版本的 APISIX 中，server-info 插件存在影响 etcd 性能的因素，这个问题在 APISIX v2.13.0 已被修复（可通过升级版本解决）。

问题 4：为什么日志中出现大量 buffered to a temporary file 关键字？

答：出现这些关键字不代表运行过程出了问题，这只是一种提醒，但这个提醒表示 APISIX 会将请求内容写入文件，这会导致性能下降。

情况一：如果出现的日志字样为 a client request body is buffered to a temporary file，则表示客户端请求体过大，超出了内存缓冲区，数据将被保存到文件中。

解决方式如下：

1）在 APISIX 提供的自定义 NGINX 配置中调整 client_body_buffer_size。

```YAML
nginx_config:
    http_server_configuration_snippet: |
        client_body_buffer_size 2G;
```

2）通过 proxy-control 插件动态调整 request_buffering，该插件依赖于 apisix-base 运行时。

情况二：如果出现日志字样为 upstream response is buffered to a temporary file，则表示上游响应体过大，超出了内存缓冲区，数据将被保存到文件中。

解决方式如下：

在 APISIX 提供的自定义 NGINX 配置中调整 proxy_max_temp_file_size。

```YAML
nginx_config:
    http_server_configuration_snippet: |
        proxy_max_temp_file_size 2G;
```

问题 5：为什么 error.log 中出现大量无法获取 SSL 和 SNI 的报错信息？

答：出现这种异常状况的原因可能是浏览器版本较低，不支持高版本 TLS 握手协议，也可能是某些云厂商的 LB 服务不传递 SNI。

解决该问题可尝试在 ./conf/config.yaml 文件中配置 apisix.ssl.fallback_sni 属性，来指定缺省 SNI 域名。

当客户端在 SSL 握手期间没有发送 SNI 时，如果配置了 apisix.ssl.fallback_sni，则会使用这个 SNI 完成 SSL 握手，为此还需要配置一个与 apisix.ssl.fallback_sni 匹配的 SSL 证书。

问题 6：为什么使用 OpenResty 安装的 APISIX 无法使用特定功能（Wasm）？

答：这里所提到的部分功能为 APISIX-Base 专属能力，需要使用 APISIX-Base 作为运行时。如果需要这些功能，可以参考 api7/apisix-build-tools 中的代码构建自己的 APISIX-Base 环境。

问题 7：为什么 APISIX 的 YAML 文件无法使用"&"和"*"来引用配置，配置文件中"&"符号会导致运行失败？

答：因为 APISIX 使用的 YAML 解析库暂未支持锚（Anchor）和别名（Alias）功能，所以导致无法使用"&"和"*"来引用配置。而"&"字符解析错误问题，可以通过升级 YAML 解析库版本来解决。

问题 8：在 error.log 中发现很多 HTTP 状态码为 499 的日志，如何处理？

答：499 是 NGINX 自身定义的 HTTP 状态码，表示客户端主动断开连接。

```Plain Text
Syntax:proxy_ignore_client_abort on | off;
Default:proxy_ignore_client_abort off;
Context:http, server, location
Determines whether the connection with a proxied server should be closed when a
    client closes the connection without waiting for a response.
```

可以配置 proxy_ignore_client_abort 为 on，表示忽略客户端中断的异常，直到代理服务执行返回。

在 APISIX 中，可以在 http_server_configuration_snippet 下自定义 NGINX 配置，示例如下：

```YAML
nginx_config:
    http_server_configuration_snippet: |
        proxy_ignore_client_abort on;
```

问题 9：在使用过程中，为什么 body_filter 执行了两次？

答：NGINX 的输出过滤器在一个请求中可能会被多次调用，因为响应体可能被分块传递。因此，在该指令中指定的 Lua 代码有可能会在一个 HTTP 请求的生命周期内运行多次。

13.2 静态分析

记录日志是观测程序运行状态的一种重要方式，对于漏洞的定位和修复有非常重要的意义，详细且正确的日志记录可以快速定位问题的所在。通过查看日志，也可以看出程序正在执行的操作，以及输入输出是否符合预期。

目前在 APISIX 中有两种日志，分别是 error.log 和 access.log。access.log 记录的是请求访问日志，error.log 记录的是运行时日志，而不仅仅是错误日志。

在分析日志时，主要关注运行时日志。在将日志输出级别调整到合适的级别时，通过 error.log 中输出的内容来分析 APISIX 运行时的行为。

13.2.1 日志结构

这里有必要先了解一下 NGINX 与 OpenResty 的基本错误日志格式，了解其中各个字段的意义将有助于更深入了解日志想表达的意思。

以下是错误日志的默认结构：

```Plain Text
<log_time> <log_level> <PID>#<TID> [*<connection_id>] <error_info>
```

```
# 以如下日志为例，按照格式解析到表格
2022/01/01 12:00:00 [notice] 10001#10001: *2 [lua] content_by_lua(nginx.
    conf:55):4: hello world
```

表 13-1 展示了不同字段所代表的含义。

表 13-1　各字段的含义

属性	示例	含义
log_time	2022/01/01 12:00:00	NGINX 内部维护的缓存时间
log_level	[notice]	NGINX 日志级别，由低到高分别为 debug、info、notice、warn、error、crit、alert、emerg、stderr
PID	10001	NGINX Worker 进程 ID
TID	10001	NGINX Worker 线程 ID
connection_id	2	如果 Log 是由请求触发的，则会带有请求 ID，可用于跟踪单个请求相关的输出
error_info	[lua] content_by_lua(nginx.conf:55):4: hello world	所有使用 Lua 输出的日志都会带有 lua 关键字，其后一般会跟随产生日志的原始文件路径与触发报错的代码行

在静态分析中，不能漫无目的地在日志中检索。如果发现某些请求出现异常，可以根据异常发生的时间，通过检索日志中的 log_time 来锁定需要关注的时间范围内（比如 2min）的日志。

接下来需要关注该时间范围内的 log_level 比较高的日志，一般是 error 级别。该级别的日志往往与异常原因直接相关，通过分析这条日志的 error_info 可以得到非常多的有效信息。

connection_id 一般被用来确定某个请求在 APISIX 内的活动轨迹。我们可以根据确定的 error 日志的 connection_id，在这条日志的上下范围内寻找相同 connection_id 的日志，提取出来就是这个请求在 APISIX 内所产生的所有日志。通过分析这条日志链了解异常的上下文环境。

13.2.2　栈分析

关于日志级别，可以参考日志输出相关文档。

一般情况下，在使用静态分析时会将日志级别调整为 info 级别，以便收集更多的信息。

以下示例是一段运行时出现异常的日志：

```
Plain Text
2022/06/01 11:16:27 [error] 28339#28339: *23 lua entry thread aborted: runtime
    error: /usr/local/apisix/apisix/plugins/proxy-cache/init.lua:150: invalid
    value (nil) at index 1 in table for 'concat'
```

1. 信息整理

接下来通过分析上面这段日志来定位问题。首先关注的是 error 级别的这条日志，这条日志的 connection_id 是 23，提取出这条请求相关日志链。

```
Plain Text
2022/06/01 11:16:27 [info] 28339#28339: *23 [lua] route.lua:72: create_
    radixtree_uri_router(): insert uri route: {"upstream":{"parent":{"update_
```

count":0,"modifiedIndex":57751,"value":{"upstream":"table: 0x7f
c8cee6dd08","id":"1","update_time":1654053387,"status":1,"uri":"
\/hello","priority":0,"create_time":1654048899,"plugins":{"proxy-
cache":{"cache_control":false,"cache_strategy":"disk","no_cache":["$arg_
no_cache"],"cache_me thod":["GET"],"cache_zone":"disk_cache_one","cache_
http_status":[200],"hide_cache_headers":true,"cache_bypass":["$arg_
bypass"],"cache_key":["$arg_foo","$arg_bar","$arg_baz"],"cache_
ttl":300}}},"key":"\/apisix\/routes\/1","has_domain":false,"orig_modifiedI
ndex":57751,"createdIndex":57708,"clean_handlers":{}},"nodes":[{"port":198
6,"host":"127.0.0.1","weight":1}],"hash_on":"vars","pass_host":"pass","typ
e":"roundrobin","scheme":"http"},"id":"1","update_time":1654053387,"statu
s":1,"uri":"\/hello","priority":0,"create_time":1654048899,"plugins":"tab
le: 0x7fc8cee6df68"}, client: 127.0.0.1, server: localhost, request: "GET /
hello?bar=a HTTP/1.1", host: "localhost"
2022/06/01 11:16:27 [info] 28339#28339: *23 [lua] route.lua:94: create_
radixtree_uri_router(): route items: [{"priority":0,"handler":"function:
0x7fc8cb833f38","paths":"\/hello"}], client: 127.0.0.1, server: localhost,
request: "GET /hello?bar=a HTTP/1.1", host: "localhost"
2022/06/01 11:16:27 [info] 28339#28339: *23 [lua] radixtree.lua:355: pre_insert_
route(): path: /hello operator: =, client: 127.0.0.1, server: localhost,
request: "GET /hello?bar=a HTTP/1.1", host: "localhost"
2022/06/01 11:16:27 [info] 28339#28339: *23 [lua] init.lua:378: http_access_
phase(): **matched route**: {"update_count":0,"modifiedIndex":57751,"value":{
"upstream":{"parent":{"update_count":0,"modifiedIndex":57751,"value":"tab
le: 0x7fc8cee6dc88","key":"\/apisix\/routes\/1","has_domain":false,"orig_
modifiedIndex":57751,"createdIndex":57708,"clean_handlers":"table: 0x7fc
8ceab33f0"},"nodes":[{"port":1986,"host":"127.0.0.1","weight":1}],"hash_
on":"vars","pass_host":"pass","type":"roundrobin","scheme":"http"},"id":"1"
,"update_time":1654053387,"status":1,"uri":"\/hello","priority":0,"create_
time":1654048899,"plugins":{"proxy-cache":{"cache_control":false,"cache_
strategy":"disk","no_cache":["$arg_no_cache"],"cache_method":["GET"],"cache_
zone":"disk_cache_one","cache_http_status":[200],"hide_cache_
headers":true,"cache_bypass":["$arg_bypass"],"cache_key":["$arg_foo","$arg_
bar","$arg_baz"],"cache_ttl":300}}},"key":"\/apisix\/routes\/1","has_
domain":false,"orig_modifiedIndex":57751,"createdIndex":57708,"clean_
handlers":{}}, client: 127.0.0.1, server: localhost, request: "GET /
hello?bar=a HTTP/1.1", host: "localhost"
2022/06/01 11:16:27 [info] 28339#28339: *23 [lua] init.lua:148: phase_func():
proxy-cache plugin access phase, conf: {"cache_control":false,"cache_
strategy":"disk","no_cache":["$arg_no_cache"],"cache_method":["GET"],"cache_
zone":"disk_cache_one","cache_http_status":[200],"hide_cache_
headers":true,"cache_bypass":["$arg_bypass"],"cache_key":["$arg_foo","$arg_
bar","$arg_baz"],"cache_ttl":300}, client: 127.0.0.1, server: localhost,
request: "GET /hello?bar=a HTTP/1.1", host: "localhost"
2022/06/01 11:16:27 [info] 28339#28339: *23 [lua] util.lua:35: generate_complex_
value(): proxy-cache complex value: ["$arg_foo","$arg_bar","$arg_baz"],
client: 127.0.0.1, server: localhost, request: "GET /hello?bar=a HTTP/1.1",
host: "localhost"
2022/06/01 11:16:27 [info] 28339#28339: *23 [lua] util.lua:37: generate_complex_
value(): proxy-cache complex value index-1: $arg_foo, client: 127.0.0.1,

```
    server: localhost, request: "GET /hello?bar=a HTTP/1.1", host: "localhost"
2022/06/01 11:16:27 [info] 28339#28339: *23 [lua] util.lua:37: generate_complex_
    value(): proxy-cache complex value index-2: $arg_bar, client: 127.0.0.1,
    server: localhost, request: "GET /hello?bar=a HTTP/1.1", host: "localhost"
2022/06/01 11:16:27 [info] 28339#28339: *23 [lua] util.lua:37: generate_complex_
    value(): proxy-cache complex value index-3: $arg_baz, client: 127.0.0.1,
    server: localhost, request: "GET /hello?bar=a HTTP/1.1", host: "localhost"
2022/06/01 11:16:27 [error] 28339#28339: *23 lua entry thread aborted: runtime
    error: /usr/local/apisix/apisix/plugins/proxy-cache/init.lua:150: invalid
    value (nil) at index 1 in table for 'concat'
stack traceback:
coroutine 0:
    [C]: in function 'generate_complex_value'
    /usr/local/apisix/apisix/plugins/proxy-cache/init.lua:150: in function
        'phase_func'
    /usr/local/apisix/apisix/plugin.lua:757: in function 'run_plugin'
    /usr/local/apisix/apisix/init.lua:453: in function 'http_access_phase'
    access_by_lua(nginx.conf:301):4: in main chunk, client: 127.0.0.1, server:
        localhost, request: "GET /hello?bar=a HTTP/1.1", host: "localhost"
```

从以上代码中加粗的 matched route 这条日志可以看到该请求命中的是哪条路由，格式化该路由数据如下（省略部分不需要关注的信息）：

```JSON
{
        "uri":"/hello",
        "plugins":{
            "proxy-cache":{
                "cache_control":false,
                "cache_strategy":"disk",
                "no_cache":[
                    "$arg_no_cache"
                ],
                "cache_method":[
                    "GET"
                ],
                "cache_zone":"disk_cache_one",
                "cache_http_status":[
                    200
                ],
                "hide_cache_headers":true,
                "cache_bypass":[
                    "$arg_bypass"
                ],
                "cache_key":[
                    "$arg_foo",
                    "$arg_bar",
                    "$arg_baz"
                ],
                "cache_ttl":300
```

```
            }
        },
        "key":"/apisix/routes/1",
    }
```

通过以上信息可知该请求在 APISIX 内将会执行哪些插件，以及如果需要复现上述异常日志，如何模拟请求来命中该路由。

接下来查看异常栈的相关信息：

```Plain Text
2022/06/01 11:16:27 [error] 28339#28339: *23 lua entry thread aborted: runtime
    error: /usr/local/apisix/apisix/plugins/proxy-cache/init.lua:150: invalid
    value (nil) at index 1 in table for 'concat'
stack traceback:
coroutine 0:
    [C]: in function 'generate_complex_value'
    /usr/local/apisix/apisix/plugins/proxy-cache/init.lua:150: in function
        'phase_func'
    /usr/local/apisix/apisix/plugin.lua:757: in function 'run_plugin'
    /usr/local/apisix/apisix/init.lua:453: in function 'http_access_phase'
    access_by_lua(nginx.conf:301):4: in main chunk, client: 127.0.0.1, server:
        localhost, request: "GET /hello?bar=a HTTP/1.1", host: "localhost"
```

从 stack traceback 中可以看到：

❑ 该请求在 Lua 代码中的执行路径；

❑ 该请求具体在哪个模块的哪个函数中的哪行代码触发异常；

❑ 产生该异常的直接原因。

根据 generate_complex_value 找到对应的函数，该函数位于 apisix/plugins/proxy-cache/util. lua（v2.4.1）中。

```Lua
function _M.generate_complex_value(data, ctx)
    core.table.clear(tmp)
    core.log.info("proxy-cache complex value: ", core.json.delay_encode(data))
    for i, value in ipairs(data) do
        core.log.info("proxy-cache complex value index-", i, ": ", value)
        if string.byte(value, 1, 1) == string.byte('$') then
            tmp[i] = ctx.var[string.sub(value, 2)] or ""
        else
            tmp[i] = value
        end
    end
    return tab_concat(tmp, "")
end
```

需要注意的是，虽然错误所在的日志抛出异常所在代码是 /usr/local/apisix/apisix/plugins/proxy-cache/ init.lua:150，但实际上是 generate_complex_value 函数的调用处，这一点从异常栈可以得到验证。

2. 综合分析

阅读代码后可以得知，该函数是用来解析变量的，即根据 proxy-cache 插件配置中的一系列变量名，从当前请求中解析变量对应的值。

根据代码中"proxy-cache complex value:"和"proxy-cache complex value index-"两处关键日志输出，可以在日志链中检索到如下日志：

```Plain Text
2022/06/01 11:16:27 [info] 28339#28339: *23 [lua] util.lua:35: generate_complex_
    value(): proxy-cache complex value: ["$arg_foo","$arg_bar","$arg_baz"],
    client: 127.0.0.1, server: localhost, request: "GET /hello?bar=a HTTP/1.1",
    host: "localhost"
2022/06/01 11:16:27 [info] 28339#28339: *23 [lua] util.lua:37: generate_complex_
    value(): proxy-cache complex value index-1: $arg_foo, client: 127.0.0.1,
    server: localhost, request: "GET /hello?bar=a HTTP/1.1", host: "localhost"
2022/06/01 11:16:27 [info] 28339#28339: *23 [lua] util.lua:37: generate_complex_
    value(): proxy-cache complex value index-2: $arg_bar, client: 127.0.0.1,
    server: localhost, request: "GET /hello?bar=a HTTP/1.1", host: "localhost"
2022/06/01 11:16:27 [info] 28339#28339: *23 [lua] util.lua:37: generate_complex_
    value(): proxy-cache complex value index-3: $arg_baz, client: 127.0.0.1,
    server: localhost, request: "GET /hello?bar=a HTTP/1.1", host: "localhost"
```

从以上日志中可以得知，运行 generate_complex_value 函数时，需要解析的是 3 个变量——$arg_foo、$arg_bar、$arg_baz，与插件配置中 cache_key 的配置一致，说明运行该函数的目的是构造 cache_key。

日志完整输出了"proxy-cache complex value index-"所在行的日志，说明是运行到 for 循环后才引发的异常。

$arg_ 是一种固定用法，表示从 URI 参数中获取变量，比如 $arg_bar 表示从 URI 参数中获取 Key 为 bar 的变量值，根据 GET /hello?bar=a 得知 bar 对应的变量值是 a。

但是触发异常的请求只传递了 bar 这个参数，没有传递配置中的 foo 和 baz，那么在 generate_complex_value 中提取这两个变量值，得到的必然是 nil。

通过以上分析结果，可以推测 tmp 这个数组中保存的数据应该是 [nil, "a", nil]。而代码中 tab_concat(tmp, "") 将这个数组中的元素拼接起来，是在执行这段代码时触发异常。

接下来用以下命令来简单验证一下。该代码模仿了 tmp 的数据，并且调用 table.concat（即 tab_concat）来拼接 tmp 数组。

```Lua
resty -e "local tmp = {nil, \"a\", nil};table.concat(tmp, \"\")"
ERROR: (command line -e):1: invalid value (nil) at index 1 in table for 'concat'
stack traceback:
        (command line -e):1: in function 'inline_gen'
        init_worker_by_lua:44: in function <init_worker_by_lua:43>
        [C]: in function 'xpcall'
        init_worker_by_lua:52: in function <init_worker_by_lua:50>
```

可以看到错误信息与日志中的错误信息一致，异常也是相同的产生原因。

根据上述结论推断出异常原因：table.concat 实际上就是拼接数组元素，相当于字符串拼接，但是字符串拼接不允许 nil 参与。

注意：该问题的源代码已被修复。

根据上述排查过程，可以总结静态分析的排查步骤如下：

❑ 找到关键的错误日志。

❑ 提取关联日志。

❑ 关联并理解与异常有关的代码。

❑ 梳理发生异常的上下文。

❑ 推断并验证异常原因。

以上排查步骤需要用户对 APISIX 的代码比较熟悉，具有一定的排查异常经验。排查异常的过程是一个非常高效的学习过程，在合理排查思路的指导下，可以大胆推测、小心求证，在这一过程中也会逐渐熟悉 APISIX，积累经验，通过实践累积出来的知识往往会将产品理解得更深入。

静态分析并非高深的技术手段，更像是一个调查探索的过程，从庞大的信息中抽丝剥茧找到自己需要的信息，根据自己的理解拼凑出完整的异常原因。这是一个有趣的过程，也可以从另一个角度看待程序运行状态。

13.3 动态调试

在日常使用过程中，仅仅依靠静态分析可能无法快速找到问题。因此还需要使用 APISIX 提供的调试模式，该模式可以在 APISIX 运行时动态开启。

调试模式主要用于在 APISIX 运行过程中，通过响应、日志等方式输出更多的调试信息，用来帮助排查异常，缩小排查范围和窥探异常上下文等。

13.3.1 基本调试模式

1）创建一条路由，并且启用 limit-conn 和 limit-count 插件。

```Shell
curl "http://127.0.0.1:9080/apisix/admin/routes/1" \
-H 'X-API-KEY: edd1c9f034335f136f87ad84b625c8f1' -X PUT -d '
{
    "plugins": {
        "limit-conn": {
            "conn": 100,
            "burst": 50,
            "default_conn_delay": 0.1,
            "rejected_code": 503,
```

```
                    "key": "remote_addr"
                },
                "limit-count": {
                    "count": 2,
                    "time_window": 60,
                    "rejected_code": 503,
                    "key": "remote_addr"
                }
            },
            "upstream": {
                "type": "roundrobin",
                "nodes": {
                    "127.0.0.1:8081": 1
                }
            },
            "uri": "/index.html"
        }'
```

2）通过 curl 命令向该路由发送请求，并输出响应头。

```Shell
curl http://127.0.0.1:9080/index.html -i
```

返回结果如下：

```JSON
HTTP/1.1 200 OK
Content-Type: application/json
Content-Length: 300
Connection: keep-alive
X-RateLimit-Limit: 2
X-RateLimit-Remaining: 0
Date: Thu, 02 Jun 2022 04:07:13 GMT
Access-Control-Allow-Origin: *
Access-Control-Allow-Credentials: true
Server: APISIX/2.14.1
```

3）修改 ./conf/debug.yaml 即可开启基本调试模式，该过程中不需要对 APISIX 做任何操作，APISIX 一直处于运行状态。

修改示例如下：

```YAML
basic:
    enable: true
```

4）再次通过 curl 命令向该路由发送请求，并输出响应头。

```Shell
curl http://127.0.0.1:9080/index.html -i
```

返回结果如下：

```JSON
HTTP/1.1 200 OK
Content-Type: text/html; charset=utf-8
Content-Length: 10
Connection: keep-alive
X-RateLimit-Limit: 2
X-RateLimit-Remaining: 1
Date: Thu, 09 Jun 2022 06:39:58 GMT
Last-Modified: Tue, 17 May 2022 11:02:36 GMT
ETag: "628380cc-a"
Accept-Ranges: bytes
Server: APISIX/2.13.1
Apisix-Plugins: limit-count, skywalking, limit-conn
here 8081
```

从上述返回结果可以看到，该响应头中包含"Apisix-Plugins: limit-conn, limit-count"返回信息，说明该调试模式下，已正常加载 limit-conn 和 limit-count 插件。

如果此信息无法通过 HTTP 响应头传递，比如插件在 Stream 子系统中执行，那么这个信息会以 warn 等级日志写入错误日志中。

13.3.2 高级调试模式

APISIX 的高级调试模式可以获取一些模块级函数的输入与输出。该模式可以在 APISIX 运行时获得函数执行的上下文，再结合函数的源代码，推演出函数的执行过程。

通过设置 ./conf/debug.yaml 文件中的选项，开启高级调试模式。APISIX 服务启动后是每秒定期检查该文件，当可以正常读取到 #END 结尾时，才认为文件处于写完关闭状态。

APISIX 会根据文件的最后修改时间来判断文件内容是否有变化。如果有变化则重新加载，否则跳过本次检查。因此高级调试模式的开启与关闭都是以热更新方式完成。

1. 配置参数

高级调试模式的主要配置参数如表 13-2 所示。

表 13-2　高级调试配置参数

名称	必选项	说明	默认值
hook_conf.enable	是	是否开启 hook 追踪调试。开启后将打印指定模块方法的请求参数或返回值	false
hook_conf.name	是	开启 hook 追踪调试的模块列表名称	
hook_conf.log_level	是	打印请求参数和返回值的日志级别	warn
hook_conf.is_print_input_args	是	是否打印输入参数	true
hook_conf.is_print_return_value	是	是否打印返回值	true

2. 模块名与函数列表

模块函数列表的写法是有相关规则的，下面以具体示例来介绍模块函数的写法。

（1）配置一

```YAML
hook_phase:
    apisix:
        - http_access_phase
        - http_header_filter_phase
        - http_body_filter_phase
        - http_log_phase
#END
```

以上配置表示 APISIX 会根据模块名称 apisix 在源码目录下寻找 ./apisix/apisix.lua 模板，并从该模块中寻找列表中的函数。具体看一下源码目录（源码目录文件夹也叫 apisix）：

```Plain Text
apisix
├──── apisix/admin/
├──── apisix/api_router.lua
├──── apisix/balancer/
├──── apisix/balancer.lua
├──── apisix/cli/
├──── apisix/constants.lua
├──── apisix/consumer.lua
├──── apisix/control/
├──── apisix/core/
├──── apisix/core.lua
├──── apisix/debug.lua
├──── apisix/discovery/
├──── apisix/error_handling.lua
├──── apisix/http/
├──── apisix/include/
├──── apisix/init.lua
├──── apisix/patch.lua
├──── apisix/plugin_config.lua
├──── apisix/plugin.lua
├──── apisix/plugins/
├──── apisix/pubsub/
├──── apisix/router.lua
├──── apisix/schema_def.lua
├──── apisix/script.lua
├──── apisix/ssl/
├──── apisix/ssl.lua
├──── apisix/stream/
├──── apisix/timers.lua
├──── apisix/upstream.lua
├──── apisix/utils/
└──── apisix/wasm.lua
```

从以上列表可以看到，源码目录下并没有 ./apisix/apisix.lua 这个模块，因此 APISIX 会根据 Lua 加载文件的规则寻找 ./apisix/init.lua 模块。以上配置中寻找的是 ./apisix/init.lua 中的 http_ access_phase 等函数。

（2）配置二

```YAML
hook_phase:
    apisix.plugin:
        - filter
#END
```

源码目录下有 ./apisix/plugin.lua 这个模块，以上配置表示寻找 ./apisix/plugin.lua 中的 filter 函数。

（3）配置三

```YAML
hook_phase:
    apisix.plugins.kafka-logger:
        - body_filter
#END
```

这里 plugins 表示源码目录下的 plugins 文件夹。以上配置表示寻找源码目录 apisix/plugins 文件夹下 kafka-logger.lua 模块中的 body_filter 函数。

3. 如何启用

当 APISIX 处于运行状态时，新增一条路由：

```PowerShell
curl "http://127.0.0.1:9080/apisix/admin/routes/1" \
-H 'X-API-KEY: edd1c9f034335f136f87ad84b625c8f1' -X PUT -d '
{
    "plugins": {
        "limit-conn": {
            "conn": 100,
            "burst": 50,
            "default_conn_delay": 0.1,
            "rejected_code": 503,
            "key": "remote_addr"
        }
    },
    "upstream": {
        "type": "roundrobin",
        "nodes": {
            "127.0.0.1:8081": 1
        }
    },
    "uri": "/index.html"
}'
```

向该路由发送请求：

```PowerShell
curl http://127.0.0.1:9080/index.html
```

发送请求成功后，观察 ./logs/error.log 文件，发现并没有特别的输出。之后在 ./conf/debug.
yaml 文件中修改配置，具体内容如下：

```YAML
hook_conf:
    enable: true
    name: hook_phase
    log_level: warn
    is_print_input_args: true
    is_print_return_value: true
hook_phase:
    apisix.plugins.limit-conn:
        - access
        - log
#END
```

由于该路由上配置了 limit-conn 插件，并指定了 limit-conn 插件的 access 和 log 函数，因此
APISIX 会记录这两个函数的输入与输出结果。相关函数代码如下：

```Ada
function _M.access(conf, ctx)
    return limit_conn.increase(conf, ctx)
end
function _M.log(conf, ctx)
    return limit_conn.decrease(conf, ctx)
end
```

然后向该路由发送请求。在此请求命中该路由时，可以在 ./logs/error.log 中看到如下输出：

```Plain Text
2022/06/02 12:12:53 [warn] 2032#2032: *1470 [lua] debug.lua:134: phase_func():
    call require("apisix.plugins.limit-conn").access() args:{ <1>{
    allow_degradation = false,
    burst = 50,
    conn = 100,
    default_conn_delay = 0.1,
    key = "remote_addr",
    key_type = "var",
    only_use_default_delay = false,
    rejected_code = 503
    }
    ......
    } }, client: 127.0.0.1, server: _, request: "GET /get HTTP/1.1", host:
        "127.0.0.1:9080"
2022/06/02 12:12:53 [warn] 2032#2032: *1470 [lua] debug.lua:142: phase_func():
    call require("apisix.plugins.limit-conn").access() return:{}, client:
    127.0.0.1, server: _, request: "GET /get HTTP/1.1", host: "127.0.0.1:9080"
```

```
2022/06/02 12:12:54 [warn] 2032#2032: *1470 [lua] debug.lua:134: phase_func():
    call require("apisix.plugins.limit-conn").log() args:{ <1>{
    allow_degradation = false,
    burst = 50,
    conn = 100,
    default_conn_delay = 0.1,
    key = "remote_addr",
    key_type = "var",
    only_use_default_delay = false,
    rejected_code = 503
    }, <2>{
......
2022/06/02 12:12:54 [warn] 2032#2032: *1470 [lua] debug.lua:142: phase_func():
    call require("apisix.plugins.limit-conn").log() return:{} while logging
    request, client: 127.0.0.1, server: _, request: "GET /get HTTP/1.1",
    upstream: "http://198.18.6.23:80/get", host: "127.0.0.1:9080"
```

注意： 由于篇幅限制，此处省略了完整的日志内容。

13.3.3　动态高级调试模式

高级调试模式虽然足够强大，但是仍有一些缺陷。比如当请求经过在 ./conf/debug.yaml 中定义的模块时，将会触发该模块，并在日志中输出调试信息，这会导致输出大量的"噪音"信息。大量的信息输出在日志中会影响性能，同时在后期分析日志时，还需要对这些信息进行额外筛选，增加了工作量。

为了解决这个问题，APISIX 提供了动态高级调试模式，该模式可以针对指定请求输出调试信息。

基于高级调试模式的验证过程，将 ./conf/debug.yaml 文件配置修改成如下：

```YAML
http_filter:
    enable: true
    enable_header_name: X-APISIX-Dynamic-Debug
hook_conf:
    enable: true
    name: hook_phase
    log_level: warn
    is_print_input_args: true
    is_print_return_value: true
hook_phase:
    apisix.plugins.limit-conn:
        - access
        - log
#END
```

相比高级调试模式中的 ./conf/debug.yaml，上述配置将 http_filter.enable 从 false 设置为 true，

并配置了 enable_header_name，表示开启了动态高级调试模式。

与高级调试模式一样，发送请求命中该路由。

```PowerShell
curl http://127.0.0.1:9080/index.html
```

查看 ./logs/error.log 日志文件，发现在日志文件中并没有 limit-conn 插件的 access 和 log 函数的输入与输出参数的输出结果。

这是因为开启了动态高级调试模式后，需要请求头中携带 X-APISIX-Dynamic-Debug，才会启用高级调试模式的日志输出。

接下来，发送携带 X-APISIX-Dynamic-Debug 请求头的请求命中该路由。

```PowerShell
curl -i http://127.0.0.1:9080/index.html -H "X-APISIX-Dynamic-Debug: true"
```

之后就可以在 ./logs/error.log 中看到如下输出：

```Plain Text
2022/06/02 12:12:53 [warn] 2032#2032: *1470 [lua] debug.lua:134: phase_func():
    call require("apisix.plugins.limit-conn").access() args:{ <1>{
    allow_degradation = false,
    burst = 50,
    conn = 100,
    default_conn_delay = 0.1,
    key = "remote_addr",
    key_type = "var",
    only_use_default_delay = false,
    rejected_code = 503
    }
    ......
    } }, client: 127.0.0.1, server: _, request: "GET /get HTTP/1.1", host:
        "127.0.0.1:9080"
2022/06/02 12:12:53 [warn] 2032#2032: *1470 [lua] debug.lua:142: phase_func():
     call require("apisix.plugins.limit-conn").access() return:{}, client:
     127.0.0.1, server: _, request: "GET /get HTTP/1.1", host: "127.0.0.1:9080"
2022/06/02 12:12:54 [warn] 2032#2032: *1470 [lua] debug.lua:134: phase_func():
    call require("apisix.plugins.limit-conn").log() args:{ <1>{
    allow_degradation = false,
    burst = 50,
    conn = 100,
    default_conn_delay = 0.1,
    key = "remote_addr",
    key_type = "var",
    only_use_default_delay = false,
    rejected_code = 503
    }, <2>{
......
2022/06/02 12:12:54 [warn] 2032#2032: *1470 [lua] debug.lua:142: phase_func():
    call require("apisix.plugins.limit-conn").log() return:{} while logging
```

```
request, client: 127.0.0.1, server: _, request: "GET /get HTTP/1.1",
upstream: "http://198.18.6.23:80/get", host: "127.0.0.1:9080"
```

如下请求也可以触发高级调试模式的日志输出：

```PowerShell
curl -i http://127.0.0.1:9080/index.html -H "X-APISIX-Dynamic-Debug: 123"
```

因此，无论是何种请求，只要请求头中存在 X-APISIX-Dynamic-Debug 就可以触发高级调试模式。

第三部分 *Part 3*

基于 APISIX 的综合实践

本部分将简单介绍基于APISIX延伸出来的其他领域产品，包括APISIX Ingress方案和基于APISIX的服务网格方案。通过对这两个项目的介绍，让读者对APISIX在其他领域的产品扩展之路更加清晰。关于这两个项目的具体实践，本书并未涉及太多，如需了解更多关于APISIX Ingress和服务网格相关的内容，可关注Apache APISIX社区动向。

本书最后为大家带来了目前正在使用APISIX的企业的实践案例。通过这些实践细节，希望读者在了解APISIX的应用场景上有更多的参考方向。

Chapter 14 第 14 章

APISIX Ingress Controller

APISIX 不只在网关领域有所建树，在 Kubernetes Ingress 层面也进行了相关探索。

得益于 APISIX 的高性能优势，APISIX Ingress Controller 完美融合了 APISIX 的特色：支持全动态，无须重新加载，同时还支持原生 Kubernetes CRD，方便用户迁移。

14.1 Ingress 知识概览

本节从概念和背景角度介绍 Kubernetes Ingress 及 Ingress 控制器相关知识，并简要介绍 APISIX Ingress Controller 的诞生背景及项目发展，从社区角度感受一个开源项目的成长。

14.1.1 Kubernetes Ingress 是什么

1. Ingress 介绍

Kubernetes 中的 Ingress 是一种资源对象，用于定义如何从 Kubernetes 集群外访问 Kubernetes 集群内的服务，是对集群中服务的外部访问进行管理的 API 对象，典型的访问方式是 HTTP。

客户端可按照 Ingress 资源定义的规则，将客户端请求路由到 Kubernetes 集群的服务和具体实例中，如图 14-1 所示。Kubernetes Ingress 可提供诸如负载均衡、SSL 卸载和基于名称的虚拟托管等功能。

以下是一个 Ingress 资源的示例：

```YAML
apiVersion: networking.k8s.io/v1
kind: Ingress
metadata:
```

```
            name: apisix-gateway
spec:
    rules:
    - host: apisix.apache.org
        http:
            paths:
            - backend:
                    service:
                        name: apisix-gateway
                        port:
                            number: 80
                path: /
                pathType: Exact
```

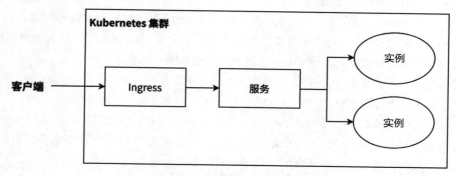

图 14-1　Ingress 资源示意图

上述示例中包含以下内容。

❑ metadata.name：Ingress 资源的名称。

❑ spec.rules[].host：外部访问使用的域名。

❑ spec.rules[].http.paths[].backend：Kubernetes 集群中服务的相关信息。

❑ spec.rules[].http.paths[].path：外部服务访问 Kubernetes 集群中的服务时使用的路径。

❑ spec.rules[].http.paths[].pathType：外部服务访问 Kubernetes 集群中的服务时所用的路径的匹配规则。

Ingress 不会公开任意端口或协议。当 HTTP 和 HTTPS 以外的服务公开到互联网时，通常使用 Service.Type=NodePort 或 Service.Type=LoadBalancer 类型的服务。

2. Ingress 发展历程

Kubernetes 是在 2014 年正式对外开源的，Ingress 在 2015 年就出现在了 Kubernetes 中，是一个发展了一定时间的资源对象。

但 Ingress 资源被添加进 Kubernetes 后，它在 extensions/v1beta1 这个 API Group 中停滞了很久。直到 Kubernetes v1.14 extensions 资源组被逐步弃用，Ingress 才被移动至 networking.k8s.io/v1beta1 中，并在后续的正式版本中保留了下来。

3. Ingress 局限性

当然，每一种技术多多少少都会有一定的局限性。对于 Ingress 而言，Kubernetes 中的 Ingress 资源本身并无法将入口流量暴露在 Kubernetes 集群外，还需要使用不同类型的服务对象。比如，可以使用 NodePort 类型的服务，或者使用 LoadBalancer 类型的服务完成入口流量的暴露。

此外，单纯的 Ingress 资源并没有任何作用。要拥有真正的流量代理能力，还需要有 Ingress 控制器的配合才行。比如 APISIX Ingress Controller 就可以将 Kubernetes 集群中的 Ingress 资源的定义转换为 APISIX 中的路由规则，进而完成代理。具体细节将在后文中介绍。

14.1.2 为什么需要 Ingress 控制器

Ingress 实际上是一组配置规则，定义了外部请求如何访问 Kubernetes 集群中的服务。

但单纯的 Ingress 资源实际上只是 Kubernetes 中的一个资源对象。当从外部访问 Kubernetes 服务时，就需要创建一个 Ingress 来定义连接规则，其中包括 URI 路径、服务名称和其他信息。所以要完成实际的流量代理，还需要有一个具备流量代理能力的组件。

通常情况下，我们所接触到的各类网关组件就具备这样的能力，比如 Apache APISIX 就是一个高性能、全动态的 API 网关，可以对请求实现灵活的路由和一些高级的访问控制等。

Ingress 控制器实际上就是一个 Kubernetes 中的应用，通过持续监控 Kubernetes 集群中资源的变更（通常是监控 Ingress 资源），并将这些 Ingress 资源中定义的路由规则转换为实际的代理组件中的路由规则，进而实现外部流量对 Kubernetes 中服务的访问。

与其他类型的控制器不同，其他类型的控制器通常作为 kube-controller-manager 二进制文件的一部分运行，在集群启动时自动启动，而在 Ingress 中则需要选择最适合自己集群的 Ingress 控制器来实现。

如图 14-2 所示，以 APISIX Ingress Controller 为例，APISIX Ingress Controller 持续监控 Kubernetes 集群中资源的变更，并将这些规则转换为 APISIX 中的路由规则。客户端通过访问 APISIX 来完成对 Kubernetes 集群中资源的访问。

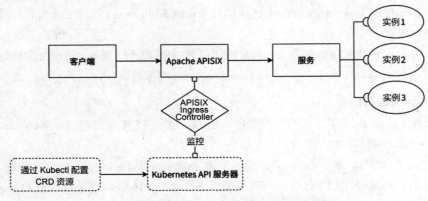

图 14-2　APISIX Ingress Controller 流程图

14.1.3　Ingress 控制器的能力

Ingress 控制器的核心功能是进行流量管理，具体如下。

❑ 负载均衡（HTTP2、HTTP/HTTPS、SSL/TLS 卸载、TCP/UDP、WebSocket、gRPC）。

❑ 流量控制（速率限制、断路、主动健康检查）。

❑ 流量分流（调试路由、A/B 测试、灰度部署、蓝绿部署）。

目前大多数的 Ingress 控制器不仅可以处理流量管理层面的工作，还有如下能力：

❑ 减少栈的规模和复杂性，将非功能性需求从应用卸载到 Ingress 控制器上。

❑ 为应用程序安全提供一个细粒度和集成的层，该层适用于"左移"安全立场，并能与应用程序团队使用的安全工具更好地集成。

❑ 大部分 Ingress 控制器都以 Kubernetes 原生方式整合了大多数 API 网关功能，从而降低了复杂性和成本，同时提高了性能。

总体而言，Ingress 控制器可以提高 Kubernetes 部署的安全性、敏捷性和可扩展性，提高资源的利用率。

14.1.4　APISIX Ingress Controller 简介

1. 概述

前面已经介绍了，在 Kubernetes 中可以使用 Ingress 资源将集群内的服务暴露到集群外。想要让 Ingress 资源真正生效，则需要有 Ingress 控制器完成 Ingress 的配置转换，将其转换为具体代理中的规则，以便进行实际流量的承载。

简而言之，APISIX Ingress Controller 是一个 Ingress 控制器的实现。它可以将用户配置的规则转换为 Apache APISIX 中的规则，从而使用 APISIX 完成具体的流量承载。

如图 14-3 所示，Kubernetes 集群的入口流量可以使用 APISIX 进行实际的承载。APISIX Ingress Controller 会持续监控在 kube-apiserver 中资源的变化，并且在配置同步到 APISIX 后立即更新其状态。

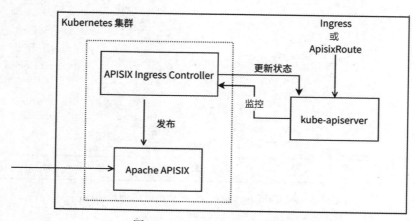

图 14-3　APISIX Ingress 实现

2. 发展历程

图 14-4 展示了 APISIX Ingress 的项目发展历程：从 2019 年末 APISIX Ingress Controller 项目第一行代码的诞生，到 2020 年 12 月份该项目正式加入 Apache 社区，再到 2021 年 6 月 16 日，APISIX Ingress Controller 项目正式发布 1.0 版本，并在国内外被多个公司应用到生产环境中。

截至目前（2022 年 6 月），APISIX Ingress 项目已更新到 1.5 版本，除了支持 Kubernetes 原生的 Ingress 资源外，还支持非常丰富的自定义资源，如 ApisixRoute、ApisixUpstream、ApisixTls、ApisixClusterConfig、ApisixConsumer、ApisixPluginConfig。这些自定义资源与 Apache APISIX 中的概念保持一致，将会在后文中进行具体介绍。

图 14-5 是 Apache APISIX Ingress Controller 贡献者增长曲线图（截止到 2022 年 6 月 30 日）。结合时间轴可以看到，从 2020 年 12 月加入 Apache 社区后，贡献者人数呈现出高速增长的态势，侧面反映出 Apache APISIX Ingress 得到了越来越多朋友的关注，并开始逐步应用到企业生产环境中。

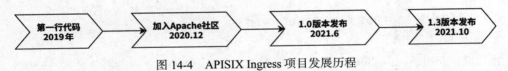

图 14-4　APISIX Ingress 项目发展历程

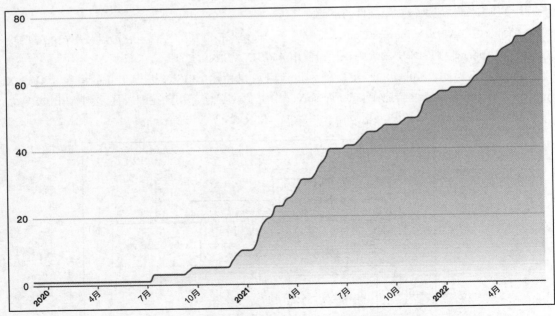

图 14-5　APISIX Ingress Controller 贡献者增长曲线图

3. 在社区中成长

加入社区后，Apache APISIX Ingress 在功能和项目整体度上得到了更多的支持与帮助。

（1）开启异步式讨论

成为 Apache 软件基金会项目后，APISIX Ingress Controller 项目变得更加开放。比如产品每一个特性的新增或修改都必须经过一些公开的讨论，讨论的方式一般分为邮件列表讨论和 GitHub Issue 讨论。

目前是上述两种讨论方式同时发起，尽可能多地让大家站在各自的使用场景和使用角度去评判特性的合理性。因为这已不再是一个个人项目，而是一个社区项目，是多人参与的合作产出。

同时，通过邮件列表和 GitHub Issue 的异步式讨论，可以更全面地收集社区的反馈，在公开化的基础上为后续问题的搜索和整理提供便利。

（2）增设社区例会

在互动方面，Apache APISIX Ingress 吸取了一些其他社区的经验，开放了每两周举办一次社区例会的活动。

这是一个新的渠道，我们希望让项目透明化的同时，也可以为社区朋友们提供一个更生活化的渠道来一起讨论问题。

通过双周例会，社区开发者会给大家详细介绍最近两周项目发生了哪些变化，有哪些新的 Issue 被提出以及哪些 PR 正在等待合并。当然也会与大家一起讨论当前项目的一些问题或建议。

具体关于双周例会的会议内容可以在 apisix-ingress-controller 项目的 Issue 列表中查看，也可以在 Bilibili 网站 Apache APISIX 账号下回看往期例会。

（3）项目细节更合规

进入 Apache 社区后，项目规划开始变得更加规范，不管代码、测试还是版本发布。

在代码方面，目前社区采用的是 Go 语言代码规范，通过 GitHub Action CI 进行一些自动化检查。

为了保证项目特性能够快速合并，同时不会引入新的漏洞，社区在测试规范上也提出了相关要求。比如在特性开发过程中，一定要包含单元测试或 E2E 测试，其中 E2E 测试集成了 gruntwork-io/terratest 以及 kubernetes-sigs/kind，用来构建 Kubernetes 测试环境。测试框架采用的是社区中广为接纳的 Ginkgo。测试用例的完善极大地保证了项目的稳定性，同时也降低了项目的维护成本。

在版本发布方面，目前也严格遵循 Apache 社区的发版规范。同时由于 APISIX Ingress Controller 也属于 Kubernetes 的一个扩展，因此在涉及 CRD 的迭代部分是按照 Kubernetes 的发版规则进行的。

4. 特性

APISIX Ingress Controller 功能强大，除了常规的代理能力外，还允许将后端服务解析到服务或实例的 IP。

得益于 APISIX 自身的全动态特性，在 Kubernetes 这样的动态环境中，APISIX Ingress Controller 可以持续地监控集群中资源的变化，并将其动态更新到 APISIX 中。过程中无须重启，所以不会造成流量的损失。

此外，APISIX 中所有官方插件都可以直接在 APISIX Ingress Controller 中使用，这也大大增强了其能力。

最后，APISIX Ingress Controller 也正在增加 Gateway API 特性的支持，这是下一代的 Kubernetes 中南北向流量代理的统一标准。目前项目也在积极与 Kubernetes 社区一起协作，致力于提供更加通用和功能丰富的 Kubernetes 南北向统一代理。

14.2　快速入门

本节介绍 APISIX Ingress Controller 的架构设计和各种自定义资源的概念与作用，让读者对 APISIX Ingress Controller 的能力有更加清晰的认知，同时更加明确 APISIX Ingress Controller 的使用场景。

14.2.1　架构设计

当前版本的 Apache APISIX Ingress 为架构分离状态，包括充当控制面的 APISIX Ingress Controller 和充当数据面的 Apache APISIX，具体细节如图 14-2 所示。

在这里，APISIX Ingress Controller 作为控制面，主要负责监控 Kubernetes 的 kube-apiserver 中各种资源（Ingress、服务以及各种自定义资源等）的变化，然后通过调用 APISIX 的 Admin API，将对应的路由或证书等配置同步到 APISIX 中。

其中，客户端流量会由 APISIX 这个实际的数据面进行代理，按照已经同步过来的路由规则进行转发，进而将流量路由到 Kubernetes 集群的具体的服务或实例中。

通过图 14-6 的时序图，可以看到各阶段的具体行为。

用户可以通过 kubectl apply 的方式在 Kubernetes 集群中创建 Ingress 资源或者自定义资源（比如 ApisixRoute），然后经由 APISIX Ingress Controller 在监控到 Kubernetes 集群资源变化后，会获取资源变更的相关事件（Event），并对其进行解析和转换。之后通过 Admin API 发布到 APISIX 中，最后该配置会被 APISIX 的 etcd 进行持久化存储。

如果后续 APISIX Ingress Controller 发生重启相关的操作，也会自动将当前 Kubernetes 集群中对应的配置向 APISIX 同步，避免出现配置丢失或者进度不一致的现象。

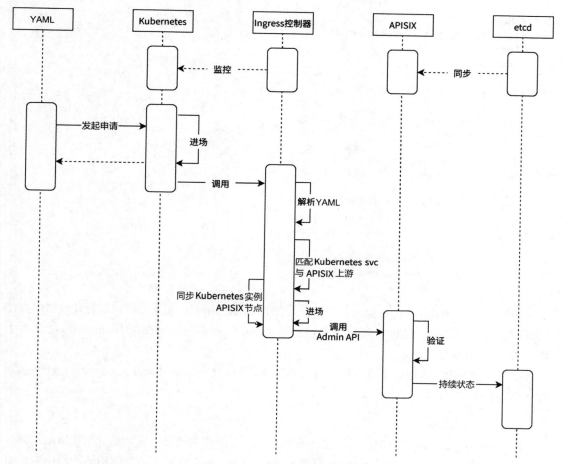

图 14-6　Ingress 处理时序图

14.2.2　自定义资源

前面提到，APISIX Ingress Controller 同时支持 Kubernetes 原生的 Ingress 资源和丰富的自定义资源。本节将会具体介绍这些自定义资源及其作用。

截至目前最新版本（v1.5）的 APISIX Ingress Controller，共支持 6 种自定义资源，分别是 ApisixRoute、ApisixUpstream、ApisixTls、ApisixConsumer、ApisixClusterConfig、ApisixPluginConfig。

1. ApisixRoute

ApisixRoute 资源和 Apache APISIX 中的路由概念一致，可用于定义路由的转发规则。如下是一个简单的 ApisixRoute 资源示例：

```YAML
apiVersion: apisix.apache.org/v2
kind: ApisixRoute
metadata:
    name: httpbin-route
spec:
    http:
    - name: rule1
      match:
          hosts:
          - httpbin.local
          paths:
              - /ip
      backends:
          - serviceName: httpbin-v1
            servicePort: 80
            weight: 2
          - serviceName: httpbin-v2
            servicePort: 80
            weight: 1
```

上述示例定义了这样一条路由：当客户端携带 Host: httpbin.local 的请求头，并且访问路径为 /ip 时，按照 2：1 的比例将流量分别路由到 Kubernetes 中的 httpbin-v1 和 httpbin-v2 这两个服务的 Endpoints 上。

当然，该自定义资源除了可以代理 HTTP 的请求外，还可以通过 spec.stream 配置 TCP/UDP 等 4 层协议代理。

2. ApisixUpstream

在 ApisixUpstream 资源中，可以定义非常丰富的上游相关能力，包括负载均衡策略、健康检查等。通常情况下，ApisixUpstream 资源需要和 Kubernetes 中服务的名称相同，才能实现自动关联。

注意： 在当前的实现中，如果一个 ApisixUpstream 资源未被任何其他的 ApisixRoute 资源引用，是不会在 APISIX 中创建上游资源的。

以下是一个 ApisixUpstream 资源示例：

```YAML
apiVersion: apisix.apache.org/v2
kind: ApisixUpstream
metadata:
    name: httpbin-v1
spec:
    loadbalancer:
        type: ewma
    scheme: http
```

上述示例表示对 httpbin-v1 这个 Kubernetes 中服务的 Endpoint 使用 ewma 的负载均衡算法，并且使用 HTTP 进行代理。

ApisixUpstream 除了支持 HTTP 外，也支持 gRPC 等协议。

3. ApisixTls

ApisixTls 资源主要用于 SSL 证书相关的配置。以下是一个简单示例：

```YAML
apiVersion: apisix.apache.org/v2
kind: ApisixTls
metadata:
    name: httpbin-tls
spec:
    hosts:
        - httpbin.local
    secret:
        name: httpbin-cert
        namespace: default
```

上述示例使用 defaultNamespace 中名为 httpbin-cert 这个 Secret 中存放的证书信息，在 APISIX 中创建对应的 SSL 证书相关的配置。其中，APISIX 会自动通过该配置来代理 httpbin.local 域名。

4. ApisixConsumer

ApisixConsumer 与 APISIX 中 Consumer 的概念相同，主要用于配置消费者相关信息。以下是一个简单示例：

```YAML
apiVersion: apisix.apache.org/v2
kind: ApisixConsumer
metadata:
    name: basic-consumer
spec:
    authParameter:
        basicAuth:
            value:
                username: foo
                password: bar
```

上述示例会在 APISIX 中创建一个使用 Basic Auth 作为认证方式的消费者对象，用户名和密码分别为 foo 和 bar。

此外，ApisixConsumer 资源还支持 Key Auth 等认证方式的配置，也可以引用 Kubernetes 中的 Secret 作为用户凭证的配置。

5. ApisixClusterConfig

ApisixClusterConfig 会创建 APISIX 中的 global_rule 配置，用于全局配置。以下是一个简单示例：

```yaml
YAML
apiVersion: apisix.apache.org/v2
kind: ApisixClusterConfig
metadata:
    name: enable-prometheus
spec:
    monitoring:
        prometheus:
            enable: true
```

上述示例表示全局开启 prometheus 插件。

6. ApisixPluginConfig

ApisixPluginConfig 会在 APISIX 中创建 PluginConfig 配置，可供不同的路由进行插件配置的引用。以下是一个简单示例：

```yaml
YAML
apiVersion: apisix.apache.org/v2
kind: ApisixPluginConfig
metadata:
    name: enable-echo-and-cors
spec:
    plugins:
    - name: echo
        enable: true
        config:
            before_body: "This is the preface"
            after_body: "This is the epilogue"
            headers:
                X-Foo: v1
                X-Foo2: v2
    - name: cors
        enable: true
```

上述示例表示同时启用 echo 和 cors 插件。这样任何一个 ApisixRoute 资源只要引用了 ApisixPluginConfig，就会为该路由默认同时开启这两个插件。

14.2.3 功能及应用场景

1. 功能

前面提到，APISIX Ingress Controller 会将配置同步至 APISIX，由 APISIX 完成实际的流量代理，所以 APISIX Ingress 具备的能力与 APISIX 基本类似。

❑ 全动态：路由、SSL 证书、上游、插件等。

❑ 支持 Custom Resource Definitions，更容易理解的声明式配置。

❑ 支持 Kubernetes 原生 Ingress 配置（v1/v1beta1）。

❑ 通过注解（Annotation）的方式对 Ingress 能力进行扩展。

❑ 服务自动注册发现，无惧扩缩容。

❑ 更灵活的负载均衡策略。

❑ 健康检查开箱即用。

❑ 支持高级路由匹配规则。

❑ 支持流量切分。

❑ 支持 APISIX 官方插件与客户自定义插件。

❑ gRPC plaintext 支持。

❑ TCP/UDP 4 层代理。

❑ 状态检查：快速掌握声明式配置的同步状态。

当然，以上只展示了部分功能，更多具体的能力实现和实践细节将在后文中展示。本书只介绍 APISIX Ingress 的一些基础能力，更细节部分还需用户在使用过程中探索。

2. 应用场景

在社区和开发者们的共同努力下，APISIX Ingress Controller 除了在功能上不断迭代外，也收获了关于 APISIX Ingress 的多种使用场景。下面选取部分场景供读者参考。

（1）场景一：Kubernetes 集群内部

目前，APISIX Ingress 最典型的场景就是在 Kubernetes 集群内部进行部署，图 14-7 所示就是一个典型的使用场景示意图。

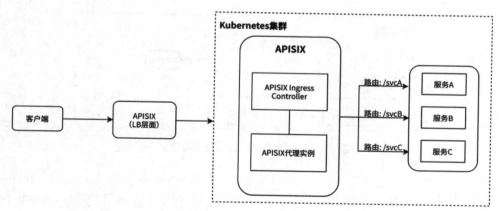

图 14-7　Ingress 场景示意图

客户端经过外部 LB 后，由 APISIX 进行承接处理。Apache APISIX 作为网关也是一个反向代理，同时还可以部署在 Kubernetes 集群内部和外部。

图 14-7 的部署场景就是在 Kubernetes 内部集成 APISIX Ingress Controller，通过 APISIX Ingress Controller 将 Kubernetes 的声明式配置同步到 APISIX。通过这种配置方式，外部的请求就可以通过 APISIX 集群数据面直接代理后续上游的业务服务。

（2）场景二：跨集群部署

苏州思必驰公司的用户提供了他们将 APISIX Ingress Controller 用在跨集群使用场景的思路，架构如图 14-8 所示。

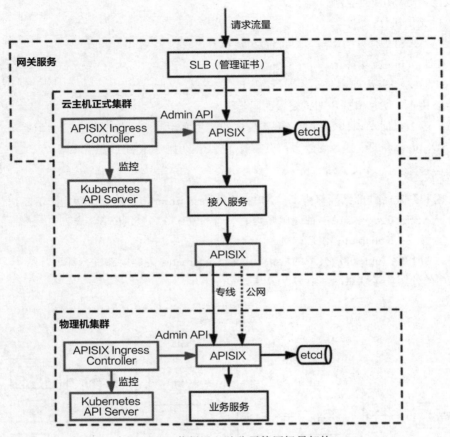

图 14-8 苏州思必驰公司使用场景架构

在上述架构中有两个集群，即云主机正式集群和物理机集群。APISIX Ingress Controller 在每一个集群内都有部署，在与 Kubernetes API 服务器交互的同时，会通过 APISIX Admin API 将配置同步到 APISIX 集群。

在跨集群场景时，主要是通过 APISIX 来打通集群之间的互相访问。通常集群之间的访问分为专线和公网，借助 APISIX 的健康检查功能，可以做到当专线或公网传输失败时，自动将流量切换到其他正常通道上，保证业务的稳定与高可用。

（3）场景三：一个 APISIX 集群负责多个 Kubernetes 集群流量代理

该场景将 APISIX Ingress Controller 部署在 Kubernetes 集群内部，与场景一不同的是这里存在多个 Kubernetes 集群，类似于图 14-9 所示。但相应的 APISIX 实际上是部署在所有

Kubernetes 集群外部，然后通过 APISIX Ingress Controller 将各自集群的配置同步到总的 APISIX 集群中。

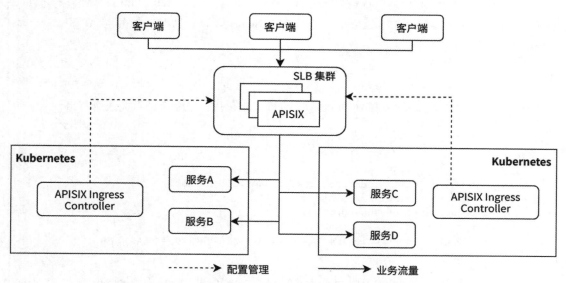

图 14-9　APISIX Ingress Controller 部署在集群内

这种架构的优势是可以通过一套 SLB 集群去完全控制各个 Kubernetes 集群，满足企业架构为多集群或跨机房的使用场景，减少业务流量上的转发次数。

3. 未来功能规划

APISIX Ingress Controller 在不断迭代的过程中，收到了很多社区开发者的贡献与建议，也包括对未来产品的一些功能规划。

（1）支持 Kubernetes Gateway API

目前 Kubernetes 社区里有很多企业在进行自己的 Ingress 项目支持，Kubernetes 社区为了能统一 Ingress 的设计，给出了 Gateway API 的实现标准。一旦实现了这种标准，后续用户再使用 APISIX Ingress 时，就可以做到同一份配置在不同的 Ingress 中使用，完美适配多方部署。

目前 APISIX Ingress Controller 已经实现了一部分 Gateway API 的能力，后续版本中将会逐步迭代，达到完整的支持。

（2）支持 Ingress Controller 单体架构

目前社区里有人认为 APISIX 所依赖的 etcd 实际上是一个有状态的服务，一旦涉及有状态的服务，就需要额外关注存储和迁移相关的工作。

大家希望在容器化的云原生场景下，APISIX 可以实现无缝扩容。所以社区后续也会进行 Ingress Controller 单体架构的部署规划。在这种场景下，APISIX 可以脱离 etcd 进行单独部署，声明式配置可以被 APISIX Ingress Controller 监听并同步到 APISIX 中。

14.3 安装部署

本节将介绍几种 APISIX Ingress Controller 的安装方式，包括 Helm 和静态文件方式，同时还将介绍在连接 Rancher 和 KubeSphere 进行 Kubernetes 集群管理时，如何与 APISIX Ingress Controller 结合使用。

14.3.1 Helm 安装

APISIX Ingress Controller 通过 Helm 工具可以实现仅用一条命令即可完成所有组件的安装部署。

```Shell
helm repo add apisix https://charts.apiseven.com
helm repo add bitnami https://charts.bitnami.com/bitnami
helm install apisix apisix/apisix \
    --set gateway.type=NodePort \
    --set ingress-controller.enabled=true \
    --set ingress-controller.config.apisix.serviceNamespace=apisix \
    --namespace apisix \
    --create-namespace \
    --set ingress-controller.config.apisix.serviceName=apisix-admin
```

其中，各参数含义如下。

❑ --namespace apisix 和 --create-namespace 表示会部署至 APISIX 的 Namespace 中，如果该 Namespace 不存在则自动创建。

❑ --set gateway.type=NodePort 表示将 APISIX 网关使用 NodePort 的方式进行暴露。

❑ --set ingress-controller.enabled=true 表示会同时部署 APISIX Ingress Controller。

❑ --set ingress-controller.config.apisix.serviceNamespace=apisix 和 --set ingress-controller. config.apisix.serviceName=apisix-admin 用于设置 APISIX Ingress Controller 的部署文件。

```Shell
NAME: apisix
LAST DEPLOYED: Tue Mar 22 08:36:40 2022
NAMESPACE: apisix
STATUS: dep loyed
REVISION: 1
TEST SUITE: None
NOTES:
1. Get the applicat ion URL by running these commands:
    export NODE_ PORT=$(kubectl get --namespace apisix -O jsonpath="{.spec.
      ports[ol.nodePort}" services apisixgateway)
    export NODE IP=$(kubectl get nodes --namespace apisix -o jsonpath="f.items
      [ol.status .addresses [ol. address}")
    echo http:/ / $ NODE_IP: $ NODE_ PORT
```

当执行完上述命令后，Helm 会使用 Helm Repo 中已发布的 Chart 进行安装，并将传递的参数渲染进实际的部署文件中。

如果需要将卸载部署，可使用如下命令：

```Bash
helm uninstall apisix -n apisix
```

14.3.2　静态文件安装

并非所有的环境都支持使用 Helm 安装 APISIX Ingress Controller，有一些容器管理平台仅支持通过 YAML 静态文件进行安装。

1. 生成 YAML 静态文件

事实上，当前 APISIX Ingress Controller 项目并没有直接维护使用 YAML 静态文件进行部署的方式。这是由于 YAML 静态文件的方式不支持细节配置，调整时需要用户手动进行静态文件的编辑。此外，APISIX 官方的 Helm Chart 安装包中还包含一些版本兼容等逻辑，推荐使用。

Helm 作为一个非常优秀的工具，直接提供了根据 Helm Chart 生成 YAML 静态文件的方法。仍然使用 14.3.1 节中提到的命令行参数，但是将命令从 helm install 修改为 helm template，就可以使用 Helm Chart 的内容渲染出 YAML 静态文件了。

```Bash
helm template apisix apisix/apisix \
    --set gateway.type=NodePort \
    --set ingress-controller.enabled=true \
    --set ingress-controller.config.apisix.serviceNamespace=apisix \
    --namespace apisix \
    --create-namespace \
    --set ingress-controller.config.apisix.serviceName=apisix-admin > apisix-
        manifest.yaml
```

2. 使用 YAML 静态文件安装

限于篇幅，这里就不展示生成后的 YAML 静态文件了。但需要注意的是，helm template 命令生成的 YAML 静态文件并不会生成 Namespace 的资源文件。

如果不想使用默认配置下的 Namespace，则还需要通过 kubectl create ns ${你的 namespace}进行创建。

1）创建 apisix Namespace。

```Shell
kubectl create namespace apisix
```

返回结果如下：

```Shell
namespace/apisix created
```

2）使用静态文件部署。

```Shell
kubectl apply -f apisix-manifest.yaml
```

返回结果如下：

```Bash
serviceaccount/apisix-ingress-controller created
configmap/apisix-configmap created
configmap/apisix created
clusterrole.rbac.authorization.k8s.io/apisix-clusterrole created
clusterrolebinding.rbac.authorization.k8s.io/apisix-clusterrolebinding created
service/apisix-etcd-headless created
service/apisix-etcd created
service/apisix-ingress-controller created
service/apisix-admin created
service/apisix-gateway created
deployment.apps/apisix-ingress-controller created
deployment.apps/apisix created
statefulset.apps/apisix-etcd created
```

这样就完成了 APISIX Ingress Controller 的安装部署。

14.3.3 KubeSphere 安装

KubeSphere 是在 Kubernetes 之上构建的面向云原生应用的系统，完全开源并支持多云与多集群管理，提供全栈的 IT 自动化运维能力，简化企业的 DevOps 工作流。它的架构可以非常方便地将第三方应用与云原生生态组件进行即插即用的集成。

作为全栈的多租户容器平台，KubeSphere 提供了运维友好的向导式操作界面，能够帮助企业快速构建强大和功能丰富的容器云平台，同时也为用户提供了构建企业级 Kubernetes 环境所需的多项功能，例如多云与多集群管理、Kubernetes 资源管理、DevOps、应用生命周期管理、微服务治理（服务网格）、日志查询与收集、服务与网络、多租户管理、监控告警、事件与审计查询、存储管理、访问权限控制、GPU 支持、网络策略、镜像仓库管理以及安全管理等。

本节主要介绍如何在 KubeSphere 中进行 APISIX 和 APISIX Ingress Controller 的安装及部署。

1. 如何部署

在正式安装部署 APISIX 和 APISIX Ingress Controller 之前，首先要确保现有 Kubernetes 集群已纳入 KubeSphere 中管理。

部署过程可以参考 KubeSphere 官方文档的介绍来启用 KubeSphere AppStore，或直接使用 APISIX 的 Helm 仓库进行部署。这里直接使用 APISIX Helm 仓库进行部署。

执行以下命令即可添加 APISIX 的 Helm 仓库，并完成部署。

1）添加 APISIX 仓库。

```Shell

```

```
helm repo add apisix https://charts.apiseven.com
```

返回结果如下。

```Shell
"apisix" has been added to your repositories
```

2）添加 Bitnami 仓库。

```Shell
helm repo add bitnami https://charts.bitnami.com/bitnami
```

返回结果如下。

```Shell
"bitnami" has been added to your repositories
```

3）更新仓库并创建 Namespace。

```Shell
helm repo update
kubectl create ns apisix
```

返回结果如下。

```Shell
namespace/apisix created
```

4）安装 APISIX。

```Bash
helm install apisix apisix/apisix --set gateway.type=NodePort --set ingress-
    controller.enabled=true --namespace apisix
```

返回结果如下。

```Shell
W0827 18:19:58.504653  294386 warnings.go:70] apiextensions.k8s.io/v1beta1
    CustomResourceDefinition is deprecated in v1.16+, unavailable in v1.22+; use
    apiextensions.k8s.io/v1 CustomResourceDefinition
NAME: apisix
LAST DEPLOYED: Fri Aug 27 18:20:00 2021
NAMESPACE: apisix
STATUS: deployed
REVISION: 1
TEST SUITE: None
NOTES:
1. Get the application URL by running these commands:
   export NODE_PORT=$(kubectl get --namespace apisix -o jsonpath="{.spec.
       ports[0].nodePort}" services apisix-gateway)
   export NODE_IP=$(kubectl get nodes --namespace apisix -o jsonpath="{.
       items[0].status.addresses[0].address}")
```

```Shell
echo http://$NODE_IP:$NODE_PORT
```

验证是否已经成功部署且运行。

```Shell
kubectl -n apisix get pods
```

返回结果如下。

```Shell
NAME                                        READY   STATUS    RESTARTS   AGE
apisix-77d7545d4d-cvdhs                     1/1     Running   0          4m7s
apisix-etcd-0                               1/1     Running   0          4m7s
apisix-etcd-1                               1/1     Running   0          4m7s
apisix-etcd-2                               1/1     Running   0          4m7s
apisix-ingress-controller-74c6b5fbdd-94ngk  1/1     Running   0          4m7s
```

从以上返回结果可以看出，相关实例均已正常运行。

2. 部署示例项目

这里使用 kennethreitz/httpbin 作为示例项目进行演示，可直接在 KubeSphere 中完成部署。

选择"服务"→"无状态服务"，进入如图 14-10 所示界面进行部署操作。

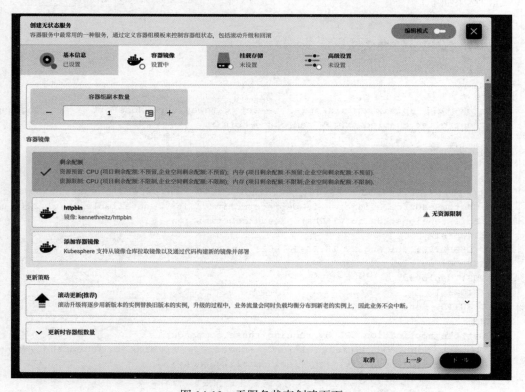

图 14-10 无服务状态创建页面

在 KubeSphere 的服务和负载界面即可看到是否部署成功，也可以直接在终端下查看是否部署成功。

```Shell
kubectl get pods,svc -l app=httpbin
```

返回结果如下：

```Shell
NAME                                    READY    STATUS     RESTARTS    AGE
pod/httpbin-v1-7d6dc7d5f-5lcmg          1/1      Running    0           48s
NAME                TYPE        CLUSTER-IP     EXTERNAL-IP    PORT(S)    AGE
service/httpbin     ClusterIP   10.96.0.5      <none>         80/TCP     48s
```

3. 使用场景

这里演示如何使用 APISIX 作为网关代理 Kubernetes 集群中的服务。

1）查看在 APISIX 的实例内是否可以正常访问示例项目。

执行以下代码进入 APISIX 的实例中：

```Shell
kubectl -n apisix exec -it `kubectl \
    -n apisix get pods \
    -l app.kubernetes.io/name=apisix \
    -o name` -- bash
```

查询示例项目：

```Shell
curl httpbin.default/get
```

返回结果如下：

```JSON
{
    "args": {},
    "headers": {
        "Accept": "*/*",
        "Host": "httpbin.default",
        "User-Agent": "curl/7.77.0"
    },
    "origin": "10.244.2.9",
    "url": "http://httpbin.default/get"
}
```

可以看到，在 APISIX 的实例内可以正常访问示例项目。接下来使用 APISIX 对该示例项目进行代理。

2）使用 curl 调用 APISIX 的 Admin 接口，创建一条路由。将所有 Host 头为 httpbin.org 的请求转发给 httpbin.default:80 这个实际的应用服务。

```Shell
Shell
curl "http://127.0.0.1:9180/apisix/admin/routes/1" \
-H "X-API-KEY: edd1c9f034335f136f87ad84b625c8f1" -X PUT -d '
{
    "uri": "/get",
    "host": "httpbin.org",
    "upstream": {
        "type": "roundrobin",
        "nodes": {
            "httpbin.default:80": 1
        }
    }
}'
```

得到的类似输出如下：

```JSON
JSON
{
    "node": {
        "key": "/apisix/routes/1",
        "value": {
        .... // 省略部分代码
        },
            "id": "1",
            "status": 1
        }
    },
    "action": "set"
}
```

接下来验证是否代理成功：

```Shell
Shell
curl http://127.0.0.1:9080/get -H "HOST: httpbin.org"
```

返回结果如下：

```Shell
Shell
{
    "args": {},
    "headers": {
        "Accept": "*/*",
        "Host": "httpbin.org",
        "User-Agent": "curl/7.77.0",
        "X-Forwarded-Host": "httpbin.org"
    },
    "origin": "127.0.0.1",
    "url": "http://httpbin.org/get"
}
```

以上返回结果说明已经通过 APISIX 代理了示例项目的流量。

3）退出 APISIX 的实例，在集群外通过 APISIX 访问示例项目。

```Apache
kubectl  -n apisix get svc -l app.kubernetes.io/name=apisix
```

返回结果如下：

```Shell
NAME                TYPE        CLUSTER-IP      EXTERNAL-IP     PORT(S)         AGE
apisix-admin        ClusterIP   10.96.33.97     <none>          9180/TCP        22m
apisix-gateway      NodePort    10.96.126.83    <none>          80:31441/TCP    22m
```

在使用 Helm Chart 进行部署时，默认会将 APISIX 端口通过 NodePort 的形式暴露。这里使用 Node IP + NodePort 的端口形式进行访问测试。

```Shell
curl http://172.18.0.5:31441/get -H "HOST: httpbin.org"
```

返回结果如下：

```Shell
{
    "args": {},
    "headers": {
        "Accept": "*/*",
        "Host": "httpbin.org",
        "User-Agent": "curl/7.76.1",
        "X-Forwarded-Host": "httpbin.org"
    },
    "origin": "10.244.2.1",
    "url": "http://httpbin.org/get"
}
```

可以看到，在集群外已经可以将 APISIX 作为网关代理 Kubernetes 集群内的服务了。

如图 14-11 所示，直接在 KubeSphere 中添加应用路由（Ingress），这时 APISIX Ingress Controller 会自动将路由规则同步至 APISIX 中，完成服务的代理。

需注意，这里添加了 kubernetes.io/ingress.class: apisix 的注释配置，用于支持集群内多 ingress-controller 的场景。保存后，可看到图 14-12 所示的界面。

最后在终端下测试是否代理成功：

```Shell
curl http://172.18.0.5:31441/get -H "HOST: http-ing.org"
```

返回结果如下：

```Ruby
{
    "args": {},
    "headers": {
```

```
            "Accept": "*/*",
            "Host": "http-ing.org",
            "User-Agent": "curl/7.76.1",
            "X-Forwarded-Host": "http-ing.org"
        },
        "origin": "10.244.2.1",
        "url": "http://http-ing.org/get"
    }
```

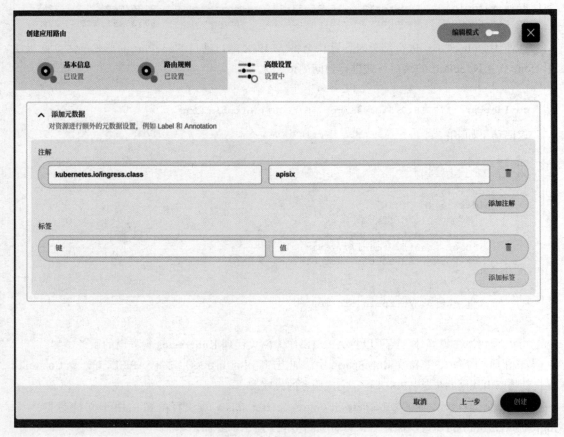

图 14-11　创建应用路由

图 14-12　路由添加成功界面

从以上返回结果可以看到为正常代理状态。除了以上方式外，APISIX Ingress Controller 还可以通过 CRD 的方式对 Kubernetes 进行扩展，也可以通过发布 ApisixRoute 等自定义资源来完成 Kubernetes 中服务的对外暴露。

14.3.4 Rancher 安装

Rancher 是一款开源的企业级多集群 Kubernetes 管理平台，实现了 Kubernetes 集群在"混合云＋本地数据中心"的集中部署与管理，以确保集群的安全性，帮助企业加速数字化转型。

1. 如何部署

在正式操作前，请先确认已将现有 Kubernetes 集群纳入 Rancher 中管理。

1）在 Rancher 的 Tools → Catalog 页面配置 Catalog，在 Catalog URL 处添加 Apache APISIX 的 Helm 仓库地址。

2）保存完成后，即可选择 Apps 页面进行 APISIX 的部署。选择 Launch 便可看到 Apache APISIX 的仓库信息，如图 14-13 所示，这里直接选择 apisix 即可。

图 14-13 选择 APISIX 界面

3）在图 14-14 所示的页面中进行简单的配置。因为目前的示例操作中期望 APISIX 与 APISIX Ingress Controller 同时部署，所以在底部的 Answers 中填入 ingress-controller.enabled=true 配置项，保存后稍等片刻即可完成部署。

2. 部署示例项目

下面使用 kennethreitz/httpbin 作为示例项目进行演示，可按照上述步骤直接在 Rancher 中完成部署，具体细节如图 14-15 所示。

3. 使用场景

这里先演示如何使用 APISIX 作为网关代理 Kubernetes 集群中的服务。

1）查看在 APISIX 的实例内是否可以正常访问示例项目。

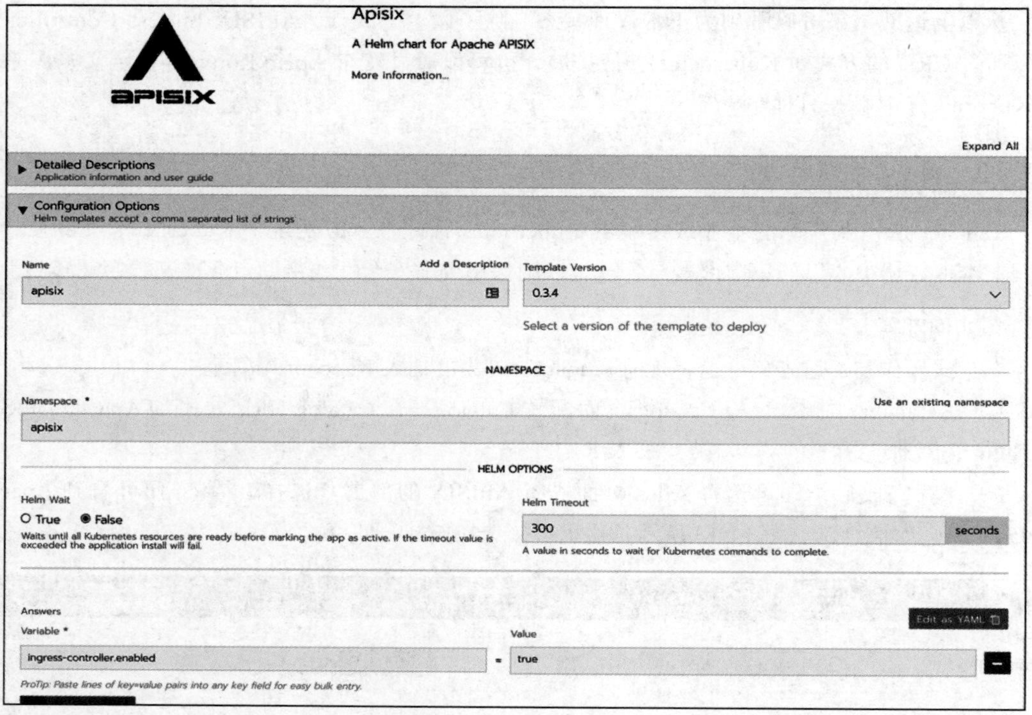

图 14-14 配置 Answers 项

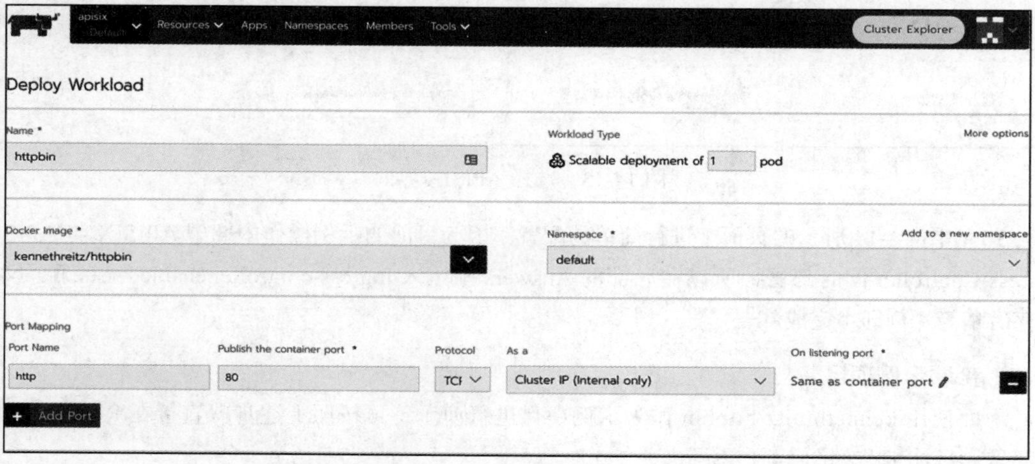

图 14-15 在 Rancher 中配置示例

执行以下代码进入 APISIX 的实例中：

```Shell
kubectl -n apisix exec -it `kubectl \
    -n apisix get pods \
```

```
-l app.kubernetes.io/name=apisix \
-o name` -- bash
```

查询示例项目:

```Shell
curl httpbin.default/get
```

返回结果如下:

```JSON
{
    "args": {},
    "headers": {
        "Accept": "*/*",
        "Host": "httpbin.default",
        "User-Agent": "curl/7.76.1"
    },
    "origin": "10.244.3.3",
    "url": "http://httpbin.default/get"
}
```

2）使用 APISIX 对该示例项目进行代理。

```Shell
curl "http://127.0.0.1:9180/apisix/admin/routes/1" \
-H "X-API-KEY: edd1c9f034335f136f87ad84b625c8f1" -X PUT -d '
{
    "uri": "/*",
    "host": "httpbin.org",
    "upstream": {
        "type": "roundrobin",
        "nodes": {
            "httpbin.default:80": 1
        }
    }
}'
```

使用 curl 调用 APISIX 的 Admin 接口进行路由创建。将所有 Host 头为 httpbin.org 的请求转发给 httpbin.default:80 这个实际的应用服务，得到类似如下的代码输出。

```JSON
{
    "action": "set",
    "node": {
        "value": {
            ...    // 省略部分内容
            },
            "id": "1",
            "status": 1,
            "host": "httpbin.org"
        },
```

```
        "key": "/apisix/routes/1"
    }
}
```

3）验证是否代理成功。

```Shell
curl http://127.0.0.1:9080/get -H "HOST: httpbin.org"
```

得到如下代码输出，说明已经通过 APISIX 代理了示例项目的流量。

```Shell
{
    "args": {},
    "headers": {
        "Accept": "*/*",
        "Host": "httpbin.org",
        "User-Agent": "curl/7.76.1",
        "X-Forwarded-Host": "httpbin.org"
    },
    "origin": "127.0.0.1",
    "url": "http://httpbin.org/get"
}
```

4）退出实例，尝试在集群外通过 APISIX 访问示例项目。

使用以下命令查看 APISIX 端口：

```Shell
kubectl  -n apisix get svc -l app.kubernetes.io/name=apisix
```

返回结果如下：

```Shell
NAME             TYPE        CLUSTER-IP       EXTERNAL-IP   PORT(S)        AGE
apisix-admin     ClusterIP   10.96.142.88     <none>        9180/TCP       51m
apisix-gateway   NodePort    10.96.158.192    <none>        80:32763/TCP   51m
```

在使用 Helm Chart 部署时，默认会将 APISIX 的端口以 NodePort 形式暴露。这里使用 Node IP + NodePort 的端口形式进行访问测试。

```Ruby
curl http://172.18.0.2:32763/get -H "HOST: httpbin.org"
```

返回结果如下：

```Shell
{
    "args": {},
    "headers": {
        "Accept": "*/*",
        "Host": "httpbin.org",
        "User-Agent": "curl/7.58.0",
```

```
            "X-Forwarded-Host": "httpbin.org"
        },
        "origin": "10.244.3.1",
        "url": "http://httpbin.org/get"
    }
```

可以看到，在集群外已经可以将 APISIX 作为网关代理 Kubernetes 集群内的服务了。

我们直接在 Rancher 中添加 Ingress，APISIX Ingress Controller 会自动将路由规则同步至 APISIX 中，完成服务的代理。

需注意，在图 14-16 所示的操作中，添加了 kubernetes.io/ingress.class: apisix 的注释配置，用于支持集群内多 ingress-controller 的场景。保存后，可看到如图 14-17 所示的界面。

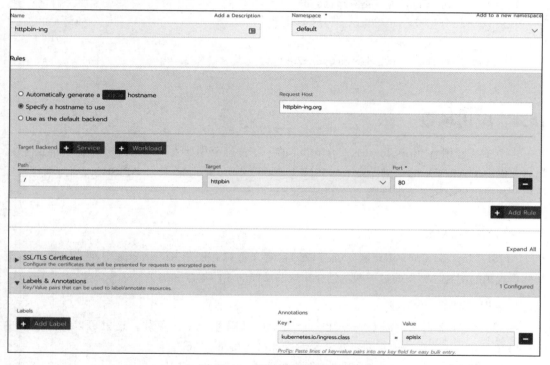

图 14-16 添加注释配置界面

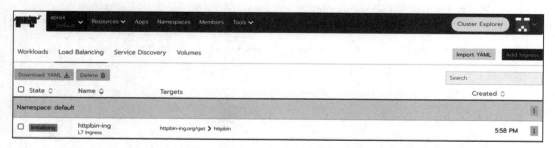

图 14-17 注释添加成功界面

最后在终端进行测试，查看是否代理成功。

```Plain Text
curl http://172.18.0.2:32763/get -H "HOST: httpbin-ing.org"
```

返回结果如下：

```Shell
{
    "args": {},
    "headers": {
        "Accept": "*/*",
        "Host": "httpbin-ing.org",
        "User-Agent": "curl/7.58.0",
        "X-Forwarded-Host": "httpbin-ing.org"
    },
    "origin": "10.244.3.1",
    "url": "http://httpbin-ing.org/get"
}
```

14.4　应用场景

本节主要介绍 APISIX Ingress Controller 的一些基础应用场景，如流量切分和认证鉴权等。当然，借助于 APISIX 的性能优势，APISIX Ingress Controller 也支持与 APISIX 的官方插件集成使用，从而迸发出更强大的性能。

14.4.1　简单代理

APISIX Ingress Controller 同时支持使用自定义资源和使用 Kubernetes 中原生的 Ingress 进行代理规则的配置。下面通过一些示例介绍这些功能的使用场景和细节。

1. 前提：创建工作负载

在配置代理规则前，需要先创建一个用于提供服务的工作负载。这里可以使用经典的 httpbin 项目作为工作负载，它的容器镜像是 kennethreitz/httpbin。

下述示例将直接使用 kubectl 创建工作负载。

1）创建 Deployment 资源。

```Shell
kubectl create deploy httpbin --image="kennethreitz/httpbin" --port=80
```

返回结果如下：

```Shell
deployment.apps/httpbin created
```

2）创建 Service 资源。

```Shell
kubectl expose deploy httpbin --port=80
```

返回结果如下：

```Shell
service/httpbin exposed
```

3）获取 Deployment 和 Service 的状态。

```Bash
kubectl get deploy,svc -l app=httpbin
```

返回结果如下：

```Shell
NAME                        READY    UP-TO-DATE    AVAILABLE    AGE
deployment.apps/httpbin     1/1      1             1            36s
NAME                TYPE        CLUSTER-IP      EXTERNAL-IP    PORT(S)    AGE
service/httpbin     ClusterIP   10.96.202.96    <none>         80/TCP     22s
```

从上述返回结果中可以看到，部署已经处于 Ready 状态，同时服务也已经正常创建。执行完上述步骤，就可以准备后续的代理规则创建流程。

2. 场景一：利用 Ingress 创建代理规则

使用如下配置创建一个 Ingress 资源。

```YAML
apiVersion: networking.k8s.io/v1
kind: Ingress
metadata:
    name: httpbin-ing
    annotations:
        kubernetes.io/ingress.class: apisix
spec:
    rules:
    - host: httpbin.ingress.local
      http:
          paths:
          - backend:
                service:
                    name: httpbin
                    port:
                        number: 80
            path: /get
            pathType: Exact
```

需注意，在 metadata.annotations 字段中增加了 kubernetes.io/ingress.class: apisix 的配置，表示它会被 APISIX Ingress Controller 处理。这对于集群中存在多个 Ingress 控制器的情况非常有帮助，此为可配置选项。

将上述配置保存为 httpbin-ing.yaml 文件，并创建对应资源。

首先创建 Ingress 资源。

```Shell
kubectl apply -f httpbin-ing.yaml
```

返回结果如下：

```Shell
ingress.networking.k8s.io/httpbin-ing created
```

然后查看 Ingress 资源的状态。

```Bash
kubectl get ing httpbin-ing
```

返回结果如下：

```Shell
NAME           CLASS     HOSTS                      ADDRESS     PORTS    AGE
httpbin-ing    <none>    httpbin.ingress.local                  80      97s
```

下面测试访问。

先获取 APISIX Gateway 的访问地址。

```Shell
export NODE_PORT=$(kubectl get --namespace apisix -o jsonpath="{.spec.ports[0].
    nodePort}" services apisix-gateway)
export NODE_IP=$(kubectl get nodes --namespace apisix -o jsonpath="{.items[0].
    status.addresses[0].address}")
```

然后携带域名进行测试访问。

```Bash
curl http://$NODE_IP:$NODE_PORT/get -H "HOST: httpbin.ingress.local"
```

返回结果如下：

```Shell
{
    "args": {},
    "headers": {
        "Accept": "*/*",
        "Host": "httpbin.ingress.local",
        "User-Agent": "curl/7.58.0",
        "X-Forwarded-Host": "httpbin.ingress.local"
    },
    "origin": "172.18.0.5",
    "url": "http://httpbin.ingress.local/get"
}
```

输入相关命令后可以看到，从 APISIX 暴露的端口携带请求域名可以正常访问，证明此处创建的代理规则测试通过。

3. 场景二：利用 ApisixRoute 创建代理规则

我们先使用前面创建的工作负载，并参考如下配置，创建 ApisixRoute 资源。

```YAML
apiVersion: apisix.apache.org/v2beta3
kind: ApisixRoute
metadata:
    name: httpbin-ar
spec:
    http:
    - name: rule1
        match:
            hosts:
            - httpbin.ar.local
            paths:
                - /get
        backends:
        - serviceName: httpbin
            servicePort: 80
```

将上述内容保存为 httpbin-ar.yaml 文件，并在 Kubernetes 中创建对应资源。
首先创建资源。

```Shell
kubectl apply -f httpbin-ar.yaml
```

返回结果如下：

```YAML
apisixroute.apisix.apache.org/httpbin-ar created
```

其次查询资源。

```Shell
kubectl get ar
```

返回结果如下：

```YAML
tao@moelove:~$
NAME            HOSTS                       URIS          AGE
httpbin-ar      ["httpbin.ar.local"]        ["/get"]      20s
```

可以看到对应的资源已经正确创建。接下来进行测试访问。
先获取 APISIX Gateway 的访问地址。

```Shell
export NODE_PORT=$(kubectl get --namespace apisix -o
```

```
    jsonpath="{.spec.ports[0].nodePort}" services apisix-gateway)
export NODE_IP=$(kubectl get nodes --namespace apisix -o
    jsonpath="{.items[0].status.addresses[0].address}")
```

然后携带域名进行测试访问。

```Bash
curl http://$NODE_IP:$NODE_PORT/get -H "HOST: httpbin.ar.local"
```

返回结果如下：

```Shell
{
    "args": {},
    "headers": {
        "Accept": "*/*",
        "Host": "httpbin.ar.local",
        "User-Agent": "curl/7.58.0",
        "X-Forwarded-Host": "httpbin.ar.local"
    },
    "origin": "172.18.0.5",
    "url": "http://httpbin.ar.local/get"
}
```

输入相关命令后可以看到输出中的正确响应，证明此处创建的代理规则测试通过。

14.4.2 流量切分

APISIX 原生支持流量切分功能实现，在前文中也有进行具体的介绍。回到 APISIX Ingress Controller 中，使用自定义资源 ApisixRoute 也可以原生支持流量切分的功能实现。

本节将演示如何在 APISIX Ingress Controller 中使用流量切分功能。

1. 创建工作负载

既然是进行流量切分，这里便直接提供两个不同版本的工作负载。下面使用 HashiCorp 的 http-echo 作为示例，它的容器镜像是 hashicorp/http-echo:0.2.3，为它增加不同的启动参数就可以返回不同的内容。

1）使用如下配置进行不同版本工作负载的创建。

版本 1：

```YAML
apiVersion: v1
kind: Pod
metadata:
    labels:
        run: v1-app
    name: v1-app
spec:
    containers:
```

```yaml
        - image: hashicorp/http-echo:0.2.3
            args:
            - "-text=v1"
            name: v1-app
            ports:
            - containerPort: 5678
            resources: {}
        dnsPolicy: ClusterFirst
        restartPolicy: Always
---
apiVersion: v1
kind: Service
metadata:
    labels:
        run: v1-app
    name: v1-app
spec:
    ports:
    - port: 5678
        protocol: TCP
        targetPort: 5678
    selector:
        run: v1-app
```

版本 2:

```yaml
YAML
apiVersion: v1
kind: Pod
metadata:
    labels:
        run: v2-app
    name: v2-app
spec:
    containers:
    - image: hashicorp/http-echo:0.2.3
        args:
        - "-text=v2"
        name: v2-app
        ports:
        - containerPort: 5678
        resources: {}
    dnsPolicy: ClusterFirst
    restartPolicy: Always
---
apiVersion: v1
kind: Service
metadata:
    labels:
        run: v2-app
    name: v2-app
spec:
```

```
    ports:
    - port: 5678
        protocol: TCP
        targetPort: 5678
    selector:
        run: v2-app
```

2）将上述配置保存为 v1-app.yaml 和 v2-app.yaml 两个文件，之后分别使用这两个文件创建对应资源。

首先创建 v1-app。

```Shell
kubectl apply -f v1-app.yaml
```

返回结果如下：

```Bash
pod/v1-app created
service/v1-app created
```

然后创建 v2-app。

```Shell
kubectl apply -f v2-app.yaml
```

返回结果如下：

```Bash
pod/v2-app created
service/v2-app created
```

3）查看实例和服务资源的状态。

```Shell
kubectl get pods,svc -l 'run in (v1-app,v2-app)'
```

返回结果如下：

```Bash
NAME            READY       STATUS      RESTARTS    AGE
pod/v1-app      1/1         Running     0           89s
pod/v2-app      1/1         Running     0           83s
NAME            TYPE        CLUSTER-IP      EXTERNAL-IP     PORT(S)     AGE
service/v1-app  ClusterIP   10.96.96.135    <none>          5678/TCP    89s
service/v2-app  ClusterIP   10.96.139.58    <none>          5678/TCP    83s
```

从上述返回结果中可以看出，实例已经处于 Running 状态，服务也已正常创建。接下来创建代理规则。

2. 创建代理规则

使用如下配置进行比例切分。该示例将 v1-app 和 v2-app 的配重按照 2：1 进行了配置。

```
YAML
apiVersion: apisix.apache.org/v2beta3
kind: ApisixRoute
metadata:
    name: traffic-split-route
spec:
    http:
    - name: rule1
        match:
            hosts:
            - app-version.local
            paths:
                - /version
        backends:
        - serviceName: v1-app
            servicePort: 5678
            weight: 10
        - serviceName: v2-app
            servicePort: 5678
            weight: 5
```

将该内容保存为 traffic-split-ar.yaml 并创建对应资源。

先创建资源。

```
Bash
kubectl apply -f traffic-split-ar.yaml
```

返回结果如下：

```
Shell
apisixroute.apisix.apache.org/traffic-split-route created
```

再查询资源。

```
Shell
kubectl get ar
```

返回结果如下：

```
Shell
NAME                     HOSTS                       URIS            AGE
traffic-split-route      ["app-version.local"]       ["/version"]    5s
```

3. 访问测试

最后进行访问测试，使用和之前介绍的相同方式处理即可。

```
Shell
export NODE_PORT=$(kubectl get --namespace apisix -o jsonpath="{.spec.ports[0].
    nodePort}" services apisix-gateway)
export NODE_IP=$(kubectl get nodes --namespace apisix -o jsonpath="{.items[0].
    status.addresses[0].address}")
```

连续 5 次访问路由。

```Shell
curl http://$NODE_IP:$NODE_PORT/version  -H "HOST: app-version.local"
```

返回结果如下：

```Shell
v2,v1,v1,v1,v2
```

从上述返回结果中可以看出，在进行测试访问时，v1 和 v2 内容是交替出现的。如果持续访问，可以看到 v1 和 v2 响应的数量比例将基本趋于 2∶1。

本节通过创建 ApisixRoute 资源演示了 traffic-split 插件的使用。这是一个比较常见的需求，使用该插件（即流量切分功能）可以帮助完成灰度发布或 A/B 测试等场景，在应用上线过程中较为常用。

14.4.3　cert-manager 集成

APISIX Ingress Controller 自身提供了 ApisixTls 资源，可用于证书的管理和配置。但是证书的签发与维护等工作则需要由集群管理员完成。在有大量证书需要管理的场景下，这是一项非常烦琐的流程。那么有没有相对比较简单的办法呢？

cert-manager 就是专门用于解决此类问题的工具，使用它可以将证书和证书颁发者作为 Kubernetes 集群中的资源进行管理，同时简化了获取、更新和使用这些证书的流程。

目前 cert-manager 支持 Let's Encrypt、HashiCorp Vault、Venafi 以及私有 PKI 等项目。图 14-18 展示了目前所支持的各类证书颁发者，以及其数据处理流向。可以看到，所有证书最后都会被存储到 Kubernetes 的 Secret 资源中。

本节从一些示例入手，演示如何将 APISIX Ingress Controller 和 cert-manager 配合使用。

1. 安装配置

1）安装 APISIX Ingress Controller。安装部署的具体细节在前文中已做过介绍，这里主要强调如下配置。

```Shell
--set gateway.tls.enabled=true
```

在部署时需要增加上述配置，将 APISIX 的 TLS 状态设置为启用，这样 APISIX 在启动时会同时监听 HTTPS 的请求。

2）安装 cert-manager。安装 cert-manager 最简单的办法是通过其静态 YAML 的方式进行安装，也可以使用 cmctl 工具进行安装。如下示例展示了使用静态 YAML 的安装方式。

```Bash
kubectl apply -f https://github.com/cert-manager/cert-manager/releases/download/
    v1.8.0/cert-manager.yaml
```

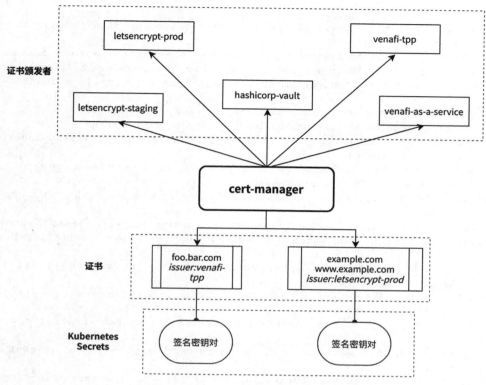

图 14-18　cert-manager 原理流程图

执行后结果如下：

```Bash
namespace/cert-manager created
customresourcedefinition.apiextensions.k8s.io/certificaterequests.cert-manager.
    io created
customresourcedefinition.apiextensions.k8s.io/certificates.cert-manager.io
    created
customresourcedefinition.apiextensions.k8s.io/challenges.acme.cert-manager.io
    created
customresourcedefinition.apiextensions.k8s.io/clusterissuers.cert-manager.io
    created
customresourcedefinition.apiextensions.k8s.io/issuers.cert-manager.io created
customresourcedefinition.apiextensions.k8s.io/orders.acme.cert-manager.io
    created
serviceaccount/cert-manager-cainjector created
serviceaccount/cert-manager created
serviceaccount/cert-manager-webhook created
configmap/cert-manager-webhook created
clusterrole.rbac.authorization.k8s.io/cert-manager-cainjector created
clusterrole.rbac.authorization.k8s.io/cert-manager-controller-issuers created
clusterrole.rbac.authorization.k8s.io/cert-manager-controller-clusterissuers
```

```
    created
clusterrole.rbac.authorization.k8s.io/cert-manager-controller-certificates
    created
clusterrole.rbac.authorization.k8s.io/cert-manager-controller-orders created
clusterrole.rbac.authorization.k8s.io/cert-manager-controller-challenges created
clusterrole.rbac.authorization.k8s.io/cert-manager-controller-ingress-shim
    created
clusterrole.rbac.authorization.k8s.io/cert-manager-view created
clusterrole.rbac.authorization.k8s.io/cert-manager-edit created
clusterrole.rbac.authorization.k8s.io/cert-manager-controller-approve:cert-
    manager-io created
clusterrole.rbac.authorization.k8s.io/cert-manager-controller-
    certificatesigningrequests created
clusterrole.rbac.authorization.k8s.io/cert-manager-webhook:subjectaccessreviews
    created
clusterrolebinding.rbac.authorization.k8s.io/cert-manager-cainjector created
clusterrolebinding.rbac.authorization.k8s.io/cert-manager-controller-issuers
    created
clusterrolebinding.rbac.authorization.k8s.io/cert-manager-controller-
    clusterissuers created
clusterrolebinding.rbac.authorization.k8s.io/cert-manager-controller-
    certificates created
clusterrolebinding.rbac.authorization.k8s.io/cert-manager-controller-orders
    created
clusterrolebinding.rbac.authorization.k8s.io/cert-manager-controller-challenges
    created
clusterrolebinding.rbac.authorization.k8s.io/cert-manager-controller-ingress-
    shim created
clusterrolebinding.rbac.authorization.k8s.io/cert-manager-controller-
    approve:cert-manager-io created
clusterrolebinding.rbac.authorization.k8s.io/cert-manager-controller-
    certificatesigningrequests created
clusterrolebinding.rbac.authorization.k8s.io/cert-manager-
    webhook:subjectaccessreviews created
role.rbac.authorization.k8s.io/cert-manager-cainjector:leaderelection unchanged
role.rbac.authorization.k8s.io/cert-manager:leaderelection unchanged
role.rbac.authorization.k8s.io/cert-manager-webhook:dynamic-serving created
rolebinding.rbac.authorization.k8s.io/cert-manager-cainjector:leaderelection
    unchanged
rolebinding.rbac.authorization.k8s.io/cert-manager:leaderelection configured
rolebinding.rbac.authorization.k8s.io/cert-manager-webhook:dynamic-serving
    created
service/cert-manager created
service/cert-manager-webhook created
deployment.apps/cert-manager-cainjector created
deployment.apps/cert-manager created
deployment.apps/cert-manager-webhook created
mutatingwebhookconfiguration.admissionregistration.k8s.io/cert-manager-webhook
    created
validatingwebhookconfiguration.admissionregistration.k8s.io/cert-manager-webhook
    created
```

这条命令在默认情况下会创建一个名为 cert-manager 的 Namespace，并运行其组件。

3）检查其运行状态。

```Bash
kubectl -n cert-manager get pods
```

返回结果如下：

```Shell
NAME                                      READY   STATUS    RESTARTS   AGE
cert-manager-64d9bc8b74-9sh29             1/1     Running   0          2m49s
cert-manager-cainjector-6db6b64d5f-m2nxq  1/1     Running   0          2m50s
cert-manager-webhook-6c9dd55dc8-wfcq7     1/1     Running   0          2m49s
```

可以看到，所有的组件都已正常运行。

2. 如何集成使用

我们先创建证书。

1）使用如下配置创建一个 Issuer 类型的资源，Issuer 即证书颁发者。如下示例展示的是自签发证书，通常在生产环境中使用较多的是 ACME Issuer 等。

```YAML
apiVersion: cert-manager.io/v1
kind: Issuer
metadata:
    name: issuer
spec:
    selfSigned: {}
```

2）将上述配置保存为 issuer.yaml 并创建相关资源。

```Shell
kubectl apply -f issuer.yaml
```

返回结果如下：

```Bash
issuer.cert-manager.io/issuer created
```

3）创建证书（Certificate）资源，使用配置如下：

```YAML
apiVersion: cert-manager.io/v1
kind: Certificate
metadata:
    name: httpbin
spec:
    secretName: httpbin
    duration: 2160h # 90d
    renewBefore: 360h # 15d
```

```
            subject:
                organizations:
                    - foo
            commonName: httpbin.org
            isCA: false
            privateKey:
                algorithm: RSA
                encoding: PKCS1
                size: 2048
            usages:
                - server auth
            dnsNames:
                - "httpbin.org"
                - "*.httpbin.org"
            issuerRef:
                name: issuer
                kind: Issuer
                group: cert-manager.io
```

4）将上述配置保存为 certs.yaml 并创建相关资源。

```Shell
kubectl apply -f certs.yaml
```

返回结果如下：

```Bash
certificate.cert-manager.io/httpbin created
```

5）当对应的证书资源创建后，cert-manager 会实际创建一个同名的 Secret 资源。可通过如下命令查看：

```Shell
kubectl get secrets httpbin
```

返回结果如下：

```Bash
NAME      TYPE                DATA    AGE
httpbin   kubernetes.io/tls   3       33s
```

可以看到，该资源已经正常创建。下面创建测试服务。

1）创建用于测试 httpbin 的实例，并创建对应服务。

```Shell
kubectl run httpbin --image kennethreitz/httpbin
```

返回结果如下：

```Shell
pod/httpbin created
```

2）暴露端口。

```Shell
kubectl expose pod httpbin --port=80
```

返回结果如下：

```Bash
service/httpbin exposed
```

3）查看实例和服务的状态。

```Shell
kubectl get pod,svc -l run=httpbin
```

返回结果如下：

```Bash
NAME              READY      STATUS       RESTARTS    AGE
pod/httpbin       1/1        Running      0           33s
NAME              TYPE       CLUSTER-IP   EXTERNAL-IP    PORT(S)   AGE
service/httpbin   ClusterIP  10.96.107.5  <none>         80/TCP    19s
```

可以看到，实例和服务都已按照预期创建，并且状态正常。

接下来需要创建 ApisixTls 资源，让其可与由证书资源创建的 Secret 资源进行关联。创建完成后该证书才能被 APISIX Ingress Controller 所使用并同步至 APISIX 中。

1）创建 ApisixTls 资源，让其与 httpbin 的 Secret 资源进行关联。

```YAML
apiVersion: apisix.apache.org/v2
kind: ApisixTls
metadata:
    name: httpbin
spec:
    hosts:
    - httpbin.org
    secret:
        name: httpbin
        namespace: default
```

2）将上述配置保存为 apisix-tls.yaml 文件，并创建资源。

```Shell
kubectl apply -f apisix-tls.yaml
```

返回结果如下：

```Shell
apisixtls.apisix.apache.org/httpbin created
```

3）查询刚刚创建的资源。

```Shell
kubectl get apisixtls
```

返回结果如下：

```Bash
NAME       SNIS              SECRET NAME    SECRET NAMESPACE    AGE
httpbin    ["httpbin.org"]   httpbin        default             23s
```

可以看到，该资源状态正常。

4）创建 ApisixRoute 资源进行路由提供，配置如下：

```YAML
apiVersion: apisix.apache.org/v2
kind: ApisixRoute
metadata:
    name: httpbin
spec:
    http:
    - name: httpbin
      match:
          paths:
          - /*
          hosts:
          - httpbin.org
        backends:
        - serviceName: httpbin
            servicePort: 80
```

将上述配置保存为 apisix-route.yaml 并创建资源。

```Shell
kubectl apply -f apisix-route.yaml
```

返回结果如下：

```Bash
apisixroute.apisix.apache.org/httpbin created
```

5）创建完成后，可查看 ApisixRoute 状态。

```Shell
kubectl get ar
```

返回结果如下：

```Shell
NAME                   HOSTS                  URIS          AGE
httpbin                ["httpbin.org"]        ["/*"]        8s
```

可以看到，资源已经正确创建。

在验证环节，可以访问 APISIX 的 apisix-gateway 服务暴露的 443 端口。但由于示例安装使用的是 NodePort 方式进行暴露，因此端口存在随机性。

这里可以直接使用 kubectl port-forward 进行端口转发，来访问 apisix-gateway 服务的 443 端口。

```Shell
kubectl port-forward -n apisix svc/apisix-gateway 8443:443 &
```

返回结果如下：

```Bash
Forwarding from 127.0.0.1:8443 -> 9443
Forwarding from [::1]:8443 -> 9443
```

使用 curl 命令测试访问。需注意，由于使用的是自签证书，所以在代码中增加了 -k 选项来忽略证书校验环节。

```Shell
curl https://httpbin.org:8443/get --resolve 'httpbin.org:8443:127.0.0.1' -k
```

返回结果如下：

```Bash
Handling connection for 8443
{
    "args": {},
    "headers": {
        "Accept": "*/*",
        "Host": "httpbin.org:8443",
        "User-Agent": "curl/7.58.0",
        "X-Forwarded-Host": "httpbin.org"
    },
    "origin": "127.0.0.1",
    "url": "https://httpbin.org/get"
}
```

通过响应信息可以看出，上述方式已经通过 HTTPS 访问了 httpbin 的后端服务。

14.4.4　认证鉴权

前面介绍了关于 APISIX Ingress Controller 中的自定义资源。其中，通过使用 ApisixConsumer 资源，可以完成与 APISIX 中消费者对象的映射。

APISIX 中同时支持两种配置的认证鉴权模式，所以在 APISIX Ingress Controller 中，可以在 ApisixRoute 资源中设置 authentication 来开启认证，也可以在 Ingress 资源中增加 k8s.apisix. apache.org/auth-type 注释来开启认证。

下面通过示例展示如何在 APISIX Ingress Controller 中使用认证鉴权功能。

1. 创建示例应用

以下示例将在 basic-auth Namespace 中执行，所以优先创建该 Namespace，并部署 httpbin

作为示例应用。

1）创建 Namespace。

```Shell
kubectl create ns basic-auth
```

返回结果如下：

```Shell
namespace/basic-auth created
```

2）部署示例程序。

```Shell
kubectl run httpbin --image kennethreitz/httpbin  -n basic-auth
```

返回结果如下：

```Shell
pod/httpbin created
```

3）创建服务。

```Shell
kubectl expose pod httpbin --port=80 -n basic-auth
```

返回结果如下：

```Bash
service/httpbin exposed
```

查看创建出来的实例和服务，状态正常。

```Shell
kubectl -n basic-auth get pods,svc -l run=httpbin
```

返回结果如下：

```Bash
NAME           READY    STATUS     RESTARTS    AGE
pod/httpbin    1/1      Running    0           2m7s
NAME             TYPE        CLUSTER-IP      EXTERNAL-IP    PORT(S)    AGE
service/httpbin  ClusterIP   10.96.109.1     <none>         80/TCP     25s
```

2. 创建消费者

利用 ApisixConsumer 资源来创建消费者资源对象。需注意，此处为了演示，直接使用了明文用户名和密码，在实际生产环境中，可以将密码存储在 Secret 后再引用。

```YAML
apiVersion: apisix.apache.org/v2
kind: ApisixConsumer
```

```
metadata:
    name: basic-auth
spec:
    authParameter:
        basicAuth:
            value:
                username: foo
                password: bar
```

将上述配置保存为 consumer.yaml 文件并创建资源：

```Bash
kubectl -n basic-auth apply -f consumer.yaml
```

返回结果如下：

```Shell
apisixconsumer.apisix.apache.org/basic-auth created
```

3. 开启认证

先介绍如何在 ApisixRoute 资源中开启认证。

1）设置 spec.http[].authentication 结构（加粗部分），配置如下：

```YAML
apiVersion: apisix.apache.org/v2
kind: ApisixRoute
metadata:
    name: httpbin-route
spec:
    http:
    - name: rule1
        match:
            hosts:
            - httpbin.org
            paths:
                - /ip
        backends:
        - serviceName: httpbin
            servicePort: 80
        authentication:
            enable: true
            type: basicAuth
```

2）将上述配置保存为 basic-auth-ar.yaml 文件并创建资源。

```Shell
kubectl -n basic-auth apply -f basic-auth-ar.yaml
```

返回结果如下：

```Shell
apisixroute.apisix.apache.org/httpbin-route created
```

3）查询资源。

```Shell
kubectl -n basic-auth get ar
```

返回结果如下：

```Bash
NAME            HOSTS              URIS       AGE
httpbin-route   ["httpbin.org"]   ["/ip"]    12s
```

4）进行测试访问，这里可以直接将 apisix-gateway 服务的 80 端口使用 kubectl port-forward 暴露出来。

```Shell
kubectl port-forward -n apisix svc/apisix-gateway 8080:80
```

返回结果如下：

```Bash
Forwarding from 127.0.0.1:8080 -> 9080
Forwarding from [::1]:8080 -> 9080
```

5）另开启一个终端，进行如下测试：

```Bash
curl http://httpbin.org:8080/ip --resolve 'httpbin.org:8080:127.0.0.1' -s
```

返回结果如下：

```Shell
{"message":"Missing authorization in request"}
```

6）如果直接请求，会提示缺少认证信息。可以携带用户名和密码进行请求：

```Shell
curl http://httpbin.org:8080/ip \
--resolve 'httpbin.org:8080:127.0.0.1'  --user foo:bar
```

返回结果如下：

```Bash
{
  "origin": "127.0.0.1"
}
```

可以看到，响应正常。

下面介绍如何在 Ingress 资源中开启认证。

在 Ingress 资源中开启认证功能，仅需增加对应的注释。配置如下：

```yaml
YAML
apiVersion: networking.k8s.io/v1
kind: Ingress
metadata:
    annotations:
        kubernetes.io/ingress.class: apisix
        k8s.apisix.apache.org/auth-type: "basicAuth"
    name: basic-auth-ing
spec:
    rules:
    - host: httpbin.local
        http:
            paths:
            - path: /ip
                pathType: Exact
                backend:
                    service:
                        name: httpbin
                        port:
                            number: 80
```

将 apisix-gateway 服务通过 kubectl port-forward 暴露出来。

```shell
Shell
kubectl port-forward -n apisix svc/apisix-gateway 8080:80
```

返回结果如下：

```bash
Bash
Forwarding from 127.0.0.1:8080 -> 9080
Forwarding from [::1]:8080 -> 9080
```

另开启一个终端进行测试：

```shell
Shell
curl http://httpbin.local:8080/ip --resolve 'httpbin.local:8080:127.0.0.1'
```

返回结果如下：

```bash
Bash
{"message":"Missing authorization in request"}
```

添加认证信息后再次测试：

```shell
Shell
curl http://httpbin.local:8080/ip --resolve 'httpbin.local:8080:127.0.0.1'
    --user foo:bar
```

返回结果如下：

```Bash
{
    "origin": "127.0.0.1"
}
```

可以看到，响应正常。

14.4.5　插件集成

APISIX 拥有非常丰富的扩展功能，可以使用多种语言对其进行扩展。APISIX Ingress Controller 不仅支持 APISIX 中原生的插件，还支持与自定义插件等一起配合使用，对于场景化合作的实现非常方便。

本节聚焦 APISIX 自定义插件与 APISIX Ingress Controller 的集成使用，并以 apisix-go-plugin-runner 为例进行讲解。

1. 前置依赖

基于当前项目的实现，Go Plugin Runner 和 APISIX 的通信是基于 UNIX Socket 的 RPC 进行传递的，所以 Go Plugin Runner 和 APISIX 需要在同一台机器上部署。

这里就需要提前构建镜像，将基于 apisix-go-plugin-runner 实现的自定义插件和 APISIX 构建到同一个容器镜像中。具体操作细节在第 11 章中已介绍，此处不再赘述。以下仅给出一个简单的 Dockerfile 作为参考：

```Dockerfile
FROM apisix:2.13.1
COPY apisix-go-plugin-runner /usr/local/apisix-go-plugin-runner
```

需注意，构建 apisix-go-plugin-runner 时需要使用静态构建，以免构建出的自定义插件在 APISIX 的容器中无法使用。

2. 安装部署

这里可以使用 Helm 进行安装部署，但需要额外修改以下部分：

❏ 使用自己构建出来的 APISIX 镜像，其中包含 go-plugin-runner 的容器镜像。

❏ 将 APISIX Helm Chart 中 extPlugin 的部分修改为实际路径。

命令参考如下：

```Bash
helm install apisix apisix/apisix \
--set gateway.type=NodePort \
--set apisix.image.repository=custom/apisix \
--set apisix.image.tag=v0.1 \
--set extPlugin.enabled=true \
--set extPlugin.cmd='{"/usr/local/apisix-go-plugin-runner/cmd/go-runner/go-runner", "run"}' \
--set ingress-controller.enabled=true \
```

```
--set ingress-controller.config.apisix.serviceNamespace=apisix \
--namespace apisix --create-namespace \
--set ingress-controller.config.apisix.serviceName=apisix-admin
```

3. 集成使用

创建一个 ApisixRoute 资源，并在此路由上使用自定义插件，参考配置如下：

```YAML
apiVersion: apisix.apache.org/v2
kind: ApisixRoute
metadata:
    name: plugin-runner-ar
spec:
    http:
    - name: rule1
        match:
            hosts:
            - local.httpbin.org
            paths:
            - /get
        backends:
        - serviceName: httpbin
            servicePort: 80
        plugins:
        - name: ext-plugin-pre-req
            enable: true
            config:
                conf:
                - name: "say"
                    value: "{\"body\": \"hello\"}"
```

上述代码中有几点需要注意：

❑ 插件名称应为 ext-plugin-pre-req 或 ext-plugin-post-req，这与当前 plugin-runner 的实现有关。

❑ 插件配置中嵌套了一层 conf 配置，其中 name 表示插件注册的名称。

当使用上述配置创建资源后，便会在 APISIX 中创建出对应的路由，并将这些自定义插件关联起来。当用户发送请求时，如果匹配到该路由，则会在对应阶段将请求发送给这些插件进行后续处理。

14.5 与 Kubernetes Ingress NGINX 的区别

Kubernetes Ingress NGINX 是 Kubernetes 社区中最为流行的 Ingress 控制器实现，那么 APISIX Ingress Controller 和它之间的区别究竟是什么？本节将从多维度进行简单对比。

1. 维度一：架构

从 APISIX Ingress Controller 的架构中可以看到，APISIX Ingress Controller 中负责从 Kubernetes

的 API Server 同步信息的控制器，与实际承载业务请求流量的 APISIX 是分离的。

这种架构的优势在于，如果数据面（APISIX）受到攻击，问题不会波及控制面（Controller），也就不会导致相关的 Kubernetes 安全问题。

反观 Kubernetes Ingress NGINX，它的控制面和数据面是耦合在一起的，并运行在同一个实例中，如图 14-19 所示。当数据面（NGINX）存在安全漏洞或受到攻击时，很容易波及控制面，进而通过控制面的相关凭证导致 Kubernetes 出现相关安全问题。

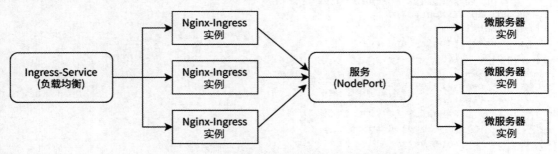

图 14-19　Kubernetes Ingress NGINX 架构

2. 维度二：流量管理

APISIX Ingress Controller 使用 APISIX 作为数据面，APISIX 是一个高性能的全动态 API 网关。所有的配置变更都是动态进行的，无须重启，所以对业务流量不会造成任何影响。

而对于 Kubernetes Ingress NGINX，在配置变更后需要渲染和重载配置文件，这些操作会对流量造成一定的损失，在大流量、高并发的场景下势必成为一个劣势。

3. 维度三：扩展性

对 APISIX Ingress Controller 来说，如果用户想要实现一些扩展能力，可以使用 APISIX 的现有插件（目前已有 70 多个插件），或通过 Serverless 插件直接编写 Lua 代码，也可以使用 Java、Go 和 Python 等语言编写自定义插件。

在 APISIX Ingress Controller 中使用这些插件时，无须在控制面进行任何代码层修改，即可直接使用，大大方便用户扩展 APISIX Ingress 的应用场景。

而基于 Kubernetes Ingress NGINX 进行定制化插件是比较困难的，比如阿里云的 IM 鉴权或腾讯云的 KM 鉴权都需要进行额外的开发。还有类似 ConfigMap 和 Namespace 等造成的一些配置问题。当然这与用户的使用方式有关，不具备通用性，这里不再赘述。

14.6　监控与升级

本节从运维层面介绍软件后续升级的相关操作，以及如何监控 APISIX Ingress Controller 控制面的具体细节。

14.6.1 监控

前文提到过，APISIX Ingress Controller 架构有两部分：一部分是作为控制面的 Ingress Controller，另一部分是作为数据面的 APISIX。

对于想要监控 APISIX Ingress Controller 的场景，实际上也需要从"数据面＋控制面"来入手。

对于数据面 APISIX 的监控，可以在 APISIX 中开启 Prometheus 插件来完成。本节主要介绍如何针对 APISIX Ingress Controller 的控制面进行监控。

前面已经介绍过如何使用 Helm 来安装 APISIX Ingress Controller。事实上，在 Helm Chart 中也默认提供了监控配置，用于呈现 Prometheus Operator 使用的 ServiceMonitor 资源。

注意： APISIX Ingress Controller 在默认监听的 8080 端口上，会同时暴露出一个 /metrics 接口，用于暴露 Metrics，只需直接访问它便可获取相关信息。

---

1. 创建资源

在安装时，按照如下配置便会自动创建对应的 ServiceMonitor 资源：

```Bash
--set ingress-controller.serviceMonitor.enabled=true --set ingress-controller.
    serviceMonitor.namespace=apisix
```

接下来查看自动创建的 ServiceMonitor 资源：

```Shell
kubectl -n apisix get ServiceMonitor  apisix-ingress-controller -oyaml
```

返回结果如下：

```Bash
apiVersion: monitoring.coreos.com/v1
kind: ServiceMonitor
metadata:
    annotations:
        meta.helm.sh/release-name: apisix
        meta.helm.sh/release-namespace: apisix
    creationTimestamp: "2022-05-07T16:47:12Z"
    generation: 1
    labels:
        app.kubernetes.io/managed-by: Helm
    name: apisix-ingress-controller
    namespace: apisix
    resourceVersion: "1759452"
    uid: 3746339d-ff51-421e-848a-29b3dc93e132
spec:
    endpoints:
    - interval: 15s
```

```
        scheme: http
        targetPort: http
namespaceSelector:
    matchNames:
    - apisix
selector:
    matchLabels:
        app.kubernetes.io/instance: apisix
        app.kubernetes.io/managed-by: Helm
        app.kubernetes.io/name: ingress-controller
        app.kubernetes.io/version: 1.4.0
        helm.sh/chart: ingress-controller-0.9.0
```

如果 Prometheus Operator 配置是正确的，它将会默认使用此处创建的 ServiceMonitor 配置，并将 Metrics 存储至 Prometheus 中。

2. 在 Grafana 中查看

在 APISIX Ingress Controller 项目的官方仓库中，默认提供了一份 Grafana 的 Dashboard 配置供直接使用。

将第一步中的信息导入 Grafana 中，可以看到如图 14-20 和图 14-21 所示的界面，分别展示了 APISIX Ingress Controller 当前的状态，以及与数据面 APISIX 之间通信的响应状态码等信息。

图 14-20　Grafana 大盘数据面

图 14-21　Grafana 中 APISIX Ingress Controller 相关数据

14.6.2　升级

对 APISIX Ingress Controller 项目来说，正常情况下只需要使用官方发布的新版本 Helm Chart，执行 helm upgrade 命令即可完成升级。

但是有些版本除了常规的功能增强和修复漏洞外，还涉及一些 CRD 资源的变更，这种情况下就需要额外的升级步骤了。

由于 APISIX Ingress Controller 项目从 1.3 升级到 1.4 版本时，CRD 进行了 API 版本的升级，因此本节以 1.3 升级到 1.4 版本为例进行描述。

1. 升级 CRD 配置

在生产环境中，APISIX Ingress Controller 的 CRD 配置应该从官方的 Helm Chart 中获取，因为在 Helm Chart 发布的内容中，通常包含一些额外的兼容配置等。

截至目前，Helm 尚不支持 CRD 文件的自动升级，所以需要手动更新 CRD。各个版本的 CRD 可以直接通过对应标签进行查找。

具体升级操作如下：

```Shell
kubectl apply -f https://raw.githubusercontent.com/apache/apisix-helm-chart/
    apisix-ingress-controller-0.9.0/charts/apisix-ingress-controller/crds/
    customresourcedefinitions.yaml
```

返回结果如下：

```Bash
Warning: resource customresourcedefinitions/apisixclusterconfigs.apisix.
    apache.org is missing the kubectl.kubernetes.io/last-applied-configuration
    annotation which is required by kubectl apply. kubectl apply should only be
    used on resources created declaratively by either kubectl create --save-config
    or kubectl apply. The missing annotation will be patched automatically.
customresourcedefinition.apiextensions.k8s.io/apisixclusterconfigs.apisix.
    apache.org configured
Warning: resource customresourcedefinitions/apisixconsumers.apisix.apache.org
    is missing the kubectl.kubernetes.io/last-applied-configuration annotation
    which is required by kubectl apply. kubectl apply should only be used on
    resources created declaratively by either kubectl create --save-config or
    kubectl apply. The missing annotation will be patched automatically.
customresourcedefinition.apiextensions.k8s.io/apisixconsumers.apisix.apache.org
    configured
Warning: resource customresourcedefinitions/apisixpluginconfigs.apisix.apache.
    org is missing the kubectl.kubernetes.io/last-applied-configuration
    annotation which is required by kubectl apply. kubectl apply should only be
    used on resources created declaratively by either kubectl create --save-config
    or kubectl apply. The missing annotation will be patched automatically.
customresourcedefinition.apiextensions.k8s.io/apisixpluginconfigs.apisix.apache.
    org configured
Warning: resource customresourcedefinitions/apisixroutes.apisix.apache.org is
    missing the kubectl.kubernetes.io/last-applied-configuration annotation
```

```
which is required by kubectl apply. kubectl apply should only be used on
resources created declaratively by either kubectl create --save-config or
kubectl apply. The missing annotation will be patched automatically.
customresourcedefinition.apiextensions.k8s.io/apisixroutes.apisix.apache.org
    configured
Warning: resource customresourcedefinitions/apisixtlses.apisix.apache.org is
    missing the kubectl.kubernetes.io/last-applied-configuration annotation
    which is required by kubectl apply. kubectl apply should only be used on
    resources created declaratively by either kubectl create --save-config or
    kubectl apply. The missing annotation will be patched automatically.
customresourcedefinition.apiextensions.k8s.io/apisixtlses.apisix.apache.org
    configured
Warning: resource customresourcedefinitions/apisixupstreams.apisix.apache.org
    is missing the kubectl.kubernetes.io/last-applied-configuration annotation
    which is required by kubectl apply. kubectl apply should only be used on
    resources created declaratively by either kubectl create --save-config or
    kubectl apply. The missing annotation will be patched automatically.
customresourcedefinition.apiextensions.k8s.io/apisixupstreams.apisix.apache.org
    configured
```

在上述响应中会出现一些 Warning，可直接忽略。

执行如下命令，验证是否已经更新完成：

```
Bash
tao@moelove:~$ kubectl api-resources --api-group=apisix.apache.org
NAME                    SHORTNAMES  APIVERSION                 NAMESPACED  KIND
apisixclusterconfigs    acc         apisix.apache.org/v2beta3  false       ApisixClusterConfig
apisixconsumers         ac          apisix.apache.org/v2beta3  true        ApisixConsumer
apisixpluginconfigs     apc         apisix.apache.org/v2beta3  true        ApisixPluginConfig
apisixroutes            ar          apisix.apache.org/v2beta3  true        ApisixRoute
apisixtlses             atls        apisix.apache.org/v2beta3  true        ApisixTls
apisixupstreams         au          apisix.apache.org/v2beta3  true        ApisixUpstream
```

2. 升级 Controller

在 CRD 完成升级后，便可对 Controller 进行升级了。这里可以直接使用 helm upgrade 命令完成升级。升级过程中，不仅会更新 Controller 使用的容器镜像，如果存在 RBAC 或其他配置的变更，也会一起进行调整。

注意： 升级过程会使 Controller 的实例重建，所以在升级过程中，应尽量避免同时发布自定义资源或创建 Ingress 资源，以免出现事件丢失状况。

3. 更新用户声明式配置文件

最后，只需要将用户所使用的声明式配置文件中的 apiVersion 等字段更新到最新版本，重新执行 kubectl apply 即可。

如果用户使用了类似 Argo CD 等 GitOps 工具，则可以直接批量替换，进行自动化执行。

在每次新版本发布后，需注意查看版本发布中的说明。如果涉及 CRD 变更，则需按照本节步骤逐步完成。如果版本更新不涉及 CRD 的变更，那么通过 helm upgrade 命令就可满足大多数场景。

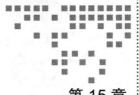

第 15 章 Chapter 13

APISIX 服务网格方案

服务网格（Service Mesh）是处理服务间通信的基础设施层，负责构成并处理现代云原生应用程序的数据传输与服务，从而产生后续更可靠的交付请求。

APISIX 的服务网格方案是基于 Istio 进行开发的。使用 Istio 作为控制面、APISIX 作为数据面进行完整配合，打造一款既能利用 APISIX 高效性能又能降低运维成本的服务网格方案。

15.1 服务网格简介

本节主要介绍服务网格的源起与发展过程、为什么需要服务网格、服务网格的使用场景等，同时简单介绍 Istio 并引出基于 APISIX 的服务网格架构，让用户在进入真正实践前，对产品的概念有更清晰的认知。

15.1.1 什么是服务网格

1. 服务

我们都知道，应用架构是不断演进的。早期的单体架构是业务逻辑和组件都耦合为一个大的单体，这种架构相对简单，但是不易扩展。现在比较流行的是微服务架构，将业务逻辑和组件拆分为一个又一个微服务，彼此解耦，微服务通过相互通信完成具体的业务逻辑。

这些能够提供服务能力的组件，称之为"服务"。服务之间相互协作，或者彼此调用即可完成某些具体的业务需求。

2. 服务网格

就像前面提到的，现代应用程序通常被设计成微服务的分布式集合，每个服务执行一些离散的业务功能。而服务网格是专门的基础设施层，包含组成这类体系结构的微服务网络。

服务网格就是通过给出通用组件或框架，以便处理服务间通信的一种抽象或架构方式。服务网格不仅描述了这个网络，而且还描述了分布式应用程序组件之间的交互。所有在服务之间传递的数据都由服务网格控制并进行路由。

用一句话来说，服务网格是应用程序或者微服务间的 TCP/IP，负责服务之间的网络调用、限流、熔断和监控。编写应用程序一般无须关心 TCP/IP 这一层（比如通过 HTTP 的 RESTful 应用），同样使用服务网格也就无须关心服务之间的那些原本通过服务框架实现的事情，比如 Spring Cloud 和其他中间件，现在只需交给微服务网关就可以了。

具体而言，服务网格有很多不同方式的实现。现在最为流行的服务网格方案实现，主要构筑在 Kubernetes 平台上，依赖于将一些通用能力抽象成 Sidecar 组件，使用容器与（业务）服务容器部署到相同的实例中。

如图 15-1 所示，Sidecar 和服务容器共享相同的 Namespace，彼此之间通过 Localhost 进行访问。此外，Sidecar 还会拦截进入实例内的流量，并将其转发给业务容器进行处理。

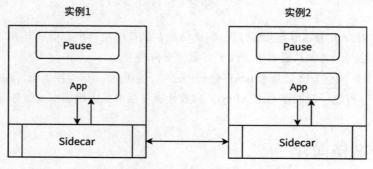

图 15-1　Sidecar 组件

当然，Sidecar 还有很多通用能力，比如 TLS 连接、验证授权以及可观测性等。这些功能实现将会在后续内容中进行具体介绍。

服务网格有如下几个特点：

❑ 应用程序间通信的中间层；

❑ 轻量级网络代理；

❑ 应用程序无感知；

❑ 解耦应用程序的重试／超时、监控、追踪和服务发现。

后续也会涉及一些有关服务网格的专业术语来描述组件服务和功能，这里先简单描述一下。

❑ 容器编排框架：用于监视和管理容器组的容器编排框架，现在通常是指 Kubernetes。

❑ 服务和实例（Kubernetes Pod）：实例是微服务的单个运行副本，有时实例是一个容器；在 Kubernetes 中，一个实例由一个或几个相互依赖的容器组成。客户端很少直接访问实例，通常会访问服务，服务的后端通常是一组可扩展且具有容错性的实例。

- ☐ Sidecar 代理：Sidecar 代理与单个实例一起运行。Sidecar 代理的目的是路由或代理从容器发出或者接收的流量，Sidecar 与其他 Sidecar 代理进行通信，编排框架会管理这些Sidecar。许多服务网格的实现都依靠 Sidecar 代理来拦截和管理实例的所有进出流量。
- ☐ 服务发现：当实例与不同的服务进行交互时，它需要发现其他服务的健康可用实例。通常，这个实例会执行 DNS 查找来寻找其他服务的实例。
- ☐ 负载均衡：大多数编排框架已经提供了第 4 层（传输层）的负载均衡，服务网格则实现了更复杂的第 7 层（应用层）负载均衡，具有更丰富的算法以及更强大的流量管理。同时通过 API 修改负载均衡的参数，可以编排蓝绿部署或金丝雀部署。
- ☐ 身份验证和授权：服务网格可以授权和验证从应用程序外部和内部发出的请求，仅向实例发送经过验证的请求。
- ☐ 支持断路器模式：服务网格可支持断路器模式，达到隔离不健康实例的效果，然后在安全情况下逐渐将它们恢复并加入健康的实例池中。

15.1.2 服务网格的价值

服务网格通过引入 Sidecar 组件，将一些通用能力下沉到 Sidecar 上。

这样做可以让微服务在无须更改业务代码的前提下，将一些通用能力引入业务架构中，实现诸如认证授权、限流、熔断和可观测性等功能。

通过引入服务网格，业务开发者可以专注于业务逻辑的开发，不需要额外关注这些通用能力的开发环节。同时，借助于功能较为丰富的 Sidecar 也可以更好地为业务赋能。

1. 服务网格的作用

服务网格不会为应用的运行时环境加入新功能，架构中的应用还是需要相应的规则来指定请求如何从 A 点到达 B 点。但服务网格的不同之处在于，它从各个服务中提取逻辑管理的服务间通信，并将其抽象为一个基础架构层，以网络代理阵列的形式内置到应用中。

在服务网格中，请求将通过所在基础架构层中的代理在微服务之间路由。正因如此，构成服务网格的各个代理也被称为 Sidecar，就是这些 Sidecar 代理构成了如图 15-2 所示的网格式网络。它们与每个服务并行运行，而非在内部运行。

如果没有服务网格，各项微服务都需要进行逻辑编码才能管理服务间通信，导致开发人员无法专注于业务目标，同时也意味着通信故障难以诊断，因为管理服务间通信的逻辑隐藏在每项服务中。

正因为阵列连接的模式，让服务网格在优化通信层面也起到了非常有效的作用。

每向应用中添加一项新服务或为容器中运行的现有服务添加一个新实例，都会让通信环境变得更加复杂，并可能埋入新的故障点。在复杂的微服务架构中，如果没有服务网格，几乎不可能找到哪里出了问题。

而通过服务网格，则可以以性能指标的形式捕获服务间通信的一切信息。随着时间的推移，服务网格获取的数据逐渐累积，从而可用来改善服务间通信的规则，并生成更有效、更可靠的服务请求。

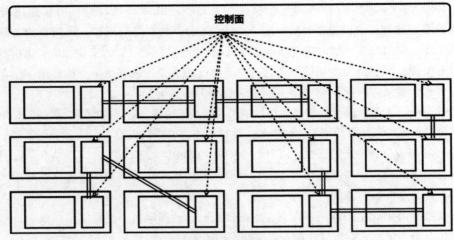

图 15-2　Sidecar 概念理解图

假设某个服务失败，服务网格可以收集其在重试成功前所消耗的时间的数据。随着某服务故障持续时间的数据不断积累，开发人员可编写相应的规则，以确定在重试该服务前的最佳等待时间，从而确保系统不会因不必要的重试操作而负担过重。

2. 服务网格的局限性

服务网格并没有在技术层面带来崭新的功能，它主要用于解决其他工具已经解决的问题，只不过是在以 Kubernetes 为基础的云原生生态环境下实现的。

在传统的 MVC 三层 Web 应用程序架构下，服务之间的通信并不复杂，在应用程序内部自己管理即可。但是在现今复杂的大型网站情况下，单体应用被分解为众多的微服务，服务之间的依赖和通信十分复杂，出现了 Twitter 开发的 Finagle、Netflix 开发的 Hystrix 和 Google 的 Stubby 等"胖客户端"库，这些就是早期的服务网格，但是它们都仅适用于特定的环境和特定的开发语言，并不能作为平台级的服务网格进行支持。

在云原生架构下，容器的使用赋予了异构应用程序更多的可能性，Kubernetes 增强了应用的横向扩容能力，用户可以快速地编排出复杂环境、复杂依赖关系的应用程序；同时开发者又无须过分关心应用程序的监控、扩展性、服务发现和分布式追踪等烦琐的事情，进而专注于程序开发，赋予开发者更多的创造性。

服务网格带来了巨大变革并且拥有其强大的技术优势，被称为第二代"微服务架构"，但服务网格也有它的局限性。

- ❑ 增加技术复杂度。服务网格将 Sidecar 代理和其他组件引入更复杂的分布式环境中，极大增加了整体链路和操作运维的复杂性。
- ❑ 对运维人员专业度要求更高。在容器编排器（如 Kubernetes）上添加 Istio 之类的服务网格，通常需要运维人员成为这两种技术的专家，以便充分使用二者的功能以及定位环境中遇到的问题，所以人员的培养成本会更高。

当然，服务网格架构不可能解决所有应用程序操作和交付问题。架构师和开发人员可以选择多种工具，这些工具之中，有些是"锤子"，可以解决不同类型的问题，而有些可能是"钉子"。具体工具的使用方式和发挥效果依使用者的想法不同而不同。

15.1.3　什么是Istio

服务网格其实是一种架构模式，而Istio则是这种架构模式的一种具体实现。

Istio是由Google、IBM和Lyft等在2017年正式推出的服务网格框架，目前已捐赠给CNCF，通过基金会进行社区治理。

Istio采用Sidecar模式，通过为业务实例自动注入一个Sidecar代理容器接管所有的流量，负责完成服务与服务之间的流量管理，并为其注入安全防护、可观测性等能力。同时，它拥有可以集成任何日志、遥测和策略系统的API接口，为高效运行分布式微服务架构提供了强有力的保证。

在图15-3所示的Istio架构中，主要分为控制面和数据面两部分。其中Istiod为控制面，接收来自用户侧的配置，用于服务发现、配置变更和证书管理等能力实现。同时，控制面还具备自动注入Sidecar的能力，但这项功能主要依赖于Kubernetes中的Admission机制。

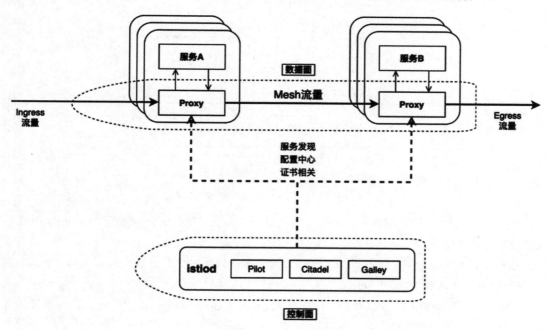

图15-3　Istio架构

数据面则需要处理南北向的Ingress或Egress流量，以及服务之间的东西向流量。此外，从图15-3中也可以看到，在此模式下的具体业务容器只与作为Sidecar的代理之间进行交互。除了流量管理外，Istio也统一提供了许多跨服务网络的关键功能，如安全和可观测性等。

　　如果业务要进行云原生改造，或者想要为业务提升安全性（比如为流量提供 mTLS 加成），都可以通过 Istio 在业务无感知情况下完成。

　　基于此，大量公司都在积极拥抱 Istio，使得 Istio 成为目前全球范围内最为流行的服务网格方案。

15.1.4　APISIX 服务网格架构

　　APISIX 的服务网格方案也是基于 Istio 进行开发的，即使用 Istio 作为控制面，APISIX 作为数据面进行完整配合，整体架构如图 15-4 所示。

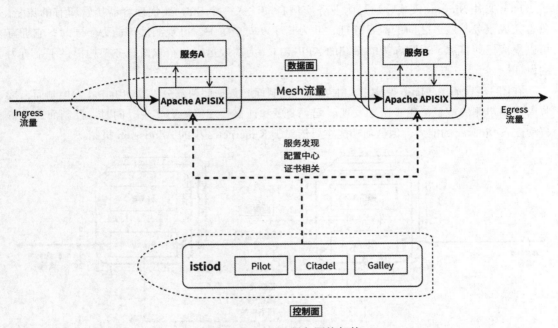

图 15-4　APISIX 服务网格架构

　　与 Istio 原生方案的区别在于，这套方案直接将 Sidecar 中的 Proxy 换成了 Apache APISIX，其他没有太多变化。

　　在整套方案中，做了较大改动的主要是数据面部分，通过图 15-5 发现，在 Proxy 中其实包含两部分：Apache APISIX 和 Amesh。

　　APISIX 使用 etcd 进行数据存储，但如果把 APISIX 作为 Sidecar 使用的话，它的配置从哪里来？这是需要额外考虑的问题。

　　如果把 etcd 组件也放到 Sidecar 中，会发现整个资源消耗非常大，同时不够灵活，这与 etcd 自身也有一定的关系。所以在这个过程中，我们引入了 Amesh。

　　Amesh 是一个用 Go 语言编写的程序，编译成一个动态链接库，在 APISIX 启动时进行加载。它使用 xDS 协议与 Istio 进行交互，并将获取到的配置写入 APISIX 的 xDS 配置中心，进而生成具体的路由规则，最终使用 APISIX 完成对应请求的路由。

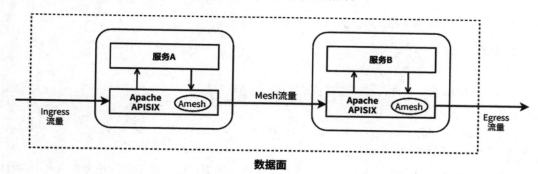

图 15-5　数据面内部架构

最后，在服务网格中使用 APISIX 有哪些优势？

（1）APISIX 自身性能加持

APISIX 是一个高性能 API 网关，前面已经介绍过它的特性，此处不再赘述。值得一提的是，APISIX 使用 Radix Tree 实现路由匹配，路由匹配性能与路由的数量无关。所以无论有多少路由，APISIX 都能保证快速精确地匹配到路由，并将时间复杂度维持在常数级别。

（2）可复用 APISIX 全部插件

APISIX 目前开源了 70 多个插件，使用 APISIX 作为服务网格的数据面可以复用这些插件。如果现有插件不能满足业务需求，也可以自行开发插件，而且 APISIX 支持多语言开发插件，如Java、Go 等。

（3）降低运维成本

如果南北向流量和东西向流量的技术栈无法统一，在东西向上使用 Envoy，在南北向上使用 APISIX，运维团队需要同时维护 2 个组件，这对运维人员来说是一个挑战。

使用基于 APISIX 的服务网格方案，能够统一南北向和东西向的技术栈，只需要管理一个组件，从而大大降低了运维成本。

15.2　安装部署

基于 APISIX 的服务网格方案实际是将 APISIX 作为 Istio 服务网格方案的数据面，所以安装部署过程也非常简单，只需让 Istio 将自动注入的 Sidecar 容器镜像替换为 APISIX 即可。此处将使用 Amesh 表示嵌入 APISIX 中的项目。

1. 准备镜像

如果有项目中已经预先构建好的镜像，则可以直接使用如下命令进行拉取。

```Bash
docker pull ghcr.io/api7/amesh-iptables:v0.0.1
```

```
docker pull ghcr.io/api7/amesh-apisix:v0.0.2
```

如果想要自行构建镜像，可参考 Amesh 官方文档。

2. 部署 Istio

使用 Istio 1.13.1 版本作为示例进行展示。

1）准备 Istio 配置文件，可以直接从 GitHub 上进行获取。

```Bash
git clone -b 1.13.1 --depth 1 https://github.com/istio/istio.git
cd istio/manifests/charts/
```

2）将 Amesh 项目中的配置文件替换进去。可使用如下命令快速完成，或者在 Amesh 项目中自行复制。

```Bash
wget -O ./istio-control/istio-discovery/files/injection-template.yaml https://
    raw.githubusercontent.com/api7/amesh/main/manifest/injection-template.yaml
```

3）将预先拉取的镜像 amesh-apisix 和 amesh-iptables 推送到自己的镜像仓库中。假设镜像源已经配置到了 YOUR_REGISTRY 的环境变量中，例如：

```Bash
export YOUR_REGISTRY="10.0.0.20:5000"
```

则可使用如下命令进行 Istio 的安装。

```Bash
export ISTIO_RELEASE=1.13.1
helm install istio-base --namespace istio-system ./base
helm install istio-discovery \
    --namespace istio-system \
    --set pilot.image=istio/pilot:$ISTIO_RELEASE \
    --set global.proxy.privileged=true \
    --set global.proxy_init.hub="$YOUR_REGISTRY" \
    --set global.proxy_init.image=amesh-iptables \
    --set global.proxy_init.tag=v0.0.1 \
    --set global.proxy.hub="$YOUR_REGISTRY" \
    --set global.proxy.image=amesh-apisix \
    --set global.proxy.tag=v0.0.1 \
    --set global.imagePullPolicy=IfNotPresent \
    --set global.hub="docker.io/istio" \
    --set global.tag="$ISTIO_RELEASE" \
    ./istio-control/istio-discovery
```

执行完成后，Istio 安装完毕，等待实例为 Running 状态即可。

4）将任意需要开启自动注入的 Namespace 打上标签即可。比如将 default Namespace 标记为需要注入：

```Bash
kubectl label ns default istio-injection=enabled
```

15.3 测试验证

前面已经完成了基于 APISIX 服务网格方案的安装部署。本节将使用 Istio 官方自带的 Bookinfo 示例程序，来验证 APISIX 的服务网格工作是否正常运行。

1. 安装负载

首先，使用如下命令安装 Istio 自带的负载程序 Bookinfo：

```Bash
kubectl apply -f ../../samples/bookinfo/platform/kube/bookinfo.yaml
```

然后验证其运行状态：

```Bash
kubectl get pods
```

最终返回响应类似如下内容：

```Apache
NAME                              READY   STATUS    RESTARTS   AGE
details-v1-79f774bdb9-pprhg       2/2     Running   0          39m
productpage-v1-6b746f74dc-zvjnn   2/2     Running   0          39m
ratings-v1-b6994bb9-hx2zn         2/2     Running   0          39m
reviews-v1-545db77b95-xjgfl       2/2     Running   0          39m
reviews-v2-7bf8c9648f-98cp8       2/2     Running   0          39m
reviews-v3-84779c7bbc-hklzg       2/2     Running   0          39m
```

2. 验证

启动一个测试 Pod 用于验证。

```Bash
kubectl run consumer --image curlimages/curl --image-pull-policy IfNotPresent
    --command sleep 1d
```

进入该 Pod 内，验证是否能够正常访问到其他组件：

```Bash
kubectl exec -it -c istio-proxy consumer -- curl -i -XGET "http://
    productpage:9080/productpage" | grep -o "<title>.*</title>"
```

如能正常访问，则会看到如下内容：

```Bash
<title>Simple Bookstore App</title>
```

以上表示 APISIX 的服务网格方案可以正常将一个服务中的请求路由到另一个服务中，运行正常。

15.4 扩展

APISIX 的很多功能都是通过插件进行扩展实现的。为了方便用户将 APISIX 应用到具体的业务场景中，APISIX 也支持了非常丰富的扩展能力。比如自定义插件和多语言插件等。

将 APISIX 用作服务网格方案中的数据面时，其丰富的扩展能力也是一大优势，可以更好地扩展用户对于流量的精细化控制，以及与自身业务的结合。

在 APISIX 服务网格方案中，通过引入了自定义资源和控制器，来进行插件扩展。当前的自定义资源主要是 PluginConfig，控制器可以独立进行安装和部署。

如果不安装控制器，那么仅可以使用 APISIX 的基本代理能力。如果想要利用插件进行高级的控制，则需要控制器来提供此能力。

可以创建如下 PluginConfig，用于描述 fault-injection 插件的配置。其中，spec.plugins 用于描述插件的具体配置，它是一个 list 类型，可以描述多个插件；spec.nodeSelector 和 spec.selector 用于描述 PluginConfig 可以作用的目标。

```YAML
apiVersion: apisix.apache.org/v1alpha1
kind: PluginConfig
metadata:
    name: fault-injection-plugin
spec:
    plugins:
    - name: fault-injection
      config: |
          abort:
              http_status: 200
              body: "Fault Injection!"
    # selectors
    nodeSelector:
        kubernetes.io/hostname: node1
    selector:
        matchLabels:
            environment: production
        matchExpressions:
        - key: zone
          operator: In
          values:
          - foo
          - bar
        - key: environment
          operator: NotIn
          values:
          - dev
```

这样在创建了名为 fault-injection-plugin 的 PluginConfig 后，控制器会按照 spec 中选择器的规则，将对应的 PluginConfig 下发至 APISIX 中的 Amesh 组件中，通过 Amesh 将此规则应用到

APISIX 中。

　　具体的插件配置与之前介绍的 APISIX 的插件能力保持一致，无须进行其他更改即可直接使用。

　　APISIX 的服务网格方案给用户带来了更加易用和丰富的扩展能力，通过自定义资源和控制器的方式进行了能力加持。使用 PluginConfig 资源结合选择器即可将对应的插件配置下发至数据面的 APISIX 中。

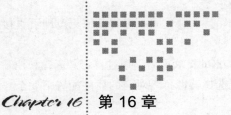

Chapter 16

第 16 章

Apache APISIX 企业级实践

自 2019 年 6 月 6 日开源后，APISIX 便以社区的方式快速成长，短短三年时间，已收获来自全球多个行业的企业用户认可。

从线上流媒体平台爱奇艺到线下消费饮品奈雪的茶，从国内办公引领品牌 WPS 到国家航空旅游业供应商中国航信，从互联网保险领域到金融领域，从 BaaS 到 PaaS 等平台的构建，这些企业在应用实践中都开始尝试基于 APISIX 进行 API 网关平台的功能迭代，让各自产业业务中的流量治理更加方便与高效。

本章收集了多家企业基于 APISIX 进行的业务实践内容。或许从技术角度没有进行非常细致的描述，但在流量治理层面，应该会给正在选型 API 网关的企业或用户带来一些业务应用参考。

16.1　音视频：爱奇艺 API 网关的更新与落地实践

爱奇艺作为国内知名的流媒体线上平台，网罗了全球广大的年轻用户群体，积极推动产品、技术、内容、营销等全方位创新。目前，爱奇艺已成功构建了包含短视频、游戏、移动直播、动漫画、小说、电影票、IP 潮品、线下娱乐等娱乐内容生态，引领视频网站商业模式的多元化发展。

16.1.1　业务痛点

爱奇艺内部在之前架构中使用的是自研网关——Skywalker，它是基于 Kong 进行二次开发的产物。考虑到业务场景和业务类型，目前爱奇艺的业务场景中，涉及的流量使用体量比较大，网关存量业务日常峰值为百万级别 QPS，API 数量上万。随着业务的发展，Skywalker 逐渐无法满足当下业务场景。比如：

- ❑ 性能差强人意，因为业务量大，每天会收到很多CPU或IDLE过低的告警；
- ❑ 系统架构的组件依赖多；
- ❑ 运维开发成本较高。

根据上述这些问题和现状，爱奇艺网关相关负责人开始对相关网关类产品进行调研，然后发现了APISIX。

在选择APISIX之前，爱奇艺内部已经在使用Kong了，但由于一些业务需求和场景需求，在爱奇艺业务内部使用时稍有不便。同时在调研过程中，APISIX在性能指标和响应延迟的表现上都比较出色，在CPU达到70%以上时仍能稳定运转。

鉴于APISIX与Kong都是基于OpenResty技术层面进行开发的，所以在技术层面的迁移成本上就相对较低。最终，基于爱奇艺公司内部对后续网关需求的规划，他们选择将现有网关迁移到APISIX。

16.1.2　应用APISIX后的实践细节

爱奇艺网关在应用APISIX后，总体架构如图16-1所示，包含域名、网关、服务实例和监控告警。其中，DPVS是爱奇艺内部基于LVS做的一个开源项目，Hubble监控告警也基于开源项目进行了深度二次开发，Consul则主要进行了性能和高可用方面的优化。

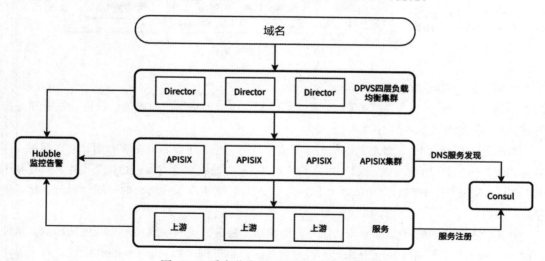

图 16-1　爱奇艺应用APISIX后的业务架构

1. 场景一：微服务网关

微服务网关简单从控制面和数据面介绍一下，整体架构如图16-2所示。

数据面主要面向前端用户，从LB到网关整个架构都是多地多链路灾备部署，以用户就近接入原则进行布点。

从控制面的角度来说，由于是多集群构成，因此会存在一个微服务平台进行集群管理和服务管理。微服务平台可以让用户体验服务暴露的一站式服务，可立即使用，无需提交工单。控制面后端有网关控制器和服务控制器，前者主要控制所有 API 的创建、插件等相关配置，后者则控制服务注册注销和健康检查。

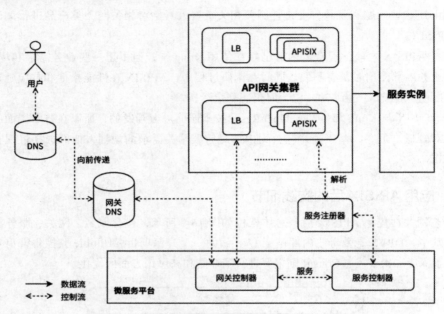

图 16-2　内部微服务架构

2. 场景二：基础功能

目前，基于 APISIX 调整后的 API 架构实现了一些基础功能，如限流、认证、报警和监控等，更多功能细节可参考图 16-3。

首先是 HTTPS 部分，爱奇艺内部出于对安全性的考虑，不会将证书和密钥存放在网关，而是将其放在一个专门的远程服务器上。之前使用 Kong 时没有在这方面进行相关支持，而是利用前置 NGINX 进行了 HTTPS Offload，迁移到 APISIX 后则实现了该功能的呈现，同时优化了链路转发体验。

在限流功能上，除了基础限流功能外，还添加了精准限流和针对用户细粒度的限流。认证功能上，除了基本的 API Key 等认证，针对自有业务也提供了相关的 Passport 认证。对于黑产的过滤，则是接入了爱奇艺内部的 WAF 安全云。

监控功能的实现目前是使用了 APISIX 自带插件——prometheus，指标数据会直接对接爱奇艺内部的监控系统。日志和调用链分析也通过 APISIX 得到了相关功能支持。

3. 场景三：服务发现

前面提到的服务发现，主要是通过服务中心把服务注册到 Consul 集群，然后通过 DNS 服务发现的方式进行动态更新。图 16-4 展示了更新后端应用实例时的大体流程，其中 QAE 是爱奇艺内部的微服务平台。

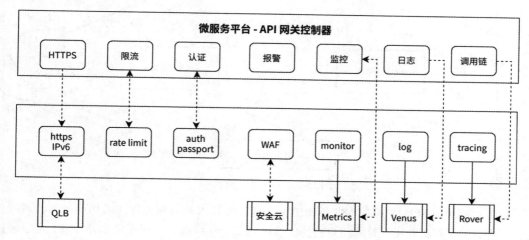

图 16-3　爱奇艺基于 API 架构实现功能一览

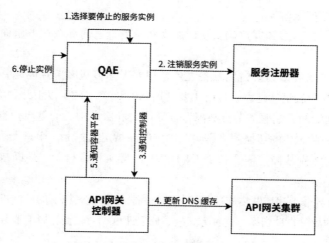

图 16-4　后段应用实例更新流程

实例变更时，首先会从 Consul 中注销对应节点，并通过 API 网关控制器向网关发送更新 DNS 缓存的请求。缓存更新成功后，控制器再反馈到 QAE 平台，停止相关后端应用节点，避免业务流量再转发到已下线的节点中。

4. 场景四：定向路由

由于爱奇艺内部的网关为多地部署（如图 16-5 所示），需事先搭建好一整套配置后再进行多地互备链路。随后用户在 Skywalker 网关平台上创建一个 API 服务，控制器会在全 DC 网关集群上都部署好 API 路由，同时业务域名默认 CNAME 到统一的网关域名上。

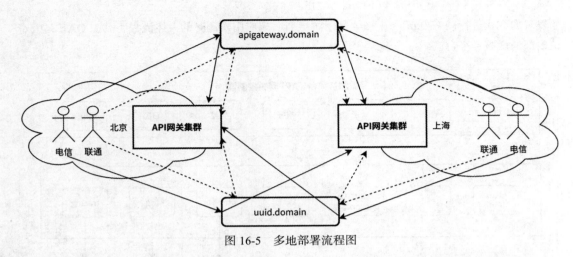

图 16-5 多地部署流程图

整个过程中，APISIX 直接为业务提供了多地就近接入能力和故障灾备切换能力，同时也支持用户自定义解析路由。针对用户自身的故障切流、蓝绿部署、灰度发布等需求，可以采用 uuid 域名进行自定义解析路由配置，同时也支持后端服务发现的自定义调度。

5. 场景五：多地多级容灾

针对业务量大、集群多和客户端受众广的现状，爱奇艺内部在业务层面也产生了业务就近接入和灾备的需求。

针对灾备，除了需要多地多链路互备之外，还要考虑多级多节点问题，故障节点越靠近客户端，受影响的业务和流量就越大。目前主要利用 API 网关实现了以下几种类型：

1）如果是最远端的后端服务节点故障，依靠网关和服务中心的健康检查机制，可以实现故障单节点的熔断或故障 DC 的切换，将影响范围限制在指定业务上，用户无感知。

2）如果是网关级别故障，需要依靠 L4 DPVS 的健康检查机制，熔断故障网关节点，影响范围小，用户无感知。

3）如果故障点并非上述熔断措施所能修复，就需要依靠域名粒度的外网进行多点可用性拨测，实现域名解析级别的故障自动切换，这种方式故障修复速度相对较慢，影响业务多，用户可感知。

16.1.3 迁移过程中遇到的问题

在应用 APISIX 的过程中，尤其是迁移环节，爱奇艺内部也借机优化了一些内部架构存在的已知问题。

1）解决了前端不支持 SNI 的兼容问题。现在大部分前端都是支持 SNI 的，但偶尔会存在一些前端在 SSL 过程中无法传递 Hostname 的状况。目前爱奇艺网关团队针对这种情况进行了兼容，采取端口匹配的方式进行相关证书获取。

2）优化了大量 API 路由匹配问题。前文提到过，目前爱奇艺线上直接运行的 API 业务数量有 9000 多个，后续可能还会增加。针对这一问题，爱奇艺在网关上也进行了相关性能的优化，根据 API 来决定优先匹配域名还是路径。

3）解决了 etcd 接口限制问题。在接入 APISIX 后，etcd 接口的限制问题也得到了解决，目前已经解除了 4MB 的限制。

4）优化了 etcd 连接数量的性能问题。目前 APISIX 的每个 Worker 都会与 etcd 连接，每一个监听目录都会建立一个连接。比如一台物理机是 80 Core，监听目录有 10 个，单台网关服务器就有 800 个连接，一个网关集群有 10 台的话，8000 个连接对 etcd 压力较大。目前采取的优化就是只拿一个 Worker 去监听有限的必要目录，和其他 Worker 之间进行信息共享。

16.2 互联网保险：如何借助 APISIX 实现互联网保险领域的流量治理

众安保险是中国首家和规模最大的互联网保险公司，采用全互联网形式进行产品销售，不设线下代理，线上主要通过自营、伙伴公司网站、渠道等方式获取流量。通过积极提供个性化、定制化和智能化的保险品种，弥补了传统保险公司产品能力的不足。

从业务角度反观技术层面时，为了满足众安保险的复杂业务场景和行业专属特性，就会对技术侧的流量治理产生强烈需求。

16.2.1 业务场景特点

1. 多险种

众安保险作为国内第一家互联网保险企业，提供非常多的保险品种，特别是财产险类产品。财产险的种类繁多，比如车险、碎屏险和健康险，还有生活中最常见的淘宝购物退运费险等。

只要是大家生活中遇到的东西，都有可能会被设计成一种保险产品，所以互联网保险场景下，险种产品多是其特色。

2. 多渠道

互联网保险的所有操作流程都在线上进行，是典型的"互联网+"场景。它既有互联网的高频高并发现象（或爆款现象），也有类似的低频低并发场景。所以它拥有互联网流量特性的同时，也包含非常多的线下或传统保险的业务特性。

更准确地说，互联网保险的很多场景入口都是依赖渠道进行的，多渠道使得业务能够进行更多能力的释放。所以对于渠道流量的管理，也是互联网保险在业务层面的重要一环。

3. 强监管

除了业务领域，作为与钱直接打交道的行业，保险也属于金融的一部分，所以是和银行、证券一样受到银保监会监督的金融产品，并遵守对应的条款。

在安全层面也存在一些规范要求，包括两地三中心的治理和针对中间件数据业务的隔离，这些背景都对流量治理和安全性有着更加严格的要求。

16.2.2 场景痛点与需求

考虑到真实使用场景，每家公司对于流量治理的层次和需求也各不相同。比如有些公司希望网关组件位置更前置，仅作为边缘网关角色；有些则希望网关能够处理南北流量或者是"东西＋南北流量"共同治理。

众安保险现阶段的痛点主要有以下几点。

❏ 生态融合差：在业务中无法实现多环境发布和跨域隔离，在生产角度无法实现链路灰度。

❏ 网关定位模糊：内部技术与业务边界不定，夹杂了过多的业务逻辑。

❏ 内部网关繁杂：目前内部业务都各自维护自己的网关，类型繁多的同时，各自维护与研发网关均存在额外耗时的状况。

❏ 治理困难：监控、告警和认证等权限无法统一，导致安全与运维无法统一接入。

针对这些痛点与现实业务需求，众安保险希望通过接入一个高效网关，来实现技术和业务层面的更新与迭代。

❏ 在技术层面，实现从开发、部署到维护的网关层面统一；从前端、网关与微服务的流量治理标准统一；将安全、运维与架构达成团队治理统一。

❏ 在业务层面，将前端、中台与后台等实现领域隔离；将认证鉴权、规则路由等重要功能前置，完善网关所带来的效益。

而在网关部署的真实场景下，除了上述问题之外，还需要考虑整体业务需求与部署环节中多类型网关的适配。像众安保险在内部流量治理过程中的逻辑部署，主要涉及流量网关、微服务网关、统一运营网关、BaaS 网关和域网关。

在梳理清晰当下问题后，众安保险的技术团队开始将网关选型聚焦在一些比较成熟的开源产品上，开始了新一轮的探索，最终在性能、技术栈、社区活跃度和未来发展空间等因素考虑下，锁定了 APISIX。

16.2.3 应用 APISIX 后的实践细节

1. 场景一：BaaS 产品的计量计费

众安保险目前在业务内部逐步将底层产品 BaaS 化。由于是金融属性，因此对 BaaS 产品的落地要求会更高，需要将基础架构产品与云产品一样，实现统一标准的计量计费。

由于公司内部用到的所有产品都需要实现财务报表式的监管要求，因此就需要实名认证和相关审计功能，这里就需要用到 APISIX 的鉴权模块。也就是说，公司内部的任何调用过程都需要被审计记录，包括调用次数、发生的费用等。在这个过程中，APISIX 强大的日志相关功能起到了很好的支持作用。

同时在审计过程中，还需要进行峰值审计的计算，这里会涉及很多计费公式，计费公式里不仅有调用量，还有峰值等信息。基于 APISIX 的功能，公司内部也实现了相关指标的呈现，从而为计量计费场景奠定坚实基础。

　　具体的实现框架可以参考图16-6，其中配置中心是一个纯7层流量的协议，因此可以完全纳入计量计费体系中，包括 ElasticSearch 以及 APISIX 本身等。具体操作是基于 APISIX 目前的结构进行一些定义，比如调用几个针对公司业务的需求，以及使用 APISIX 的一些插件进行相关编排能力的实现。

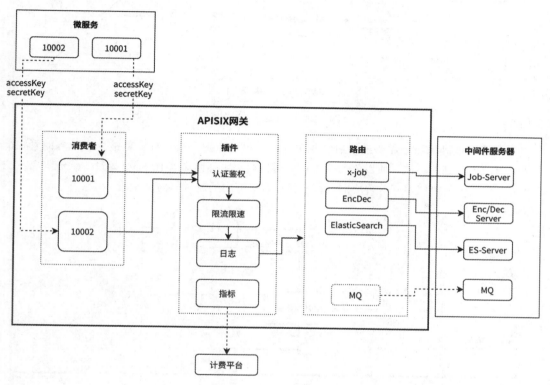

图 16-6　众安保险架构

注：虚线表示未来规划，实线表示已实施。

2. 场景二：多租户多渠道流量隔离

　　针对众安保险的多险种多渠道使用场景，多租户多渠道的流量隔离也成为行业需求。

　　而基于 APISIX 的落地实践中，众安保险也针对多渠道场景下的要求与强管控进行了一些规划。得益于 APISIX 强大的流量编排和插件编排功能，为互联网保险场景提供了之前从未体验过的流量精密控制效果。

　　比如有的业务方规模较大，渠道也很多，可把渠道单独建立一个集群来用；但也存在一些渠道规模较小的业务方，可以尝试将这些小渠道融合到一个网关实体或实例中，再进行共享。

　　每个应用在接入的过程中，因为渠道不同，存在不同的上下游去对接，从而产生不一样的域名。基于这种场景的隔离（图 16-7）称之为一级隔离。

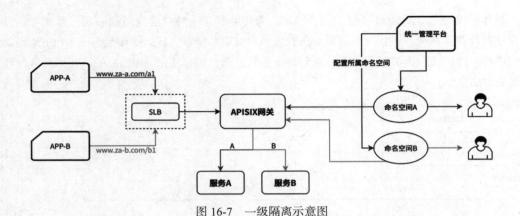

图 16-7 一级隔离示意图

　　当渠道对接进来后,需要进行后续相关操作,虽然流程一模一样,但接下来业务的管控能力要求与前面提到的不同,所以就需要再对渠道进行二级隔离(图 16-8)。通过"一级隔离 + 二级隔离"模式,就可以很好地解决网关在多租户多渠道中的流量隔离。

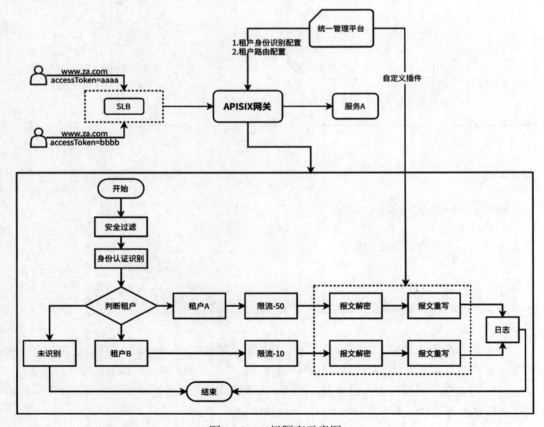

图 16-8 二级隔离示意图

　　众安保险在追求流量治理和落地规划执行的过程中，不仅仅是把 APISIX 作为一个边缘网关角色去控制点状流量，更多的是基于整体架构进行流量的控制。即面向整个 DevOps 的全生命周期，进行诸如测试场景是否能提供测试能力或者多版本开发能力；生产侧提供流量录制、回放能力；大数据部门是否可以生产相关的沙箱环境，来评估更好的模型并进行域环境的隔离等能力。

　　希望在后续的落地实践中，众安保险可以基于 APISIX 实现整体流量治理的完整落地，助力互联网保险领域的流量管控与安全治理。

> **注意：** 文中架构图涉及的具体名词全部为抽象理解，非真实环境用词；API Gateway 横向对比部分数据可能与最新或真实数据存在偏差，不代表官网数据。

16.3　跨国金融：Airwallex 基于 APISIX 的智能路由实践

　　Airwallex（空中云汇）是一家全球金融科技公司，帮助全球用户进行收付款服务以及跨境支付等。它构建了全球金融基础设施平台，支付网络已覆盖全球 130 多个国家和地区的 50 余种货币，为企业提供数字化的金融科技产品。

16.3.1　业务痛点

　　在全球化服务的需求下，公司业务的开展势必要考虑数据主权的风险。

1. 什么是数据主权

　　数据主权是指网络空间中的国家主权，体现了国家作为控制数据权的主体地位。在描述数据主权重要性之前，先简单举几个例子。

　　GDPR（General Data Protection Regulation，《通用数据保护条例》）是欧盟制定的监管文件，是针对个人数据的隐私和保护的条例。GDPR 中有一条最基本的要求，所有的用户数据收集行为都需要经过用户的同意，同时还要保证用户可以自行清除个人数据。

　　所以如果 Airwallex 要把欧洲的数据转移到其他地区时，就必须要保证第三方国家对数据主权的要求符合欧盟对数据主权的要求。

　　关于数据需要符合地方法案的问题，跨国业务下确实需要考虑很多问题。比如《美国爱国者法案》要求所有在美国境内存储数据，或者美国公司存储的数据，都必须在美国的监管范围，美国的司法部、CIA 可以要求公司提供数据。

　　在 2013 年之后，美国司法部要求微软提供其在爱尔兰服务器上存储的一些邮件信息，当时微软以会违反欧盟监管要求的理由拒绝了美国司法部请求。然后美国司法部将微软告上法庭，但最后微软胜诉。后来，美国很多公司为了避免数据主权方面的风险，把数据中心直接放到了欧洲，认为这样就安全了。但最近在一些案例中法官判定，美国仍然是有权限去索要美国公司在欧洲的数据。

从以上事件来看，数据主权确实为 Airwallex 的全球业务带了很大的挑战，如何在业务中将数据主权问题处理得当也变得尤为重要。

2. 跨国业务数据传输现状

目前 Airwallex 整体业务流程如图 16-9 所示，由于业务涉及跨国属性，因此在技术处理中会遇到一些问题。

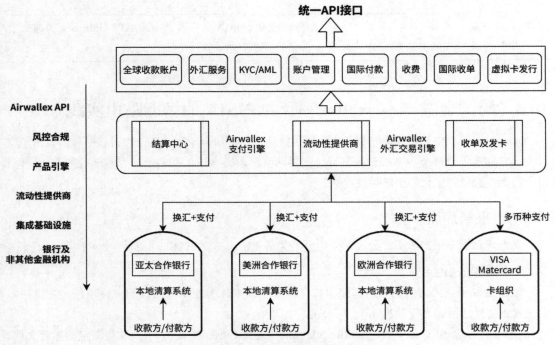

图 16-9　Airwallex 整体业务流程

跨国公司的数据流通体现在各个地区之间的多种交互。在没有数据主权要求时，数据可以存放在欧洲，然后同步到亚洲或者全球任何一个数据中心。后续进行数据业务请求时，只需将业务封装到一个服务里即可。

但在当下重视数据主权的时代，上述方法就行不通了。很多数据的流通开始受管控，无法沿用之前的架构。本国数据只允许本国处理，不可跨国请求处理。所以当我们把用户数据存储在用户本国范围内时（即图 16-10 所示的独自封闭架构），问题就开始涌现了。

这种情况无法让服务实现完全无状态模式，且在实际业务中绝大部分场景并不会这么简单，因为业务的完成势必会涉及多集群之间的交互（如图 16-11 所示框架）。

在数据存储方面，首要解决的问题是在数据入口处进行地区或区域的辨别配置。就像亚马逊一样，用户在美区购买的电子书，无法用国区账号下载到自己的电子设备上，因为各个国家（区域）之间的数据是完全隔离的。只要用户点击了亚马逊中国站，就意味着你的所有请求都不会跨出中国数据中心。

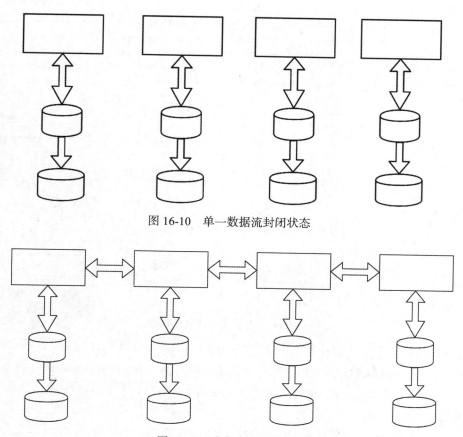

图 16-10   单一数据流封闭状态

图 16-11   多集群交互模式

亚马逊的这种操作模式其实就是让用户自己决定将个人数据存储在哪个地区，但是随之带来的问题就是单人多地区账号的情况下，对于个人用户而言非常不方便进行管理与同步。

所以，对于多地区多场景下的业务处理，还需要一个利器来进行动态分配决定后续数据走向。

16.3.2   打造 APISIX 智能路由网关

基于上述业务场景，Airwallex 决定采取智能路由模式，通过网关来决定不同类型数据请求的落脚点与走向。

图 16-12 是智能路由模式下的架构图。网关主要分为两层：第一层负责路由请求，根据条件来判断请求应到达哪个数据中心；第二层主要进行流量转发。所以网关在这个模式中主要解决的问题就是给每个请求分配好"归宿"，然后进行后续的流量转发与业务处理。

目前涉及的业务场景中，流量信息主要分为以下两类。

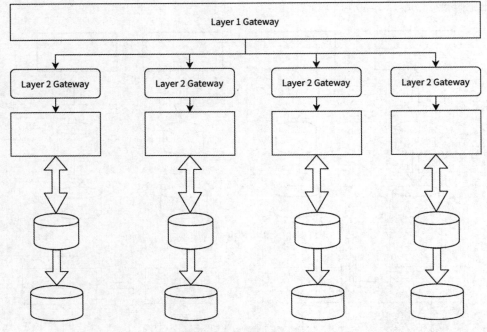

图 16-12 智能路由模式架构图

1）不明身份请求。

❑ 注册：用户第一次注册时信息不全，不知道此用户的注册数据放在哪个数据中心。

❑ 静态资源：比如 HTML、CSS 等不需要知道用户身份。

2）已知身份请求。

❑ 登录：用户登录，说明已完成注册流程，此时已知数据中心在哪。

❑ 密码重置：可以通过用户名、手机号、邮箱、城市等信息反查数据在哪，再进行后续请求的分发。

❑ 复杂场景下的业务操作。

在网关层面，Airwallex 采用了 APISIX 进行部署。下面简单介绍 Airwallex 如何基于 APISIX 的 API 网关来进行动态、多数据中心的路由场景处理。

1. 场景一：登录与密码重置

用户登录时，后台可以获得用户名和密码，但密码是不能作为识别信息的，而且也不允许随便传递，只能根据用户名查询，判断这个用户属于哪个地区。所以业务上需要设计一个全球能够同步的数据存储。

在这种情况下，Airwallex 设计了如图 16-13 所示的数据存储架构，保证全球化的数据同步。比如：一位用户在中国注册账号，可以通过 CDC（Change Data Capture）把相关数据转化成 Kafka 消息，通过专门的 Listener 进行本地消息的接收，然后进行进一步的转化。如去除用户名、Email 等个人信息，这些信息都是不能跨境存储的。

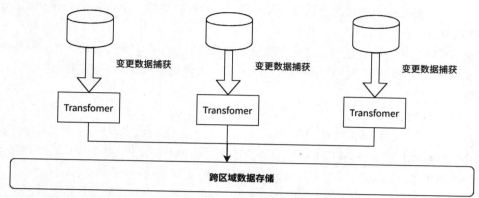

图 16-13　全球化数据存储架构

在转化（Transformer）过程中可以进行加盐或哈希加密处理，最后在网关层进行相关的业务请求处理，即数据区域分配及后续的流量转发，实现基于 APISIX 网关层面的业务处理。

2. 场景二：复杂场景下的业务操作

业务操作主要是指当操作一笔数据时，业务组件应该用怎样的方式决定这笔数据去哪个位置或组件中执行。常规的业务操作如某用户查询自己的账户信息或历史记录等，一般分为两种模式，如图 16-14 所示。

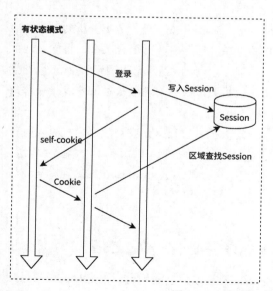
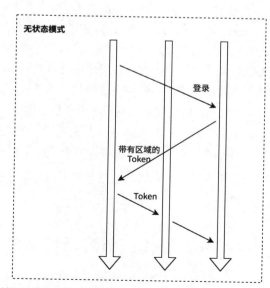

图 16-14　复杂场景下的两种模式示意图

（1）有状态模式

有状态模式一般会利用 Session（图 16-14 左侧），客户端登录完成后，服务器会将附带

Session ID 的 Cookie 给到客户端。在请求时，基于 APISIX 实现的网关层会使用 Cookie 中的信息查询用户所处的地区。即便用户更换了服务器，依然可以保持登录状态，系统也可以自动判定从哪里获取数据。

比如用户正在进行跨国旅行，最初在欧洲登录系统，坐飞机来到了亚洲。在亚洲登录时系统会通过 Session 判断该用户信息处于哪个数据中心，就会把请求分发给对应数据中心进行后续业务操作。

（2）无状态模式

通常业务不会仅提供网页访问一个功能，还会与一些 API 访问进行集成。所以当进行 API 访问时，通过 Cookie 传递 Session ID 的方式是不合适的，这时会采用一个特殊的 Token（图 16-14 右侧）。Token 内包含所处数据中心的具体信息，APISIX 根据 Token 决定访问哪个数据中心。

这种模式的优势在于当后续进行业务扩展时，能够保持动态性。如果最初是静态设计，基于最开始注册时的信息决定数据中心，那么未来出现跨数据中心场景时就会非常难处理。

无状态模式下还有一种比较复杂的场景，就是用户注册。因为注册时只能根据用户填写的注册信息，决定放到哪个数据中心。但假如之后用户移民了，或者公司迁移到国外，就需要进行相关的数据清除，把用户的交易数据、用户名、密码等全部迁移到另外一个数据中心。这种数据切换成本较高，虽然目前 Airwallex 支持用户切换数据中心这样复杂的场景，但后续也会开始考虑怎样减少切换数据中心对整体架构的影响。

数据主权的出现，其实都在说明一个问题，那就是数据和所属地。但在进行数据所属地划分之前，有一个前提是非常重要的，那就是信息处理度。

数据是敏感的，当人们拿到用户数据进行数据分析、商业 BI 或其他大数据分析时，是不能拿来就直接使用的。要先在个人层面进行敏感信息的过滤，还要在数据聚合层面，将同一地区数据汇聚成整体数据时，对用户信息进行再次抽象处理，达到无法完全识别用户的状态。这样才符合监管要求，才可以将这些信息用于数据分析。这是关于数据处理最根本的要求。在对数据监管规范化的同时，也要保证用户信息的"安全化"。

本节涉及的基于 Apache APISIX 进行网关层面处理数据主权只是在应对数据主权风险过程中所进行的一部分操作。通过双层网关等架构的支持，实现了动态和不同服务中心的路由配置，满足了跨地域下复杂场景的网关需求。后续 APISIX 网关可以帮助 Airwallex 在数据主权层面做得更好、更完善。

16.4　社交媒体：新浪微博 API 网关的定制化开发之路

新浪微博是一个基于用户关系的信息分享、传播以及获取信息的平台，也是目前国内最热门的社交媒体平台之一。用户可以通过网页或移动端等发布动态，并可上传图片和视频，或进行视频直播，实现即时分享，传播互动。

16.4.1　业务痛点

新浪微博之前的 HTTP API 网关是基于 NGINX 搭建的，所有路由规则存放在 nginx.conf 配置文件中。这种情况下会带来一系列问题，比如升级步骤长、对服务增删改或问题跟踪不够灵活、出现问题难以排查等。

比如运维人员要创建一个 API 服务，就需要先在 nginx.conf 配置文件中写好，提交到 Git 代码仓库，等其他负责上线的运维人员检查并确认审核成功后，才能将其推送部署到线上，继而通知 NGINX 重新加载，才算将服务变更成功。

上述操作整个处理流程较长、效率较低，无法满足低代码化的 DevOps 运维趋势。因此，新浪微博运维团队期望有一个管理后台的入口，方便操作所有的 HTTP、API 与路由等配置。

经过一番调研之后，新浪微博团队最终基于以下因素，选择了最接近预期并且基于云原生的微服务 API 网关 APISIX：

❑ 技术栈变更前后统一，方便后期的迁移，保障稳定性；
❑ 内置统一控制面，多台代理服务统一管理；
❑ 动态 API 调用，即可完成常见资源的修改实时生效，相比传统方式进步明显；
❑ 路由选项丰富，满足新浪微博路由需求；
❑ 扩展性较好，支持 Consul。

考虑到实际业务场景，新浪微博团队采用了针对 APISIX 的定制网关改造计划，新架构如图 16-15 所示。

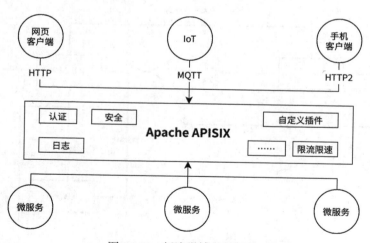

图 16-15　新浪微博的新架构

16.4.2　基于控制面的改造之路

新浪微博在进行定制改造时，是基于 APISIX 1.5 版本进行的，同时 Dashboard 也与 1.5 版本相匹配。所以在现有功能的描述上，会与目前版本的功能存在实效性偏差，下述内容仅供参考。

1. 新增路由发布与审核工作流

在 APISIX 中，通常创建或修改完一个路由之后就可以直接发布了。但是考虑到新浪微博的使用场景和内部需求，路由创建或修改之后，还需要经过审核工作流处理才能进行发布，图 16-16 展示了新旧两套方案的处理流程。处理流程虽然有所拉长，但在企业角度来看，在审核授权后的发布行为才更加可信。

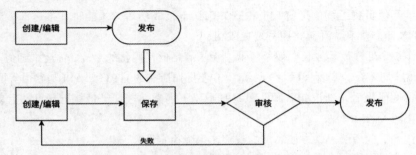

图 16-16　路由发布与审核流程前后变化

这样在创建路由规则时，默认情况下是必须经过审核的。为了兼顾效率，新服务录入时可手动选择免审或快速发布通道。如果一个重要的 API 在某次调整规则发布上线后出现问题，可以选择该路由规则的上一个版本进行快速回滚，粒度为单个路由的回滚，不影响其他路由规则。单条路由回滚内部处理流程如图 16-17 所示。

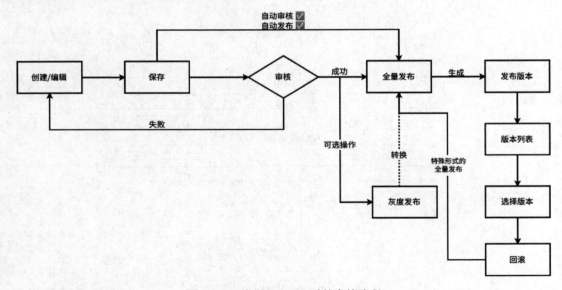

图 16-17　应用 APISIX 后的审核流程

在这个过程中，需要为单个路由的每次发布建立版本数据库存储。这样在审核之后就可以进行全量发布，每发布一次就会产生一个版本号及其对应的完整配置数据。当需要进行回滚时，只需要在版本列表中选择一个对应版本回滚即可。从某种意义上来说，回滚其实也是一个特殊形式的全量发布。

2. 新增特殊的灰度发布

新浪微博期望的灰度发布功能和一般社区理解的灰度发布有所不同，在风险程度上相比全量部署有所降低。即当某一个路由规则的变更较大时，可以选择只在特定有限数量的网关实例上发布并生效，而不是在所有网关实例上发布生效，从而缩小发布范围，降低风险。

虽然灰度发布是一个低频行为，但和全量发布之间仍然存在状态的转换，如图 16-18 所示。

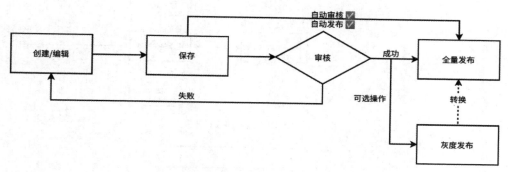

图 16-18　灰度发布流程图

当灰度发布的占比减少到 0 时，就是全量发布状态；灰度发布上升到 100% 的情况下，就是下一次的全量发布，这就是它的状态转换。

灰度发布的完整功能除了管理后台支持外，还需要在网关实例上暴露出一些 API 支持。不同的 HTTP Method 也会呈现不同的业务含义，比如 POST 表示创建，DELETE 表示停止灰度，GET 表示查看等。

通过灰度发布流程，也延展出了相关的启动流程和停用流程。图 16-19 展示了停用流程的大致操作。

简单来说，停用流程和灰度分布流程基本一致，通过 DELETE 方法调用灰度发布的 API，广播给所有 Worker 进程，每个 Worker 接收到需要停用的灰度 ID 值后在路由表里进行检测。若路由表内存在则删除，然后尝试从 etcd 中还原出来。如果灰度停用了，要保证原先存在的 etcd 能够还原出来，不能影响正常服务。

3. 支持快速导入

除了在管理页面支持创建路由之外，还可使用脚本导入。大量的 HTTP API 服务如果一个个手动录入，会非常耗时，通过脚本导入则能降低很多服务迁移阻力。

通过为管理后台暴露出 Go Impport HTTP API，运维人员可以在现成的 Bash Script 脚本文件中填写分配的 Token、SaaS_ID 以及相关的 UID 等，从而较快速地将服务导入管理后台中，具体流程可参考图 16-20。当然，导入服务后续操作依然需要在管理后台 H5 界面上完成。

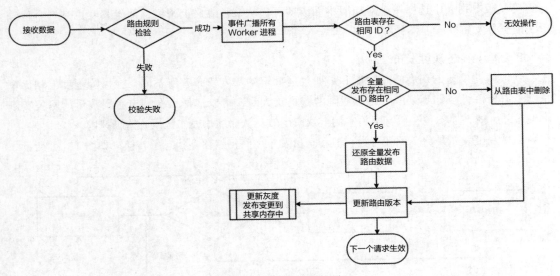

图 16-19　停用流程图

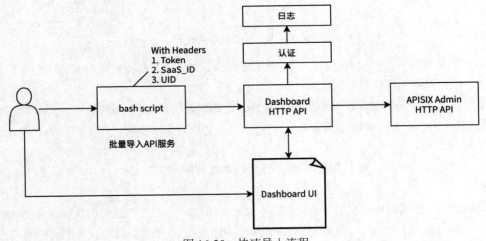

图 16-20　快速导入流程

16.4.3　基于数据面的改造之路

不同于控制面的改造，基于 APISIX 数据面的定制开发则需要遵循一些代码路径规则。其中，APISIX 网关的代码和定制代码分别存放在不同的路径下，两者协同工作，各自可独立迭代。

在打包时，不仅可以定制代码，还可以把依赖、配置等全部打包到一起进行分发（如图 16-21 所示），输出格式可以选择 Docker 或 tar 包形式等。

1. 代码的定制开发

有些定制模块在被初始化时需要优先加载，这样对 APISIX 的代码侵略性小一些，只修改

nginx.conf 文件即可。比如，为上游对象加入一个 saas_id 属性字段，可以在初始化时运用如下
调用方法。需要注意的是，类似的修改都需要在 init_worker_by_lua_* 阶段完成调用与初始化。

```Lua
-- 为 apisix/schema_def.lua 定义上游对象注入定制属性
local function add_object_attrc)
    local upstream_attrs = core.schema.upstream.properties
    local attr_key = "saas_id"
    local attr_def = {
        type = "string",
        maxLength = 64,
        default = ' '
    }
    -- 增加一个新的属性字段
    upstream_attrs[attr_key] = attr_def
    -- 修改现有字段属性长度
    upstream_attrs.service_name.maxLength = 256
end
```

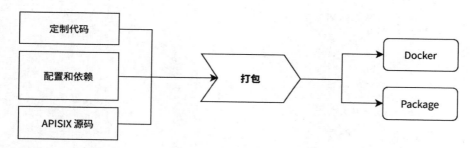

图 16-21　打包流程示意图

还有一种情况是需要直接重写当前已有模块的实现。比如有一个 Debug 模块，现在需要对
它的初始化逻辑进行重构，即对 init_worker 函数进行重写。

```Lua
-- 在设置 enable_debug = false 情况下，禁用 Debug 机制
local function disable_debug()
    local local_conf = core.config.local_conf()
    if not Local_conf then
        return
    end

    local enable_debug = local_conf.apisix.enable_debug
    if not enable_debug then
        local debug = require("apisix. debug")
        debug.init_worker = function()
            core.log.notice("empty function ...")
        end
    end
end
```

这种方式的好处在于，既能保证 API 原始的物理文件不动，又能加入自定义的 API 具体逻辑的重写，从而降低了后期代码管理的成本，也为后续升级提供了便利。若在生产环境下有类似需求，可以参考如上代码实例进行。

2. 支持 Consul KV 方式服务发现

由于新浪微博内部的很多服务都采用 Consul KV 方式作为服务注册和发现机制，在 1.5 版本之前的 APISIX 中是不支持 Consul KV 方式服务发现机制的，所以就需要在网关层添加一个 consul_kv.lua 模块，同时在管理后台提供 UI 界面支持。

在控制台的上游列表中，填写的所有东西一目了然。当鼠标移动到注册服务地址上，也会自动呈现所有注册节点的元数据，极大方便了运维人员日常操作。其中，consul_kv.lua 模块在网关层的配置方式较为简单，同时支持多个不同 Consul 集群连接。

```YAML
consul:
    servers:
    -
        host: "172.19.5.30"
        port: 8500
    -
        host: "172.19.5.31"
        port: 8500
    prefix: "upstreams"
    timeout:
        connect: 6000
        read: 6000
        wait:10
    weight: 1
    delay:5 # 延迟调用时间，在短连接时使用，默认值为 3
    connect_type: "long" # 长连接，开启后 wait_time 生效
    #connect_type: "short" # 短连接，开启后 wait_time 失效
    alarm contact: "admin"
```

目前该功能已被 APISIX 2.4 版本合并，在 2.4 版本之后，APISIX 已开始支持 Consul KV 的方式进行相关服务发现。该模块的进程模型采用订阅发布模式，每一个网关实例有且只有一个进程去长连接轮询多个的 Consul 服务集群，一旦有新数据就会一一广播分发到所有业务子进程。

新浪微博在使用 APISIX 的过程中，更多的是想将操作流程变得高效，同时更贴近 DevOps 和低代码化。所以在改造过程中，更多是基于 APISIX 进行流程简化或者快速操作模式的开发。这对于目前想使用 APISIX 进行统一管理的企业来说，确实是不错的可借鉴经验。

16.5 PaaS 业务：有赞云原生 PaaS 平台如何实现全面微服务治理

16.5.1 业务痛点

有赞是一家主要从事零售科技 SaaS 服务的企业，帮助商家进行网上开店、社交营销、提高

留存复购，拓展全渠道新零售业务。2021 年，有赞技术中台开始设计实现新的云原生 PaaS 平台，希望通过一套通用模型来进行各种应用的发布管理和微服务相关治理，APISIX 在其中起到了非常关键的作用。

1. 为什么需要流量网关

有赞 OPS 平台是前期基于 FLASK 的单体应用，主要以支持业务为主。后来逐渐上线了很多业务，部署了很多业务端代码，进入容器化阶段。网关在当时只是内部 FLASK 应用的一部分功能，且没有一个明确的网关概念，仅作为业务应用的流量转发功能使用。图 16-22 展示的就是当时的网关 1.0 模式。

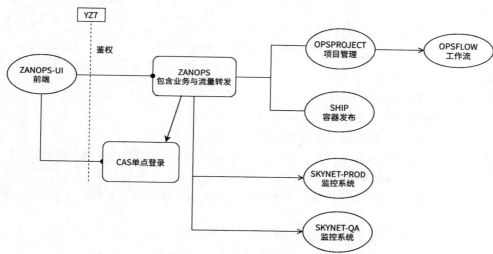

图 16-22 有赞内部网关 1.0 模式

由于前期整个体系着重于业务方向，因此没有太多的动力进行改造。从 2018 年开始，通过内部交流发现，如果没有一个很好的网关层治理，对后续产品功能的实现和业务接入度上会出现越来越明显的瓶颈。

2. 没有网关层治理时出现的问题

问题一：性能方面

❑ 每次新增后端服务，都需要进行编码变更。

❑ 流量转发的代码用 Python 简单实现，未按"网关"要求进行设计。

❑ Flask 框架的性能限制，单机 QPS 范围为 120 ～ 150。

❑ 重复造轮子，不同的业务需求都生产一套对应入口。

❑ 管理麻烦，运维复杂。

基于这些问题，有赞云技术中台更倾向于将专业的工作交给专业的系统去做。

问题二：内部业务方面

内部业务流程如图 16-23 所示，主要存在以下问题。

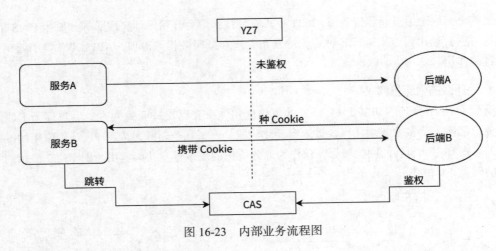

图 16-23 内部业务流程图

❑ 需要管理的内部服务数量非常多（上百）。

❑ 部分服务未对接 CAS 实现鉴权。

❑ 新的服务对接 CAS 存在对接成本，重复开发耗时耗力。

❑ 所有服务直接配置在接入层，没有内部服务的规范及最佳实践。

带着以上这两方面问题，有赞技术中台团队开始对网关类产品进行了相关的调研。由于内部运维体系对 etcd 较为熟悉，加之 APISIX 社区在跟进问题处理速度上较为迅速，同时项目的插件体系比较丰富、全面，最终选择了 APISIX 作为有赞即将推出云原生 PaaS 平台的流量网关。

16.5.2 应用 APISIX 后的实践细节

在接入 APISIX 后，前面提到的两方面问题逐一在有赞团队内部得到了解决。

1. 场景一：优化架构性能

在新的架构模式中，APISIX 作为入口网关部署在内部服务区域边缘，前端的所有请求都会经过它。同时通过 APISIX 的插件功能实现了与公司内部 CAS 单点登录系统的对接，之前负责流量转发的账号变为纯业务系统。而在前端，有赞团队提供了一个负责鉴权的 SDK 与 APISIX 鉴权接口进行对接，形成了一套完整又自动化的流程体系，如图 16-24 所示。

新架构解决了前面提到的问题，比如：

❑ 每次增加新的后端服务，只需调用 APISIX 接口就可将新的服务配置写入。

❑ 流量转发通过 APISIX 完成。

❑ 网关不再是架构中的性能瓶颈。

❑ 对不同的业务需求，可以统一使用同一个网关来实现；业务细节有差异，可以通过插件实现。

2. 场景二：内部服务接入标准化

接入 APISIX 后，公司新的内部服务接入时将自带鉴权功能，接入成本极低，业务方可以直接进行业务代码开发。同时在新服务接入时，按内部服务的规范进行相关路由配置，后端服务可以统一拿到鉴权后的用户身份，省时省力。

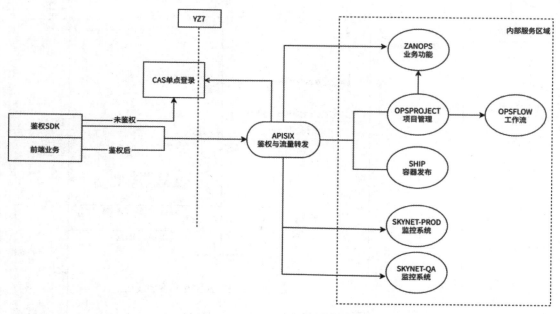

图 16-24 接入 APISIX 后的架构

关于内部服务的一些调整细节这里简单介绍一下。

（1）迭代鉴权插件

有赞的鉴权插件是基于 JWT Auth 协议开发的，用户访问前端时，前端先调用 SDK，在前端本地获取可用的 JWT-Token，然后通过图 16-25 所示的路径获得用户有效信息，放在前端的某个存储中，完成登录鉴权。

（2）部署配置升级

在部署层面，有赞云原生团队从简单版本经历三次迭代后，实现了目前的多集群配置部署。

❏ 版本一：双机房 4 个独立节点，管理程序分别写入每个节点的 etcd。

❏ 版本二：双机房 4 个独立节点，主机房三节点 etcd 集群。

❏ 版本三：三机房 6 个独立节点，三机房 etcd 集群。

目前云原生团队架构中还是计算与存储混合部署在一起，后续团队也会部署一个真正高可用的 etcd 集群，这样在管控平面 APISIX 运行时就可以分离出来，以无状态模式部署。

（3）新增鉴权插件

在 2021 年，有赞团队内新增了 PersonAccessToken（PAT）的鉴权插件，这个功能类似于在 GitHub 上调用 Open API 一样，会生成一个个人 Token，可以以个人身份去调用 Open API。

因为有赞内部自己的运维平台也有一些类似的需求，比如本地的一些开发插件需要以个人身份访问云平台上的接口时，个人 Token 方式就比较方便，允许开发自己给自己授权。

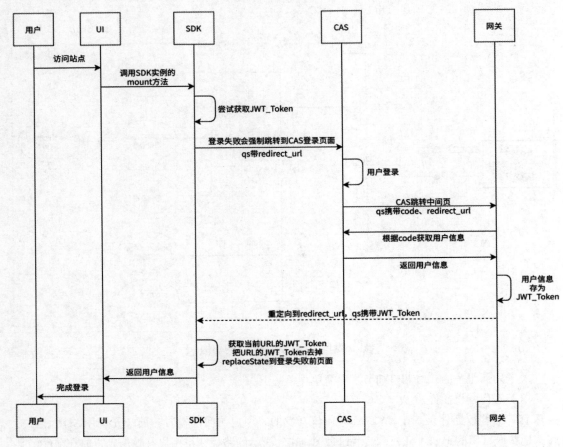

图 16-25 鉴权插件流程

目前 APISIX 2.2 版本以后已支持多个鉴权插件使用，现在可以支持一个消费者运行多个鉴权插件的场景实现。

3. 业务拓展

在接入 APISIX 之后，有赞云团队也在实践过程中找到了更多后续可挖掘的业务。这里简单举几个例子。

（1）traffic-split 插件的使用

traffic-split 是 APISIX 中引入的插件，主要功能是进行流量分离。有了这个插件，用户就可以根据一些流量头上的特征自动完成相关操作。

```
JSON
{
    "uri": " /api/v1.0/abcde",
```

```
    "plug ins": {
        "traffic-split":{
            "rules": [
                {
                    "match": [
                        {
                            "vars": [
                                ["http_X-QM-Region","==", "Region1"]
                            ]
                        }
                    ],
                    "weighted_ upstreams": [
                        {
                            "upstream_ id": 1
                        }
                    ]
                {,
                }
                    "match": [
                        {
                            "vars":[
                                ["http_X-QM-Region","== ","Region2"]
                            ]
                        }
                    ],
                    "weighted_upstreams": [
                        {
                            "upstream_ id": 2
                        }
                    ]
                }
            ]
        }
    },
    "upstream":{
        "type":"roundrobin",
        "nodes": {
            "127.0.0.1:5000":1
        }
    }
}
```

如上述代码在路由配置上引入 traffic-split 插件，当 Region=Region1 时，便将其路由到 Upstream1。通过这样的规则配置完成流量管控的操作。

（2）东西向流量管理

有赞云 PaaS 平台的使用场景中更多是涉及在内网多个服务之间进行交互，调用鉴权时可以依靠 APISIX 进行流量管理。如图 16-26 所示，服务 A 和服务 B 都可以通过它去调用服务 C，中间还可以加入鉴权的插件，设定其调用对象范围、环境范围、速率和熔断限流等，做出类似这样的流量管控。

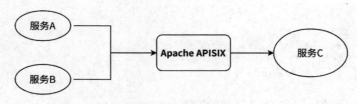

图 16-26 东西向流量管理

（3）内部权限系统对接

在有赞云团队尝试使用 APISIX 后，之后也打算将公司的权限系统与 APISIX 进行对接。鉴权通过后，判定用户是否有权限访问后端的某个资源，权限的管理员只需在管控平面上做统一配置即可，整体流程如图 16-27 所示。

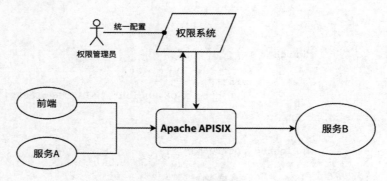

图 16-27 内部权限流程

这样做的好处就是后端的所有服务不需要各自去实现权限管控，因为当下所有流量都是经过网关层处理的。

16.6　API 管理：API7 Cloud 的应用实践

支流科技（API7.ai）是一家提供 API 处理和分析的开源基础软件公司，提供 API 网关、Kubernetes Ingress Controller 与服务网格等微服务和实时流量处理的产品与解决方案。它致力为全球企业管理并可视化 API 和微服务等关键业务流量，通过大数据和人工智能加速企业业务决策，驱动数字化转型。

16.6.1　业务背景

目前，超过 95% 的企业或组织通过 API 对外提供数字化服务，API 网关在其中起到了至关重要的作用。云原生的兴起，使得越来越多企业将业务进行上云（往往是多种公有云平台）。在这种背景下，如何高效管理并部署这些云上的 API，变成了一个亟待解决的难题。

支流科技于 2022 年 3 月发布了 API7 Cloud，这是一款帮助用户连接部署在任意云上 API

的 SaaS 产品。它为用户提供了简单易用的 API 管理功能、灵活且丰富的可观测性指标以及 API 安全特性，让用户的 API 连接能够更加高效、安全与可靠。

API7 Cloud 聚焦于 API 网关控制面，以 APISIX 作为其数据面，并按照用户所创建的资源规则控制数据面 APISIX 的实例运行，如图 16-28 所示。

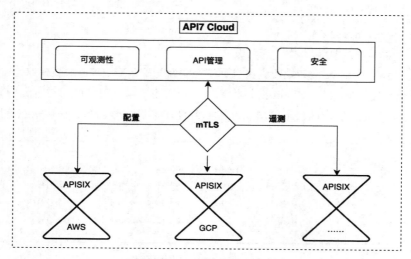

图 16-28　API7 Cloud 业务图

这些实例可以被部署在任意的公有云上，如 AWS、Azure 或 Google Cloud Platform（GCP），当然用户也可以将它们部署在自己的数据中心内。APISIX 和 API7 Cloud 将建立经过 mTLS 保护的连接，在此基础上进行数据交换（如规则下发、遥测数据收集等）。

APISIX 作为一款高性能、易扩展的云原生 API 网关，对商业产品友好。同时基于它可扩展的特性，可以很容易地加入一些商业化所需的特性。得益于 APISIX 社区的健康活跃，也坚定了 API7 Cloud 选择它作为数据面的信心。

16.6.2　应用 APISIX 后的实践细节

1. 数据面改造

如前所述，APISIX 作为 API7 Cloud 产品的数据面选型，将承载用户实际的流量。为了能让 APISIX 和 API7 Cloud 正确通信，API7 Cloud 采取了自研 Lua 模块，通过 APISIX 提供的 lua_module_hook 方式将代码注入 APISIX 中。其中，该 Lua 模块主要完成心跳、遥测数据收集等功能。

与使用开源 APISIX 不同的是，API7 Cloud 的用户不需要单独部署 etcd 集群，API7 Cloud 将为每一个用户提供一个域名（以及对应的客户端证书）作为其独享的远端控制面。连接到同一个控制面的 APISIX 实例将组成一个数据面集群，它们将得到相同的配置规则。

为了帮助用户更容易地在 API7 Cloud 产品里集成 APISIX（不被配置细节所干扰），API7

Cloud 提供了一个命令行工具来帮助用户部署 APISIX。用户只需运行以下命令即可启动一个 APISIX 实例，并将其连接到 API7 Cloud。

```Shell
# 在本地 Docker 环境里运行一个 APISIX 实例，版本为 2.13.1
cloud-cli deploy docker  \
    --apisix-image apache/apisix:2.13.1-centos \
    --name my-apisix \
    --docker-run-arg --rm
```

建立连接后的 APISIX 会持续收到来自远端控制面的配置变更（比如新建路由、删除上游对象等），同时也会定期向 API7 Cloud 上报状态信息和遥测数据。用户可以在 API7 Cloud 控制台（如图 16-29 所示）查看实例的状态信息，包括实例的 ID、版本号和当前连接状态等详细信息。

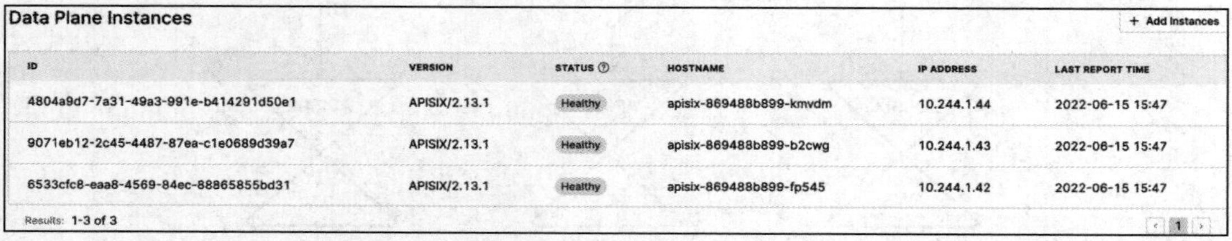

| Data Plane Instances | | | | | + Add Instances |
ID	VERSION	STATUS ⓘ	HOSTNAME	IP ADDRESS	LAST REPORT TIME
4804a9d7-7a31-49a3-991e-b414291d50e1	APISIX/2.13.1	Healthy	apisix-869488b899-kmvdm	10.244.1.44	2022-06-15 15:47
9071eb12-2c45-4487-87ea-c1e0689d39a7	APISIX/2.13.1	Healthy	apisix-869488b899-b2cwg	10.244.1.43	2022-06-15 15:47
6533cfc8-eaa8-4569-84ec-88865855bd31	APISIX/2.13.1	Healthy	apisix-869488b899-fp545	10.244.1.42	2022-06-15 15:47
Results: 1-3 of 3					‹ 1 ›

图 16-29　API7 Cloud 控制台截图

而遥测数据可以在 API7 Cloud 控制台的监控页进行查看，API7 Cloud 为用户提供了请求成功率、请求延迟和请求带宽等"黄金指标"呈现，如图 16-30 所示。

通过 API7 Cloud 内置的监控页，用户无须自行部署应用性能监控系统（APM）即可了解数据面 APISIX 集群运行的状态，以及用户 API 请求量的分布和健康情况，从而了解请求的特点。

2. 入口网关实践

除了将 APISIX 集成为产品的一部分外，API7 Cloud 自身也使用了 APISIX 作为服务的入口网关（Cloud Proxy），用来接入来自外部的流量。外部流量主要来自于控制台服务和数据面两部分。

（1）控制台服务

用户在控制台上进行的所有操作（比如读取资源、编辑资源）都会以 API 调用的方式访问入口网关，入口网关对这类请求进行统一治理，包括限流限速和开启跨域等。之后流量将被转发到内网的 Console 服务并进行处理。

（2）数据面

前面也提到了数据面的实例会和 API7 Cloud 保持连接，并且从数据面实例发来的连接会经过 mTLS 保护。API7 Cloud 为每个用户的控制面提供了独一无二的域名，并为该域名准备了证书和密钥，并配置到入口网关上。

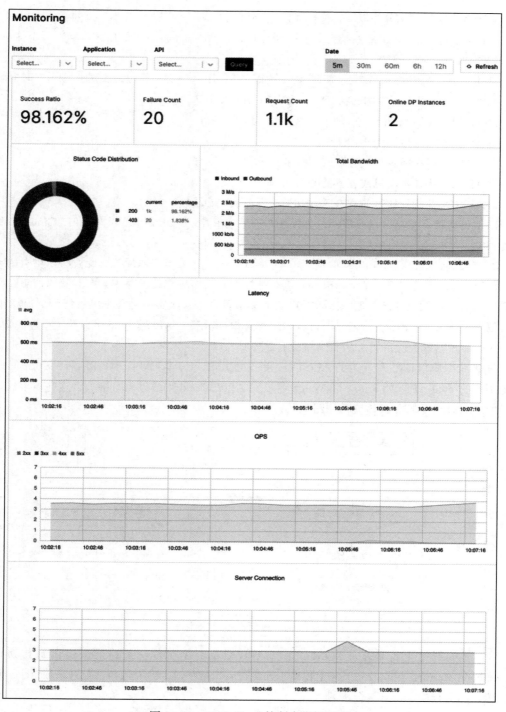

图 16-30　API7 Cloud 控制台指标页面

来自数据面的请求分为以下三类。

1）状态请求。APISIX 在启动时就开始向 API7 Cloud 周期性发送心跳包，用于让 API7 Cloud 感知实例的运行情况。

具体来说，APISIX 会在启动时创建一个定时器，用以负责心跳包的发送。每当定时器触发时，APISIX 会将目前该实例的状态信息发送到 API7 Cloud。

❑ APISIX 实例的 ID；

❑ APISIX 版本号，如 2.13.1；

❑ APISIX 所在宿主机或容器的主机名；

❑ APISIX 所在宿主机或者容器的 IP 地址；

❑ APISIX 实例新执行的 API 调用次数（距离上次心跳以来）。

以上信息将在控制台进行展示，方便用户查看。其中，API 调用次数与 API7 Cloud 产品的计费有关。

2）配置获取请求。APISIX 会向 API7 Cloud 建立连接要求获取配置，配置将以增量的方式从 API7 Cloud 推送到每一个 APISIX 实例并缓存到其工作进程的内存中。配置获取请求在经过入口网关时，会被严格地校验（比如客户端证书是否合法，该实例是否是已注册到 API7 Cloud 的合法实例等），防止恶意的客户端窃取用户配置数据。其中 API7 Cloud 也自研了一个 APISIX 插件用以实现这些校验逻辑，从而确保请求合法。

配置获取协议依然和开源的 APISIX 一致，使用了 etcd V3 API，APISIX 会发送 RESTful API 版本的 etcd API（如 Range 和 Watch 请求），API7 Cloud 则通过入口网关将这些请求代理到正确的后端 etcd 集群，具体流程如图 16-31 所示。

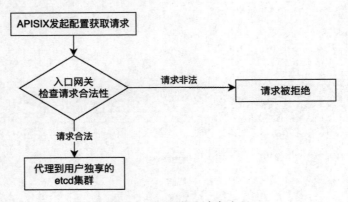

图 16-31　配置获取请求流程

3）遥测数据上传请求。APISIX 会和 API7 Cloud 建立另一条连接来定期上传实例的 Prometheus Metrics 数据，Metrics 上传请求在经过入口网关时，会经过与"配置获取请求"同样的校验，确保数据上传方是合法的。

3. 功能示例

图 16-32 展示了 API7 Cloud 为一个 API 开启了跨域功能，当用户点击提交后，数据会被转换为 APISIX 的跨域插件并写入用户独享的 etcd 集群中。

已部署的 APISIX 会通过前面描述的"配置获取请求"来获取配置，并将配置保存到内存中。当 API 请求进入时，会按照配置进行请求治理，如果请求匹配该 API，则 API 响应中会带上对应的跨域配置。

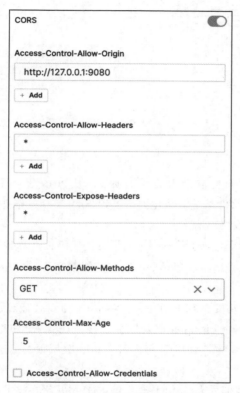

图 16-32　跨域功能配置示例

APISIX 在 API7 Cloud 产品中扮演了十分重要的角色。它不仅作为产品的一部分存在，还利用它的优势将其作为了自身架构一部分，从而更好地为 API7 Cloud 的用户提供服务。

Appendix 附录

探索与未来

APISIX 是一个年轻并且充满活力的开源项目。从 2019 年 4 月写下第一行代码开始，到 2019 年 10 月进入 Apache 软件基金会孵化器，再到 2020 年 7 月毕业成为 Apache 顶级项目，在 3 年多的时间内，APISIX 发展迅速。

在这个过程中，APISIX 完成了从 0 到 1 的蜕变：代码贡献者超过 400 位，全球有数百家知名企业和科研机构在使用 APISIX，包括 NASA、欧盟数字工厂、中国航信、微博、奈雪的茶、WPS、腾讯、中国移动等。

与此同时，APISIX 的功能也在不断完善。APISIX 初期只有云原生 API 网关功能，然后逐步增加了 Kubernetes Ingress Controller 以及服务网格。现在 APISIX 不仅可以处理南北向的流量，也可以处理东西向的流量。APISIX 每个月发布一次新版本，这种开源社区驱动的方式让 APISIX 的未来充满了可能性。

在憧憬未来之前，让我们先来整体回顾下 APISIX 这几年在技术方面的探索。以史为鉴，可以知兴替。理解 APISIX 的过去，才能更好地看清楚未来的发展。

1. APISIX 在 API 和微服务领域的探索

（1）摆脱数据库依赖

在 APISIX 项目问世之前，也有非常多的商业 API 网关或开源 API 网关产品，但这些产品大多都把 API 数据、路由、证书和配置等信息存放在一个关系型数据库中。

存放在关系型数据库的优势其实很明显，可以让用户更加方便地使用 SQL 语句进行灵活查询，方便用户进行备份及后续维护等环节。但这种情况也会带来一个问题。作为一个基础中间件，网关处理了所有来自客户端的流量，这对于可用性的要求便会非常高。如果 API 网关依赖一个关系型数据库，也就意味着一旦关系型数据库出现故障（比如宕机、丢失数据），API 网关也会因此受到影响。这种情况下，系统的整体可用性就会大打折扣。

APISIX 在设计之初，就从底层架构上避免了类似上述情况的发生。前文中多次提到过，APISIX 的架构主要分成两部分。第一部分叫作数据面，它是真正处理来自客户端请求的一个组件，会处理用户的真实流量，包括身份验证、证书卸载、日志分析和可观测性等功能。数据面本身并不存储任何数据，所以它是一个无状态结构。第二部分叫作控制面。APISIX 在底层架构上与其他 API 网关的一个很大不同就在于控制面。APISIX 在控制面上并没有使用传统方式（如MySQL）做配置存储，而是选择使用 etcd。这样做的好处主要有以下几点：

❑ 与产品架构的云原生技术体系更统一。

❑ 更贴合 API 网关存放的数据类型。

❑ 能更好地体现高可用特性。

❑ 拥有低于毫秒级别的变化通知。

使用 etcd 后，数据面只需监听 etcd 的变化即可。如果轮询数据库，需要 5 ～ 10s 才能获取到最新的配置；但如果监听 etcd 的配置变更，就可以将时间控制在毫秒级别之内，达到实时生效的效果。

使用 etcd 而不是关系型数据库，不仅让 APISIX 在底层上更加贴合云原生，也让它在系统高可用的体现上有更多优势。

（2）支持多语言插件

API 网关其实和数据库或其他中间件不太一样，虽然都属于基础组件，但对于网关来说，它更多是进行一些定制化开发和系统集成。

目前 APISIX 官方虽然有非常多的插件，但仍难以涵盖用户的所有使用场景。所以在真实使用场景中，多多少少都会面对业务进行一些定制化的插件开发。通过网关集成更多的协议或系统，最终实现在网关层的统一管理。

APISIX 刚开始只支持使用 Lua 语言开发插件。这样做的好处在于，通过原生计算语言的底层优化，可以让开发出来的插件具备非常高的性能。但是它的劣势也非常明显，就是学习 Lua 这门新语言是需要时间和理解成本的。为此，APISIX 通过两种方式解决了上述问题。

第一种方式就是通过 Runner Plugin 来支持更多的主流开发语言，比如 Java、Python、Go 等。如果你是一个后端工程师，至少应该会其中一种语言，那么这个时候就可以非常方便地通过本地 RPC 通信，使用之前熟悉的语言去开发一个 APISIX 插件。

这样做的好处是减少了开发成本，提高了开发效率。当然弊端就是在性能层面有一些损失。那么，有没有一种既能达到 Lua 原生性能，同时又兼顾高级语言的开发效率方案呢？

这就引出了第二种方式，也就是前面介绍过的 Wasm（WebAssembly 的简写）。WebAssembly 最早是用在前端或浏览器上的一个技术，后来在服务端它也逐渐展示出优势。

把 WebAssembly 嵌入 APISIX 中，用户就可以编译并运行 WebAssembly 的字节码。最终效果就是开发出了一个高性能的、使用高级语言编写的 APISIX 插件。

在目前的 APISIX 版本中，开发者可以使用 Lua、Go、Python 和 Wasm 等多种方式编写自定义代码，降低了使用门槛，也为 APISIX 的功能提供了更多的可能性。

（3）插件热加载

APISIX 和 NGINX 相比有两处非常大的变化：APISIX 支持集群管理和动态加载。

如果大家使用过 NGINX，就知道它的所有配置都会写在 nginx.conf 配置文件中。如果想要进行集群控制，就需要逐一去修改它的 nginx.conf 文件。整个过程中没有一个集中化管理的控制平面，每一个 NGINX 都是一个"数据面 + 控制面"的混合体。如果此时有几十台或者几百台 NGINX，它的管理成本就会特别高。

修改完每台 NGINX 的 nginx.conf 文件后，都需要重启才能生效。比如进行证书更新或者上游变更，都需要先修改配置文件，然后重启生效。如果请求不多，那么这种方法勉强还能接受。但随着 API 和微服务的调用越来越多，如果每次修改都重启，这对客户端的影响非常大。

目前在 APISIX 里，从上游到证书，甚至插件本身，代码都是实时生效的。其实在社区中就有人问，他可以理解上游、证书这些是动态的，因为这些会经常变化，但为什么插件的修改也要做成动态的呢？插件的修改并不是一个特别频繁的操作，没有必要做成一个极致的动态。

对于 APISIX 的底层设计工程师来说，我们希望它可以做到一个极致的动态。因为极致动态带来的一个非常大的优势就是增加了更多可能性。比如用户可以在不修改任何插件代码的情况下，对已有代码进行故障排查，这个过程中可能会存在调试插件的修改。那么这种情况下，用户可以不重启，随时复现问题并记录。这种调试功能的插件配合插件热加载的机制，变得非常灵活，帮助开发者在排查问题的过程中省时省力。

（4）插件动态编排

除了上述提到的插件热加载，APISIX 在插件和插件之间也支持实时的动态编排，动态编排为插件的运行带来了无限可能。

什么叫插件编排？我们在提出各种各样的需求时，更多是希望可以把一个需求变成一个插件，就像玩乐高一样，通过一个统一的标准（形状契合、交叉等）搭出无限种可能的造型，这也是乐高的乐趣之一。那么对于 APISIX 的插件来说，每一个插件都完成了一个独立的场景需求，那么有没有一种可能，可以像搭乐高一样，把各种插件摆出来让用户按照需求进行排列组合呢？

比如 APISIX 提供了 100 个插件，那么 APISIX 给用户暴露的功能其实也就只有这 100 个插件所具有的功能，并没有把底层的一些灵活性展露出来。在进行技术中间件开发时，我们不仅要考虑这个产品现在能做成什么样子，更应该考虑未来用户在上手使用时，能否将这个产品赋予更多可能性。在加入插件编排能力后，你会发现它的可能性不是 100 种，而是 $100 \times 99 \times 98 \times 97 \times 96 \times \cdots$，也就是接近无限种可能。

举个例子，比如想对一个用户进行限流限速，当他被限速之后，一般情况下是返回一个错误码。这时就可以尝试对接一个日志记录插件或错误上报插件来进行后续的活动记录。

这个功能其实隐藏了一个很大的好处，每一个插件的代码都被完整的测试案例覆盖。也就是说当用户进行插件编排时，可以不用写任何代码。对于产品经理、安全工程师以及运维工程师来说，不需要投入专门的学习成本，只需要拖拽一些插件，然后设置一些条件，就可以诞生一个自己专属的 APISIX 新插件，同时这个新插件的代码质量与开源 APISIX 的官方代码质量一样高。

（5）全流量网关

对于服务端的工程师来说，如果进行一些和网关相关的开发，基本都会涉及两个概念：一个是南北向流量，指的是从客户端、浏览器或 IoT 设备等到达服务端的流量，这个流量属于纵向的；另一个是东西向流量，指的是在企业内部，系统与微服务之间的互相调用，这个流量属于横向的。

在处理纵向和横向的流量时，各组件组成也会有所不同。比如在处理南北向流量的组件中，可能会先通过一个 LB，然后再到网关，之后可能会进入一个业务网关。所以就会有类似于NGINX、APISIX、Spring Cloud Gateway 这样的组件。那么在东西向流量中，如果使用了服务网格，那么可能会用到像 Envoy 这样的组件，这些组件虽然多，但仔细观察它们的功能，你会发现这些组件基本上都一样，大多都是进行路由调度、动态上游以及安全身份认证的插件实现等操作。

在这种情况下，能否把处理南北向与东西向流量的组件统一起来？理想状态是当一个客户端的请求进入服务端之后，全部由 APISIX 来处理。即不管流量是南北向还是东西向，都通过控制面去控制所有流量与数据。这在 APISIX 目前的技术探索中是完全可以实现的。

在实际使用过程中，通过现有用户的一些实践反馈，你会发现这种模式能够大大降低用户自身的运维成本，同时可以降低整体系统的复杂度，提升整个系统之间的响应速度。这样的反馈结果也让 APISIX 的后续迭代有了更清晰的方向，在全流量网关层面去尝试更多的功能和角色。

（6）多服务发现组件

网关虽然是基础组件，但它的位置极其重要。它会处理所有来自客户端的请求，处理完成后，网关还有一个非常重要的职责，就是与各种各样的系统及开源项目进行集成。

在集成过程中，会用到一个非常重要的组件——服务发现与注册。因为用户会把各种各样的服务放置到 Eureka、Nacos 这种单独的组件中去完成，所以对于一些大规模或业务存续较久的IT 系统来说，多个服务发现组件并存是非常常见的。

这种情况下，其实所有的流量出入口都是网关。你可能需要在 A 路由上单独指定一个Nacos 服务发现，在 B 路由上指定 Consul 的服务发现等。绝大部分的网关都只支持一个服务发现，所以这时就要部署多套网关，让不同的网关对接不同的服务发现组件。

目前 APISIX 不仅支持数据面的服务发现，也逐步支持在控制面上对接多个服务注册和发现的组件。对于一些大规模和业务久远的企业来说，这是一个非常好的解决方案，只部署一个 API网关，就可以轻松对接多种不同的服务发现和注册组件。

（7）多云与混合云

对于网关来说，当用户把它部署到生产环境中时，如果是云原生架构，那么多云和混合云必然是一个长期存在的技术场景。对于 APISIX 来说，当它拥有了完善的功能、性能、插件和多服务发现后，就不可避免地去考虑如何让用户在生产环境中更好地运行。

多云和混合云场景对 APISIX 带来了更多的挑战，需要考虑更多细节。

1）上下游均支持 mTLS。之前我们认为支持上游的 mTLS 功能的优先级并不高，但一旦处于跨云场景，上游可能就是另外一个云上的服务，或者另外一个 SaaS 服务等。为了提高数据的安全性，就需要进行 mTLS 功能的加持。

2）控制面与数据面架构完全分离。APISIX 安全漏洞的来源很多，因为 APISIX 的控制面与数据面是混合部署在一起的。可以理解为 APISIX 服务启动完成之后，它的控制面与数据面在同一个服务里。此时如果一个黑客通过安全漏洞入侵了某个数据面，那么也就意味着他有机会入侵控制面，从而控制所有的数据面，造成非常大的影响。

在 APISIX 后续的架构设计中，我们考虑把数据面与控制面完全分离，采用不同的端口与服务将其部署在完全不同的服务器上，从而避免出现上述安全隐患。

3）加强安全管理。网关一般会存储一些比较敏感的数据，比如有些用户可能会直接把 SSL 证书存储在网关上，或者把连接 etcd 的密钥信息存在网关上。这种情况下，一旦 etcd 被侵入或者数据面被攻破，就有可能造成比较严重的数据泄密，因此就需要考虑在存储一些关键信息时，支持使用 Vault 这样专门存密钥的组件来进行敏感信息的保护。这样做不仅可以让 APISIX 自身更加安全，也能够让用户使用 APISIX 时更加合规。

4）集成更多云上标准。在多云情况下，APISIX 在阿里云、腾讯云及 AWS 等云服务商中使用时，如何与它们更好地融合在一起？我们的初衷是希望用户不用进行任何配置就能够在各个云平台上顺利运行。

这个过程并不是说让用户不再进行自定义插件配置，而是直接让 APISIX 集成各个云上的标准、API 或其他服务，提前帮用户做好适配，保证用户后续的直接上手体验感。

2. APISIX 的未来

服务端技术的发展和更替是快速的，五年前流行的技术和框架，现在很多已经无人问津。究其原因，并非工程师们喜新厌旧，而是这些技术本身没有满足工程师和企业的真实需求，发展的路线出现了偏差，最终被淘汰。这是很残酷的，也是现实的：技术要服务于业务和产品，不能闭门造车。

勿在浮沙筑高台。APISIX 的开发者们应该用真实的需求和场景来指引 APISIX 的发展和进化，否则就很容易在不知不觉中被工程师们所抛弃。

如何一直保持 APISIX 在技术层面的领先性？这是 APISIX 未来是否可以继续赢得开发者和企业用户的关键问题。答案其实非常简单：与快速成长的企业和工程师打成一片，一起成长，互相成就，让 APISIX 一直站在技术的最前线。唯有如此，APISIX 才有机会成为一个长青的开源项目，成为一个世界级的开源项目。

APISIX 的未来是更好地支持 Serverless，完善服务网格，构建 API 全生命周期平台，提升公有云上的使用体验。这些并不是由某几个开发者规划出来的，而是由千千万万的一线工程师一起打造的。这就是开源的魅力，欢迎加入我们！

API安全实战

作者：（美）尼尔·马登(Neil Madden)　译者：只莹莹 缪纶 郝斯佳

书号：978-7-111-70774-5　定价：149.00元

　　API控制着服务、服务器、数据存储以及Web客户端之间的数据共享。当下，以数据为中心的程序设计，包括云服务和云原生应用程序，都会对其提供的无论是面向公众还是面向内部的API采用一套全面且多层次的安全方法。

　　本书提供了在不同情况下创建API的实践指南。你可以遵循该指南创建一个安全的社交网络API，同时也将掌握灵活的多用户安全、云密钥管理和轻量级加密等技术。最终，你将创建一个能够抵御复杂威胁模型和恶意环境的API。